城镇排水与污水处理行业职业技能培训鉴定丛书

污泥处理工
培训教材

北京城市排水集团有限责任公司　组织编写

中国林业出版社
·北京·

图书在版编目(CIP)数据

污泥处理工培训教材/北京城市排水集团有限责任公司组织编写. —北京：中国林业出版社，2021.3
(城镇排水与污水处理行业职业技能培训鉴定丛书)
ISBN 978-7-5219-1056-8

Ⅰ.①污… Ⅱ.①北… Ⅲ.①污泥处理-职业技能-鉴定-教材 Ⅳ.①X703

中国版本图书馆 CIP 数据核字(2021)第 034442 号

中国林业出版社

责任编辑：陈 惠 马吉萍
电 话：(010)83143614

出版发行	中国林业出版社(100009 北京市西城区刘海胡同 7 号)
	https://www.forestry.gov.cn/lycb.html
印 刷	北京中科印刷有限公司
版 次	2021 年 3 月第 1 版
印 次	2021 年 3 月第 1 次印刷
开 本	889mm×1194mm 1/16
印 张	15.75
字 数	555 千字
定 价	95.00 元

未经许可，不得以任何方式复制或抄袭本书之部分或全部内容。

版权所有 侵权必究

城镇排水与污水处理行业职业技能培训鉴定丛书编写委员会

主　　　编　郑　江
副 主 编　张建新　蒋　勇　王　兰　张荣兵
执行副主编　王增义

《污泥处理工培训教材》编写人员

宋晓雅　念　东　王　浩　郭　超　崔春玥　宋　垚
郝　姗　陈靖轩　宋莹莹　赵　颖　冀春苗　于　帅

前　言

2018年10月，我国人力资源和社会保障部印发了《技能人才队伍建设实施方案（2018—2020年）》，提出加强技能人才队伍建设、全面提升劳动者就业创业能力是新时期全面贯彻落实就业优先战略、人才强国战略、创新驱动发展战略、科教兴国战略和打好精准脱贫攻坚战的重要举措。

我国正处在城镇化发展的重要时期，城镇排水行业是市政公用事业和城镇化建设的重要组成部分，是国家生态文明建设的主力军。为全面加强城镇排水行业职业技能队伍建设，培养和提升从业人员的技术业务能力和实践操作能力，积极推进城镇排水行业可持续发展，北京城市排水集团有限责任公司组织编写了本套城镇排水与污水处理行业职业技能培训鉴定丛书。

本套丛书是基于北京城市排水集团有限责任公司近30年的城镇排水与污水处理设施运营经验，依据国家和行业的相关技术规范以及职业技能标准，并参考高等院校教材及相关技术资料编写而成，包括排水管道工、排水巡查员、排水泵站运行工、城镇污水处理工、污泥处理工共5个工种的培训教材和培训题库，内容涵盖安全生产知识、基本理论常识、实操技能要求和日常管理要素，并附有相应的生产运行记录和统计表单。

本套丛书主要用于城镇排水与污水处理行业从业人员的职业技能培训和考核，也可供从事城镇排水与污水处理行业的专业技术人员参考。

由于编者水平有限，丛书中可能存在不足之处，希望读者在使用过程中提出宝贵意见，以便不断改进完善。

2020年6月

目 录

前 言

绪 论 …………………………………… (1)

第一章 安全基础知识 ……………… (2)

第一节 安全常识 …………………… (2)
一、常见危险源的识别 ………… (2)
二、常见危险源的防范 ………… (3)
第二节 安全生产基本法规 ………… (9)
一、《中华人民共和国安全生产法》相关条款
…………………………………… (9)
二、《建设工程安全生产管理条例》相关条款
…………………………………… (10)

第二章 工作现场安全操作知识 …… (12)

第一节 安全生产 …………………… (12)
一、劳动防护用品的功能及使用方法 …… (12)
二、安全防护设备的功能及使用方法 …… (23)
三、有限空间作业的安全知识 ………… (27)
四、带水作业的安全知识 ……………… (31)
五、带电作业的安全知识 ……………… (32)
六、危险化学品使用与管理的安全知识 ………
…………………………………… (33)
第二节 操作规程 …………………… (38)
一、安全管理制度 ……………… (38)
二、安全操作规程 ……………… (39)
三、应急救援预案 ……………… (46)
第三节 安全培训与安全交底 ……… (47)
一、安全培训 …………………… (47)
二、安全交底 …………………… (48)
第四节 特种作业的审核和审批 …… (49)
一、危险作业的职责分工 ……… (49)
二、危险作业的基本要求 ……… (49)
三、有限空间作业安全管理 …… (50)
四、动火作业安全管理 ………… (50)
五、临时用电安全管理 ………… (51)
六、高处作业安全管理 ………… (51)
七、吊装作业安全管理 ………… (52)
第五节 突发安全事故的应急处置 … (53)
一、通则 ………………………… (53)
二、常见事故应急处置 ………… (53)
三、防护用品及应急救援器材 … (58)
四、事故现场紧急救护 ………… (58)

第三章 基础知识 …………………… (63)

第一节 流体力学 …………………… (63)
一、水的主要力学性质 ………… (63)
二、水流运动的基本概念 ……… (64)
三、水静力学 …………………… (65)
四、水动力学 …………………… (67)
五、基础水力 …………………… (68)
第二节 水化学 ……………………… (70)
一、概 述 ……………………… (70)
二、水化学反应 ………………… (70)
第三节 水微生物学 ………………… (73)
一、概 述 ……………………… (73)
二、水处理微生物 ……………… (76)
三、活性污泥微生物 …………… (78)
第四节 工程识图 …………………… (83)
一、识图基本概念 ……………… (83)
二、识图基本知识 ……………… (88)
三、排水工程识图 ……………… (93)
四、排水工程制图 ……………… (97)
五、排水工程竣工图绘制 ……… (99)

第四章 城镇排水系统概论 ………… (101)

第一节 排水系统的作用与发展概况 …… (101)
一、排水系统的作用 …………… (101)

二、城镇排水系统发展概况 ……… (101)
第二节 排水系统体制 ……………… (107)
　一、排水系统体制 ………………… (107)
　二、排水系统组成 ………………… (108)
第三节 常见排水设施 ……………… (109)
　一、排水管渠 ……………………… (109)
　二、检查井 ………………………… (109)
　三、雨水口 ………………………… (110)
　四、特殊构筑物 …………………… (111)
　五、泵　站 ………………………… (115)
　六、调蓄池 ………………………… (115)

第五章　污泥处理处置概述 ……… (116)

第一节 污　泥 ……………………… (116)
　一、污泥的来源 …………………… (116)
　二、污泥的分类 …………………… (116)
　三、污泥的性质 …………………… (117)
　四、污泥的组成 …………………… (117)
第二节 污泥的最终处置与处理方法 … (118)
　一、污泥的最终处置 ……………… (118)
　二、污泥的处理方法 ……………… (118)
第三节 污泥处理处置新技术 ……… (119)
第四节 我国有关污泥处理处置的标准规范 …
　　　……………………………… (119)
　一、国家标准 ……………………… (119)
　二、行业标准 ……………………… (119)
　三、地方标准 ……………………… (119)
　四、推荐规范 ……………………… (119)

第六章　污泥处理处置工艺 ……… (120)

第一节 污泥处理处置常用工艺流程 … (120)
第二节 筛分、洗砂、均质、浓缩 … (121)
　一、筛分 …………………………… (121)
　二、洗砂 …………………………… (122)
　三、均质 …………………………… (122)
　四、浓缩 …………………………… (122)
第三节 脱水、堆肥、干化、焚烧 … (127)
　一、脱水 …………………………… (127)
　二、堆肥 …………………………… (132)
　三、干化 …………………………… (134)
　四、焚烧 …………………………… (135)
第四节 热水解、厌氧消化、沼气利用 … (136)
　一、热水解 ………………………… (136)

二、厌氧消化 ……………………… (138)
　三、沼气利用 ……………………… (143)

第七章　相关知识 ………………… (147)

第一节 电工基础知识 ……………… (147)
　一、电学基础 ……………………… (147)
　二、电工基础 ……………………… (156)
　三、电力系统 ……………………… (160)
　四、城镇排水泵站供配电基本知识 … (173)
　五、旋转电机的基本知识 ………… (178)
　六、变频器的基本知识 …………… (185)
　七、软启动器的基础知识 ………… (190)
第二节 机械基础知识 ……………… (192)
　一、机械的概念 …………………… (192)
　二、机器的组成 …………………… (193)
　三、机械的常用零部件 …………… (193)
　四、润滑油（脂）的型号、性能与应用 …
　　　……………………………… (194)
　五、机械维修的工具及方法 ……… (195)
　六、机械的传动基础知识 ………… (195)
　七、电动机的拖动基础知识 ……… (197)
第三节 我国有关污泥处理处置的法律法规 …
　　　……………………………… (199)
　一、《中华人民共和国环境保护法》相关条款
　　　……………………………… (199)
　二、《中华人民共和国固体废物污染环境防治
　　　法》相关条款 ……………… (199)
　三、《城镇排水与污水处理条例》相关条款 …
　　　……………………………… (200)

第八章　污泥处理处置的运行检查 ……… (201)

第一节 运行巡查 …………………… (201)
　一、筛分、洗砂、均质、浓缩 …… (201)
　二、脱水、堆肥、干化、焚烧 …… (201)
　三、热水解、厌氧消化、沼气利用 … (202)
第二节 仪器测量 …………………… (202)
　一、筛分、洗砂、均质、浓缩 …… (202)
　二、脱水、堆肥、干化、焚烧 …… (202)
　三、热水解、厌氧消化、沼气利用 … (203)
第三节 采样检测 …………………… (203)
　一、筛分、洗砂、均质、浓缩 …… (203)
　二、脱水、堆肥、干化、焚烧 …… (203)
　三、热水解、厌氧消化、沼气利用 … (203)

第四节　运行评估 …………………… (204)
　　　一、筛分、洗砂、均质、浓缩 ………… (204)
　　　二、脱水、堆肥、干化、焚烧 ………… (204)

第九章　污泥处理处置的工况调整 ……… (205)

　　第一节　运行基本操作 ………………… (205)
　　　一、筛分、洗砂、均质、浓缩 ………… (205)
　　　二、热水解、厌氧消化、沼气利用 …… (206)
　　　三、脱水、堆肥、干化、焚烧 ………… (207)
　　第二节　运行稳定调节 ………………… (208)
　　　一、筛分、洗砂、均质、浓缩 ………… (208)
　　　二、脱水、堆肥、干化、焚烧 ………… (209)
　　　三、热水解、厌氧消化、沼气利用 …… (210)
　　第三节　运行故障处理 ………………… (210)
　　　一、筛分、洗砂、均质、浓缩 ………… (210)
　　　二、脱水、堆肥、干化、焚烧 ………… (210)
　　　三、热水解、厌氧消化、沼气利用 …… (212)
　　第四节　运行工况优化 ………………… (213)
　　　一、筛分、洗砂、均质、浓缩 ………… (213)
　　　二、脱水、堆肥、干化、焚烧 ………… (213)
　　　三、热水解、厌氧消化、沼气利用 …… (214)

第十章　污泥处理处置设备设施维护 …… (215)

　　第一节　常用仪器仪表 ………………… (215)
　　　一、温度计 ……………………………… (215)
　　　二、常用在线压力表 …………………… (215)
　　　三、液位计 ……………………………… (216)
　　　四、流量计 ……………………………… (217)
　　第二节　常用机电设备 ………………… (218)
　　　一、阀门 ………………………………… (218)
　　　二、机电设备 …………………………… (221)
　　第三节　自动控制系统 ………………… (227)
　　　一、可编程序控制器 …………………… (227)
　　　二、人机界面 …………………………… (231)
　　　三、工业控制计算机 …………………… (232)
　　　四、自动控制系统在污泥处理中的应用 ………
　　　　………………………………………… (233)
　　第四节　构筑物及管线 ………………… (234)
　　　一、消化池 ……………………………… (234)
　　　二、沼气管线及其附属物 ……………… (234)
　　　三、污泥管线及其附属构筑物 ………… (235)

第十一章　技术管理 ……………………… (236)

　　第一节　运行值班表单 ………………… (236)
　　第二节　运行统计报表 ………………… (236)
　　第三节　运行总结报告 ………………… (236)
　　第四节　生产成本及生产计划 ………… (236)
　　　一、生产成本 …………………………… (236)
　　　二、生产计划 …………………………… (236)

附　录 ……………………………………… (238)

绪　论

污泥处理工是指从事城镇排水污泥处理、处置，利用设施运行、维护的操作人员。污泥处理工的工作内容主要包括操作调质、沉砂、筛分、浓缩、脱水、消化、干化、焚烧、堆肥等设备，控制污泥处理处置设施运行工艺参数，保证泥质达标；巡查污泥处理处置设施、设备的运行状况，发现问题及时报告处理；调整污泥处理处置设施、设备的运行状态，以满足污泥处理质量的要求；维护污泥处理处置设施、设备，保持功能良好；填写污泥处理处置运行维护记录，整理归档；办理污泥处理处置的相关各类突发事件，严格遵循应急预案相关要求。污泥处理工作范围涉及到取样作业、巡检作业、计算机操作作业、有限空间作业、带水作业、带电作业、高温作业、高空作业、吊装作业等。污泥处理工必须熟知本工种所涉及的危险源及危险作业，确保安全生产。

污泥处理技术具有多学科融合特点，污泥处理工需要掌握污泥处理技术的专业知识及流体力学、微生物学、机械、电工、工程识图等相关基础知识。

第一章
安全基础知识

第一节 安全常识

一、常见危险源的识别

危险源的定义为：可能导致人员伤害或财务损失事故的，潜在的不安全因素；可能导致死亡、伤害、职业病、财产损失、工作环境破坏或这些情况组合的根源或状态。

（一）危险有害因素种类及来源

污泥处理处置过程中，其危险有害因素种类及来源见表1-1。

（二）工艺过程的危险源及风险

污泥处理处置涉及不同的工艺，相应的危险源及风险见表1-2。

表1-1 危险有害因素种类及来源

种类	来源	存在区域
物体打击	产生物体下落、抛出、破裂、飞散、人员摔伤的场所、设备和操作	施工工地、车间
车辆伤害	车辆、车辆移动及停放的牵引设备、通道	厂内道路、需要车辆进入的车间
机械伤害	运行中的机械设备	生产现场
起重机	被起吊的重物、起重机械本身	施工工地、配有起重装置的车间
触电、停电	电源装置、电气设备	变配电室、用电线路
灼烫	热源设备、加热设备、高温管道	余热回收装置、锅炉和鼓风机等设备的发热部分；热水解、干化、焚烧等设备；蒸汽、热水等管道
火灾	可燃物、易燃物、电器短路	重点是库房、宿舍和施工工地
高处坠落	存在高差2m及以上的工作地点、人员借以升降的设备装置	各项高处作业
爆炸	沼气产生、收集、脱硫、利用系统	污水井、污泥处理区
锅炉爆炸	锅炉	锅炉房
压力容器爆炸	空气压缩机、沼气存储装置、气瓶或液化气瓶	高温罐（浆化罐、反应罐、闪蒸罐）、沼气气柜
淹溺	储泥池	厂内水池、水井、地下管线和渠道
中毒和窒息	有毒有害气体产生和聚集的场所	污水井、地下连接下水道且空气不流通的地点、沼气、热水解工艺气等
雷击	高大建筑物	消化池、料仓、气柜等

表 1-2 工艺过程的危险源及风险

工艺过程 工序/人员/设备	危险源(危害)	危险(风险)
生产/操作人/鼓风机和内燃机、锅炉、沼气压缩机、发电机房、管道	高温烫伤、气体泄露潜在火灾爆炸	人员伤害
生产/操作人/料仓、消化池、气柜、脱水机房	气体泄漏	人员中毒
生产/操作人/锅炉、消化池、气柜、压力容器	安全控制装置失灵潜在火灾爆炸	人员伤害
生产/操作人/变配电室	电气火灾、防护用品失效、违章操作	触电伤害
生产/操作人/天车	天车装置失灵	人员伤害
生产/操作人/护栏	安全防护栏失效	人员溺水伤害
有限空间作业/人员/管道、阀门井	缺氧、毒气排放	人员伤害
污泥浓缩、脱水、溶药、化验/操作人/药剂	化学品使用、储存不当，化学品腐蚀或潜在火灾爆炸	人员伤害
机械操作/操作人/脱水机、输送机、泵	机器异常运转或操作不当	机械伤害
热水解/操作人/高温罐(浆化罐、反应罐、闪蒸罐)	高温烫伤	人员伤害
储存、生产/管理员/临时搭建房、库房、档案室、计算机房	火种意外引入诱发火灾	人员伤害
食品制作/厨师/设备	天然气泄漏潜在火灾爆炸	人员伤害
食品制作/厨师/设备	潜在食物中毒	人员中毒
食品制作/厨师/设备	违章操作	人员伤害
驾驶/司机/机动车(班车)	交通事故	人员伤害
生产/相关方/设备	违章操作	人员伤害
升级改造、施工/人员	误入施工区域	人员伤害

(三) 其他危险源

食物中毒，夏天高温中暑，冬天低温冻伤，库房、办公场所火灾事故，设施、设备被盗事故，网络数据信息泄漏事故，与水体相关的传染性疾病暴发导致的事故，因战争、破坏、恐怖活动等突发事件导致的事故，其他可能导致发生生产安全事故的危险源。

二、常见危险源的防范

在污泥处理处置过程中，主要的危险源包括有毒有害气体中毒与窒息、机械伤害、触电、高空跌落、溺水等。应利用工程技术控制、个人行为控制和管理手段消除、控制危险源，防止事故发生，造成人员伤害和财产损失。

(一) 技术控制

技术控制是指采用技术措施对危险源进行控制，主要技术包括消除、防护、减弱、隔离、连锁和警告等措施。

(1) 消除措施：消除系统中的危险源，可以从根本上防止事故的发生。但是，按照现代安全工程的观点，彻底消除所有危险源是不可能的。因此，人们往往首先选择危险性较大，并且在现有技术条件下可以消除的危险源作为优先考虑的对象。可以通过选择合适的工艺、技术、设备、设施，合理的结构形式，无害、无毒和不能致人伤亡的物料，来彻底消除某种危险源。

(2) 防护措施：当消除危险源有困难时，可采取适当的防护措施，如使用安全阀、安全屏护、漏电保护装置、安全电压、熔断器、排风装置等。

(3) 减弱措施：在无法消除危险源和难以预防危险发生的情况下，可采取减轻危险因素的措施，如选择降温措施、避雷装置、消除静电装置、减震装置等。

(4) 隔离措施：在无法消除、预防和隔离危险源的情况下，应将作业人员与危险源隔离，并将不能共存的物质分开，如采取遥控作业，设置安全罩、防护屏、隔离操作室、安全距离等。

(5) 连锁措施：当操作者操作失误或设备运行达到危险状态时，应通过连锁装置终止危险、危害发生。

(6) 警告措施：在易发生故障和危险性较大的地方，设置醒目的安全色、安全标志；必要时，设置声、光或声光组合报警装置。

(二) 个人行为控制

个人行为控制是指控制人为失误，减少人的不正确行为对危险源的触发作用。人为失误的主要表现形式有：操作失误、指挥错误、不正确的判断或缺乏判断、粗心大意、厌烦、懒散、疲劳、紧张、疾病或生理缺陷、错误使用防护用品和防护装置等。

(三) 管理控制

可采取以下措施对危险源实行管理控制：

1. 建立健全危险源管理的规章制度

危险源确定后，在对其进行系统分析的基础上建立健全各项规章制度，包括岗位安全生产责任制、危险源重点控制实施细则、安全操作规程、操作人员培训考核制度、日常管理制度、交接班制度、检查制度、信息反馈制度、危险作业审批制度、异常情况应急措施和考核奖惩制度等。

2. 加强安全教育培训

落实《中华人民共和国安全生产法》中安全教育培训的要求，通过新员工培训、调岗员工培训、复工员工培训、日常培训等提高职工的安全意识，增强职工的安全操作技能，避免职业危害。

3. 加强宣传告知

对日常操作中存在的危险源应提前告知，使职工熟悉伤害类型与控制措施。如在有危险源的区域设置危险源警示标牌，方便职工了解危险源(图1-1)。

4. 明确责任，定期检查

根据各类危险源的等级，确定好责任人，明确其责任和工作，并明确各级危险源的定期检查责任。对危险源要对照检查表逐条逐项检查，按规定的方法和标准进行检查，并进行详细的记录。如果发现隐患，则应按信息反馈制度及时反馈，及时消除，确保安全生产。

5. 加强危险源的日常管理

作业人员应严格贯彻执行有关危险源日常管理的规章制度，做好安全值班和交接班，按安全操作规程进行操作；按安全检查表进行日常安全检查；危险作业需经过审批方可操作等，对所有活动均应按要求认真做好记录；按安全档案管理的有关要求建立危险源的档案，并指定专人保管，定期整理。

6. 抓好信息反馈，及时整改隐患

职工应履行义务，在发现事故隐患和不安全因素后，及时向现场安全生产管理人员或单位负责人报告。单位应对发现的事故隐患，根据其性质和严重程度，按照规定分级，实行信息反馈和整改制度，并做好记录。

重大危险源公示牌

序号	危险源名称	伤害事故	控制措施
1	起重吊装作业	物体打击、高处坠落、倾覆、倒塌	塔司、信号工持证上岗；安全交底、班前讲话；检查、保养、调试等
2	高支模板、大模板安装、拆除、吊运、存放	坍塌、物体打击、高处坠落	编制方案、班前教育、安全交底；设独立存放区、搭设存放架；施工过程监督、巡视、验收、检查吊索、索口、临时固定、支撑措施等
3	防护脚手架、作业平台搭拆和使用	坍塌、物体打击、高处坠落	编制方案、班前教育、安全交底、持证上岗；系挂安全带、检查预埋件、连墙件、卸荷钢丝绳拉接、作业层铺板严密、隔层防护搭设到位、现场巡视、现场验收等
4	临时用电	触电、火灾	选用符合国标电气产品；三级配电、逐级保护、佩戴个人防护用品、持证上岗；操作规范、临时防护措施、安全检查等
5	电气焊	火灾、触电、爆炸	持证上岗、安全交底、班前教育；电气焊作业安全操作规程、防雨防晒防砸措施；开具动火证、配备灭火器、专人监护、清理现场、切断电源等
6	高处作业	高空坠落	编制方案、安全交底、系挂安全带；临边防护、孔洞防护、安装密目网、护栏；首层、隔层防护等

图1-1 重大危险源公示牌示例

7. 做好危险源控制管理的考核评价和奖惩

应对危险源控制管理的各方面工作制定考核标准，并力求量化，以便于划分等级。考核评价标准应逐年提高，促使危险源控制管理的水平不断提升。

(四)危险源具体防范措施

1. 有限空间作业中毒与窒息事故的防范

排水管道、渠道、格栅间、污泥处理池等工作场所，由于自然通风不良，易造成有毒有害气体积聚或含氧量不足，形成有限空间。对于有限空间内可能存在的危险气体环境，应采取各种措施消除危险源，《工贸企业有限空间作业安全管理与监督暂行规定》中对有限空间作业安全管理提出的要求如下：

1) 辨识标识

对有限空间进行辨识，确定有限空间的数量、位置和危险有害因素等基本情况，建立有限空间管理台账，并及时更新。在排查出的每个有限空间作业场所或设备附近设置清晰、醒目、规范的安全警示标志，标明主要危险有害因素，警示有限空间风险，严禁人员擅自进入和盲目施救。

2) 建章立制

企业应当按照有限空间作业方案，明确作业现场负责人、监护人员、作业人员及其安全职责。在实施有限空间作业前，应当将有限空间作业方案和作业现场可能存在的危险有害因素、防控措施告知作业人员。现场负责人应当监督作业人员按照方案进行作业准备。

3) 专项培训

生产经营单位应建立有限空间作业审批制度、作业人员健康检查制度、有限空间安全设施监管制度；同时对从事有限空间作业的人员进行培训教育。

生产经营单位在作业前应针对施工方案，对从事有限空间危险作业的人员进行作业内容、职业危害等教育；对紧急情况下的个人避险常识、中毒窒息和其他伤害的应急救援措施教育。

4) 装备配备

企业应当根据有限空间存在危险有害因素的种类和危害程度，为作业人员提供符合国家标准或者行业标准规定的劳动防护用品，并教育监督作业人员正确佩戴与使用。

对不能采用通风换气措施或受作业环境限制不易充分通风换气的场所，作业人员必须配备并使用空气呼吸器或软管面具等隔离式呼吸保护器具，严禁使用过滤式面具。佩戴呼吸器进入有限空间作业时，作业人员须随时掌握呼吸器气压值，判断作业时间和行进距离，保证预留足够的气压以返回地面。作业人员听到空气呼吸器的报警音后，必须立即返回地面。严禁使用过滤式面具，应使用自给式呼吸器。

5) 作业审批

生产经营单位应建立有限空间作业审批制度、有限空间安全设施监管制度。

6) 现场管理

有限空间作业现场操作应当符合下列要求：

(1) 设置明显的安全警示标志和警示说明：在有限空间外敞面醒目处，设置警戒区、警戒线、警戒标志，未经许可，不得入内。

(2) 通风或置换空气：对任何可能造成职业危害、人员伤亡的有限空间场所作业，应坚持"先通风、再检测、后作业"的原则，对有限空间通风，可以在带来清洁空气的同时，将污染的空气从有限空间内排出，从而控制其危害。进入自然通风换气效果不良的有限空间，应采用机械通风，通风换气次数每小时不能少于3次。发现通风设备停止运转、有限空间内氧含量浓度低于或者有毒有害气体浓度高于国家标准或者行业标准规定的限值时，必须立即停止有限空间作业，清点作业人员，撤离作业现场。

(3) 气体的监测：对于有限空间要做到"三不进入"，即未进行通风不进入，未实施监测不进入，监护人员未到位不进入。进入前，应先检测确认有限空间内有害物质浓度，作业前30min，应再次对有限空间有害物质浓度采样，分析结果合格后，作业人员方可进入有限空间。作业中断超过30min，作业人员再次进入有限空间作业前，应当重新通风，检测合格后，方可再次进入。由于泵阀、管线等设施可能泄漏以及存在积水、积泥等情况，在作业过程中应对气体进行连续监测，避免突发的风险，一旦检测仪报警，有限空间内的作业人员需马上撤离。检测人员进行检测时，应当记录检测的时间、地点、气体种类、浓度等信息。检测记录经检测人员签字后存档。检测人员应当采取相应的安全防护措施，防止中毒窒息等事故发生。

(4) 作业现场人员分工和职责：有限空间作业现场应明确监护人员和作业人员，作业前清点作业人员和器具，作业人员与外部要有可靠的通信联络。监护人员不得进入有限空间，不得离开作业现场，并与作业人员保持联系。存在交叉作业时，采取避免互相伤害的措施。作业结束后，作业现场负责人、监护人员应当对作业现场进行清理，撤离作业人员。

(5) 发包管理：将有限空间作业发包给其他单位实施的，承包方应当具备国家规定的资质或者安全生产条件，企业应与承包方签订专门的安全生产管理协议或者在承包合同中明确各自的安全生产职责。存在多个承包方时，企业应当对承包方的安全生产工作进行统一协调、管理。工贸企业对其发包的有限空间作业安全承担主体责任，承包方对其承包的有限空间作业安全承担直接责任。

（6）应急救援：根据有限空间作业的特点，制订应急预案，并配备相关的呼吸器、防毒面罩、通信设备、安全绳索等应急装备和器材。有限空间作业的现场负责人、监护人员、作业人员和应急救援人员应当掌握相关应急预案内容，定期进行演练，提高应急处置能力。有限空间作业中发生事故后，现场有关人员应当立即报警，禁止盲目施救。应急救援人员实施救援时，应当做好自身防护，佩戴必要的呼吸器具、救援器材。

2. 触电事故的防范

污泥处理的设施设备，如有质量不合格、安装不恰当、使用不合理、维修不及时、工作人员操作不规范等，都会造成设施设备的损坏，甚至造成人身触电伤害事故。

1）采用防止触电的技术措施

防止触电的安全技术措施是防止人体触及或过分接近带电体造成触电事故，以及防止短路、故障接地等电气事故的主要安全措施。具体分为直接触电防护措施与间接触电防护措施。

（1）直接触电防护措施

①绝缘：即用绝缘的方法来防止人体触及带电体，不让人体和带电体接触，从而避免触电事故发生。注意：单独用涂漆、漆包等类似的绝缘措施来防止触电是不够的。

②屏护：即用屏障或围栏防止人体触及带电体。屏障或围栏还能使人意识到超越屏障或围栏会遇到危险而不会有意触及带电体。

③障碍：即设置障碍以防止人体无意触及带电体或接近带电体，但不能防止人有意绕过障碍去触及带电体。

④间隔：即保持间隔以防止人体无意触及带电体。凡易于接近的带电体，应保持在人的手臂所及范围之外，正常时使用长大工具者，间隔应当加大。

⑤安全标志：安全标志是保证安全生产、预防触电事故的重要措施。

⑥漏电保护装置：漏电保护又称残余电流保护或接地故障电流保护。漏电保护只用作附加保护，不应单独使用，动作电流不宜超过30mA。

⑦安全电压：根据场所特点，采用相应等级的安全电压。

（2）间接触电防护措施

①自动断开电源：即根据低压配电网的运行方式和安全需要，采用适当的自动化元件和连接方法，使低压配电网发生故障时，能在规定时间内自动断开电源，防止人体接触电压的危险。对于不同的配电网，可根据其特点分别采取过电流保护（包括零接地）、漏电保护、故障电压保护（包括接地保护）、绝缘监视等保护措施。

②加强绝缘：即采用双重绝缘（或加强绝缘）的电气设备，或者采用另有共同绝缘的组合电气设备，防止其工作绝缘损坏后，在人体易接近的部分出现危险的对地电压。

③不导电环境：这种措施是防止绝缘损坏时，人体同时触及不同电位的两点。当所在环境的墙和地板均系绝缘体，以及可能出现不同电位之间的距离超过2m时，可满足这种保护措施。

④等电位环境：即将所有容易同时接近的裸露导体（包括设备以外的裸露导体）互相连接起来，以防止危险的接触电压。等电位范围不应小于可能触及带电体的范围。

⑤电气隔离：即采用隔离变压器或有同等隔离能力的发电机供电，以实现电气隔离，防止裸露导体发生故障带电时造成电击。被隔离回路的电压不应超过500V；其带电部分不能同其他电气回路或大地相连，以保持隔离要求。

⑥安全电压：根据场所特点，采用相应等级的安全电压。

2）强化电气安全教育

电气安全教育是为了使作业人员了解关于电的一些基本知识，认识安全用电的重要性，掌握安全用电的基本方法，从而能安全、有效地进行操作。如企业可以使用一些安全宣教图来强化电气安全教育。

3）正确使用电气设备

触电事故的发生是因为人体接触到带电部件或意外接触带电部件，导致电流通过人体。因此，作业人员要加强安全用电学习，并学会正确使用电气设备。

做好电气设备的管理工作：①所有电气设备都应有专人负责保养；②在进行卫生作业时，不要用湿布擦拭或用水冲洗电气设备，以免触电或使设备受潮、腐蚀而形成短路；③不要在电气控制箱内放置杂物，也不要把物品堆置在电气设备旁边。

在使用移动电具前，必须认真检查插头和电线等容易损坏的部位。搬动或移动电具前，一定要先切断电源。

4）严格遵守电气安全制度

作业中，如需拉接临时电线装置，必须向有关管理部门办理申报手续，经批准后，方可请电工装接。严禁不经请示私自乱拉乱接电线。对已批准安装的临时线路，应指定专人负责，到期即请电工拆除。

当发现电气设备出现故障、缺陷时，必须及时通知电工进行修理，其他人员一律不准私自装拆和修理电气设备。不准随便移动电气标志牌。

5）定期检查电气设备

定期检查，保证电气设备完好。一旦发现问题，要及时通知电工进行修理。

6）加强安全资料的管理

安全资料是做好安全工作的重要依据。技术资料对于安全工作是十分必要的，应注意收集和保存。

为了工作和检查方便，应绘制高压系统图、低压布线图、全厂架空线路和电缆线路布置图等图形资料。

对重要设备应单独建立资料档案。每次的检修和试验记录应作为资料保存，以便核对。

设备事故和人身安全事故的记录也应作为资料保存。

应注意收集国内外电气安全信息，并作分类保存。

3. 溺水和高空坠落事故的安全防范

高处坠落事故发生的主要原因来自人的不安全行为、物的不安全状态、管理缺陷与环境影响四个方面，高处坠落事故的主要防范措施如下：

1）控制人的因素，减少人的不安全行为

经常对从事高处作业的人员进行观察检查，一旦发现不安全情况，应及时进行心理疏导，消除其心理压力，或将其调离岗位。

禁止患高血压、心脏病、癫痫病等疾病或有生理缺陷的人员从事高处作业，应当定期给从事高处作业的人员进行体格检查，发现有高处作业疾病或有生理缺陷的人员，应将其调离岗位。

对高处作业的人员除进行安全知识教育外，还应加强安全态度教育和安全法制教育，提高其安全意识和自身防护能力，减少作业风险。

要求员工掌握安全救护技能和应急预案。

2）控制物的因素，减少物的不安全状态

污水池必须有栏杆，栏杆高度要高于1.2m，确保其坚固、可靠，同时悬挂警示牌。

水池上的走道不能太光滑，也不能高低不平。

污水池区域必须设置若干救生圈，救生圈应拴上足够长的绳子，并定期检查和更换，以备不时之需，如图1-2所示。

在职工工作的通道上设置开关可靠的活动护栏，方便工作。

3）控制操作方法，防止违章行为

从事高处作业的人员应严格依照操作规程操作，

图1-2 设置救生圈

杜绝违章行为。

从事高处作业的人员禁止穿易滑的高跟鞋、硬底鞋、拖鞋等上岗或酒后作业。

从事高处作业的人员应注意身体重心，注意用力方法，防止因身体重心超出支承面而发生事故。

不准随便翻越栏杆工作，越栏工作必须穿好防护设备，并派专人监护。

4）强化组织管理，避免违章指挥

严格高处作业检查、教育制度，坚持"四勤"（即勤教育、勤检查、勤深入作业现场进行指导、勤发动群众提合理化建议），查身边事故隐患，实现"三不伤害"（即不伤害自己、不伤害他人、不被他人伤害）的目的。

应该根据季节变化，及时调整作息时间，防止高处作业人员产生过度生理疲劳。

落实强化安全责任制，将安全生产工作实绩与年终分配考核结果联系在一起。

根据《中华人民共和国安全生产法》和《中华人民共和国建筑法》的有关规定，应当为高处作业人员购买社会工伤保险和意外伤害保险，尽量减少作业风险。

5）控制环境因素，改良作业环境

禁止在大雨、大雪和六级以上强风等恶劣天气下从事露天高空作业。

铁栅、池盖、井盖如有腐蚀损坏，须及时调换。

水池上的走道不能有障碍物、突出的螺栓根、横在道路上的东西，防止巡视时工作人员不小心绊倒。

4. 火灾爆炸事故的防范

燃烧必须同时具备三个基本条件，即可燃物、助燃物、点火源，火灾的防控在于消除其中的任意一个条件，图1-3为"火三角"标注。

火灾爆炸事故的主要防范措施如下：

1）加强防火防爆管理

加强教育培训，确保员工掌握有关安全法规、防火防爆安全技术知识。

定期或不定期开展安全检查，及时发现并消除安全隐患。

图 1-3 火三角

配备专用有效的消防器材、安全保险装置和设施，如可燃气体报警器、烟感报警器及仪表装置、室内外消火栓、消火水带、消防斧、消防标志牌等。派专人负责管理消防器材，建立台账，确保消防器材的设置符合有关法律法规和标准的规定，确保器材完好有效。

2）加强重点危险源管控

防火防爆应首先划出重点防火防爆区，重点防火防爆区的电机、设备设施都要用防爆类型的，并安装检测、报警器。进入该区禁止带火种、打手机、穿铁钉鞋或有静电工作服等，重点部位应设置防火器材。

3）消除点火源

燃烧爆炸危险区域及附近严禁吸烟。

维修动火实行危险作业审批制度，动火作业时，应做到"八不""四要""一清理"。

①动火前"八不"：防火、灭火措施不落实，不动火；周围的易燃杂物未清除，不动火；附近难以移动的易燃物未采取安全防范措施，不动火；盛装过油类等易燃液体的容器和管道，未经洗刷干净、排除残存的油质，不动火；盛装过气体会受热膨胀并有爆炸危险的容器和管道，不动火；储存有易燃、易爆物品的车间、仓库和场所，未经排除易燃、易爆危险，不动火；在高处进行焊接和切割作业时，其下面的可燃物品未清理或未采取安全防护措施，不动火；未配备相应的灭火器材，不动火。

②动火中"四要"：动火前要指定现场安全负责人；现场安全负责人和动火人员必须经常注意动火情况，发现不安全苗头时要立即停止动火；发生火灾及爆炸事故时，要及时扑救；动火人员要严格执行安全操作规程。

③动火后"一清理"：动火人员和现场安全责任人在动火后，应彻底落实清理现场火种，才能离开现场，以确保作业安全。

易产生电气火花、静电火花、雷击火花、摩擦和撞击火花处，应采取相应的防护措施。

4）控制易燃、助燃、易爆物

少用或不用易燃、助燃、易爆物，用时要严格依照操作规程，防止泄漏。

加强通风，降低可燃、助燃、爆炸物浓度，防止其到达爆炸极限或燃烧条件。

5. 机械伤害事故的防范

厂区依据工艺不同，在日常生产工作中会用到各种机械设备，如设备存在的隐患未及时排除，使用不当或违章操作，就可能引发机械伤害事故。

从安全系统工程学的角度来看，造成机械伤害的原因可以从人、机、环境三个方面进行分析。人、机、环境三个方面中的任何一个出现缺陷，都有可能引发机械伤害事故。因此，防范机械伤害须采取如下措施：

1）加强操作人员的安全管理

建立健全安全操作规程和规章制度。抓好三级安全教育和业务技术培训、考核。提高安全意识和安全防护技能。做到"四懂"（懂原理、懂构造、懂性能、懂工艺流程）、"三会"（会操作、会保养、会排除故障）。正确穿戴个人防护用品。按规定进行安全检查或巡回检查。严格遵守劳动纪律，杜绝违章操作或习惯性违章。

2）注重机械设备的基本安全要求

设备结构设计需合理。要求如下：

（1）在设计过程中，对操作者容易触及的可转动零部件应尽可能将其封闭，对不能封闭的零部件必须配置必要的安全防护装置。

（2）对运行中的生产设备或超过极限位置的零部件，应配置可靠的限位、限速装置和防坠落、防逆转装置；电气线路配置防触电、防火警装置。

（3）对工艺过程中会产生粉尘和有害气体或有害蒸汽的设备，应采用自动加料、自动卸料装置，并配置吸入、净化和排放装置。

（4）对有害物质的密闭系统，应避免跑、冒、滴、漏，必要时应配置检测报警装置。

（5）对生产剧毒物质的设备，应有渗漏应急救援措施等。

机械设备布局要合理。按有关规定，设备布局应达到以下要求：

（1）机械设备间距：小型设备不小于 0.7m，中型设备不小于 1m，大型设备不小于 2m。

（2）设备与墙、柱间距：小型设备不小于 0.7m，中型设备不小于 0.8m，大型设备不小于 0.9m。

（3）操作空间：小型设备不小于 0.6m，中型设备不小于 0.7m，大型设备不小于 1.1m。

（4）高于 2m 的运输线需要有牢固的防护罩。

提高机械设备零部件的安全可靠性。要求如下：

（1）合理选择结构、材料、工艺和安全系数。

(2)操纵器必须采用连锁装置或保护措施。

(3)必须设置防滑、防坠落和预防人身伤害的防护装置,如限位装置、限速装置、防逆转装置、防护网等。

(4)必须有安全控制系统,如配置自动监控系统、声光报警装置等。

(5)设置足够数量、形状有别于一般的紧急开关。

加强危险部位的安全防护。从根本上讲,对于机械伤害的防护,首先应在设计和安装时充分予以考虑,包括安全要求、材料要求、安装要求,其次才是在使用时加以注意。如:

(1)带传动通常是靠紧张的带与带轮间的摩擦力来传递运动的,它既具有一般传动装置的共性,又具有容易断带的个性,因此对此类装置的防护应采用防护罩或防护栅栏将其隔离,除2m以内高度的带传动必须采用外,带轮中心距3m以上或带宽在15cm以上或带速在9m/s以上的,即使是2m以上高度的带传动也应该加以防护。

(2)对链传动,可根据其传动特点采用完全封闭的链条防护罩,既可防尘,减少磨损,保持良好润滑,又可很好地防止伤害事故发生。

重视作业环境的改善:要重视作业环境的改善。布局要合理、照明要适宜、温湿度要适中、噪声和振动要小,具有良好的通风设施。

第二节 安全生产基本法规

一、《中华人民共和国安全生产法》相关条款

《中华人民共和国安全生产法》于2014年8月3日通过,自2014年12月1日起施行。其相关重点条款摘要如下:

第三条 安全生产工作应当以人为本,坚持安全发展,坚持安全第一、预防为主、综合治理的方针,强化和落实生产经营单位的主体责任,建立生产经营单位负责、职工参与、政府监管、行业自律和社会监督的机制。

第四条 生产经营单位必须遵守本法和其他有关安全生产的法律、法规,加强安全生产管理,建立、健全安全生产责任制和安全生产规章制度,改善安全生产条件,推进安全生产标准化建设,提高安全生产水平,确保安全生产。

第五条 生产经营单位的主要负责人对本单位的安全生产工作全面负责。

第六条 生产经营单位的从业人员有依法获得安全生产保障的权利,并应当依法履行安全生产方面的义务。

第七条 工会依法对安全生产工作进行监督。

生产经营单位的工会依法组织职工参加本单位安全生产工作的民主管理和民主监督,维护职工在安全生产方面的合法权益。生产经营单位制定或者修改有关安全生产的规章制度,应当听取工会的意见。

第十三条 依法设立的为安全生产提供技术、管理服务的机构,依照法律、行政法规和执业准则,接受生产经营单位的委托为其安全生产工作提供技术、管理服务。生产经营单位委托前款规定的机构提供安全生产技术、管理服务的,保证安全生产的责任仍由本单位负责。

第十七条 生产经营单位应当具备本法和有关法律、行政法规和国家标准或者行业标准规定的安全生产条件;不具备安全生产条件的,不得从事生产经营活动。

第十八条 生产经营单位的主要负责人对本单位安全生产工作负有下列职责:

(一)建立、健全本单位安全生产责任制;

(二)组织制定本单位安全生产规章制度和操作规程;

(三)组织制定并实施本单位安全生产教育和培训计划;

(四)保证本单位安全生产投入的有效实施;

(五)督促、检查本单位的安全生产工作,及时消除生产安全事故隐患;

(六)组织制定并实施本单位的生产安全事故应急救援预案;

(七)及时、如实报告生产安全事故。

第十九条 生产经营单位的安全生产责任制应当明确各岗位的责任人员、责任范围和考核标准等内容。生产经营单位应当建立相应的机制,加强对安全生产责任制落实情况的监督考核,保证安全生产责任制的落实。

第二十二条 生产经营单位的安全生产管理机构以及安全生产管理人员履行下列职责:

(一)组织或者参与拟订本单位安全生产规章制度、操作规程和生产安全事故应急救援预案;

(二)组织或者参与本单位安全生产教育和培训,如实记录安全生产教育和培训情况;

(三)督促落实本单位重大危险源的安全管理措施;

(四)组织或者参与本单位应急救援演练;

（五）检查本单位的安全生产状况，及时排查生产安全事故隐患，提出改进安全生产管理的建议；

（六）制止和纠正违章指挥、强令冒险作业、违反操作规程的行为；

（七）督促落实本单位安全生产整改措施。

第二十五条　生产经营单位应当对从业人员进行安全生产教育和培训，保证从业人员具备必要的安全生产知识，熟悉有关的安全生产规章制度和安全操作规程，掌握本岗位的安全操作技能，了解事故应急处理措施，知悉自身在安全生产方面的权利和义务。未经安全生产教育和培训合格的从业人员，不得上岗作业。

生产经营单位使用被派遣劳动者的，应当将被派遣劳动者纳入本单位从业人员统一管理，对被派遣劳动者进行岗位安全操作规程和安全操作技能的教育和培训。劳务派遣单位应当对被派遣劳动者进行必要的安全生产教育和培训。

生产经营单位接收中等职业学校、高等学校学生实习的，应当对实习学生进行相应的安全生产教育和培训，提供必要的劳动防护用品。学校应当协助生产经营单位对实习学生进行安全生产教育和培训。

生产经营单位应当建立安全生产教育和培训档案，如实记录安全生产教育和培训的时间、内容、参加人员以及考核结果等情况。

第二十六条　生产经营单位采用新工艺、新技术、新材料或者使用新设备，必须了解、掌握其安全技术特性，采取有效的安全防护措施，并对从业人员进行专门的安全生产教育和培训。

第二十七条　生产经营单位的特种作业人员必须按照国家有关规定经专门的安全作业培训，取得相应资格，方可上岗作业。特种作业人员的范围由国务院安全生产监督管理部门会同国务院有关部门确定。

第二十八条　生产经营单位新建、改建、扩建工程项目（以下统称建设项目）的安全设施，必须与主体工程同时设计、同时施工、同时投入生产和使用。安全设施投资应当纳入建设项目概算。

第三十二条　生产经营单位应当在有较大危险因素的生产经营场所和有关设施、设备上，设置明显的安全警示标志。

第四十一条　生产经营单位应当教育和督促从业人员严格执行本单位的安全生产规章制度和安全操作规程；并向从业人员如实告知作业场所和工作岗位存在的危险因素、防范措施以及事故应急措施。

第四十二条　生产经营单位必须为从业人员提供符合国家标准或者行业标准的劳动防护用品，并监督、教育从业人员按照使用规则佩戴、使用。

第四十四条　生产经营单位应当安排用于配备劳动防护用品、进行安全生产培训的经费。

第五十四条　从业人员在作业过程中，应当严格遵守本单位的安全生产规章制度和操作规程，服从管理，正确佩戴和使用劳动防护用品。

第五十五条　从业人员应当接受安全生产教育和培训，掌握本职工作所需的安全生产知识，提高安全生产技能，增强事故预防和应急处理能力。

第五十六条　从业人员发现事故隐患或者其他不安全因素，应当立即向现场安全生产管理人员或者本单位负责人报告；接到报告的人员应当及时予以处理。

第八十条　生产经营单位发生生产安全事故后，事故现场有关人员应当立即报告本单位负责人。

单位负责人接到事故报告后，应当迅速采取有效措施，组织抢救，防止事故扩大，减少人员伤亡和财产损失，并按照国家有关规定立即如实报告当地负有安全生产监督管理职责的部门，不得隐瞒不报、谎报或者迟报，不得故意破坏事故现场、毁灭有关证据。

第一百一十二条　本法下列用语的含义：

危险物品，是指易燃易爆物品、危险化学品、放射性物品等能够危及人身安全和财产安全的物品。

重大危险源，是指长期地或者临时地生产、搬运、使用或者储存危险物品，且危险物品的数量等于或者超过临界量的单元（包括场所和设施）。

第一百一十三条　本法规定的生产安全一般事故、较大事故、重大事故、特别重大事故的划分标准由国务院规定。

国务院安全生产监督管理部门和其他负有安全生产监督管理职责的部门应当根据各自的职责分工，制定相关行业、领域重大事故隐患的判定标准。

第一百一十四条　本法自 2014 年 12 月 1 日起施行。

二、《建设工程安全生产管理条例》相关条款

《建设工程安全生产管理条例》于 2003 年 11 月 24 日公布，自 2004 年 2 月 1 日起施行。其相关重点条款摘要如下：

第三十条　施工单位对因建设工程施工可能造成损害的毗邻建筑物、构筑物和地下管线等，应当采取专项防护措施。

施工单位应当遵守有关环境保护法律、法规的规定，在施工现场采取措施，防止或者减少粉尘、废气、废水、固体废物、噪声、振动和施工照明对人和环境的危害和污染。在城市市区内的建设工程，施工

单位应当对施工现场实行封闭围挡。

第三十二条 施工单位应当向作业人员提供安全防护用具和安全防护服装，并书面告知危险岗位的操作规程和违章操作的危害。

作业人员有权对施工现场的作业条件、作业程序和作业方式中存在的安全问题提出批评、检举和控告，有权拒绝违章指挥和强令冒险作业。

在施工中发生危及人身安全的紧急情况时，作业人员有权立即停止作业或者在采取必要的应急措施后撤离危险区域。

第三十三条 作业人员应当遵守安全施工的强制性标准、规章制度和操作规程，正确使用安全防护用具、机械设备等。

第三十六条 施工单位的主要负责人、项目负责人、专职安全生产管理人员应当经建设行政主管部门或者其他有关部门考核合格后方可任职。施工单位应当对管理人员和作业人员每年至少进行一次安全生产教育培训，其教育培训情况记入个人工作档案。安全生产教育培训考核不合格的人员，不得上岗。

第三十七条 作业人员进入新的岗位或者新的施工现场前，应当接受安全生产教育培训。未经教育培训或者教育培训考核不合格的人员，不得上岗作业。

施工单位在采用新技术、新工艺、新设备、新材料时，应当对作业人员进行相应的安全生产教育培训。

第六十九条 抢险救灾和农民自建低层住宅的安全生产管理，不适用本条例。

第七十条 军事建设工程的安全生产管理，按照中央军事委员会的有关规定执行。

第七十一条 本条例自2004年2月1日起施行。

第二章
工作现场安全操作知识

第一节 安全生产

一、劳动防护用品的功能及使用方法

劳动防护用品是保护劳动者在生产过程中的人身安全与健康所必需的一种防护性装备,对于减少职业危害、防止事故发生起着重要作用。

劳动防护用品分为特种劳动防护用品和一般劳动防护用品。特种劳动防护用品目录由应急管理部确定并公布。特种劳动防护用品需有三证,即生产许可证、产品合格证、特种劳防用品安全标志证。未列入目录的劳动防护用品为一般劳动防护用品。

劳动防护用品按防护部位分为头部防护、呼吸器官防护、眼面部防护、听觉器官防护、手部防护、足部防护、躯干防护、防坠落等用品。

(一)头部防护用品

头部防护用品是为防护头部不受外来物体打击和其他因素危害而采取的个人防护用品。根据防护功能要求,目前主要有普通工作帽、防尘帽、防水帽、防寒帽、安全帽、防静电帽、防高温帽、防电磁辐射帽、防昆虫帽等九类产品。排水作业过程中使用的头部防护用品主要是安全帽。

1. 安全帽的定义

安全帽是用于保护头部,防撞击、挤压伤害、物料喷溅、粉尘等的护具。用于防撞击时,主要用来避免或减轻在作业场所发生的高处坠落物、作业设备及设施等意外撞击对作业人员头部造成的伤害。

2. 安全帽的分类

安全帽分为以下六类:通用型、乘车型、特殊型安全帽、军用钢盔、军用保护帽和运动员用保护帽。其中,通用型和特殊型安全帽属于劳动防护用品。常见的安全帽由帽壳、帽衬和下颌带、附件等部分组成,结构如图2-1所示。

1-帽体;2-帽衬分散条;3-系带;4-帽衬顶带;
5-吸收冲击内衬;6-帽衬环形带;7-帽檐。

图 2-1 安全帽结构示意图

3. 安全帽的选用和使用方法

安全帽应选用质检部门检验合格的产品。根据安全帽的性能、尺寸、使用环境等条件,选择适宜的品类。如大檐帽和大舌帽适用于露天环境作业,小沿帽多用于室内、隧道、涵洞、井巷等工作环境。在易燃易爆环境中作业,应选择具有抗静电性能的安全帽;在有限空间作业,由于光线相对较暗,应选择颜色明亮的安全帽,以便于他人发现。

据有关统计,坠落物撞击致伤的人员中有15%是因安全帽使用不当造成的。所以不能以为戴上安全帽就能保护头部免受冲击伤害,在实际工作中还应了解和做到以下几点:

(1)进入生产现场或在厂区内外从事生产和劳动时,必须戴安全帽(国家或行业有特殊规定的除外;特殊作业或劳动,采取措施后可保证人员头部不受伤害并经过相关部门批准的除外)。

(2)安全帽必须有说明书,并指明使用场所,以供作业人员合理使用。

(3)安全帽在佩戴前,应检查各配件有无破损、装配是否牢固、帽衬调节部分是否卡紧、插口是否牢靠、绳带是否系紧等。若帽衬与帽壳之间的距离不在25~50mm,应用顶绳调节到规定的范围,确认各部

件完好后，方可使用。

(4)佩戴安全帽时，必须系紧安全帽带，根据使用者头部的大小，将帽箍长度调节到适宜位置(松紧适度)。高处作业者佩戴的安全帽，要有下颏带和后颈箍，并应拴牢，以防帽子滑落与脱掉。安全帽的帽檐，必须与佩戴人员的目视方向一致，不得歪戴或斜戴。

(5)不私自拆卸帽上的部件和调整帽衬尺寸，以保持垂直间距(25~50mm)和水平间距(5~20mm)符合有关规定值，用来预防安全帽遭到冲击后佩戴人员触顶造成的人身伤害。

(6)严禁在帽衬上放任何物品；严禁随意改变安全帽的任何结构；严禁用安全帽充当器皿使用；严禁用安全帽当坐垫使用。

(7)安全帽使用后应擦拭干净，妥善保存。不应存储在有酸碱、高温(50℃以上)、阳光直射、潮湿和有化学溶剂的场所，避免重物挤压或尖物碰刺。帽壳与帽衬可用冷水、温水(低于50℃)洗涤，不可放在暖气片上烘烤，以防帽壳变形。

(8)若安全帽在使用中受到较大冲击，无论是否发现帽壳有明显断裂纹或变形，都会降低安全帽的耐冲击和耐穿透性能，应停止使用，更换新帽。不能继续使用的安全帽应进行报废切割，不得继续使用或随意弃置处理。

(9)不防电安全帽不能作为电业用安全帽使用，以免造成人员触电。

(10)安全帽从购入时算起，植物帽的有效期为一年半，塑料帽有效期不超过两年，层压帽和玻璃钢帽有效期为两年半，橡胶帽和防寒帽有效期为三年，乘车安全帽有效期为三年半。上述各类安全帽超过其一般使用期限后，易出现老化，丧失自身的防护性能。安全帽使用期限具体根据当批次安全帽的标识确定，超过使用期限的安全帽严禁使用。

(二) 呼吸器官防护用品

呼吸器官防护用品是为防御有害气体、蒸气、粉尘、烟、雾从呼吸道吸入，直接向使用者供氧或清洁空气，保证尘、毒污染或缺氧环境中作业人员正常呼吸的防护用品。

呼吸器官防护用品主要有防尘口罩和防毒口罩(面罩)。防尘口罩是从事和接触粉尘的作业人员的重要防护用品，主要用于含有低浓度有害气体和蒸汽的作业环境以及会产生粉尘的作业环境。防尘口罩内部有阻尘材料，保护使用者将粉尘等有害物质吸入体内。防毒口罩(面罩)是一种保护人员呼吸系统的特种劳保用品，一般由滤毒盒或滤毒罐和面罩主体组成。面罩主体隔绝空气，起到密封作用，滤毒盒(滤毒罐)起到过滤毒气和粉尘的作用。

呼吸器官防护用品按用途分为防尘、防毒、供氧三类，按作用原理分为过滤式、隔离式两类。根据排水行业有限空间作业的特点，作业人员应使用隔离式防毒面具，严禁使用过滤式防毒面具、半隔离式防毒面具及氧气呼吸设备。一般常用的隔离式防毒面具由面罩、气管、供气源以及其他安全附件部分组成。根据结构形式，隔离式空气呼吸器具分为送风式和供氧式(自给式)，送风式的一般为长管呼吸器，自给式的主要是正压式呼吸器和紧急逃生呼吸器。

1. 长管呼吸器

长管呼吸器是通过面罩使佩戴者的呼吸器官与周围空气隔绝，并通过长管输送清洁空气供佩戴者呼吸的防护用品，属于隔绝式呼吸器中的一种。根据供气方式不同，长管呼吸器可以分为自吸式长管呼吸器、连续送风式长管呼吸器和高压送风式长管呼吸器三种。表2-1为长管呼吸器的分类及组成。

1) 自吸式长管呼吸器

自吸式长管呼吸器结构如图2-2所示，由面罩、吸气软管、背带和腰带、导气管、空气输入口(低阻过滤器)和警示板等部分组成。使用时，将长管的一端固定在空气清新无污染的场所，另一端与面罩连接，依靠佩戴者自身的肺动力将清洁的空气经低压长管、导气管吸进面罩内。

表2-1 长管呼吸器的分类及组成(标准)

长管呼吸器种类	系统组成主要部件及次序					供气气源
自吸式长管呼吸器	密合性面罩[a]	导气管[a]	低压长管[a]	低阻过滤器[a]		大气[a]
连续送风式长管呼吸器		导气管[a]+流量阀[a]	低压长管[a]	过滤器[a]	风机[a]	大气[a]
					空压机[a]	
高压送风式长管呼吸器	面罩[a]	导气管[a]+供气阀[b]	中压长管[b]	高压减压器[c]	过滤器[c]	高压气源[c]
所处环境	工作现场环境			工作保障环境		

注：a是指承受低压部件；b是指承受中压部件；c是指承受高压部件。

由于这种呼吸器是靠自身肺动力呼吸,因此在呼吸的过程中不能总是维持面罩内为微正压,当面罩内压力下降为微负压时,就有可能造成外部受污染的空气进入面罩内。

有限空间长期处于封闭或半封闭状态,容易造成氧含量不足或有毒有害气体积聚。在有限空间内使用该类呼吸器,可能由于面罩内压力下降呈微负压状态,从而使缺氧气体或有毒气体渗入面罩,并随着佩戴者的呼吸进入人体,对其身体健康和生命安全造成威胁。此外,由于该类呼吸器依靠佩戴者自身肺动力吸入有限空间外的洁净空气,在有限空间内从事重体力劳动或长时间作业时,可能会给佩戴该呼吸器的作业人员的正常呼吸带来负担,使作业人员感觉呼吸不畅。因此,在有限空间作业时,不应使用自吸式长管呼吸器。

1-全面罩;2-吸气软管;3-背带和腰带;4-空气调节袋;5-流量调节器;6-导气管;7-风量转换开关;8-电动送风机;9-过滤器;10-电源线。

图 2-3 电动送风呼吸器结构示意图

3)高压送风式长管呼吸器

高压送风式长管呼吸器是由高压气源(如高压空气瓶)经压力调节装置把高压降为中压后,将气体通过导气管供给面罩供佩戴者呼吸的一种防护用品。

图 2-4 是高压送风式长管呼吸器的结构示意图,该呼吸器由两个高压空气容器瓶作为气源,当主气源发生意外中断供气时,可切换备份的小型高压空气容器供气。

1-面罩;2-吸气软管;3-背带和腰带;4-导气管;5-空气输入口(低阻过滤器);6-警示板。

图 2-2 自吸式长管呼吸器结构示意图

2)连续送风式长管呼吸器

根据送风设备动力源不同,连续送风式长管呼吸器分为手动送风呼吸器和电动送风呼吸器。

手动送风呼吸器无须电源,由人力操作,体力强度大,需要2人一组轮换作业,送风量有限,在有限空间内作业不建议长时间使用该类呼吸器。

电动风机送风呼吸器结构如图 2-3 所示,由全面罩、吸气软管、背带和腰带、空气调节袋、流量调节器、导气管、风量转换开关、电动送风机、过滤器和电源线等部分组成。

电动送风呼吸器的使用时间不受限制,供气量较大,可以同时供 1~4 人使用,送风量依人数和导气管长度而定,因此是排水管道人工清掏、井下检查等工作时常用的呼吸防护设备。在使用时,应将送风机放在有限空间外的清洁空气中,保证送入的空气是无污染的清洁空气。

1-全面罩;2-吸气管;3-肺力阀;4-减压阀;5-单向阀;6-软管接合器;7-高压导气;8-着装带;9-小型高压空气容器;10-压力指示计;11-空气导管;12-减压阀;13-高压空气容器。

图 2-4 高压送风式长管呼吸器示意图

高压送风式长管呼吸器设备沉重、体积大、不易携带、成本高,且需要在有资质的机构进行气瓶充装,因此行业内很少选用其作为呼吸防护设备。

长管呼吸器的送风长管必须经常检查,确保无泄漏、气密性良好。使用长管呼吸器必须有专人在现场监护,防止长管被压、踩、折弯、破坏。长管呼吸器的进风口必须放置在有限空间作业环境外,空气洁净、氧含量合格的地方,一般可选择在有限空间出入口的上风向。使用空压机作气源时,为保护员工的安全与健康,空压机的出口应设置空气过滤器,内装活性炭、硅胶、泡沫塑料等，以清除油水和杂质。

2. 正压式空气呼吸器

正压式空气呼吸器是一种自给开放式空气呼吸器，既是自给式呼吸器，又是携气式呼吸防护用品。该类呼吸器通过面罩将佩戴者呼吸器官、眼睛和面部与外界环境完全隔绝，使用压缩空气的带气源的呼吸器，它依靠使用者背负的气瓶供给空气。气瓶中高压压缩空气被高压减压阀降为中压，然后通过需求阀进入呼吸面罩，并保持一个可自由呼吸的压力。无论呼吸速度如何，通过需求阀的空气在面罩内始终保持轻微的正压，以阻止外部空气进入。

正压式空气呼吸器主要适用于受限空间作业，使操作人员能够在充满有毒有害气体、蒸汽或缺氧的恶劣环境下安全地进行操作工作。空气呼吸器由面罩总成、供气阀总成、气瓶总成、减压器总成、背托总成五部分组成，结构如图2-5所示，实物如图2-6所示。

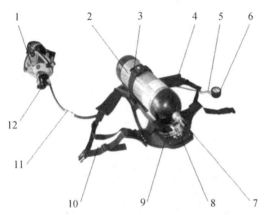

1—面罩；2—气瓶；3—带箍；4—肩带；5—报警哨；
6—压力表；7—气瓶阀；8—减压器；9—背托；
10—腰带组；11—快速接头；12—供气阀。

图2-5 正压式呼吸器结构示意图

图2-6 正压式呼吸器

1）产品性能及配件

正压式呼吸器的结构基本相同，主要由12个部件组成，现将各部件介绍如下：

（1）面罩总成：面罩总成有大、中、小三种规格，由头罩、头带、颈带、吸气阀、口鼻罩、面窗、传声器、面窗密封圈、凹形接口等部分组成，外观如图2-7所示。头罩戴在头顶上。头带、颈带用以固定面罩。口鼻罩用以罩住佩戴者的口鼻，提高空气利用率，减少温差引起的面窗雾气。面窗是由高强度的聚碳酸酯材料注塑而成的，耐磨、耐冲击、透光性好、视野大、不失真。传声器可为佩戴者提高有效的声音传递。面窗密封圈起到密封作用。凹形接口用于连接供气阀总成。

图2-7 正压式空气呼吸器面罩

（2）气瓶总成：气瓶总成由气瓶和瓶阀组成。气瓶从材质上分为钢瓶和复合瓶两种。钢瓶用高强度钢制成。复合瓶是在铝合金内胆外加碳纤维和玻璃纤维等高强度纤维缠绕制成的，其外形如图2-8所示。工作压力为25～30MPa，与钢瓶比具有重量轻、耐腐蚀、安全性好和使用寿命长等优点。气瓶从容积上分为3L、6L和9L三种规格。钢制瓶的空气呼吸器重达14.5kg，而复合瓶空气呼吸器一般重8～9kg。瓶阀有两种，即普通瓶阀和带压力显示及欧标手轮瓶阀。无论哪种瓶阀都有安全螺塞，内装安全膜片，瓶内气体超压时安全膜片会自动爆破泄压，从而保护气瓶，避免气瓶爆炸造成人身危害。欧标手轮瓶阀则带有压力显示和防止意外碰撞而关闭阀门的功能。

图2-8 正压式空气呼吸器气瓶

（3）供气阀总成：供气阀总成由节气开关、应急充泄阀、凸形接口、插板四部分组成，其外观如图2-9所示。供气阀的凸形接口与面罩的凹形接口可直接连接，构成通气系统。节气开关外有橡皮罩保护，当佩戴者从脸上取下面罩时，为节约用气，用大拇指按住橡皮罩下的节气开关，会有"嗒"的一声，即可关闭供气阀，停止供气；重新戴上面具，开始呼气时，供气阀将自动开启，供给空气。应急充泄阀是一个红色旋钮，当供气阀意外发生故障时，通过手动旋钮旋动1/2圈，即可提供正常的空气流量；应急充泄阀还可利用流出的空气直接冲刷面罩、供气阀内部的灰尘等污物，避免佩戴者将污物吸入体内。插板用于供气阀与面罩连接完好的锁定装置。

图 2-9　正压式空气呼吸器气瓶阀

（4）瓶带组：瓶带组为一快速凸轮锁紧机构，能保证瓶带始终处于一闭环状态，气瓶不会出现翻转现象。其外观如图 2-10 所示（圆圈中部分）。

图 2-10　正压式空气呼吸器瓶带组

（5）肩带：肩带由阻燃聚酯织物制成，背带采用双侧可调结构，使重量落于使用者腰胯部位，减轻肩带对胸部的压迫，让使用者呼吸顺畅。肩带上设有宽大弹性衬垫，可以减轻对肩的压迫。其外观如图 2-11 所示。

（6）报警哨：报警哨置于胸前，报警声易于分辨。报警哨具有体积小、重量轻等特点，其外观如图 2-12 所示。

图 2-11　正压式空气呼吸器肩带

图 2-12　正压式空气呼吸器报警哨

（7）压力表：压力表的大表盘、具有夜视功能，配有橡胶保护罩，其外观如图 2-13 所示。

图 2-13　正压式空气呼吸器压力表

（8）减压器总成：减压器总成由压力表、报警器、中压导气管、安全阀、手轮五部分组成，其外观如图 2-14 所示。压力表能显示气瓶的压力，并具有夜光显示功能，便于在光线不足的条件下观察；报警器安装在减压器上或压力表处，安装在减压器上的为后置报警器，安装在压力表旁的为前置报警器。当气瓶压力降到(5.5±0.5)MPa 区间时，报警器开始发出报警声响，持续报警到气瓶压力小于 1MPa 时为止。报警器响起，佩戴者应立即撤离有毒有害危险作业场所，否则会有生命危险。中压导气管是减压器与供气阀组成的连接气管，从减压器出来的 0.7MPa 的空气经供气阀直接进入面罩，供佩戴者使用。安全阀是当减压器出现故障时的安全排气装置。手轮用于与气瓶连接。

图 2-14 正压式空气呼吸器减压器

(9)背托总成:背托总成由背架、上肩带、下肩带、腰肩带和瓶箍带五部分组成,其外观如图 2-15 所示(圆圈中部分)。背架起到空气呼吸器的支架作用。上、下肩带和腰带用于整套空气呼吸器与佩戴者紧密固定。背架上瓶箍带的卡扣用于快速锁紧气瓶。背托一般由碳纤维复合材料注塑成型,具有阻燃和防静电等功能。

图 2-15 正压式空气呼吸器背托

(10)腰带组:腰带组卡扣锁紧、易于调节,其外观如图 2-16 所示(圆圈中部分)。

图 2-16 正压式空气呼吸器腰带组

(11)快速接头:快速接头小巧、可单手操作、有锁紧防脱功能。

(12)供给阀:供给阀结构简单、功能性强、输出流量大、具有旁路输出、体积小,其外观如图 2-17 所示。

图 2-17 正压式空气呼吸器供给阀

2)使用步骤

(1)开箱检查(图 2-18),具体操作如下:

①检查全面罩面窗有无划痕、裂纹,是否有模糊不清现象,面框橡胶密封垫有无灰尘、断裂等影响密封性能的因素存在。检查头带、颈带是否断裂、连接处是否断裂、连接处是否松动。

②检查腰带组、卡扣,必须完好无损。边检查边调整肩带、腰带长短(根据本人身体调整长短)。

③检查报警装置,检查压力表是否回零。

④检查气瓶压力,打开气瓶阀,观察压力表,指针应位于压力表的绿色范围内。继续打开气瓶阀,观察压力表,压力表指针在 1min 之内下降应小于 0.5MPa,如超过该泄漏指标,应马上停止使用该呼吸器。

⑤检查报警器。因佩戴好呼吸器后,无法检测气瓶压力是否够用,需靠报警器哨声提醒气瓶压力大小。检查方法为关闭气瓶阀,然后缓慢打开充泄阀,注意压力表指针下降至(5±0.5)MPa 时,报警器是否开始报警,报警声音是否响亮。如果报警器不发声或压力不在规定范围内,必须维修正常后才能使用。

⑥面罩气密性检查合格后,将供气阀与面罩连接好,关闭供气阀的充泄阀,深呼吸几下,呼吸应顺畅,按下供气阀上的橡胶罩保护杠杆开关 2 次,供气阀应能正常打开。

(2)正确佩戴,具体操作如下:

①使气瓶的平侧靠近自己,气瓶有压力表的一端向外,让背带的左右肩带套在两手之间。

②将呼吸器举过头顶,两手向后下弯曲,将呼吸器落下,使左右肩带落在肩膀上。

③双手扣住身体两侧肩带 D 形环,身体前倾,向后下方拉紧,直到肩带及背架与身体充分贴合。

④拉下肩带使呼吸器处于合适的高度,不需要调得过高,感觉舒服即可。

⑤插好腰带,向前收紧调整松紧至合适。

⑥将面罩长系带戴好,一只手托住面罩将面罩的口鼻罩与脸部完全贴合,另一只手将头带后拉罩住头部,收紧头带,收紧程度以既要保证气密又感觉舒

图 2-18 正压式空气呼吸器开箱检查

适、无明显的压痛为宜。

⑦必须检查面罩的气密性，用手掌封住供气阀快速接气处吸气，如果感到无法呼吸且面罩充分贴合则说明密封良好。

⑧将气瓶阀开到底回半圈，报警哨应有一次短暂的发声。同时看压力表，检查充气压力。将供气阀的出气口对准面罩的进气口插入面罩中，听到轻轻一声卡响表示供气阀和面罩已连接好。

⑨戴好安全帽，呼吸几次，无不适感觉，就可以进入工作场所。工作时注意压力表的变化，如压力下降至报警哨发出声响，必须立即撤回到安全场所。

(3)正压式呼吸器佩戴规范：一看压力，二听哨，三背气瓶，四戴罩。瓶阀朝下，底朝上；面罩松紧要正好；开总阀、插气管，呼吸顺畅抢分秒。

3)使用注意事项

不同厂家生产的正压式空气呼吸器在供气阀的设计上所遵循的原理是一致的，但外形设计却存在差异，使用过程中要认真阅读说明书。

使用者应经过专业培训，熟悉掌握空气呼吸器的使用方法及安全注意事项。正压式空气呼吸器一般供气时间在40min左右，主要用于应急救援，不适宜作为长时间作业过程中的呼吸防护用品，且不能在水下使用。在使用中，因碰撞或其他原因引起面罩错动时，应屏住呼吸，及时将面罩复位，但操作时要保持面罩紧贴脸上，千万不能从脸上拉下面罩。

空气呼吸器的气瓶充气应严格按照《气瓶安全监察规程》执行，无充气资质的单位和个人禁止私自充气。空气瓶每3年应送至有资质的单位检验1次。每次使用前，要确保气瓶压力至少在25MPa以上。当报警器鸣响时或气瓶压力低于5.5MPa时，作业人员应立即撤离有毒有害危险作业场所。充泄阀的开关只能手动，不可使用工具，其阀门转动范围为1/2圈。

空气呼吸器应由专人负责保管、保养、检查，未经授权的单位和个人无权拆、修空气呼吸器。

4)日常检查维护

(1)系统放气：首先关闭气瓶阀，然后轻轻打开充泄阀，放掉管路系统中的余气后再次关闭充泄阀。

(2)部件检查：检查供气阀、面罩、背托。检查气瓶表面有无碰伤、变形、腐蚀和烧焦。检查瓶口钢印上最近一次的静水测试日期，以确保它是在规定的使用期内。

(3)清洗消毒：背托、气瓶、减压器的清洁，只用软布蘸水擦洗，并晾干即可。面罩的清洗用温和的肥皂水或清洁液清洗。在干净温水里彻底冲洗，在空气中晾干，并用柔软干净的布擦拭。消毒可以使用70%酒精、甲醇或乙丙醇。

(4)气瓶的定检：气瓶的定期检验应由经国家特种设备安全监督管理部门核准的单位进行，定检周期一般为3年，但在使用过程中若发现气瓶有严重腐蚀等情况时，应提前进行检验。只有检验合格的气瓶才可使用。

(5)气瓶充气：气瓶充气可委托相应的充气站充气，也可自行充气。自行充气前需仔细检查充气泵油位线、三角皮带、高压软管等是否存在异常，检查电路线路，确保其正常使用，检查充气泵润滑油是否充足。均检查正常后方可为气瓶充气。充气时，首先打开分离器上冷凝排污阀，空载启动充气泵，待充气泵运转稳定后关闭排污阀，再将高压软管连接器连接到气瓶连接器。之后打开气瓶阀，充气泵给气瓶充气。当气瓶充气压力达到规定值时，关闭气瓶上的旋阀，并要迅速打开充气泵的各级排污阀，使充气泵卸载运转，排出管路内所有的高压气体及水分。最后关闭压缩机，卸下气瓶连接。

(6)在给气瓶充气前要检测气瓶的使用年限，超过气瓶使用寿命的不允许充气，防止发生气瓶爆裂。且气瓶上标注有气瓶充气压力，不可过量充气。

5)空气呼吸器的存储

空气呼吸器的存储要求室温0~30℃，相对湿度

40%~80%，避免接近腐蚀性气体和阳光直射，使用较少时，应在橡胶件涂上滑石粉。空气呼吸器需要进行交通运输时，应采取可靠的机械方式固定，避免发生碰撞。

3. 紧急逃生呼吸器

紧急逃生呼吸器是为保障作业安全，由作业人员或救援人员携带进入有限空间，帮助作业者在作业环境发生有毒有害气体中毒或突然性缺氧等意外情况时，迅速逃离危险环境的自救式呼吸器。它可以独立使用，也可以配合其他呼吸防护用品共同使用。

(1) 使用方法：作业中一旦有毒有害气体浓度超标，检测报警仪发出警示，应迅速打开紧急逃生呼吸器，将面罩或头套完整地遮掩住口、鼻、面部甚至头部，迅速撤离危险环境。

(2) 注意事项：紧急逃生呼吸器必须随身携带，不可随意放置。不同的紧急逃生呼吸器，其供气时间不同，一般在15min左右，作业人员应根据作业场所距有限空间出口的距离来选择。若供气时间不足以安全撤离危险环境，在携带时应增加紧急逃生呼吸器数量。

(三) 眼面部防护用品

1. 眼面部防护用品的定义

眼面部防护用品是指预防烟雾、尘粒、金属火花和飞屑、热、电磁辐射、激光、化学飞溅等伤害，保护眼睛或面部的个人防护用品。

2. 眼面部防护用品的分类

眼面部防护用品种类很多，根据防护功能，大致可分为防尘、防水、防冲击、防高温、防电磁辐射、防射线、防化学飞溅、防风沙、防强光九类。眼面部防护用品主要有防护眼镜、防护眼罩和防护面罩三种类型。

排水作业常用的眼面部防护用品主要是防护眼镜。防护眼镜的防护机理一方面是高强度的镜片材料可防止金属飞屑等对眼部造成物理伤害，另一方面是镜片能够对光线中某种波段的电磁波进行选择性吸收，进而可以减少某些波长通过镜片，减轻或防止对眼睛造成伤害。防护眼镜分为安全护目镜和遮光护目镜。安全护目镜主要防有害物质对眼睛的伤害，如防冲击眼镜、防化学眼镜；遮光护目镜主要防有害辐射线对眼睛的伤害，如焊接护目镜。

3. 眼面部防护用品的使用方法

在有限空间内进行冲刷和修补、切割等作业时，沙粒或金属碎屑等异物可能进入眼内或冲击面部；焊接作业时的焊接弧光，可能引起眼部的伤害；清洗反应釜等作业时，其中的酸碱液体、腐蚀性烟雾进入眼中或冲击到面部皮肤，可能引起角膜或面部皮肤的烧伤。为防止有毒刺激性气体、化学性液体伤害眼睛和面部，须佩戴封闭性防护眼镜或安全防护面罩。

据统计，电光性眼炎在工矿企业从事焊接作业的人员中比较常见，其主要原因是挑选的防护眼镜不合适或使用的方法不正确。因此，有关的作业人员应掌握下列使用防护眼镜和面罩的基本办法：

(1) 使用的眼镜和面罩必须经过有关部门的检验。

(2) 挑选、佩戴合适的眼镜和面罩，以防作业时眼镜和面罩脱落或晃动，影响使用效果。

(3) 眼镜框架与脸部要吻合，避免侧面漏光。必要时，应使用带有护眼罩或防侧光型眼镜。

(4) 防止眼镜、面罩受潮、受压，以免变形损坏或漏光。焊接用面罩应该具有绝缘性，以防人员触电。

(5) 使用面罩式护目镜作业时，累计8h至少更换1次保护片。防护眼镜的滤光片被飞溅物损伤时，要及时更换。

(6) 保护片和滤光片组合使用时，镜片的屈光度必须相同。

(7) 对于送风式、带有防尘、防毒面罩的焊接面罩，应严格按照有关规定保养和使用。

(8) 当面罩的镜片被作业环境的潮湿烟气及作业者呼出的潮气罩住，使其出现水雾并且影响操作时，可采取下列解决措施：

①水膜扩散法：在镜片上涂上脂肪酸或硅胶系的防雾剂，使水雾均等扩散。

②吸水排除法：在镜片上浸涂界面活性剂(PC树脂系)，将附着的水雾吸收。

③真空法：对某些具有双重玻璃窗结构的面罩，可采取在两层玻璃间抽真空的方法。

(四) 听觉器官防护用品

1. 听觉器官防护用品的定义

听觉器官防护用品是指能够防止过量的声能侵入外耳道，使人耳避免噪声的过度刺激，减少听力损失，预防噪声对人身造成不良影响的个体防护用品。

2. 听觉器官防护用品的分类

听觉器官防护用品主要有耳塞、耳罩和防噪声头盔三大类。耳塞和耳罩是保护人的听觉避免在高分贝作业环境中受到伤害的个人防护用品。其防护机理是应用惰性材料衰减噪声能量以对佩戴人的听觉器官进行保护；可插入外耳道内或插在外耳道的入口，适用于115dB以下的噪声环境。耳罩外形类似耳机，装在弓架上把耳部罩住使噪声衰减，耳罩的噪声衰减量可达 10~40dB，适用于噪声较高的环境。耳塞和耳罩可单独使用，也可结合使用，结合使用可使噪声衰减量比单独使用提高 5~15dB。防噪声头盔可把头部大部分保护起来，如再加上耳罩，防噪效果就更出色。这种头盔具有防噪声、防碰撞、防寒、防暴风、防冲击波等功能，适用于强噪声环境，如靶场、坦克舱内部等高噪声、高冲击波的环境。

3. 听觉器官防护用品的使用方法

佩戴耳塞时，先将耳郭向上提起，使外耳道口呈平直状态，然后手持塞柄将塞帽轻轻推入外耳道内与耳道贴合。不要用力太猛或塞得太深，以感觉适度为止，如隔声不良，可将耳塞慢慢转动到最佳位置；若隔声效果仍不好，应另换其他规格的耳塞。

佩戴耳罩要与使用人的外耳紧密接触，以免外部噪声从防噪耳罩和外耳之间的缝隙进入中耳和内耳。戴好后，调节头箍松紧度至使用者的合适位置。

使用耳塞和防噪声头盔时，应先检查罩壳有无裂纹和漏气现象。佩戴时，应注意罩壳标记顺着耳郭的形状佩戴，务必使耳罩软垫圈与周围皮肤贴合。

在使用护耳器前，应用声级计定量测出工作场所的噪声，然后算出需衰减的声级，以挑选规格合适的护耳器。

防噪声护耳器的使用效果不仅取决于这些用品质量好坏，还需使用者养成耐心使用的习惯和掌握正确的佩戴方法。如只戴一种护耳器隔声效果不好，也可以同时戴上两种护耳器，如耳罩内加耳塞等。

4. 听觉器官防护用品的注意事项

（1）耳塞、耳罩和防噪声头盔均应在进入噪声环境前佩戴好，工作中不得随意摘下。

（2）耳塞佩戴前要洗净双手，耳塞应经常用水和温和的肥皂清洗，耳塞清洗后应放置在通风处自然晾干，不可暴晒。不能水洗的耳塞在脏污或破损时，应进行更换。

（3）清洁耳罩时，垫圈可用擦洗布蘸肥皂水擦拭，不能将整个耳罩浸泡在水中。

（4）清洁干燥后的耳塞和耳罩应放置于专用盒内，以防挤压变形。在洁净干燥的环境中存储，避免阳光直晒。

（五）手部防护用品

1. 手部防护用品的定义

具有保护手和手臂的功能，供作业者劳动时戴用的手套称为手部防护用品，通常也称为劳动防护手套。

2. 手部防护用品的分类

手部防护用品按照防护功能分为十二类，即一般防护手套、防水手套、防寒手套、防毒手套、防静电手套、防高温手套、防 X 射线手套、防酸碱手套、防油手套、防振手套、防切割手套、绝缘手套。每类手套按照材料又能分为许多种。有限空间作业经常使用的是耐酸碱手套、绝缘手套和防静电手套。

3. 手部防护用品的使用方法

在作业过程中接触到机械设备、腐蚀性和毒害性的化学物质，都可能会对手部造成伤害。为防止作业人员的手部伤害，作业过程中应佩戴合格有效的手部防护用品。

首先应了解不同种类手套的防护作用和使用要求，以便在作业时正确选择，切不可把一般场合用手套当作某些专用手套使用。如把棉布手套、化纤手套等作为防振手套来用，效果很差。

在使用绝缘手套前，应先检查外观，如发现表面有孔洞、裂纹等应停止使用。

绝缘手套使用完毕，应按有关规定将其保存好，以防老化造成其绝缘性能降低。使用一段时间后应复检，合格后方可使用。使用时要注意产品分类色标，如 1kV 手套为红色、7.5kV 为白色、17kV 为黄色。

在使用振动工具作业时，不能认为戴上防振手套就安全了。应注意在工作中安排一定的时间休息，随着工具自身振频提高，可相应将休息时间延长。对于使用的各种振动工具，最好测出振动加速度，以便挑选合适的防振手套，取得较好的防护效果。

在某些场合中，所有手套大小应合适，避免手套过长，被机械绞住或卷住，使手部受伤。

操作高速回转机械作业时，可使用防振手套。进行某些维护设备和注油作业时，应使用防油手套，以避免油类对手的侵害。

不同种类手套有其特定用途的性能，在实际工作时一定要结合作业情况来正确使用和区分，以保护手部安全。

4. 手部防护用品的注意事项

（1）根据实际工作和工况环境选择合适的防护手套，并定期更换。

（2）使用前检查手套有无破损和磨蚀，绝缘手套还应检查其电绝缘性，不符合规定的手套不能使用。

（3）使用后的手套在摘取时要细心，防止手套上沾染的有害物质接触到皮肤或衣服而造成二次污染。

（4）橡胶、塑料材质的防护手套使用后应冲洗干净并晾干，保存时避免高温，必要时在手套上撒滑石粉以防粘连。

（5）带电绝缘手套用低浓度中性洗涤剂清洗。

（6）橡胶绝缘手套须保存于无阳光直晒、潮湿、臭氧、高温、灰尘、油、药品等环境，选择较暗的阴凉场所存储。

(六)足部防护用品

1. 足部防护用品的定义

足部防护用品是指防止作业人员足部受到物体的砸伤、刺割、灼烫、冻伤、化学性酸碱灼伤和触电等伤害的护具,又称为劳动防护鞋即劳保鞋(靴)。常用的防护鞋内衬为钢包头,柔性不锈钢鞋底,具有耐静压及抗冲击性能,防刺,防砸,内有橡胶及弹性体支撑,穿着舒适,保护足部的同时不影响日常劳动操作。

2. 足部防护用品的分类

按功能分为防尘鞋、防水鞋、防寒鞋、防足趾鞋、防静电鞋、防酸碱鞋、防油鞋、防烫脚鞋、防滑鞋、防刺穿鞋、电绝缘鞋、防振鞋等十三类。

3. 足部防护用品的使用方法

作业人员应根据实际工作和工况环境选择合适的防护鞋。如在存在酸、碱腐蚀性物质的环境中作业,需穿着耐酸碱的胶靴;在有易燃易爆气体的环境中作业,须穿着防静电鞋等。

使用前,要检查防护鞋是否完好,鞋底、鞋帮处有无开裂,出现破损后不得再使用。如使用绝缘鞋,应检查其电绝缘性,不符合规定的不能使用。

防护鞋应在进入工作环境前穿好。

对非化学防护鞋,在使用过程中应避免接触到腐蚀性化学物质,一旦接触应及时清除。

4. 足部防护用品的使用注意事项

(1)防护鞋应定期进行更换。

(2)勿随意修改安全鞋的构造,以免影响其防护性能。

(3)经常清理鞋底,避免积聚污垢物,特别是绝缘安全鞋,鞋底的导电性或防静电效能会受到鞋底污垢物的影响较大。

(4)防护鞋应定期进行更换。使用后清洁干净,放置于通风干燥处,避免阳光直射、雨淋和受潮,不得与酸、碱、油和腐蚀性物品存放在一起。

(七)躯干防护用品

1. 躯干防护用品的定义

躯干防护用品就是指防护服。防护服是替代或穿在个人衣服外,用于防止一种或多种危害的服装,是安全作业的重要防护部分,是用于隔离人体与外部环境的一个屏障。根据外部有害物质性质的不同,防护服的防护性能、材料、结构等也会有所不同。

2. 躯干防护用品的分类

我国防护服按用途分为:①一般作业工作服,用棉布或化纤织物制成,适用于没有特殊要求的一般作业场所。②特殊作业工作服,包括隔热服、防辐射服、防寒服、防酸服、抗油拒水服、防化学污染服、防X射线服、防微波服、中子辐射防护服、紫外线防护服、屏蔽服、防静电服、阻燃服、焊接服、防砸服、防尘服、防水服、医用防护服、高可视性警示服、消防服等。

3. 躯干防护用品的选择

防护服必须选用符合国家标准,并具有产品合格证的产品。防护服的类型应根据有限空间危险有害因素进行选择。例如,在硫化氢、氨气等强刺激性物质的环境中作业,应穿着防毒服;在易燃易爆场所作业,应穿着防静电防护服等。表2-2列举了几种有限空间作业常见的作业环境及适用的防护服种类。

表2-2 有限空间作业常见的作业环境及适用的防护服种类

作业环境类型	可以使用的防护服
存在易燃易爆气体(蒸汽)或可燃性粉尘	化学品防护服、阻燃防护服、防静电服、棉布工作服
存在有毒气体(蒸汽)	化学防护服
存在一般污物	一般防护服、化学品防护服
存在腐蚀性物质	防酸(碱)服
涉水	防水服

4. 躯干防护用品的使用方法

作业人员应根据实际工作和工况环境选择合适的防护服。如在低温环境工作,应穿着防寒服,道路作业须穿着反光服等。防护服在使用前须检查其功能与待工作环境是否相符,检查是否有破损,确认完好后方可使用。进入工作环境前应先穿着好防护服,在工作过程中不得随意脱下。

1)化学品防护服的使用方法

由于许多抗油拒水防护服和化学品防护服的面料采用的是后整理技术,即在表面加入了整理剂,一般须经高温才能发挥作用。因此,在穿用这类服装时,要根据制造商提供的说明书,经高温处理后再穿用。

脱卸化学品防护服时,宜使内面翻外,减少污染物的扩散,且宜最后脱卸呼吸防护用品。

化学品防护服被化学物质持续污染时,应在规定的防护性能(标准透过时间)内更换。有限次数使用的化学品防护服已被污染时,应弃用。

受污染的化学品防护服应及时洗消,以免影响化学品防护服的防护性能。

严格按照产品使用与维护说明书的要求维护防护服,修理后的化学品防护服应满足相关标准的技术性能要求。

2)静电工作服的使用方法

凡是在正常情况下,爆炸性气体混合物连续地、短时间频繁地出现或长时间存在的场所,及爆炸性气体混合物有可能出现的场所,可燃物的最小点燃能量在 0.25mJ 以下时,应穿防静电服。

由于摩擦会产生静电,因此在火灾爆炸危险场所禁止穿、脱防静电服。

为了防止尖端放电,在火灾爆炸危险场所禁止在防静电服上附加或佩戴任何金属物件。

对于导电型的防护服,为了保持良好的电气连接性,外层服装应完全遮盖住内层服装。分体式上衣应足以盖住裤腰,弯腰时不应露出裤腰,同时应保证服装与接地体的良好连接。

在火灾爆炸危险场所穿防静电服时,必须与《个体防护装备职业鞋》(GB 21146—2007)中规定的防静电鞋配套穿用。

防静电服应保持清洁,保持防静电性能,使用后用软毛刷、软布蘸中性洗涤剂刷洗,不可损伤服装材料纤维。

穿用一段时间后,应对防静电服进行检验,若防静电性能不能符合标准要求,则不能再使用。

3) 防水服的使用方法

防水服的用料主要是橡胶,使用时应严禁接触各种油类(包括机油、汽油等)、有机溶剂、酸、碱等物质。

5. 躯干防护用品的注意事项

穿戴劳保服时应避免接触锐器,防止受到机械损伤。

沾染有害物质的防护服在脱下时应仔细小心,防止有害物质碰触到皮肤造成二次污染。

防护服使用后应使用中性洗涤剂洗涤,洗后晾干,不可暴晒和火烤。

防护服存储时尽量避免折叠和挤压,应储存在避光、远离热源、温度适宜、通风干燥的环境中。化学品防护服应与化学物质隔离储存,已使用过的化学品防护服应与未使用的化学品防护服分开储存。

(八) 防坠落用品

1. 防坠落用品的定义和分类

防坠落服务器是指用于防止坠落事故发生的防护用品,主要有安全带、安全绳和安全网。安全带主要用于高处作业的防护用品,由带子、绳子和金属配件组成。安全绳是在安全带中连接系带与挂点的辅助用绳。一般与缓冲器配合使用,起扩大或限制佩戴者活动范围、吸收冲击能量的作用。使用时,必须满足作业要求的长度和达到国家规定的拉力强度。安全网在高空进行建筑施工或设备安装时,在其下或其侧设置的起保护作用的网。

2. 防坠落用品的特点和使用方法

进行有限空间作业,应使用全身式安全带。全身式安全带由织带、带扣和其他金属部件组合而成,与挂点等固定装置配合使用。其主要作用是防止高处作业人员发生坠落或发生坠落后将作业人员安全悬挂,是一种可在坠落时保持坠落者正常体位,防止坠落者从安全带内滑脱,还能将冲击力平均分散到整个躯干部分,减少对坠落者下背部伤害的安全带,如图 2-19 所示。

图 2-19 单挂点全身式安全带

1) 安全带的选择

首先对安全带进行外观检查,看是否有碰伤、断裂和存在影响安全带技术性能的缺陷。检查织带、零部件等是否有异常情况。对防坠落用具重要尺寸和质量进行检查,包括规格、安全绳长度、腰带宽度等。

检查安全带上必须具有的标记,如制造厂名商标、生产日期、许可证编号、劳动安全标识和说明书中应有的功能标记等。检查防坠落用具是否有质量保证书或检验报告,并检查其有效性,即出具报告的单位是否为法定单位,盖章是否有效(复印无效),检测有效期、检测结果和结论等是否符合规定。

安全带属特种劳动防护用品,因此应从有生产许可证的厂家或有特种防护用品定点经营证的商店购买。选择的安全带应适应特定的工作环境,并具有相应的检测报告。选择安全带时,应选择适合使用者身材的安全带,这样可以避免因安全带过小或过大而给工作造成不便和安全隐患。

2) 安全带的检查

使用安全带前,应检查各部位是否完好无损,安全绳和系带有无撕裂、开线、霉变,金属配件是否有裂纹、腐蚀现象,弹簧弹跳性是否良好,以及其他影响安全带性能的缺陷。如发现存在影响安全带强度和使用功能的缺陷,则应立即更换。

对防坠落用具重要尺寸及质量进行检查。包括规格、安全绳长度、腰带宽度等。

检查安全带上必须具有的标记，如制造单位厂名商标、生产日期、许可证编号、安全防护标识和说明书中应有的其他功能标记等。

检查防坠落用具是否有质量保证书或检验报告，并检查其有效性，即出具报告的单位是否是法定单位，盖章是否有效（复印无效），检测有效期、检测结果及结论等。

安全带属特种劳动防护用品，因此应从有生产许可证的厂家或有特种防护用品定点经营销售资质的商店购买。

选择的安全带应适应特定的工作环境，并具有相应的检测报告。

选择安全带时一定要选择适合使用者身材的安全带，这样可以避免因安全带过小或过大而给工作造成不便或安全隐患。

3）安全带使用注意事项

安全带应拴挂于牢固的构件或物体上，应防止挂点摆动或碰撞；使用坠落悬挂安全带时，挂点应位于工作平面上方；使用安全带时，安全绳与系带不能打结使用。

高处作业时，如安全带无固定挂点，应将安全带挂在刚性轨道或具有足够强度的柔性轨道上，禁止将安全带挂在移动或带尖锐棱角的或不牢固的物体上。

使用中，安全绳的护套应保持完好，若发现护套损坏或脱落，必须加上新套后再使用。

安全绳（含未打开的缓冲器）不应超过 2m，不应擅自将安全绳接长使用，如果需要使用 2m 以上的安全绳应采用自锁器或速差式自控器。

使用中，不应随意拆除安全带各部件，不得私自更换零部件；使用连接器时，受力点不应在连接器的活门位置。

安全带应在制造商规定的期限内使用，一般不应超过 5 年，如发生坠落事故，或有影响性能的损伤，则应立即更换。超过使用期限的安全带，如有必要继续使用，则应每半年抽样检验一次，合格后方可继续使用。如安全带的使用环境特别恶劣，或使用频率格外频繁，则应相应缩短其使用期限。

安全带应由专人保管，存放时，不应接触高温、明火、强酸、强碱或尖锐物体，不应存放在潮湿的地方，且应定期进行外观检查，发现异常必须立即更换，检查频次应根据安全带的使用频率确定。

二、安全防护设备的功能及使用方法

污泥处理处置作业常用的安全防护设备主要包括：气体检测仪、三脚架、安全梯、通风设备、发电设备、照明设备、通信设备等。

（一）气体检测仪

气体检测仪是用于检测和报警工作场所空气中氧气、可燃气和有毒有害气体浓度或含量的仪器，由探测器和报警控制器组成，当气体含量达到仪器设置的警戒浓度时可发出声光报警信号。排水行业常用的气体检测仪有泵吸式和扩散式两种，由于其具有体积小、易携带、可一次性检测一种或多种有毒有害气体、显示数值速度快、数据精确度高、可实现连续检测等优点，成为有限空间作业时气体检测的主要设备。

1. 气体检测仪的种类

1）泵吸式气体检测仪

泵吸式气体检测仪是在仪器内安装采样泵或外置采样泵，通过采气管将远距离的有限空间内的气体"吸入"检测仪器中进行检测，因此其最大的特点就是能够使检测人员在有限空间外进行检测，最大程度保证人员生命安全。进入有限空间前的气体检测，以及作业过程中进入新作业面之前的气体检测，都应该使用泵吸式气体检测仪。

泵吸式气体检测仪的一个重要部件是采样泵，目前主要有三种类型的采样泵，表 2-3 简要列举了这三种采样泵的特点。使用泵吸式气体检测仪要注意三点：一是为将有限空间内气体抽至检测仪内，采样泵的抽力必须满足仪器对流量的需求；二是为保证检测结果准确有效，要为气体采集留有充足的时间；三是在实际使用中要考虑到随着采气导管长度的增加而带来的吸附损失和吸收损失，即部分被测气体被采样管材料吸附或吸收而造成浓度降低。

表 2-3 不同形式采样泵的特点比较

采样泵形式		优点	缺点
内置采样泵		与采样仪一体，携带方便，开机泵体即可工作	耗电量大
外置采样泵	手动采样泵	无须电力供给，可实现检测仪在扩散式和泵吸式之间转换	采样速度慢；流量不稳定，影响检测结果的准确性
	机械采样泵	可实现检测仪在扩散式和泵吸式之间转换，还可更换不同流量采样泵	需要电力供给

2）扩散式气体检测仪

扩散式气体检测仪主要依靠空气自然扩散将气体样品带入检测仪中与传感器接触反应。此类气体检测仪仅能检测仪器周围的气体，可以检测的范围局限于一个很小的区域，也就是靠近检测仪器的地方。其优点是将气体样本直接引入传感器，能够真实反映环境中气体的自然存在状态；其缺点是无法进行远距离采样检测。因此，此类检测仪适合作业人员随身携带进入有限空间，在作业过程中实时检测作业周边的气体环境。

此外，扩散式检测仪加装外置采样泵后可转变为泵吸式气体检测仪，可根据作业需要灵活转变。在实际应用中，这两类气体检测仪往往相互配合、同时使用，从最大程度保证作业人员生命安全。

2. 气体检测仪的使用方法

每种气体检测仪的说明书中都详细地介绍了操作、校正等步骤，使用者应认真阅读，严格按照操作说明书进行操作。同时，气体检测仪应按照相关要求进行定期维护和强制检测。不同品牌型号的气体检测仪的使用方法大同小异，现以某一型号气体检测仪为例，介绍其作业中的操作规程。具体如下：

（1）检查气体检测仪外观是否完好，检查气管有无破损漏气，均检查完好后方可使用。

（2）在洁净空气环境中开机，完成设备的预热和自检。

（3）气体检测仪自检结束后若浓度值显示非初始值时应进行"调零"复位操作或更换仪器。

（4）气体检测仪自检正常后，开始进行实际环境监测。

（5）显示的检测数值稳定后，读数并记录。

（6）检测工作完成后，应在洁净的空气环境内待仪器内气体浓度值复位后关机。

（7）清洁仪器后妥善存放。

3. 气体检测仪的日常维护和储存

定期校准、测试和检验气体检测器。

保留所有维护、校准和告警事件的操作记录。

用柔软的湿布清洁仪器外表，勿使用溶剂、肥皂或抛光剂。

勿把检测器浸泡在液体中。

清洁传感器滤网时应摘下滤网，使用柔软洁净的刷子和洁净的温水进行清洁。滤网重新安装之前应处于干燥状态。

清洁传感器时应摘下传感器，使用柔软洁净的刷子进行清洁，勿用水清洁。

勿把传感器暴露于无机溶剂产生的气味（如油漆气味）或有机溶剂产生的气味环境下。

长时间不使用时，应将电池从气体检测仪中取出（充电电池应在电量充满后再取出）。

气体检测仪要放置在常温、干燥、密封环境中，避免暴晒。

气体检测仪的定期检验应由有资质单位进行，定检周期一般为一年，但在使用过程中若对数据有怀疑或更换了主要部件及维修后，应及时送检。只有检测合格后才可以使用。

4. 气体检测仪常见故障与排查处理

气体检测仪的常见故障和排查处理方法见表2-4。

表2-4　气体检测仪的常见故障和排查处理

故障现象	可能原因分析	处理方法
无输出	导线错接	重新接好
	电路故障	返厂维修
读数偏低	灵敏度下降	重新标定
	传感器失效	更换传感器
读数偏高	灵敏度上升	重新标定
	传感器失效	更换传感器
读数不稳	稳定时间不够	开机等待
	传感器失效	更换传感器
	电路故障	返厂维修
	干扰	检查探头接地是否良好
响应时间变慢	探头堵塞	清理探头

（二）三脚架

三脚架是有限空间作业中的重要设备，主要应用于竖向有限空间（如检查井）需要防坠或提升的装置，在没有可靠挂点的场所可作为临时设置的挂点。作业或救援时，三脚架应与绞盘、速差自控器、安全绳、安全带等配合使用。三脚架主要由三脚架主体、滑轮组、防坠器、安全绳、防滑链等部分组成，如图2-20所示。

图2-20　三脚架

1. 三脚架的安装与使用

取出三脚架，解开捆扎带，并将其直立放置。

在使用前要对设备各组成部分（速差器、绞盘、安全绳）的外观进行目测检查，检查各零部件是否完好、有无松动，检查连接挂钩和锁紧螺丝的状况、速差器的制动功能。检查必须由使用该设备的人员进行。一旦发现有缺陷,不得继续使用该设备。

移动三脚架至需作业的井口上(底脚平面着地)。将三支柱适当分开角度,底脚防滑平面着地,用定位链穿过三个底脚的穿孔。调整长度适当后,拉紧并相互勾挂在一起,防止三支柱向外滑移。必要时,可用钢钎穿过底脚插孔,砸入地下定位底脚。

拔下内外柱固定插销,分别将内柱从外柱内拉出。根据需要选择拔出长度后,将内外柱插销孔对正,插入插销,并用卡簧插入插销卡簧孔止退。

将防坠制动器从支柱内侧卡在三脚架任一个内柱上(面对制动器的支柱,制动器摇把在支柱右侧),并使定位孔与内柱上定位孔对正,将安装架上配备的插销插入孔内固定。

逆时针摇动绞盘手柄,同时拉出绞盘绞绳,并将绞绳上的定滑轮挂于架头上的吊耳上(正对着固定绞盘支柱的一个)。

装好滑轮组、防坠器,工作人员穿戴好安全带后与滑轮组连接妥当。将工作人员缓慢送入作业空间中。

作业完成后,通过滑轮组将工作人员缓慢拉出作业空间。拆下滑轮组、防坠器,拔出定位销,对整套设备清洁后入库存放。

2. 三脚架的使用注意事项

安装前必须检查三脚架安装是否稳定牢固,保证定位链限位有效,绞盘安装正确。

在负载情况下停止升降时,操作者必须握住摇把手柄,不得松手。无负载放长绞绳时,必须一人逆时针摇动手柄,一人抽拉绞绳;不放长绞绳时,不得随意逆时针转动手柄。

使用中绞绳松弛时,绝不允许绞绳折成死结,否则将造成绞绳损毁,再次使用时将发生事故。卷回绞绳时,尤其在绞绳放出较长时,应适当加载,并尽量使绞绳在卷筒上排列有序,以免再次使用受力时绞绳相互挤压受损。

必须经常检查设备,确保各零件齐全有效,无松脱、老化、异响;绞绳无断股、死结情况;发现异常,必须及时检修排除。

3. 三脚架的日常维护

三脚架的日常维护保养重点见表2-5。

表2-5 三脚架维护保养重点

内容	周期	标准
检查各部位螺栓、销钉等	1次/周	无丢失、无损坏、无生锈
清洁检查安全绳	1次/周	无断股、无缠绕,清洁无杂物
检查安全带	1次/周	干净整洁、无损坏、连接良好
绞盘等旋转部位加注润滑油	1次/月	转动灵活,润滑得当

(三)安全梯

安全梯是用于作业者上下地下井、坑、管道、容器等的通行工具,也是事故状态下逃生的通行工具。根据作业场所的具体情况,应配备相应的安全梯。有限空间作业,一般利用直梯、折梯或软梯。安全梯从制作材质上分为竹制、木制、金属制和绳木混合制;从梯子的形式上分为移动直梯、移动折梯和移动软梯。

使用安全梯时应注意以下几点:

(1)使用前,必须对梯子进行安全检查。首先,检查竹、木、绳、金属类梯子的材质是否出现发霉、虫蛀、腐烂、腐蚀等情况。其次,检查梯子是否有损坏、缺挡、磨损等情况,对不符合安全要求的梯子应停止使用;有缺陷的应修复后使用。对于折梯,还应检查其连接件、铰链和撑杆(固定梯子工作角度的装置)是否完好,如不完好应修复后使用。

(2)使用时,梯子应加以固定,避免接触油、蜡等易打滑的材料,防止梯子滑倒;也可设专人扶挡。在梯子上作业时,应设专人安全监护。梯子上有人作业时,不准移动梯子。除非专门设计为多人使用,否则梯子上只允许1人在上面作业。

(3)折梯的上部第二踏板为最高安全站立高度,应涂红色标志。梯子上第一踏板不得站立或超越。

(四)通风设备

有限空间作业情况比较复杂,一般要求在有毒有害气体浓度检测合格的情况下才能进行作业。但由于吸附在清理物中的有毒有害物质,在搅拌、翻动中被解析释放出来,如污水井中污泥被翻动时大量硫化氢被释放;或进行作业过程中产生有毒有害物质,如涂刷油漆、电焊等作业过程自身会散发出有毒有害物质。因此,在有限空间作业中,应配备通风设备对作业场所进行通风换气,使作业场所的空气始终处于良好状态。对存在易燃易爆的场所,所使用的通风机应采用防爆型,以保证安全。通风设备主要为风机,一般由风机机体、风管等部分组成,常与移动式发电机配合使用,如图2-21所示。

图2-21 防爆风机

1. 风机的选择和使用

（1）风机的选择：选择风机时必须确保能够提供作业场所所需的气流量。这个气流必须能够克服整个系统的阻力，包括通过抽风罩、支管、弯管机连接处的压损。风管过长、风管内部表面粗糙、弯管等都会增加气体流动的阻力，对风机风量的要求就会更高。

（2）使用前检查：在使用前还需要检查风管是否有破损，风机叶片是否完好，电线是否裸露，插头是否有松动，风机是否能正常运转。

2. 风机的注意事项

风机使用时应该放置在洁净的气体环境中，以防止捕集到的腐蚀性气体或蒸汽，或者任何会造成磨损的粉尘对风机造成损害。风机还应尽量远离有限空间的出入口。目前没有一个统一的关于换气次数的标准，可以参考一般工业上普遍接受的每3min换气一次（即20次/h）的换气率，作为能够提供有效通风的标准。

3. 风机的日常维护与储存

保持叶轮的清洁状态，定期除尘防锈。经常检查轴承的润滑状态，及时足量加注润滑油。检查紧固件状态，出现松动时及时拧紧。风机应保存在洁净、干燥、避免阳光直射和暴晒的环境中，且不能与油漆等有挥发性的物品存储在同一密闭空间。

（五）小型移动发电设备

在有限空间作业过程中，经常需要临时性的通风、排水、供电照明等，这些设备往往是由小型移动发电设备来保障供电。

1. 使用前的检查

检查油箱中的机油是否充足，若机油不足，发电机不能正常启动；若机油过量，发电机也不能正常工作。检查油路开关和输油管路是否有漏油、渗油现象。检查各部分接线是否裸露，插头有无松动，接地线是否良好。

2. 使用中的注意事项

使用前，必须将底架停放在平稳的基础上，运转时不准移动，且不得使用帆布等物品遮盖。发电机外壳应有可靠接地，并应加装漏电保护器，防止工作人员发生触电。启动前，需断开输出开关，将发电机空载启动，运转平稳后再接电源带负载。应密切注意运行中的发电机的发动机声音，观察各种仪表指示是否在正常范围内，检查运转部分是否正常，发电机温升是否过高。应在通风良好的场所使用，禁止在有限空间内使用。

（六）照明设备

有限空间作业环境常是容器、管道、井坑等光线黑暗的场所，因此应携带照明设备才能进入有限空间作业。这些场所潮湿且可能存在易燃易爆物质，所以照明设备的安全性显得十分重要。按照有关规定，在这些场所使用的照明设备应用24V以下的安全电压；在潮湿容器、狭小容器内作业应用12V以下的安全电压；在有可能存在易燃易爆物质的作业场所，还必须配备达到防爆等级的照明器具，如防爆头灯、防爆照明灯等，如图2-22所示。

图2-22 防爆头灯

1. 防爆手电的功能和结构

防爆手电一般应用于光线较暗的工作场所，主要由LED光源、外壳、充电电池、开关、线路板等组成。

2. 防爆手电的使用方法

使用前检查防爆手电电量是否充足，外观是否有损坏，检查正常后进行使用。

防爆手电一般有普通光、强光、频闪模式，使用时根据需求选择合适的模式。

使用后及时清洁，使用眼镜布沾酒精等擦拭灯头。

充电时使用配套的充电器，长期不用时应每隔两个月充电一次。

严禁随意拆卸灯具的结构件，尤其是密封结构件。

防爆手电及其电池应存储于温度变化范围不大的地点，最低温不低于-20℃、最高温不高于40℃。存储地点应干燥，避免阳光直射暴晒。

（七）通信设备

在有限空间作业中，监护者与作业者往往因距离较远或存在转角而无法直接面对面沟通，监护者无法了解和掌握作业者的情况。因此必须配备必要的通信器材，使监护者与作业者保持定时联系。考虑到有毒有害危险场所可能具有易燃易爆的特性，所配置的通信器材也应该选用防爆型，如防爆电话、防爆对讲机等，如图2-23所示。

图 2-23　防爆对讲机

通信设备的使用包括以下注意事项：

(1)工作中，通信设备必须随身携带且保持开机状态，不可随意关机或更改频段。

(2)严格按设备充电程序进行充电，以保障电池性能和寿命。

(3)更换设备电池时必须先将主机开关关闭，保护和延长其使用寿命。

(4)对讲机等通信设备应妥善保管，做好防尘、防潮工作。

(5)不要在雾气、雨水等高湿度环境下存放或使用。一旦设备进水，严禁按通话键，应立即关机并拆除电板。

(6)设备长时间不使用时，应每隔一段时间开机一次，以保护电池功能，延长使用寿命。

三、有限空间作业的安全知识

(一) 有限空间相关概念与术语

1. 有限空间及其作业的概念

有限空间是指封闭或部分封闭，进出口较为狭窄有限，未被设计为固定工作场所，自然通风不良，易造成有毒有害、易燃易爆物质积聚或含氧量不足的空间。

有限空间作业是指作业人员进入有限空间实施的作业活动。

2. 其他相关概念

GBZ/T 205—2007《密闭空间作业职业危害防护规范》中对有限空间作业相关概念和术语进行了定义。

(1)立即威胁生命或健康的浓度(Immediately dangerous to life or health concentrations, IDLH)：是指在此条件下对生命立即或延迟产生威胁，或能导致永久性健康损害，或影响准入者在无助情况下从密闭空间逃生的浓度。某些物质对人产生一过性的短时影响，甚至很严重，受害者未经医疗救治而感觉正常，但在接触这些物质后 12～72h 可能突然产生致命后果，如氟烃类化合物。

(2)有害环境：是指在职业活动中可能引起死亡、失去知觉、丧失逃生及自救能力、伤害或引起急性中毒的环境，包括以下一种或几种情形：可燃性气体、蒸汽和气溶胶的浓度超过爆炸下限的10%；空气中爆炸性粉尘浓度达到或超过爆炸下限；空气中含氧量低于18%或超过22%；空气中有害物质的浓度超过职业接触限值；其他任何含有有害物浓度超过立即威胁生命或健康浓度的环境条件。

(3)进入：人体通过一个入口进入密闭空间，包括在该空间中工作或身体任何一部分通过入口。

(4)吊救装备：为抢救受害人员所采用的绳索、胸部或全身的套具、腕套、升降设施等。

(5)准入者：批准进入密闭空间作业的劳动者。

(6)监护者：在密闭空间外进行监护或监督的劳动者。

(7)缺氧环境：空气中，氧的体积百分比低于18%。

(8)富氧环境：空气中，氧的体积百分比高于22%。

(二) 有限空间的分类

(1)地下有限空间：地下室、地下仓库、地窖、地下工程、地下管道、暗沟、隧道、涵洞、地坑、废井、污水池、井、沼气池、化粪池、下水道等。

(2)地上有限空间：储藏室、温室、冷库、酒糟池、发酵池、垃圾站、粮仓、污泥料仓等。

(3)密闭设备：船舱、贮罐、车载槽罐、反应塔(釜)、磨机、水泥筒库、压力容器、管道、冷藏箱(车)、烟道、锅炉等。

(三) 有限空间危害因素及防控措施

污泥处理处置过程中，常见的有限空间危害因素主要有缺氧、有毒气体、可燃气体。

1. 缺　氧

缺氧是指因组织的氧气供应不足或用氧障碍，而导致组织的代谢、功能和形态结构发生异常变化的病理过程。外界正常大气环境中，按照体积分数，平均的氧气浓度约为20.95%。氧是人体进行新陈代谢的关键物质，如果缺氧，人体的健康和安全就可能受到伤害，不同氧气浓度对人体的影响见表2-6。

在有限空间内，由于内部各种原因及其结构特点，导致通风不畅，致使有限空间内的氧气浓度偏低或不足，人员进入有限空间内作业时，会极易疲劳而影响作业或面临缺氧危险。

表2-6　不同氧气浓度对人体的影响

氧气体积浓度	影响
23.5%	最高"安全水平"
20.95%	空气中的氧气浓度
19.5%	最低"安全水平"
17%~19.5%	人员静止无影响，工作时会出现喘息、呼吸困难现象
15%~17%	人员呼吸和脉搏急促，感觉及判断能力减弱以致失去劳动能力
9%~15%	呼吸急促，判断力丧失
6%~9%	人员失去知觉，呼吸停止，数分钟内心脏尚能跳动，不进行急救会导致死亡
6%以下	呼吸困难，数分钟内死亡

2. 中　毒

由于有限空间本身的结构特点，空气不易流通，造成内部与外部的空气环境不同，致命的有毒气体蓄积。

1）有毒有害气体物质的来源

（1）存储的有毒化学品残留、泄漏或挥发。

（2）某些生产过程中有物质发生化学反应，产生有毒物质，如有机物分解产生硫化氢。

（3）某些相连或接近的设备或管道的有毒物质渗漏或扩散。

（4）作业过程中引入或产生有毒物质，如焊接、喷漆或使用某些有机溶剂进行清洁。

污水处理厂工作环境中存在大量的有毒物质，人一旦接触后易引起化学性中毒可能导致死亡。常见的有毒物质包括：硫化氢、一氧化碳、苯系物、氯气、氮氧化物、二氧化硫、氨气、易挥发的有机溶剂、极高浓度刺激性气体等。

2）常见有毒有害气体

（1）硫化氢

硫化氢（H_2S）是无色、有臭鸡蛋味的毒性气体。相对分子质量34.08，相对密度1.19，沸点-60.2℃、熔点-83.8℃，自燃点260℃；溶于水，0℃时100mL水中可溶437mL硫化氢，40℃时可溶180mL硫化氢；也溶于乙醇、汽油、煤油、原油中，溶于水后生成氢硫酸。

硫化氢的化学性质不稳定，在空气中容易爆炸。爆炸极限为4.3%~45.5%（体积百分比）。它能使银、铜及其他金属制品表面腐蚀发黑，与许多金属离子作用，生成不溶于水或酸的硫化物沉淀。

硫化氢不仅是一种窒息性毒物，对黏膜还有明显的刺激作用，这两种毒作用与硫化氢的浓度有关。当硫化氢浓度越低时，对呼吸道及眼的局部刺激越明显。硫化氢的局部刺激作用，是由于接触湿润黏膜与钠离子形成的硫化钠引起。当浓度超高时，人体内游离的硫化氢在血液中来不及氧化，则引起全身中毒反应。目前认为硫化氢的全身毒性作用是被吸入人体的硫化氢通过与呼吸链中的氧化型细胞色素氧化酶的三价铁离子结合，抑制细胞呼吸酶的活性，从而影响细胞氧化过程，造成细胞组织缺氧。急性硫化氢中毒的症状表现如下：

①轻度中毒时以刺激症状为主，如眼刺痛、畏光、流泪、流涕、鼻及咽喉部烧灼感，还可能有干咳和胸部不适、结膜充血、呼出气有臭鸡蛋味等症状，一般数日内可逐渐恢复。

②中度中毒时中枢神经系统症状明显，头痛、头晕、乏力、呕吐、共济失调等刺激症状也会加重。

③重度中毒时可在数分钟内发生头晕、心悸，继而出现躁动不安、抽搐、昏迷，有的出现肺水肿并发肺炎，最严重者发生"电击型"死亡。

《工作场所有害因素职业接触限值 第1部分：化学有害因素》（GBZ 2.1—2019）中工作场所空气中化学物质容许浓度中明确指出，硫化氢最高容许浓度为10mg/m^3，不同浓度的具体影响见表2-7。

表2-7　不同硫化氢浓度对人体的影响

浓度/（mg/m^3）	接触时间	影响
0.035	—	嗅觉阈，开始闻到臭味
30~40	—	臭味强烈，仍能忍受；是引起症状的阈浓度
70~150	1~2h	呼吸道及眼刺激症状；吸入2~15min后嗅觉疲劳，不再闻到臭味
300	1h	6~8min出现眼急性刺激性，长期接触引起肺水肿
760	15~60min	发生肺水肿，支气管炎和肺炎；接触时间长时引起头痛，头昏，步态不稳，恶心，呕吐，排尿困难
1000	数秒钟	很快出现急性中毒，呼吸加快，麻痹而死亡
1400	立即	昏迷，呼吸麻痹而死亡

（2）沼　气

沼气是多种气体的混合物，由50%~80%的甲烷（CH_4）、20%~40%的二氧化碳（CO_2）、0%~5%的氮气（N_2）、小于1%的氢气（H_2）、小于0.4%的氧气

(O_2)与0.1%~3%的硫化氢(H_2S)等气体组成。空气中如含有8.6%~20.8%（按体积百分比计算）的沼气时，就会形成爆炸性的混合气体。

沼气的主要成分是甲烷，污水中的甲烷气体主要是其沉淀污泥中的含碳、含氮有机物质在供氧不足的情况下，分解出的产物。

甲烷是无色、无味、易燃易爆的气体，比空气轻，相对空气密度约0.55，与空气混合能形成爆炸性气体。甲烷对人基本无毒，但浓度过量时使空气中氧含量明显降低，使人窒息，具体影响见表2-8。

表2-8 甲烷的浓度危害

甲烷体积浓度	影响
5%~15%	爆炸极限
25%~30%	人出现窒息样感觉，若不及时逃离接触，可致窒息死亡

（3）一氧化碳

一氧化碳（CO）是一种无色、无味、易燃易爆、剧烈毒性气体，属于与空气混合能形成爆炸性混合物，遇明火、高热能引起燃烧与爆炸。

空气中一氧化碳含量达到一定浓度范围时，极易使人中毒，严重危害人的生命安全，具体影响见表2-9。中毒机理是一氧化碳与血红蛋白的亲和力比氧与血红蛋白的亲和力高200~300倍，极易与血红蛋白结合，形成碳氧血红蛋白，使血红蛋白丧失携氧的能力和作用，造成组织窒息，对全身的组织细胞均有毒性作用，尤其对大脑皮质的影响为严重。

表2-9 一氧化碳的浓度危害

一氧化碳浓度/(mg/L)	接触时间	影响
50	8h	最高容许浓度
200	3h	轻度头痛、不适
600	1h	头痛、不适
1000~2000	30min	轻度心悸
1000~2000	1.5min	站立不稳、蹒跚
1000~2000	2h	混乱、恶心、头痛
2000~5000	30min	昏迷、失去知觉

3. 爆炸与火灾

爆炸是物质在瞬间以机械功的形式释放出大量气体和能量的现象，压力的瞬时急剧升高是爆炸的主要特征。有限空间内，可能存在易燃或可燃的气体、粉尘，与内部的空气发生混合，可能处于爆炸极限的范围内，如果遇到电弧、电火花、电热、设备漏电、静电、闪电等点火源，将可能引起燃烧或爆炸。有限空间发生爆炸、火灾，往往瞬间或很快耗尽有限空间的氧气，并产生大量有毒有害气体，造成严重后果。

（四）污水处理厂有限空间危害

1. 污水处理厂有限空间等级划分

污水处理厂根据有限空间可能产生的危害程度不同将有限空间分为三个等级。

（1）三级有限空间：正常情况下不存在突然变化的空气危险。在进入或撤离时存在障碍或坠落危险。在该有限空间中，虽然正常情况下不存在明显的空气危险，但需要进入前的气体初始确认和连续的气体监测，预防异常情况。

（2）二级有限空间：存在突然变化的空气危险。进入或撤离时存在障碍或坠落危险，但提供直接的入口，使得工作人员能够方便地佩戴安全带，并与入口的三脚架或悬挂点始终连接。需要连续的气体监测和特别的呼吸防护。

（3）一级有限空间：属于密闭或半密闭空间，存在突然变化的空气危险。进入或撤离时存在障碍/坠落危险，无法保持安全带始终连接在悬挂点上，无法保证及时对空间内工作人员的营救。必须制订翔实的施工作业方案，配置正压呼吸器或长管送风式呼吸器，工作人员佩戴安全带和足够长度的安全绳，必要时穿戴救生衣，安全绳必须在固定点固定，需要连续的气体监测。

2. 污水处理厂常见的有限空间作业活动

污水处理厂常见的有限空间包括：坑、竖井、人孔、下水道泵站、格栅间、污泥储存或处理设施、污泥消化池或沼气储气罐、管道等，见表2-10。

表2-10 污水处理厂常见的有限空间作业部位与内容

区域	作业内容
污水管线、雨水管线、热力管线、管廊电气管线、格栅、进退水渠道、进水泵房设备层、初沉池浮渣井、沉淀池浮渣井、砂水分离间滤液排放沟、脱水机房滤液排放沟、管廊	查看、取样、维修、清理、清捞
消防井、储泥池泄空井、储泥池人孔、浓缩池观察孔、消化池上清液阀门井、沼气冷凝水井	维护保养、检查、清理、检修
储泥池、退水渠、洗砂车间	电动阀门检修、液位计检修、校验、安装

表2-10中区域所涉及的有限空间作业操作如下：

（1）打开污水管线，检查井盖，进行液位查看或手工取样。打开雨水管线，检查井盖，进行液位查看。打开热力或电气管线，检查井盖，进行设备查看。打开格栅进退水渠道钢格板进行液位查看。

(2)打开泵前池进行查看清理和维修操作。打开进水泵房设备层钢格板进行设备查看或栅渣清理。打开初沉池浮渣井上钢格板进行查看及浮渣清掏操作。打开沉淀池浮渣井井盖板进行检查及清理操作。打开砂水分离间滤液排放沟钢格板进行查看清理操作。打开脱水机房滤液排放沟钢格板进行查看清理操作。打开消防栓井盖进行消防栓维护保养、检查。

(3)打开储泥池泄空井进行阀门操作或浮渣清捞。打开储泥池人孔钢格板进行污泥浓度计校验。打开浓缩池观察孔进行浓缩池液位计清洗。打开消化池上清液阀门井盖板进行阀门操作。打开沼气冷凝水井进行抽升排水。

(4)储泥池仪表维护校验、安装。退水渠仪表维护、校准、安装。洗砂车间集砂井液位计维护。

(五)有限空间常见安全警示标识

警示标识可以有效预防事故的发生,常见与有限空间作业有关的警示标志有禁止标识、警告标识、指令标识、提示标识。

(1)禁止标识:禁止标识的含义是不准或制止某些行动,见表2-11。

表2-11 禁止标识图形、名称及设置范围

标识图形	标识名称	设置范围和地点
	禁止入内	可能引起职业病危害的工作场所入口或泄险区周边

(2)警告标识:警告标识是指警告可能发生的危险,见表2-12。

表2-12 警告标识图形、名称及设置范围

标识图形	标识名称	设置范围和地点
	当心中毒	使用有毒物品作业场所
	当心有毒气体	存在有毒气体的作业场所
	当心爆炸	存在爆炸危险源的作业场所
	当心缺氧	有缺氧危险的作业场所

(续)

标识图形	标识名称	设置范围和地点
	当心坠落	有坠落危险的作业场所
	注意安全	设置在其他警告标志不能包括的其他道路危险位置

(3)指令标识:指令标识是指必须遵守的行为,见表2-13。

表2-13 指令标识图形、名称及设置范围

标识图形	标识名称	设置范围和地点
	戴防毒面具	可能产生职业中毒的作业场所
	注意通风	存在有毒物品和粉尘等需要进行通风处理的作业场所

(4)提示标识:提示标识是指示意目标方向,见表2-14。

表2-14 提示标识图形、名称及设置范围

标识图形	标识名称	设置范围和地点
	救援电话	救援电话附近

(六)有限空间作业人员与监护人员安全职责

(1)作业负责人的职责:应了解整个作业过程中存在的危险危害因素;确认作业环境、作业程序、防护设施、作业人员符合要求后,授权批准作业;及时掌握作业过程中可能发生的条件变化,当有限空间作业条件不符合安全要求时,终止作业。

(2)监护人员的职责:应接受有限空间作业安全生产培训;全过程掌握作业者作业期间情况,保证在有限空间外持续监护,能够与作业者进行有效的操作作业、报警、撤离等信息沟通;在紧急情况时向作业者发出撤离警告,必要时立即呼叫应急救援服务,并在有限空间外实施紧急救援工作;防止未经授权的人员进入。

(3)作业人员的职责:应接受有限空间作业安全

生产培训；遵守有限空间作业安全操作规程，正确使用有限空间作业安全设施和个人防护用品；应与监护者进行有效的操作作业、报警、撤离等信息沟通。

(七) 典型的有限空间安全相关事故案例

以北京某市政工程有限公司"6.1"事故作为案例进行简要介绍。

1. 事故经过

2005年6月1日晚，北京某市政工程有限公司第三项目部项目经理王某安排承德某劳务有限责任公司项目经理姚某，于当晚对小红门污水顶管工程30#污水井进行降水，次日白天进行打堵作业。当天21时左右，王某到现场口头将工作交代给承德某劳务有限责任公司项目部领工员季某后，便离开现场。当晚，领工员季某带领工人（共7名，其中5名为临时工）基本完成管线降水后，违反《北京市市政工程施工安全操作规程》，在没有采取检测及防护措施的情况下，安排民工赵某于当晚23时45分提前进行打堵作业。赵某下井后被毒气熏倒，井上作业人员黄某在未采取任何措施的情况下下井施救，也晕倒在井下，造成2人死亡。

2. 事故分析

疏通污水管道的打堵作业是高风险作业。污水管道长期堵塞，与外界隔绝，由于微生物作用，污水中散发出大量硫化氢、甲烷等有毒有害气体。打堵作业中，当打通堵头的瞬间，高浓度的有毒有害气体涌出，极易发生中毒事故，造成作业人员伤亡。

（1）直接原因：井下有毒有害气体超标，作业人员在未进行气体检测、未采取安全防护措施的情况下擅自违章作业，是导致事故发生的直接原因。

（2）间接原因：①承德某劳务有限责任公司未对作业人员进行安全教育培训，作业人员安全素质不高。6月1日晚，在30#井进行打堵作业的7名工人中，有5名工人为临时工，即未办理劳务用工手续，也未进行安全教育。②北京某市政工程有限责任公司项目部未及时对施工班组进行书面交底。项目经理王某未将作业情况向劳务公司进行书面交底，导致领工员季某在没有接到交底的情况下，擅自进行打堵作业。

3. 事故定性

这是一起有毒有害气体浓度超标，因作业人员未进行气体检测、未采取任何安全防护措施、擅自违章作业而造成的一般安全生产责任事故。

4. 应采取的安全措施

生产经营单位应建立有限空间作业审批制度并严格执行，严禁擅自进入有限空间作业。

生产经营单位在进行有限空间作业时，必须对作业人员进行培训及作业前的安全交底。

当作业场所可能存在有毒有害气体时，必须在测定氧气含量的同时测定有毒有害气体的含量，并根据测定结果采取相应的措施。作业场所的空气质量达到标准后方可作业。

作业时，作业人员必须配备并使用正压隔绝式空气呼吸器；作业现场设专人监护，发生危险时，及时进行科学施救。

四、带水作业的安全知识

(一) 带水作业的危害

带水作业主要存在人员溺水和人员触电风险。溺水是由于人淹没于水中，呼吸道被水、污泥、杂草等杂质堵塞或喉头、气管发生反射性痉挛引起窒息和缺氧，也称为淹溺。淹没于水中以后，本能地出现反应性屏气，避免水进入呼吸道。由于缺氧，不能坚持屏气，被迫进行深吸气而极易使大量水进入呼吸道和肺泡，阻滞了气体交换，引起严重缺氧高碳酸血症（指血中二氧化碳浓度增加）和代谢性酸中毒。呼吸道内的水迅速经肺泡吸收到血液内。由于淹溺时水的成分不同，引起的病变也有所不同。淹溺还可引起反射性喉头、气管、支气管痉挛；水中污染物、杂草等堵塞呼吸道可发生窒息。

(二) 溺水的救援知识

坠落溺水事故发生时，应遵守如下原则进行抢救：

1. 施救坠落溺水者上岸

营救人员向坠落溺水者抛投救生物品。

如坠落溺水者距离作业点、船舶不远，营救人员可向坠落溺水者抛投结实的绳索和递以硬性木条、竹竿将其拉起。

为排水性较好的人员携带救生物品（营救人员必须确认自身处在安全状态下）下水营救，营救时营救人员必须注意从溺水者背后靠近，抱住溺水者将其头部托出水面游至岸边。

2. 溺水者上岸后的应急处理

寻找医疗救护。求助于附近的医生、护士或打"120"电话，通知救护车尽快送医院治疗。

注意溺水者全身受伤情况，有无休克及其他颅脑、内脏等合并伤。急救时应根据伤情抓住主要矛盾，首先抢救生命，着重预防和治疗休克。

等待医护人员时，应对不能自主呼吸、出血或休克的伤者先进行急救，将溺水人员吸入的水空出后要及时进行人工呼吸，同时进行止血包扎等。

当怀疑有骨折时，不要轻易移动伤者。骨折部位可以用夹板或方便器材做临时包扎固定。

搬运伤员是一个非常重要的环节。如果搬运不当，可使伤情加重，方法视伤情而定。如伤员伤势不重，会采用扛、背、抱、扶的方法将伤员运走。如果伤员有大出血或休克等情况，一定要把伤员小心地放在担架上抬送。如果伤员有骨折情况，一定要用木板做的硬担架抬运。让其平卧，腰部垫上衣服垫，再用三四根皮带将其固定在木板做的硬担架上，以免在搬运中滚动或跌落。

3. 现场施救

在医务员的指挥下，工作人员将伤员搬运至安全地带并开展自救工作。及时联络医院，将伤员送往医院检查、救护。

五、带电作业的安全知识

低压是指电压在250V及以下的电压。低压带电作业是指在不停电的低压设备或低压线路上的工作。

对于一些可以不停电的工作，没有偶然触及带电部分的危险工作，或作业人员使用绝缘辅助安全用具直接接触带电体及在带电设备外壳上的工作，均可进行低压带电作业。虽然低压带电作业的对地电压不超过250V，但不能理解为此电压为安全电压，实际上交流220V电源的触电对人身的危害是严重的，特别是，低压带电作业使用很普遍，为防止低压带电作业对人身的触电伤害，作业人员应严格遵守低压带电作业有关规定和注意事项。

(一)低压设备带电作业安全规定

在低压设备上带电作业，应遵守下列规定：

(1)在带电的低压设备上工作，应使用有绝缘柄的工具，工作时应站在干燥的绝缘垫、绝缘站台或其他绝缘物上进行，严禁使用锉刀、金属尺和带有金属物的毛刷、毛掸等工具。使用有绝缘柄的工具，可以防止人体直接接触带电体；站在绝缘垫上工作，人体即使触及带电体，也不会造成触电伤害。低压带电作业时，使用金属工具可能引起相同短路或对地短路事故。

(2)在带电的低压设备上工作时，作业人员应穿长袖工作服，并戴手套和安全帽。戴手套可以防止作业时手触及带电体；戴安全帽可防止作业过程中头部同时触及带电体及接地的金属盘架，造成头部接近短路或头部碰伤；穿长袖工作服可防止手臂同时带电和接地体引起短路和烧伤事故。

(3)在带电的低压盘上工作时，应采取防止相间短路和单相接地短路的绝缘隔离措施。在带电的低压盘上工作时，为防止人体或作业工具同时触及两相带电体或一相带电体与接地体，在作业前，将相与相间或相与地(盘构架)间用绝缘板隔离，以免作业过程中引起短路事故。

(4)严禁雷、雨、雪天气及六级以上大风天气在户外带电作业，也不应在雷电天气进行室内带电作业。雷电天气，系统容易引起雷电过电压，危及作业人员的安全，不应进行室内外带电作业；雨雪天气，气候潮湿，不宜带电作业。

(5)在潮湿和潮气过大的室内，禁止带电作业；工作位置过于狭窄时，禁止带电作业。

(6)低压带电作业时，必须有专人监护。带电作业时由于作业场地、空间狭小，带电体之间、带电体与地之间绝缘距离小，或由于作业时的错误动作，均可能引起触电事故，因此，带电作业时，必须有专人监护；监护人应始终在工作现场，并对作业人员进行认真监护，随时纠正不正确的动作。

(二)低压线路带电作业安全规定

在400V三相四线制的线路上带电作业时，应遵守下列规定：

(1)上杆前应先分清火线、地线，选好工作位置。在登杆前，应在地面上先分清火线、地线，只有这样才能选好杆上的作业位置和角度。在地面辨别火、地线时，一般根据一些标志和排列方向、照明设备接线等进行辨认。初步确定火线、地线后，可在登杆后用验电器或低压试电笔进行测试，必要时可用电压表进行测量。

(2)断开低压线路导线时，应先断开火线，后断开地线。搭接导线时，顺序应相反。三相四线制低压线路在正常情况下接有动力、照明及家电负荷。当带电断开低压线路时，如果先断开零线，则因各相负荷不平衡使该电源系统中性点会出现较大偏移电压，造成零线带电，断开时会产生电弧，因此，断开四根线均会带电断开。故应先断火线，后断地线，接通时，先接零线，后接火线。

(3)人体不得同时接触两根线头。带电作业时，若人体同时接触两根线头，则人体串入电路造成人体触电伤害。

(4)高低压同杆架设，在低压带电线路上工作时，作业人员与高压带电体的距离不小于表2-15的规定。还应采取以下措施：防止误碰、误接近高压导线的措施；登杆后在低压线路上工作，防止低压接地短路及混线的作业措施；在低压带电导线未采取绝缘措施时(裸导线)，工作人员不得穿越；严禁雷、雨、雪天气及六级以上大风天气在户外低压线路上带电作业；低压线路带电作业，必须设专人监护，必要时设杆上专人监护。

带电作业时，若已接触一相火线，要特别注意不要再接触其他火线或地线（或接地部分）。带电作业时间不宜过长。

表 2-15 作业人员与高压带电体的距离

电压等级/kV	距离/m	电压等级/kV	距离/m
10	0.35	200	3
35	0.6	330	4
60~110	1.5	500	5

六、危险化学品使用与管理的安全知识

(一) 危险化学品的基本知识

1. 危险化学品的概念

危险化学品是指具有易燃、易爆、腐蚀、毒害、放射性等危险性质，并在一定条件下能引起燃烧、爆炸和导致人体灼伤、死亡等事故的化学物品及放射性物品。危险化学物品约有 6000 余种，目前常见的、用途较广的有近 2000 种。

2. 危险化学品的分类

危险化学品往往具有多种危险性，但是必有一种主要的即对人类危害最大的危险性。因此在对危险化学品分类时，掌握"择重归类"的原则，即根据该化学品的主要危险性来进行分类。

依据《常用危险化学品的分类及标志》(GB 13690—2009)和《危险货物分类和品名编号》(GB 6944—2012)，将危险化学品分为八大类，每一类又分为若干项，具体见表 2-16。

(三) 低压带电作业注意事项

带电作业人员必须经过培训并考试合格，工作时不少于 2 人。

严禁穿背心、短裤、穿拖鞋带电作业。

带电作业使用的工具应合格，绝缘工具应试验合格。低压带电作业时，人体对地必须保持可靠的绝缘。

在低压配电盘上工作，必须装设防止短路事故发生的隔离措施。

只能在作业人员的一侧带电，若其他还有带电部分而又无法采取安全措施者，则必须将其他侧电源切断。

表 2-16 危险品类别及特点

类别	名称	标志	特点	举例
第一类	爆炸品	爆炸品	受热、撞击、摩擦、遇明火等易发生爆炸	叠氮钠、黑索金、三硝基甲苯
第二类	压缩气体和液化气体	易燃气体	可压缩性与膨胀性，可与空气能形成爆炸性混合物	氢气、一氧化碳、甲烷等
		不燃气体	不可燃烧，可能有助燃性	压缩空气、氮气等
		有毒气体	毒性、窒息性和腐蚀性	氯气、氨气等

(续)

类别	名称	标志	特点	举例
第三类	易燃液体	易燃液体	易挥发性，易流动扩散性，受热膨胀性	汽油、苯、甲苯
第四类	易燃固体、自燃物品和遇湿易燃物品	易燃固体	燃点低，对热、撞击、摩擦敏感，易被外部火源点燃，燃烧迅速，并可能散发出有毒烟雾或有毒气体的固体	红磷、硫黄
		自燃物品	自燃点低，在空气中易于发生氧化反应，放出热量，而自行燃烧的物品	白磷、三乙基铝
		遇湿易燃物品	遇水或受潮时，发生剧烈化学反应，放出大量的易燃气体和热量的物品	钠、钾
第五类	氧化剂和有机过氧化物	氧化剂	具有强氧化性，易分解并放出氧和热量的物质	过氧化钠、高锰酸钾
		有机过氧化物	分子组成中含有过氧键的有机物，其本身易燃易爆、极易分解，对热、振动和摩擦极为敏感	过氧化苯甲酰、过氧化甲乙酮
第六类	毒害品和感染性物品		指进入肌体后，累积达一定量，能与体液和组织发生生物化学作用或生物物理学作用，扰乱或破坏肌体的正常生理功能，引起暂时性或持久性的病理改变，甚至危及生命的物品	氰化钠、氰化钾、砷酸盐

（续）

(续)

类别	名称	标志	特点	举例
第七类	放射性物品	一级放射性物品 7 二级放射性物品 7 三级放射性物品 7	放射性比活度大于 7.4×10^4 Bq/kg 的物品	金属铀、六氟化铀、金属钍
第八类	腐蚀品	腐蚀品 8	能灼伤人体组织并对金属等物品造成损坏的固体或液体	硫酸、盐酸、硝酸

3. 危险化学品安全技术说明书

1）危险化学品安全技术说明书的概念

化学品安全技术说明书是一份关于危险化学品燃爆、毒性和环境危害以及安全使用、泄漏应急处置、主要理化参数、法律法规等方面信息的综合性文件。化学品安全技术说明书（Material Safety Data Sheet）国际上称作化学品安全信息卡，简称 MSDS 或 CSDS。

《危险化学品安全管理条例》第十四条中明确规定：生产危险化学品的，应当在危险化学品的包装内附有与危险化学品完全一致的化学品安全技术说明书，并在包装（包括外包装）上加贴或者拴挂与包装内危险化学品完全一致的化学品安全标签。

2）危险化学品安全技术说明书的主要作用

它是化学品安全生产、安全流通、安全使用的指导性文件；它是应急作业人员进行应急作业时的技术指南；为制订危险化学品安全操作规程提供技术信息；它是企业进行安全教育的重要内容；它是化学品安全技术说明书的内容。

3）危险化学品安全技术说明书的内容

该内容共包括 16 个部分，具体为：化学品及企业的标识；成分/组成信息；危险性概述；急救措施；消防措施；泄漏应急处理；操作处置与储存；接触控

图 2-24 危险化学品安全标签示例

制与个体防护；理化特性；稳定性和反应性；毒理学信息；生态学资料；废弃处置；运输信息；法规信息；其他信息。

4. 危险化学品安全标签

《化学品安全标签编写规定》(GB 15258—2009)中规定，安全标签是用文字、图形符号和编码的组合形式，表示化学品所具有的危险性和安全注意事项，如图 2-24 所示。安全标签由生产企业在货物出厂前粘贴、挂拴、喷印在包装或容器的明显位置，若改换包装，则由改换单位重新粘贴、挂拴、喷印。

安全标签的具体内容包括：化学品和其主要有害组分标识；警示词；危险性概述；安全措施；灭火；批号；提示用户向生产销售企业索取安全技术说明书；生产企业名称、地址、邮编、电话；应急咨询电话。

污泥处理工艺流程中，许多工艺单元应用了化学药剂，在运输、储存和使用过程中，可能会出现药品泄漏、喷溅等意外事故，会对人员健康造成危害。为此，员工应了解各化学品作业场所及所涉及的危险化学品，熟悉各相关危险化学品安全标签（表 2-17）。

表 2-17 污泥处理厂常用化学药剂安全标签

化学品作业场所	可能涉及的危险化学品
消化池	柠檬酸、三氯化铁
沼气脱硫塔	氢氧化钠
板框机房	三氯化铁
混凝作业场所	聚丙烯酰胺

（二）危险化学品危险有害因素及防控措施

危险化学品中毒、污染事故的预防控制措施如下：

(1) 替代：选用无毒或低毒的化学品代替有毒有害化学品，选用可燃化学品代替易燃化学品。

(2) 变更工艺：采用新技术、改变原料配方，消除或降低化学品危害。

(3) 隔离：将生产设备封闭起来，或设置屏障，避免作业人员直接暴露于有害环境中。

(4) 通风：借助于有效的通风，使作业场所空气中有害气体、蒸汽或粉尘的浓度降低。通风分局部排风和全面通风两种。局部排风适用于点式扩散源，将污染源置于通风罩控制范围内；全面通风适用于面式扩散源，通过提供新鲜空气，将污染物分散稀释。

(5) 个体防护：只能作为一种辅助性措施，是一道阻止有害物质进入人体的屏障。防护用品主要有呼吸防护器具、头部防护器具、眼防护器具、身体防护器具、手足防护用品等。

(6) 卫生：卫生包括保持作业场所清洁和作业人员个人卫生两个方面。经常清洗作业场所，对废物、溢出物及时处置，作业人员养成良好的卫生习惯，防止有害物质附着在皮肤上。

危险化学品火灾爆炸事故的预防如下：

(1) 防止可燃可爆混合物的形成：监控、防止可燃物质外溢泄漏；采取惰性气体保护；加强通风置换。

(2) 控制工艺参数：将温度、压力、流量、物料配比等工艺参数严格控制在安全限度范围内，防止超压、超温、物质泄漏。

(3) 消除点火源：远离明火、高温表面、化学反应热、电气设备，避免撞击摩擦、静电火花、光线照射，防止自燃发热。

(4) 限制火灾爆炸蔓延扩散：采用阻火装置、阻火设施、防爆泄压装置及隔离措施。

（三）危险化学品的管理

危险化学品的安全标志以图案、文字说明、颜色等信息，鲜明、简单的表征危险化学品危险特性和类别，向作业人员传递安全信息的警示性资料。

危险化学品的管理应根据试剂的毒性、易燃性、腐蚀性和潮解性等不同的特点，以不同的方式妥善管理。

易燃易爆试剂应放在铁柜中，柜的顶部要有通风口，严禁在化验室内存放总量超过 20L 的瓶装易燃液体。对于一般试剂，如无机盐，应有序地存放在试剂柜内，可按元素周期系类族，或按酸、碱、盐、氧化物等分类存放。存放试剂时，要注意化学试剂的存放期限，某些试剂在存放过程中会逐渐变质，甚至形成危害物。

化学试剂必须分类隔离存放，不能混放在一起，通常把不同性质的试剂分类存放。

若存在废弃危险化学品，危险化学品废弃后，应交由具有合格资质的专业单位统一进行运输和处置，不得随意丢弃。

禁止在危险化学品储存区域内堆积可燃危险废弃物。

对危险化学品废弃物的容器、包装物、贮存、运输、处置危险化学品废弃物的场所、设施，必须设置危险废弃物识别标志。

（四）危险化学品的使用安全防护

1. 防 毒

使用前，应了解所用药品的毒性及防护措施。

操作有毒气体（如硫化氢、氯气、二氧化氮、浓氯化氢和氢氟酸等)应在通风橱内进行。

乙醚等的蒸汽会引起中毒。它们虽有特殊气味，但久嗅会使人嗅觉减退，所以应在通风良好的情况下使用。

有些药品(如苯、汞等)能透过皮肤进入人体，应避免与皮肤接触。

高汞盐(硝酸汞)、可溶性钡盐(氯化钡)、重金属盐(如镉、铅盐)等剧毒药品，应妥善保管，使用时要特别小心。

禁止在实验室内喝水、吃东西。饮食用具不要带进实验室，以防毒物污染，离开实验室及饭前要洗净双手。

2. 防爆

可燃气体与空气混合，当两者比例达到爆炸极限时，受到热源(如电火花)的诱发，就会引起爆炸。

使用可燃性气体时，要防止气体逸出，室内通风要良好。

操作大量可燃性气体时，严禁同时使用明火，还要防止发生电火花及其他撞击火花。

进行容易引起爆炸的实验，应有防爆措施。

严禁将强氧化剂和强还原剂放在一起。

3. 防火

有些物质如磷、金属钠、钾、电石等，在空气中易氧化自燃。还有一些金属如铁、锌、铝等粉末，由于比表面积大也易在空气中氧化自燃。这些物质要隔绝空气保存，使用时要特别小心。

作业场所如果着火不要惊慌，应根据情况进行灭火，常用的灭火剂包括：水、沙、二氧化碳灭火器、泡沫灭火器和干粉灭火器等。可根据起火的原因选择使用，以下几种情况不能用水灭火：

(1)金属钠、钾、镁、铝粉、电石、过氧化钠着火，应用干沙灭火。

(2)比水轻的易燃液体，如汽油等着火，可用泡沫灭火器。

(3)有灼烧的金属或熔融物的地方着火时，应用干沙或干粉灭火器。

(4)电器设备或带电系统着火，可用二氧化碳灭火器

4. 防灼伤

强酸、强碱、强氧化剂等都会腐蚀皮肤，特别要防止溅入眼内。万一灼伤应及时治疗。

(五)典型的危险化学品相关事故案例

以天津港"8.12"瑞海公司危险品仓库特大火灾爆炸事故为例进行介绍。

1. 事故概要

2015年8月12日22时51分46秒，位于天津市滨海新区天津港的瑞海公司危险品仓库发生火灾，并随后引发两次剧烈的爆炸，事故造成165人遇难，8人失踪，重伤58人，轻伤740人，直接经济损失68.66亿元人民币，并造成周边空气、水和土壤等环境不同程度污染。

2. 事故经过

8月12日22时51分46秒，瑞海公司危险品仓库运抵区集装箱发生火灾，公安消防部门接警后组织灭火，但火势猛烈并迅速蔓延，23时34分06秒，危险品仓库发生第一次爆炸，23时34分37秒发生第二次更剧烈的爆炸。爆炸威力巨大，河北多地均有震感，周边十多公里范围遭受不同程度损失，爆炸中心区的房屋、车辆、集装箱等几乎全被摧毁，现场人员几乎全部遇难或重伤。爆炸后现场形成6处大火点及数十个小火点，8月14日16时40分，经过全国人民共同救援，现场明火被扑灭。

3. 事故抢险救援情况

把全力搜救人员作为首要任务，以灭火、防爆、防化、防疫、防污染为重点，统筹组织并协调解放军、武警、公安以及安监、卫生、环保、气象等相关部门力量，积极稳妥推进救援处置工作。

救援工作共动员现场救援处置的人员达1.6万多人，动用装备、车辆2000多台，其中解放军2207人，339台装备；武警部队2368人，181台装备；公安消防部队1728人，195部消防车；公安其他警种2307人；安全监管部门危险化学品处置专业人员243人；天津市和其他省区市防爆、防化、防疫、灭火、医疗、环保等方面专家938人，以及其他方面的救援力量和装备。公安部先后调集河北、北京、辽宁、山东、山西、江苏、湖北、上海8省份公安消防部队的化工抢险、核生化侦检等专业人员和特种设备参与救援处置。

4. 事故直接原因

瑞海公司危险品仓库运抵区南侧集装箱内的硝化棉由于湿润剂散失出现局部干燥，在高温(天气)等因素的作用下加速分解放热，积热自燃，引起相邻集装箱内的硝化棉和其他危险化学品长时间大面积燃烧，导致堆放于运抵区的硝酸铵等危险化学品发生爆炸。

5. 事故间接原因

1)瑞海公司违法生产

未批先建、边建边经营危险货物堆场。在未取得立项备案、规划许可、消防设计审核、安全评价审批、环境影响评价审批、施工许可等必需的手续的情

况下，在现代物流和普通仓储区域违法违规自行开工建设危险货物堆场改造项目。且边建设边经营。

无证违法经营。2014年1月12日至4月15日、2014年10月17日至2015年6月22日共11个月的时间里既没有批复，也没有许可证，违法从事港口危险货物仓储经营业务，并以不正当手段获得经营危险货物批复。

2）瑞海公司违规作业

违规开展拆箱、搬运、装卸等作业。在拆装易燃易爆危险货物集装箱时，没有安排专人现场监护，使用普通非防爆叉车。

对委托外包的运输、装卸作业安全管理严重缺失。

在硝化棉等易燃易爆危险货物的装箱、搬运过程中存在用叉车倾倒货桶、装卸工滚桶码放等野蛮装卸行为。

未按要求进行重大危险源识别与登记备案。

3）日常安全管理不到位

安全生产教育培训严重缺失。

部分装卸管理人员没有取得港口相关部门颁发的从业资格证书，无证上岗。

该公司部分叉车司机没有取得危险货物岸上作业资格证书，没有经过相关危险货物作业安全知识培训，对危险品防护知识的了解仅限于现场不准吸烟、车辆要带防火帽等，对各类危险物质的隔离要求、防静电要求、事故应急处置方法等均不了解。

未按规定制订应急预案并组织演练。

事故发生后，没有立即通知周边企业采取安全撤离等应对措施，使得周边企业的员工不能第一时间疏散，导致人员伤亡情况加重。

6. 事故责任追究

刑事立案：49人。

行政处理：123人。

行政处罚：5家单位，包括事故企业和有关中介及技术服务机构等。

通报批评天津市委、市政府，并责成天津市委、市政府和交通运输部向国务院作出深刻检查。

7. 事故启示

安全是不可逾越的红线。出现重大安全事故对企业的打击是致命的，生命财产损失、社会影响等不可估量，为此各级人员必须进一步提高认识，增强责任感、危机感，做到任何决策都不能牺牲安全，凡事都想着安全。

危化品是魔鬼，是猛兽，必须"关牢锁紧"。天津港8.12事故，是世界上损失最大安全生产事故之一，其第二次爆炸威力，相当于震级约2.9级地震，爆炸当量为21吨三硝基甲苯（TNT），接近46个战斧式巡航导弹落地爆炸威力，可见危化品的危害之大。为此，危险品相关操作必须按规办事，切实落实各项防控措施。

必须杜绝违章操作。著名的"冰山理论"说明，事故背后都隐藏着很多安全隐患和安全事件。为此，员工日常工作应严格依照规章操作，杜绝违章。

第二节 操作规程

一、安全管理制度

安全生产管理制度是一系列为了保障安全生产而制定的条文。它建立的目的主要是为了控制风险，将危害降到最小。国家法律、法规是企业制定安全生产管理制度的重要依据。随着生产的发展，新技术、新工艺、新方法、新设备不断出现，对安全生产管理工作提出了新的要求。各项规章制度是开展安全管理工作的依据和规范。

（一）安全生产制度

安全生产管理制度包括：

(1) 安全生产检查制度和安全生产情况报告制度：安全检查是安全工作的重要手段，通过制定安全检查制度，有效发现和查明各种危险和隐患，监督各项安全制度的实施，制止违章作业，防范和整改隐患。

(2) 安全生产会议制度：组织安全生产会议，加强部门之间安全工作的沟通和推进安全管理，及时了解企业的安全状态。

(3) 安全生产教育培训制度：落实安全生产法有关安全生产教育培训的要求，规范企业安全生产教育培训管理，提高员工安全知识水平和实际操作技能。

(4) 职业健康方面的管理制度：落实《中华人民共和国职业病防治法》和《工作场所职业卫生监督管理规定》等有关规定要求，加强职业危害防治工作，减少职业病危害，维护员工和企业利益。

(5) 消防安全管理制度：落实《中华人民共和国消防法》和有关消防规定，做好防火工作，保护企业财产和员工生命财产的安全。

(6) 有限空间作业安全管理规定：落实《中华人民共和国安全生产法》，规范有限空间作业的安全管理，预防和减少生产安全事故，保障作业人员的安全与健康。

(7) 安全生产考核和奖惩制度：贯彻执行安全生

产方针、目标，落实安全生产责任制，将安全生产目标责任考核与奖励、惩罚有机结合。

（8）危险作业审批制度：防止危险作业人员受到伤害，规范危险作业安全管理，降低和减少因违规违章操作造成的伤害事故。

（9）应急预案管理和演练制度：落实《生产安全事故应急预案管理办法》《生产经营单位安全生产事故应急预案编制导则》等有关规定要求，预防和控制潜在的事故，紧急情况发生时，做出应急预警和响应，最大限度地减轻可能产生的事故后果。

（10）生产安全事故隐患排查治理制度：落实《中华人民共和国安全生产法》相关规定，建立安全生产事故隐患排查治理长效机制，强化安全生产主体责任，加强事故隐患监督管理，防止和减少事故，保障职工生命财产安全。

（11）重大危险源检测、监控、管理制度：贯彻《中华人民共和国安全生产法》，落实"安全第一，预防为主，综合治理"的方针，加强企业安全生产工作的控制能力和事故预防能力，实现重大危险源的有效控制。

（12）劳动防护用品配备、管理和使用制度：落实《中华人民共和国安全生产法》《中华人民共和国劳动法》等法律法规要求，保护从业人员在生产过程中的安全与健康，预防和减少事故发生。

（13）安全设施、设备管理和检修、维护制度：做好安全设备设施的管理工作，确保安全设备设施正常运行，减少设备设施事故发生，确保人身和财产安全。

（14）特种作业人员管理制度：贯彻《中华人民共和国安全生产法》，加强特种人员管理工作，提供特种作业人员安全技能，防止事故发生。

（15）生产安全事故报告和调查处理制度：落实国务院《生产安全事故和调查处理条例》，规范企业生产安全事故的报告和调查处理程序。

（16）其他保障安全生产的管理制度。

(二) 安全从业人员的职责与义务

1. 安全从业人员的职责

自觉遵守安全生产规章制度，不违章作业，并随时制止他人的违章作业。

不断提高安全意识，丰富安全生产知识，增加自我防范能力。

积极参加安全学习及安全培训，掌握本职工作所需的安全生产知识，提高安全生产技能，增加事故预防和应急处理能力。

爱护和正确使用机械设备、工具及个人防护用品。

主动提出改进安全生产工作意见。

有权对单位安全工作中存在的问题提出批评、检举、控告，有权拒绝违章指挥和强令冒险作业。

发现直接危及人身安全的紧急情况时，有权停止作业或者在采取可能的应急措施后，撤离作业现场。

2. 安全从业人员的义务

从业人员在作业过程中，应当遵守本单位的安全生产规章制度和操作规程，服从管理。

正确佩戴和使用劳动防护用品。

接受本职工作所需的安全生产知识的培训，提高安全生产技能，增强事故预防和应急处理能力。

发现事故隐患或者其他不安全因素时，应当立即向现场安全生产管理人员或者本单位负责人报告。

二、安全操作规程

(一) 有限空间作业安全操作规程

污水处理厂进行污泥储存池、消化池、板框调理池、沼气冷凝水井、污泥和沼气管道等有限空间作业时，必须申报有限空间作业审批表，并做到"先通风、再检测、后作业"，作业流程图如图2-25所示。严禁未通风、检测不合格等情况实施作业。

1. 作业前

1) 辨　识

是否存在可燃气体、液体或可燃固体的粉尘，避免造成火灾爆炸。

是否存在有毒、有害气体，避免造成人员中毒。

是否存在缺氧，避免造成人员窒息。

是否存在液体较高或潜在升高情况，避免造成人员淹溺。

是否存在固体坍塌，避免引起人员的掩埋或窒息危险。

是否存在触电、机械伤害等危险。

查清管径、井深、水深、上下游是否存在其他危害。

2) 封　闭

作业前，应封闭作业区域并在出入口周边显著位置设置安全标志和警示标志（图2-26、图2-27）。

图 2-25 有限空间作业流程图

图 2-26 设置安全标志与警示标志

图 2-27 有限空间作业安全告知牌式样

3) 隔 离

隔离采取加装盲板、封堵、导流等隔离措施,阻断有毒有害气体、蒸汽、水、尘埃或泥沙等威胁作业安全的物质涌入有限空间的通路,确保符合有限空间隔离要求,见表 2-18。

表 2-18 有限空间隔离要求

部位	要求
孔径	≥0.8m
流速	≤0.5m/s
水深	≤0.5m
充满度	≤50%

4) 通 风

进入有限空间作业必须首先采取通风措施,保持空气流通(图 2-28),严禁用纯氧进行通风换气。

采用机械强制通风或自然通风。机械通风应按管道内平均风速不小于 0.8m/s 选择通风设备;自然通风时间应不少于 30min。

图 2-28 有限空间通风操作

在确定有限空间范围后,首先打开有限空间的门、窗、通风口、出入口、人孔、盖板等进行自然通风。处于低洼处或密闭环境的有限空间,仅靠自然通风很难置换掉有毒有害气体,还必须进行强制通风以迅速排除限定范围有限空间内的有毒有害气体。

在使用风机强制通风时,必须确认有限空间是否处于易燃易爆环境中,若检测结果显示处于易燃易爆环境中,必须使用防爆型排风机,防止发生火灾爆炸事故。

通风时通风量应足够,保证能置换稀释作业过程中释放出来的有害物质,必须能够满足人员安全呼吸的要求。

对于有限空间通风时不易置换的死角,应采取有效措施。例如:

(1) 有限空间只有一个出入口,风机放在洞口往里吹,效果不好,可接一段通风软管,直接放在有限空间底部进行通风换气。

(2) 对两个或两个以上出入口的有限空间进行通风换气时,气流很容易在出入口之间循环,形成一些空气不流通的死角。此时应设置挡板或改变吹风方向,使空气得到置换。

(3) 对于不同密度的气体应采取不同的通风方式。有毒有害气体密度比空气大的(如硫化氢),通风时应选择中下部;有毒有害气体密度比空气小的(如甲烷、一氧化碳),通风时应选择中上部。

5) 检测

进入有限空间作业前(不得超过30min),必须根据实际情况先检测氧气、有害气体、可燃性气体、粉尘的浓度符合安全要求后方可进入,未经检测,严禁作业人员进入有限空间。

氧气、有毒有害气体、可燃性气体、粉尘浓度必须符合《工作场所有害因素职业接触限值 第1部分:化学因素》(GBZ 2.1—2019)中相关要求,方可作业,见表2-19。

表2-19 污泥处理厂准许进入有限空间作业环境气体条件

气体名称	最高容许浓度/(mg/m³)	时间加权平均容许/(mg/m³)	短时间接触容许浓度/(mg/m³)	临界不良健康效应
氨	—	20	30	眼和上呼吸道刺激
硫化氢	10	—	—	神经毒性;强烈黏膜刺激
一氧化碳(非高原)	—	20	30	碳氧血红蛋白血症

检测时要做好记录,包括:检测时间、地点、气体种类、气体浓度等。

检测人员应在危险环境以外进行检测,可通过采样泵和导管将危险气体样品引到检测仪器。

初次进入危险环境进行检测时,需配备隔离式呼吸防护设备。

作业过程中应进行持续或定时检测。

2. 作业中

所有人员应遵守有限空间作业的职责和安全操作规程,正确使用有限空间作业安全装备和个人防护用品。

作业过程中应加强通风换气,在氧气、有害气体、可燃性气体、粉尘的浓度可能发生变化时,应保持必要的检测次数和连续检测。

作业时所用的一切电气设备,必须符合有关用电安全技术规程的要求。照明和手持电动工具应使用安全电压。

存在可燃气体的有限空间内,严禁使用明火和非防爆设备。

作业难度大、劳动强度大、时间长的有限空间作业应采取轮换人员作业。当作业人员意识到身体出现异常症状时应立即向监护者报告或自行撤离,不得强行作业。

作业现场必须设置监护人员,配备应急装备。

3. 作业后

有限空间作业结束后,应清点人数,清理现场封闭措施,撤离现场。

4. 事故应急救援

1) 事前征兆

作业人员工作期间,出现精神状态不好、眼睛灼热、流鼻涕、呛咳、胸闷、头晕、头痛、恶心、耳鸣、视力模糊、气短、呼吸急促、四肢软弱乏力、意识模糊、嘴唇变紫等症状,作业人员应及时与监护人员沟通,尽快撤离。

2) 处置措施

密闭空间中毒窒息事件发生后,监护人员应立即向相关人员汇报。

协助者应想办法通过三脚架、提升机、救命索把作业者从密闭空间中救出,协助者不可进入密闭空间,只有配备确保安全的救生设备且接受过培训的救援人员,才能进入密闭空间施救。

将人员救离受害地点至地面以上或通风良好的地点,等待医务人员或在医务人员未到场的情况下,进行紧急救助。

5. 有限空间作业安全防护

有限空间作业必须配备个人防中毒、窒息等防护装备,设置安全警示标志,严禁无防护监护措施作业。现场要备足救生用的安全带、防毒面具、空气呼吸器等防护救生器材,并确保器材处于有效状态。安全防护装备包括:通风设备、照明设备、通信设备、应急救援设备和个人防护用品。

(1)呼吸防护用具:防毒面具、长管呼吸器、正压式空气呼吸器、紧急逃生呼吸器等,如图 2-29 所示。

(a)压缩空气呼吸器

(b)长管式呼吸器

图 2-29 呼吸防护用具

(2)防坠落用具:安全带、安全绳、自锁器、三脚架等,如图 2-30 所示。

(a)安全带　　(b)安全绳

图 2-30 防坠落用具

(3)安全器具:通风设备、照明设备、通信设备、安全梯等,如图 2-31 所示。

(a)气体检测设备　(b)通风设备　(c)照明设备

图 2-31 安全器具

(4)其他防护用品:安全帽、防护服、防护眼镜、防护手套、防护鞋等,如图 2-32 所示。

(5)应急救援设备:正压式呼吸器、三脚架、绞盘、救生索、安全带等。

(a)安全帽　　　　(b)防护眼镜

(c)防护手套

图 2-32 安全帽、防护眼镜、防护手套

(二)用电安全操作规程

污泥处理处置过程中,应用压缩机、加药泵、吸砂机、搅拌器等电气设备的一般安全操作规程如下:

1. 作业人员安全操作规程

操作人员应必须经过专门训练,熟悉了解设备的性能,操作要领及注意事项,考核合格后,方准进行工作。

严禁穿拖鞋、高跟鞋或赤脚上班,严禁酒后工作,进入操作现场人员必须按规定穿戴好防护用品和必要的安全防护用具。

全体人员必须严格遵守岗位责任制和交接班制度,并熟知本职工种的安全技术操作规程,在生产中应坚守岗位。

未经负责人许可,不得任意将自己的工作交给别人,更不能随意操作别人的电气设备。

人体出汗或手脚潮湿时,不要触摸灯头、开关、插头、插座和用电器具。

熟悉工作区域主空气断路器(俗称总闸)的位置,一旦发生火灾触电或其他电气事故时,应第一时间切断电源,避免造成更大的财产损失和人身伤亡。

注意电气安全距离,不进入已标识电气危险标志的场所。发生电气设备故障时,不要自行拆卸,要找持有电工操作证的电工维修。

在池上检修设备时,穿救生衣、佩戴安全带,必须有人现场监护。

公共用电设备或高压线路出现故障时,要请电力部门处理。不乱动、乱摸电气设备,不用手或导电物如铁丝、钉子、别针等金属制品去接触、试探电源插座内部。

电器使用完毕后应拔掉电源插头,插拔电源插头

(a) 配电箱插座损坏　　　　(b) 电线损坏

图 2-33　电气设备损坏

时不要用力拉拽电线，以防止电线的绝缘层受损造成触电。

使用中经常接触的配电箱、配电盘、闸刀、按钮、插座、导线等要完好无损，不得有破损或将带电部分裸露，有露头、破头的电线、电缆杜绝使用，如图 2-33 所示。

移动所有的电气设备不论固定设备还是移动设备，必须先切断电源再移动。导线要收拾好，不得在地面上拖来拖去，以免磨损。电缆及 PVC 线被物体压住时，不要硬拉，防止将导线拉断。

各种型号的电气设备在安装完保险丝后，必须经专业电工的检查合格后方可开机使用。

压缩机使用上，紧急停车钮不属于正常停车操作，因为反复的紧急停车有可能损坏压缩机，所以只有当人身和机器本身受到伤害时，紧急停车按钮才可以被使用。

泥泵、药泵等电气设备正常运行中自动停车后，应保持操作控制柜处于原状态，并立即报告有关部门检查，在未查明故障原因前，禁止再次启动。

吸砂机的吸砂管应保持排液畅通，如遇堵塞，应立即停止桥车运转，排除堵塞后，再启动；吸砂机的运行轨道上不要有障碍物；水量大时，吸砂机的砂泵极易堵塞，此时应及时清淘砂泵。

打扫卫生、擦拭设备时，严禁用水冲洗或用湿布去擦拭电气设备，以防发生短路和触电事故。

2. 电气设备维修保养安全操作规程

所有电气设备不要随便乱动，自己使用的设备、工具，如果电气部分出了故障，应请电工修理。不得擅自修理，更不得带故障运行。

在对压缩机、泥泵、药泵等电气设备进行保养和维修时，以及清淘砂泵、吸砂机和砂水分离器时，必须严格执行停电、送电和验电制度，在总闸断开停电后(观察刀闸与主线路是否分离)，必须用验电表再测试是否有电。

在保养和维修时，必须有双人合作，一人要守在

图 2-34　禁止合闸标志牌

配电柜刀闸处看管以防别人误合闸，或在总闸手柄上悬挂禁止合闸的标识牌，如图 2-34 所示，无论保养或维修设备一律不准带电作业，还应确保有可靠的安全保护措施。

所有的用电设备配相应的电线、电路和开关，要求"一机一闸一保护"，所连用电设备禁止超负荷运行。

设备中的保险丝或线路当中的保险丝损坏后千万不要用铜线、铝线、铁线代替，空气开关损坏后应立即更换，保险丝和空气开关的大小一定要与用电容量相匹配，否则容易造成触电或电气火灾。

各种机电设备上的信号装置、防护装置、保险装置应经常检查其灵敏性，保持齐全有效，不准任意拆除或挪用配套的设备。

在一些安装、检修现场为了工作方便，往往需要用一些随时移动的照明用灯，此类灯具为行灯，其根据工作需要随时移动，工作人员也经常接触，行灯电压不得超过 36V，如锅炉、金属容器内，潮湿的地沟处等潮湿地方，金属容器内部行灯电压不得超过 12V。

3. 临时用电安全操作规程

一般禁止使用临时线。必须使用时，应经过相关管理部门批准。针对临时用电，必须注意以下事项：

一定要按临时用电要求安装线路，严禁私接乱拉，先把设备端的线接好后才能接电源，还应按规定时间拆除。

临时线路不得有裸露线，电气和电源相接处应设开关、插座，露天的开关应装在箱匣内保持牢固，防止漏电，临时线路必须保证绝缘性良好，使用负荷正确。

采用悬架或沿墙架设时，房内不得低于 2.5m，房外不得低于 4.5m，确保电线下的行人、行车、用电设备安全。

严禁在易燃、易爆、刺割、腐蚀、碾压等场地铺设临时线路。临时线一般不得任意拖地，如果确实需要必须加装可靠的套管，防止移动造成磨损而损坏电线。

移动式临时线必须采用有保护芯线的橡胶套绝缘

软线，长度一般不超过 10m，单相用三芯，三相用四芯。临时线装置必须有一个漏电开关，并且均需安装熔断器。电缆或电线的绝缘层破损处要用电工胶布包好，不能用其他胶布代替，更不能直接使用破损处接触其他东西会发生触电，禁止使用多处绝缘层破损和残旧老化的电线，以防触电。

不要把电线直接插入插座内用电，一定要接好插头，牢固地插入插座内。

4. 应急处置一般操作规程

发现有人触电时要设法及时关掉电源；或者用干燥的木棍等物品将触电者与带电的电器分开，不要用手去直接救人。

当设备内部出现冒烟、拉弧、焦味或着火等不正常现象时，应立即切断设备的电源，再实施灭火，并通知电工人员进行检修，避免发生触电事故。灭火应用黄沙、二氧化碳、四氯化碳等灭火器材，切不可用水或泡沫灭火器。救火时应注意自己身体的任何部分及灭火器具不得与电线、电器设备接触，以防危险。

（三）危险化学品存储与使用安全操作规程

1. 危险化学品的储存（表 2-20）

表 2-20 危险化学品储存要求

分类	储存要求
遇火、遇热、遇潮能引起燃烧、爆炸或发生化学反应，产生有毒气体的危险化学品	不得在露天或在潮湿、积水的建筑物中储存
受日光照射能发生化学反应引起燃烧、爆炸、分解、化合或能产生有毒气体的危险化学品	应储存在一级建筑物中，其包装应采取避光措施
压缩气体和液化气体	必须与爆炸物品、氧化剂、易燃物品、自然物品、腐蚀性物品隔离储存
易燃气体	不得与助燃气体、剧毒气体同储；盛装液化气体的容器，属压力容器，必须有压力表、安全阀、紧急切断装置，并定期检查，不得超装
易燃液体、遇湿易燃物品、易燃固体	不得与氧化剂混合储存，具有还原性的氧化剂应单独存放
有毒物品	应储存在阴凉、通风、干燥的场所，不要露天存放，不要接近酸类物质
腐蚀性物品	包装必须严密，不允许泄漏，严禁与液化气体和气体物品混存

危险化学品应当储存在专门地点，有专人管理，双人收发、双人报关，不得于其他物资混合储存，储存方式与储存数量必须符合国家标准。

危险化学品应该分类、分堆储存，堆垛不得过高、过密，堆垛之间以及堆垛与墙壁之间，应该留出一定间距、通道及通风口。

所有试剂瓶都要有标签，有毒药品要在标签上注明，互相接触容易引起燃烧、爆炸的物品及灭火方法不同的物品，应该隔离储存。

遇水容易发生燃烧、爆炸的危险化学品，不得存放在潮湿或容易积水的地点。受阳光照射容易发生燃烧、爆炸的危险化学品，不得存放在露天或者高温的地方，必要时还应该采取降温和隔热措施。

容器、包装要完整无损，如发现破损、渗漏必须立即进行处理。

性质不稳定、容易分解和变质以及混有杂质而容易引起燃烧、爆炸危险的危险化学品，应该进行检查、测温、化验，防止自燃与爆炸。

不准在储存危险化学品的库房内或露天堆垛附近进行实验、分装、打包、焊接和其他可能引起火灾的操作。

库房内不得住人，工作结束时，应进行防火检查，切断电源。

2. 危险化学品的使用

1）危险化学品的一般安全规程

危险化学品的使用应限量领用，做好登记。

使用人员必须了解危险化学品的特性，正确穿戴、使用各种安全防护用品用具，做好个人安全防护工作，严格按照危险化学品操作规程操作。

使用过程中暂存危险化学品的，应在固定地点分类分室存放，并做好相应的防挥发、防泄漏、防火、防盗等预防措施，应有处理泄漏、着火等应急保障设施。

搬动药品时必须轻拿轻放，严禁摔、滚、翻、掷、抛、拖拽、摩擦或撞击，以防引起爆炸或燃烧。

作业人员在每次操作完毕后，应立即用肥皂彻底清洗手、脸，并用清水漱口。

熟练掌握安全救护技能和应急预案。

2）使用强酸、强碱及腐蚀剂的特殊安全操作规程

搬运和使用腐蚀性药品如强碱等，建议操作人员佩戴头罩型电动送风过滤式防尘呼吸器，穿橡胶耐酸碱服，戴橡胶耐酸碱手套。

搬运酸、碱前应仔细检查装运器具的强度、装酸或碱的容器是否封严、容器的位置固定是否稳。

应注意倒空的容器可能残留有害物。

稀释或制备溶液时，应把腐蚀性危险化学品加入水中，避免沸腾和飞溅。

3）使用易燃品的特殊安全操作规程

不允许将易燃危险品放置在明火附近和试验地区附近。

在贮存易着火的物质的周围不应有明火作业。

工作地点应有良好的通风，四周不可放置有可燃性的物料。

工作时要穿戴合理的防护器具，如护目镜、防护手套等。

可燃物，尤其是易挥发的可燃物，应存放在密闭的容器中，不允许用无盖的开口容器贮存。

4）液氯使用的特殊安全操作规程

(1) 液氯的放置

氯瓶内压一般为 0.6~0.8MPa，不能在太阳下暴晒或接近热源，防止汽化发生爆炸。

液氯和干燥的氯气对金属没有腐蚀，但通水或受潮腐蚀性能增强，所以氯瓶不能用尽用光，应保持 0.05~0.1MPa 的空瓶气压。

(2) 氯瓶的开启

开启氯瓶前，要检查氯瓶放置的位置是否正确，保证出口朝上，即放出的是氯气而不是液氯。

开瓶时要缓慢开半圆，随后用10%氨水检查接口是否漏气，一切正常时逐渐打开，如果阀门难以开启，绝不能用锤子敲打，也不能用长柄扳手使劲扳，以防将阀杆拧断。

如果不能开启应将氯瓶情况报告上级领导，尽可能避免氯瓶泄漏的危险。

(3) 加热气化

液氯变成氯气时要吸收热量，在气温较低时，液氯气化受到限制，如果因气温太低影响气化时，绝不能用火烤。

需要加热气化时，用热水缓慢加热，不能快速升温或升温太高，一般用温水连续喷淋加热。

(4) 日常检查

要经常用10%的氨水检查加氧机、汇流排与氯瓶连接处是否漏气，若漏气则找专人尽快修复，不可自行修复，修复前应做好安全防护措施。

若氯气管有堵塞现象，严禁用水冲洗，在切断气源后用钢丝疏通，再用压缩空气吹扫。

3. 危险化学品的废弃

对于没有使用完的危险化学品不能随意丢弃，否则可能会引发意外事故。

对废弃的危险化学品，应依照该化学品的特性及相关规定分类、分区域收集。

对于毒性物品用完之后，留下的包装物必须严格管理，指定专人回收与管控。

(四) 机械设备安全操作规程

要保证机械设备不发生安全事故，不仅机械设备本身要符合安全要求，而且更重要的是要求操作者严格遵守安全操作规程。当然机械设备的安全操作规程因其种类不同而内容各异，但其基本安全要求如下：

(1) 必须正确穿戴好个人防护用品。该穿戴的必须穿戴；不该穿戴的就一定不要穿戴。例如机械加工时要求女工戴发套，如果不戴就可能将头发绞进去，同时要求不得戴手套，如果戴了，机械的旋转部分就可能将手套绞进去，将手绞伤。

(2) 操作前要对机械设备进行安全检查，而且要空车运转一下，确认正常后，方可投入运行。

(3) 机械设备在运行中也要按规定进行安全检查，特别是对紧固的物件看看是否由于振动而松动，以便重新紧固。

(4) 机械设备严禁带故障运行，千万不能凑合使用，以防发生事故。

(5) 机械设备的安全装置必须按规定正确使用，不准将其拆掉不使用。

(6) 机械设备使用的刀具、工器具以及加工件等一定要装卡牢固，不得松动。

(7) 机械设备在运转时，严禁用手调整；也不得用手测量零件，或进行润滑、清扫杂物等。在必须进行时，则应首先关停机械设备。

(8) 机械设备运转时，操作者不得离开工作岗位，以防发生问题时，无人处置。

(9) 工作结束后，应关闭开关，把刀具和工件从工作位里退出，并清理好工作场地，将零部件、工具等摆放整齐，打扫好机械设备的卫生。

(五) 池边作业安全规程

污水处理厂存在曝气池、沉砂池、预浓缩池、消化池等水池，防止掉入、高处坠落与溺水尤为重要。在相关区域作业过程中，应遵从以下安全规程：

(1) 在水池周边工作时，应穿救生衣，以防落入水中。

(2) 在水池周边工作时，不要单独一人操作，应至少两人，有一人监护。

(3) 在曝气池上工作时，应系好安全带，因曝气池的浮力比水池低，坠入曝气池很难浮起，坠落曝气池时，必须马上拽出水面，以确保安全。

(4) 登高作业中，应正确佩戴与使用劳动防护用品，牢记"三件宝"(安全帽、安全带、安全网)。

(5) 遇到恶劣天气时，不应登高作业，如雷雨天、大雪天等，确因抢险要登高作业，必须采取确保安全的安全措施。

(6) 污水处理厂内的钢格板、铁栅栏、检查井盖、压力井盖容易被腐蚀，发现腐蚀严重、缺失、损坏时应及时更换和维修，避免人员不注意，坠入井中或地下。

(7) 发现其他人坠落溺水后，应立刻呼叫专业救援人员，在确保自身安全的前提下，采用科学方式救援。

三、应急救援预案

(一) 安全生产应急预案的基本知识

1. 应急管理的相关概念

(1) 突发事件：《中华人民共和国突发事件应对法》将"突发事件"定义为突然发生，造成或者可能造成严重社会危害，需要采取应急处置措施予以应对的自然灾害、事故灾难、公共卫生事件和社会安全事件。

按照社会危害程度、影响范围等因素，自然灾害、事故灾难、公共卫生事件分为特别重大、重大、较大和一般四级。

(2) 应急管理：为了迅速、有效地应对可能发生的事故灾难，控制或降低其可能造成的后果和影响，而进行的一系列有计划、有组织的管理，包括预防、准备、响应和恢复四个阶段。

(3) 应急准备：针对可能发生的事故灾难，为迅速、有效地开展应急行动而预先进行的组织准备和应急保障。

(4) 应急响应：事故灾难预警期或事故灾难发生后，为最大限度地降低事故灾难的影响，有关组织或人员采取的应急行动。

(5) 应急预案：针对可能发生的事故灾难，为最大限度地控制或降低其可能造成的后果和影响，预先制定的明确救援责任、行动和程序的方案。

(6) 应急救援：在应急响应过程中，为消除、减少事故危害，防止事故扩大或恶化，最大限度地降低其可能造成的影响而采取的救援措施或行动。

(7) 应急保障：应急保障是指为保障应急处置的顺利进行而采取的各项保证措施，一般按功能分为人力保障、财力保障、物资保障、交通运输保障、医疗卫生保障、治安维护保障、人员防护保障、通信与信息保障、公共设施保障、社会沟通保障、技术支撑保障，以及其他保障。

2. 应急管理的意义

事故灾难是突发事件的重要方面，安全生产应急管理是安全生产工作的重要组成部分。全面做好安全生产应急管理工作，提高事故防范和应急处置能力，尽可能避免和减少事故造成的伤亡和损失，是坚持"以人为本"，贯彻落实科学发展观的必然要求，也是维护广大人民群众的根本利益、构建和谐社会的具体体现。

3. 应急预案的分类

(1) 综合应急预案：综合应急预案是生产经营单位应急预案体系的总纲，主要从总体上阐述事故的应急工作原则，包括生产经营单位的应急组织机构及职责、应急预案体系、事故风险描述、预警及信息报告、应急响应、保障措施、应急预案管理等内容。

(2) 专项应急预案：专项应急预案是生产经营单位为应对某一类型或某几种类型事故，或者针对重要生产设施、重大危险源、重大活动等内容而定制的应急预案。专项应急预案主要包括事故风险分析、应急指挥机构及职责、处置程序和措施等内容。

(3) 现场处置方案：现场处置方案是生产经营单位根据不同事故类型，针对具体的场所、装置或设施所制定的应急处置措施，主要包括事故风险分析、应急工作职责、应急处置和注意事项等内容。

(二) 应急预案的基本要素

应急预案是针对各级可能发生的事故和所有危险源制定的应急方案，必须考虑事前、事发、事中、事后的各个过程中相关部门和有关人员的职责，物资与装备的储备或配置等各方面需要。一个完善的应急预案按相应的过程可分为六个一级关键要素，包括：方针与原则、应急策划、应急准备、应急响应、现场恢复、预案管理与评审改进。其中，应急策划、应急准备和应急响应三个一级关键要素可进一步划分成若干二级小的要素，所有这些要素即构成了应急预案的核心要素。

1. 方针与原则

反映应急救援工作的优先方向、政策、范围和总体目标(如保护人员安全优先，防止和控制事故蔓延优先，保护环境优先)，体现预防为主、常备不懈、统一指挥、高效协调以及持续改进的思想。

2. 应急策划

应急策划就是依法编制应急预案，满足应急预案的针对性、科学性、实用性与可操作性的要求。主要任务如下：

(1) 危险分析：目的是为应急准备、应急响应和减灾措施提供决策和指导依据，包括危险识别、脆弱性分析和风险分析。

(2) 资源分析：针对危险分析所确定的主要危

险，列出可用的应急力量和资源。

（3）法律法规要求：列出国家、省、地方涉及应急各部门职责要求以及应急预案、应急准备和应急救援有关的法律法规文件，作为预案编制和应急救援的依据和授权。

3. 应急准备

应急准备是根据应急策划的结果，主要针对可能发生的应急事件，做好各项准备工作，具体包括：组织机构与职责、应急队伍的建设、应急人员的培训、应急物资的储备、应急装备的配置、信息网络的建立、应急预案的演练、公众知识的培训、签订必要的互助协议等。

4. 应急响应

应急响应是在事故险情、事故发生状态下，在对事故情况进行分析评估的基础上，有关组织或人员按照应急救援预案所采取的应急救援行动。主要任务包括：接警与通知、指挥与控制、警报和紧急公告、通信、事态监测与评估、警戒与治安、人群疏散与安置、医疗与卫生、公共关系、应急人员安全、消防和抢险、泄漏物控制等。

5. 现场恢复（短期恢复）

现场恢复包括宣布应急结束的程序；撤点、撤离和交接程序；恢复正常状态的程序；现场清理和受影响区域的连续检测；事故调查与后果评价等。目的是控制此时仍存在的潜在危险，将现场恢复到一个基本稳定的状态，为长期恢复提供指导和建议。

6. 预案管理与评审改进

包括对预案的制定、修改、更新、批准和发布做出管理规定，并保证定期或在应急演习、应急救援后对应急预案进行评审，针对实际情况的变化以及预案中所暴露出的缺陷，不断地更新、完善和改进应急预案文件体系。

(三) 应急处置的基本原则

国务院发布的《国家突发事件总体应急预案》中提出了应急处置的六个工作原则，具体如下：

1. "以人为本"，安全第一

以落实实践科学发展观为准绳，把保障人民群众生命财产安全，最大限度地预防和减少突发事件所造成的损失作为首要任务。

2. 统一领导，分级负责

在本单位领导统一组织下，发挥各职能部门作用，逐级落实安全生产责任，建立完善的突发事件应急管理机制。

3. 依靠科学，依法规范

科学技术是第一生产力，利用现代科学技术，发挥专业技术人员作用，依照行业安全生产法规，规范应急救援工作。

4. 预防为主，平战结合

认真贯彻安全第一、预防为主、综合治理的基本方针，坚持突发事件应急与预防工作相结合，重点做好预防、预测、预警、预报和常态下风险评估、应急准备、应急队伍建设、应急演练等项工作，确保应急预案的科学性、权威性、规范性和可操作性。

5. 快速反应，协同应对

加强以属地管理为主的应急处置队伍建设，建立联动协调制度，充分动员和发挥乡镇、社区、企事业单位、社会团体和志愿者队伍的作用，依靠公众力量，形成统一指挥、反应灵敏、功能齐全、协调有序、运转高效的应急管理机制。

6. 依靠科技，提高素质

加强公共安全科学研究和技术开发，采用先进的监测、预测、预警、预防和应急处置技术及设施，充分发挥专家队伍和专业人员的作用，提高应对突发公共事件的科技水平和指挥能力，避免发生次生、衍生事件；加强宣传和培训教育工作，提高公众自救、互救和应对各类突发公共事件的综合素质。

第三节　安全培训与安全交底

一、安全培训

(一) 培训形式及要求

安全培训由生产经营单位组织实施，采用理论学习与实际操作相结合的形式开展。生产经营单位应当进行安全培训的从业人员包括主要负责人、安全生产管理人员、特种作业人员和其他从业人员。

派遣劳动者也须进行岗位安全操作规程和安全操作技能的教育和培训。单位接收中等职业学校、高等学校学生实习的，应当对实习学生进行相应的安全生产教育和培训，提供必要的劳动防护用品。

新入职的从业人员上岗前需接受不少于24学时的安全生产教育和培训；单位主要负责人、安全生产管理人员、从业人员每年还应接受不少于8学时的在岗安全生产教育和培训；若存在换岗或离岗6个月以上再次回到原岗位的，上岗前应接受不少于4学时的安全生产教育和培训；若单位采用了新工艺、新技术、新设备，则相关人员在使用这些新工艺、新技术、新设备前，应接受相应的安全知识教育培训，培训不少于4学时。

(二)培训内容

1. 单位主要负责人培训内容

生产经营单位主要负责人安全培训应包括以下内容：

(1)国家安全生产方针、政策和有关安全生产的法律、法规、规章及标准。

(2)安全生产管理基本知识、安全生产技术、安全生产专业知识。

(3)重大危险源管理、重大事故防范、应急管理和救援组织以及事故调查处理的有关规定。

(4)职业危害及其预防措施。

(5)国内外先进的安全生产管理经验。

(6)典型事故和应急救援案例分析。

(7)其他需要培训的内容。

2. 安全生产管理人员培训内容

生产经营单位安全生产管理人员安全培训应当包括以下内容：

(1)国家安全生产方针、政策和有关安全生产的法律、法规、规章及标准。

(2)安全生产管理、安全生产技术、职业卫生等知识。

(3)伤亡事故统计、报告及职业危害的调查处理方法。

(4)应急管理、应急预案编制以及应急处置的内容和要求。

(5)国内外先进的安全生产管理经验。

(6)典型事故和应急救援案例分析。

(7)其他需要培训的内容。

3. 特种作业人员培训内容

生产经营单位特种作业人员安全培训应当包括熟悉有关安全生产规章制度和安全操作规程，具备必要的安全生产知识，掌握本岗位的安全操作技能，了解事故应急处理措施，知悉自身在安全生产方面的权利和义务。除此之外，特种作业人员还必须按照国家有关法律、法规的规定接受专门的安全培训，经考核合格，取得相关特种作业操作资格证书后，方可上岗作业。

4. 其他从业人员培训内容

其他从业人员应接受的安全培训内容包括本岗位安全操作、自救互救以及应急处置所需的相关技能。从业人员需经过厂级、车间级、班组级三级安全培训教育。其中，厂级安全培训应包括以下内容：

(1)本单位安全生产情况及安全生产基本知识。

(2)本单位安全生产规章制度和劳动纪律。

(3)从业人员安全生产权利和义务。

(4)有关事故案例以及事故应急救援、事故应急预案演练及防范措施等内容。

车间级安全培训应包括以下内容：

(1)工作环境及危险因素。

(2)所从事工种可能遭受的职业伤害和伤亡事故。

(3)所从事工种的安全职责、操作技能及强制性标准。

(4)自救互救、急救方法、疏散和现场紧急情况的处理。

(5)安全设备设施、个人防护用品的使用和维护。

(6)本车间安全生产状况及规章制度。

(7)预防事故和职业危害的措施及应注意的安全事项。

(8)有关事故案例。

(9)其他需要培训的内容。

班组级安全培训应包括以下内容：

(1)岗位安全操作规程。

(2)岗位之间工作衔接配合的安全与职业卫生事项。

(3)有关事故案例。

(4)其他需要培训的内容。

(三)考核评价

生产经营单位应当坚持以考促学、以讲促学，确保从业人员熟练掌握岗位安全生产知识和技能。参加安全培训的人员在完成学习后必须参加相关的考试和考核，成绩合格方可上岗工作。

二、安全交底

(一)内 容

安全交底是指作业负责人在生产作业前对直接生产作业人员进行的该作业的安全操作规程和注意事项的培训，并通过书面文件方式予以确认。安全交底在作业前进行，交底时明确作业具体任务、作业程序、作业分工、作业中可能存在的危险因素及应采取的防护措施等内容。

(二)要 求

1. 交底原则

(1)根据指导性、可行性、针对性及可操作性原则，提出足够细化可执行的操作及控制要求。

(2)确保与工作相关的全部人员都接受交底，并形成相应记录。

(3)交底内容要始终与技术方案保持一致，同时满足质量验收规范与技术标准。

（4）使用标准化的专业技术用语、国际制计量单位以及统一的计量单位；确保语言通俗易懂，必要时辅助插图或模型等措施。

（5）交底记录妥善保存，作为班组内业资料的内容之一。

2. 交底形式

安全交底可包括以下几种形式：

（1）书面交底：以书面交底形式向作业人员交底，通过双方签字，责任到人，有据可查。这种是最常见的交底方式，效果较好。

（2）会议交底：通过会议向作业人员传达交底内容，经过多工种的讨论、协商对技术交底内容进行补充完善，从而提前规避技术问题。

（3）样板或模型交底：根据各项要求，制作相应的样板或模型，以加深一线作业人员对工作的理解。

（4）挂牌交底：适用于人员固定的分项工程。将相关安全技术要求写在标牌上，然后分类挂在相应的作业场所。

以上几种形式的安全交底均需形成交底材料，由交底人、被交底人和安全员三方签字后留存备案。

(三) 注意事项

安全交底过程需注意以下内容：

（1）作业人员到场后，必须参加安全教育培训及考核，考核不合格者不得进场。同时必须服从班组的安全监督和管理。

（2）进场人员必须按要求正确穿着和佩戴个人防护用品，严禁酒后作业。

（3）所有作业人员必须熟知本工种的安全操作规程和安全生产制度，不得违章作业，并及时制止他人违章作业，对违章指挥，有权拒绝。

（4）安全员须持证上岗，无证者不得担任安全员一职，坚持每天做好安全记录，保证安全资料的连续、完整，以备检查。

（5）作业班组在接受生产任务时，安全员必须组织班组全体作业人员进行安全学习，进行安全交底，未进行此项工作的，班组有权拒绝接受作业任务，并提出意见。

（6）安全员每日上班前，必须针对当天的作业任务，召集作业人员，结合安全技术措施和作业环境、设施、设备安全状况及人员的素质、安全知识，有针对性地进行班前教育，并对作业环境、设施设备认真检查，发现安全隐患，立即解决，有重大隐患的，立即上报，严禁冒险作业。作业过程中应经常巡视检查，随时纠正违章行为，解决新的隐患。

（7）认真查看作业附近的施工洞口、临边安全防护和脚手架护身栏、挡脚板、立网、脚手板的放置等安全防护措施，是否验收合格，是否防护到位。确认安全后，方可作业，否则，应及时通知有关人员进行处理。

第四节 特种作业的审核和审批

特种作业是指对操作者本人、他人及周围建（构）筑物、设备、设施、环境的安全可能造成危害的作业活动。污水处理厂的危险作业主要包括：有限空间作业、动火作业、临时用电作业、高处作业、吊装作业及国家明确的其他危险作业。

危险作业实行"先审批、后作业；谁审批、谁负责；谁主管、谁负责；谁监护，谁负责"原则，建立"及时申报、措施到位，专业审批、重点控制，属地管理、分级负责"管理机制。

一、危险作业的职责分工

各单位安全管理部门是危险作业的安全监督管理部门，负责危险作业审核及措施落实情况的监督、检查。

各单位业务管理部门按照职责分工，对其管理业务范围内的危险作业进行条件审核并签署意见。

危险作业申请单位(部室、车间、班组或相关方)是危险作业的安全责任主体，负责制定作业方案并落实现场防护措施，负责作业现场安全教育、安全交底、安全监护等工作。

二、危险作业的基本要求

各单位应当对从事危险作业的作业负责人、监护人员、作业人员、应急救援人员进行专项安全培训，培训合格后方可上岗，特种作业人员及特种设备作业人员应持证上岗。

作业前，作业负责人应针对危险性较大的项目编制作业方案，此类项目包括如下：

(1)涉及一级动火作业的作业项目。

(2)涉及二级及以上高处作业的作业项目。

(3)涉及一级吊装作业的作业项目。

(4)同时涉及两种及以上危险作业的作业项目。

(5)其他危险性较大的作业项目。

作业前，作业负责人应办理作业审批手续，并由相关责任人签名确认，包括如下：

(1)危险作业应由作业负责人提出申请，经项目负责人确认，相关管理部门审核通过，单位领导批准后方可实施。

（2）同一作业涉及进入有限空间、动火、高处作业、临时用电、吊装中的两种或两种以上时，应同时办理相应的作业审批手续，执行相应的作业要求。

（3）同一危险作业可根据作业内容、危险有害因素等方面的相似性，实施某一阶段的批量作业审批，原则上时效不超过72h（有特殊情况说明的从其规定）。过程中作业的人员、环境、设备、内容、安全要求等任一条件可能或已经发生变化时，应重新办理审批。

（4）相关方开展危险作业时，属地单位要求执行本单位危险作业审批的，相关方应按属地单位要求执行，项目完成后，危险作业审批表由属地单位收回存档；属地单位未要求执行本单位危险作业审批的，相关方应按照其内部管理程序办理审批手续。

（5）在执行应急抢修、抢险任务等紧急情况时，在确保现场具备安全作业条件下，作业负责人应电话征得单位领导同意后方可实施危险作业。

（6）审批表不得涂改且应保存至少1年以上。

（7）未经审批，任何人不得开展危险作业。

在履行审批手续前，作业负责人应对作业现场和作业过程中可能存在的危险、有害因素进行辨识与评估，制定相应的安全措施。

作业前，应对安全防护设备、个体防护装备、安全警戒设施、应急救援设备、作业设备和工具进行安全检查，发现问题应立即处理。

作业前，作业负责人应根据工作任务特点有针对性地向全体作业人员进行书面交底，内容包括作业任务、作业分工、作业程序、危险因素、防护措施及应急措施等，并由作业负责人和全体作业人员签字确认。

作业人员应遵守有关安全操作规程，并按规定着装及正确佩戴相应的个体防护用品，多工种、多层次交叉作业应统一协调。

三、有限空间作业安全管理

污水处理厂运行环境中的有限空间主要包括：各类地下管线检查井、排水管道、暗沟、初期雨水池、集水池、泵前池、雨水调蓄池、封闭式格栅间、闸门井、化粪池、滚筒格栅、电缆沟等。

在有限空间场所出入口显著位置应设置安全警示标志。

作业单位应配置气体检测、通风、照明、通信等安全防护设备，呼吸防护用品、安全帽、安全带等个体防护装备，安全警戒设施及应急救援设备。设备设施应符合相应产品的国家标准或行业标准要求。防护设备以及应急救援设备设施应妥善保管，定期进行检验、维护，以保证设备设施的正常运行。

有限空间作业过程应按照《有限空间作业安全技术规范》（DB 11/T 852—2019）执行，每个作业点监护人员不少于两人。

不具备有限空间作业安全生产条件的单位，不应实施有限空间作业，应将作业项目发包给具备安全生产条件的承包单位，并签订有限空间作业安全生产管理协议，明确双方安全职责。

根据作业事故风险特点，制定有限空间作业安全生产事故专项应急救援预案或现场处置方案，并至少每年进行1次应急演练。

有限空间作业过程中发生事故后，现场有关人员禁止盲目施救。应急救援人员实施救援时，应当做好自身防护，佩戴隔绝式呼吸器具、救援器材。

四、动火作业安全管理

应结合本单位实际情况划定动火区及禁火区，动火区不需办理动火作业审批手续，禁火区必须办理动火作业审批手续。

禁火区动火作业分为一级动火、二级动火两个级别，具体如下：

（1）一级动火作业是指在易燃易爆生产装置、输送管道、储罐、容器等部位及其他特殊危险场所进行的动火作业。如污泥消化罐区、沼气脱硫装置及气柜区、燃气锅炉房、甲醇及液氧等化学品罐区、热水解罐区、加油站、有限空间、档案室等重点防火部位。

（2）二级动火作业是指在厂区重要部位进行的除一级动火作业以外的动火作业。如变配电室、中控室、物资库房、化验室、地下管廊、污水泵站格栅间等重要场所。

（3）遇节日、假日或其他特殊情况，动火作业应升级管理。

作业前应进行动火分析，动火分析应符合以下要求：

（1）动火分析的监测点应有代表性，在较大的设备设施内动火，应对上、中、下各部位进行监测分析；在较长的物料管线上动火，应在彻底隔绝区域内分段分析。

（2）在设备外部动火，应在不小于动火点10m范围内进行动火分析。

（3）动火分析与动火作业间隔一般不超过30min，如现场条件不允许，间隔时间可适当放宽，但不应超过60min。

（4）作业中断时间超过60min，应重新分析，每日动火前均应进行动火分析；作业期间应随时检测。

(5)使用便携式可燃气体检测仪或其他类似手段进行分析时,检测设备应经标准气体用品标定合格。

动火作业应符合以下规定：

(1)动火作业应有专人监火,作业前应清除动火现场及周围的易燃物品,或采取其他有效安全防火措施,并配备消防器材,满足作业现场应急需求。

(2)动火点周围或其下方的地面如有可燃物、孔洞、窨井、地沟、水封等,应检查分析并采取清理或封盖等措施；对于动火点周围有可能泄漏易燃、可燃物料的设备,应采取隔离措施。

(3)凡在盛有或盛装过危险化学品的容器、管道等生产、储存设施上动火作业,应将其与生产系统彻底隔离,并进行清洗、置换、分析合格后方可作业。

(4)拆除管线进行动火作业时,应先查明其内部介质及其走向,并根据所要拆除管线的情况制订安全防火措施。

(5)在有可燃物构件和使用可燃物做防腐内衬的设备内部进行动火作业时,应采取防火隔绝措施。

(6)在使用、储存氧气的设备上进行动火作业时,设备内含氧量不应超过21%。

(7)动火期间距动火点30m内不应排放可燃气体；距动火点15m内不应排放可燃液体；在动火点10m范围内及用火点下方不应同时进行可燃溶剂清洗或喷漆等作业。

(8)使用气焊、气割动火作业时,乙炔瓶和氧气瓶均应直立放置,两者间距不应小于5m,两者与作业地点间距均不应小于10m,并应设置防晒设施。

(9)作业完毕应清理现场,确认无残留火种后方可离开。

(10)严禁带料、带压动火。

(11)5级以上(含5级)大风天气,禁止露天动火作业。

五、临时用电安全管理

临时用电安全管理应符合以下规定：

(1)临时用电实行"三级配电、两级保护"原则,开关箱应符合一机、一箱、一闸、一漏。属地单位用电管理部门应校验电气设备,提供匹配的动力源,一次线必须由属地单位电工搭接,二次线由作业单位电工搭接。

(2)在开关上接引、拆除临时用电线路时,其上级开关应断电上锁并加挂安全警示标志。

(3)临时用电必须按电气安全技术要求进行,应由属地单位用电管理部门检查验收后方可通电使用。

(4)临时用电设施必须做到人走断电,同时将配电箱或操作盘锁好。

(5)临时用电作业单位不应擅自向其他单位转供电或增加用电负荷,以及变更用电地点和用途。

(6)临时线路一次线到期由属地单位电工负责拆除。

(7)临时线路使用期限一般不超过15天,特殊情况下需延长使用时应办理延期手续,但最长不能超过一个月。基建施工项目的临时线路使用期限可按施工期确定。

架设临时用电线路应符合以下规定：

(1)在爆炸和火灾危害的场所架设临时线路时,应对周围环境进行可燃气体检测分析。当被测气体或蒸汽的爆炸下限大于或等于4%时,其被测浓度应不大于0.5%(体积分数)；当被测气体或蒸汽的爆炸下限小于4%时,其被测浓度应不大于0.2%(体积分数)。同时应使用相应防爆等级的电源及电气元件,并采取相应的防爆安全措施。

(2)临时线路应有一总开关,每一分路临时用电设施应安装符合规范要求的漏电保护器,移动工具、手持式电动工具应逐个配置漏电保护器和电源开关。

(3)临时线路必须采用绝缘良好的导线,线型应与负荷匹配。

(4)临时线路必须沿墙或悬空架设,穿越道路铺设时应加设防护套管及安全标志；悬空架设时应加设限高标志,线路最大弧垂与地面距离,在作业现场不低于2.5m,穿越机动车道不低于5m。

(5)临时线路必须设置在地面上的部分,应采取可靠的保护措施,并设置安全警示标志。

(6)现场临时用电配电盘、箱应有电压标识和危险标识,应有防雨措施,盘、箱、门应能牢靠关闭并能上锁。

(7)临时线路与其他设备、门窗、水管保证一定的安全距离。

(8)临时线路不得沿树木捆绑。临时线路与支撑物间、线与线间应有良好绝缘。

(9)临时用电设备应有可靠的接地(零)。

六、高处作业安全管理

高处作业分为一级、二级、三级和特级高处作业。具体如下：

(1)作业高度在$2m \leqslant h < 5m$时,称为一级高处作业。

(2)作业高度在$5m \leqslant h < 15m$时,称为二级高处作业。

(3)作业高度在$15m \leqslant h < 30m$时,称为三级高处作业。

(4)作业高度在$h \geqslant 30m$时,称为特级高处作业。

高处作业应符合以下规定:

(1) 在进行高处作业时,作业人员必须系好安全带、戴好安全帽,作业现场必须设置安全护梯或安全网(强度合格)等防护设施。同时应设监护人对高处作业人员进行监护,监护人应坚守岗位。

(2) 高处作业的人员应熟悉现场环境和施工安全要求,患有职业禁忌证和年老体弱、疲劳过度、视力缺陷及酒后者等人员不得进行高处作业。

(3) 进行高处作业的人员原则上不应交叉作业,凡因工作需要,必须交叉作业时,要设安全网、防护棚等安全设施,划定防护安全范围,否则不得作业。

(4) 铺设易折、易碎、薄型屋面建筑材料(石棉瓦、石膏板、薄木板等)时,应铺设牢固的脚手板并加以固定,脚手板上要有防滑措施。

(5) 高处作业所用的工具、零件、材料等必须装入工具袋,上下时手中不得拿物件,且必须从指定的路线上下,禁止从上往下或从下往上抛扔工具、物体或杂物等,不得将易滚易滑的工具、材料堆放在脚手架上,工作完毕时应及时将各种工具、零部件等清理干净,防止坠落伤人,上下输送大型物件时,必须使用可靠的起吊设备。

(6) 进行高处作业前,应检查脚手架、跳板等上面是否有水、泥、冰等,如果有,要采取有效的防滑措施,当结冰、积雪严重而无法清除时,应停止高处作业。

(7) 在临近有排放有毒有害气体、粉尘的放空管线或烟囱的场所进行高处作业时,作业点的有毒物浓度应在允许浓度范围内,并采取有效的防护措施。发现有毒有害气体泄漏时,应立即停止工作,工作人员马上撤离现场。

(8) 高处作业地点应与架空电线保持规定的安全距离,作业人员活动范围及其所携带的工具、材料等与带电导线的最短距离大于安全距离(电压不大于10kV,安全距离为1.7m;电压为35kV,安全距离为2m;电压等级65~110kV,安全距离为2.5m;电压为220kV,安全距离为4m;电压为330kV,安全距离为5m;电压为500kV,安全距离为6m)。

(9) 高处作业所用的脚手架,必须符合《建筑安装工程安全技术规程》的规定。

(10) 高处作业所用的便携式木梯和便携式金属梯时,梯脚底部应坚实,不得垫高使用。踏板不得有缺挡。梯子的上端应有固定措施。立梯工作角度以75°±5°为宜。梯子如需接长使用,应有可靠的连接措施,且接头不得超过1处。连接后梯梁的强度,不应低于单梯梯梁的强度。折梯使用时上部夹角以35°~45°为宜,铰链应牢固,并应有可靠的拉撑措施。

(11) 夜间高处作业应有充足的照明。

(12) 遇有5级以上(含5级)大风、暴雨、大雾或雷电天气时,应停止高处作业。

七、吊装作业安全管理

吊装作业按吊装重物的质量分为两级。具体如下:

(1) 一级吊装作业吊装重物的质量大于5t。

(2) 二级吊装作业吊装重物的质量不大于5t。

(3) 吊件质量虽不大于5t,但具有形状复杂、刚度小、长径比大、精密贵重、施工条件特殊的情况,吊装作业应按一级吊装作业管理。

(4) 吊件质量虽不大于5t,但作业地点位于办公楼宇、职工宿舍、危险化学品等场所周围或临近输电线路时,吊装作业应按一级吊装作业管理。

吊装作业应符合以下规定:

(1) 二级吊装作业应严格落实各项安全措施,可不用办理作业审批手续。

(2) 各种吊装作业前,应预先在吊装现场设置安全警戒标识并设专人监护,非施工人员禁止入内。

(3) 吊装作业前必须对各种起重吊装机械的运行部位、安全装置以及吊具、索具进行详细的安全检查,吊装设备的安全装置灵敏可靠。吊装前必须试吊,确认无误后,方可作业。

(4) 吊装作业时,必须分工明确、坚守岗位,并按规定的联络信号,统一指挥。必须按规定负荷进行吊装,吊具、索具经计算选择使用,严禁超负荷运行。所吊重物接近或达到额定起重吊装能力时,应检查抽动器,用低高度、短行程试吊后,再平稳吊起。

(5) 严禁利用管道、管架、电杆、机电设备等作吊装锚点。

(6) 任何人不得随同吊装物或吊装机械升降。

(7) 吊装作业现场的吊绳索、揽风绳、拖拉绳等应避免同带电线路接触,并保持安全距离。

(8) 悬吊重物下方严禁站人、通行或工作。

(9) 吊装作业中,夜间应有足够的照明。

(10) 室外作业遇到大雪、暴雨、大雾及5级以上(含5级)大风时,应停止作业。

(11) 在吊装作业中,有下列情况之一者不准吊装:指挥信号不明;超负荷或物体质量不明;斜拉重物;光线不足、看不清重物;重物下站人;重物埋在地下;重物紧固不牢,绳打结、绳不齐;棱刃物体没有衬垫措施;重物越人头;安全装置失灵。

第五节　突发安全事故的应急处置

一、通　则

一旦发生突发安全事故，发现人应在第一时间向直接领导进行上报，视实际情况进行处理，并视现场情况拨打119、120、999、110等社会救援电话。

二、常见事故应急处置

操作人员必须熟知的应急救援预案包括：火灾应急预案；机械伤害应急预案；有毒有害气体中毒应急预案；淹溺应急预案；高处坠落应急预案；触电应急预案。以下就常见事故应急措施做简要说明。

（一）中毒与窒息

有毒有害气体种类主要为硫化氢、一氧化碳、甲烷。窒息主要原因为受限空间内含氧量过低。一般处置程序如下：

1. 预　防

操作人员应掌握有毒有害气体相关知识，正确佩戴合适的防护用品，操作中持续进行气体含量检测，气体检测报警时，应撤离现场，及时上报。操作过程中出现污泥或污水泄漏情况，在不明情况下不得进入现场。

2. 报　警

一旦发现有人员中毒窒息，应马上拨打120或999救护电话，报警内容应包括：单位名称、详细地址、发生中毒事故的时间、危险程度、有毒有害气体的种类，报警人及联系电话，并向相关负责人员报告。

3. 救　护

救援人员必须正确穿戴救援防护用品后，确保安全后方可进入施救，以免盲目施救发生次生事故。迅速将伤者移至空旷通风良好的地点。判断伤者意识、心跳、呼吸、脉搏。清理口腔及鼻腔中的异物。根据伤者情况进行现场施救。搬运伤者过程中要轻柔、平稳，尽量不要拖拉、滚动。

（二）淹　溺

1. 救援要点

（1）强调施救者的自我保护意识。所有的施救者必须明确：施救者自己的安全必须放在首位。只有首先保护好自己，才有可能成功救人。否则非但救不了人，还有可能把自己的生命葬送。

（2）及时呼叫专业救援人员。专业救援人员的技能和装备是一般人所不具备的，因此发生淹溺时应该尽快呼叫专业急救人员（医务人员、涉水专业救生员等），让他们尽快到达现场参与急救以及上岸后的医疗救助。

（3）充分准备和利用救援物品。救援物品包括救援所用的绳索、救生圈、救生衣及其他漂浮物（如木板、泡沫塑料等）、照明设备、医疗装备等，良好的救援装备能使救援工作事半功倍地完成，其效果要比徒手救援好得多。

（4）救援前与淹溺者充分沟通。得不到淹溺者的配合的救援不但很难成功，而且还能增加救援者的危险，因此救援者应首先充分与淹溺者沟通，这一点十分重要。沟通的方式可以通过大声呼唤，也可以通过手势进行，其主要沟通内容包括：告诉淹溺者救援已经在进行，鼓励淹溺者战胜恐惧，要沉着冷静，不要惊慌失措，放弃无效挣扎，还可以告诉淹溺者水中自救的方法，如向下划水的方法、踩水方法、除去身上的负重物等，同时特别还要告诉溺水者听从救援者的指挥，冷静下来配合营救，这样能取得事半功倍的效果。

2. 救援方式

1）伸手救援（不推荐）

该方法是指救援者直接向落水者伸手将淹溺者拽出水面的救援方法。适用于营救者与淹溺者的距离伸手可及同时淹溺者还清醒的情况。使用该法救援时存在很大的风险，救援者稍加不慎就容易被淹溺者拽入水中，因此不推荐营救者使用该方式救援落水者。

2）借物救援（推荐）

该方法是或借助某些物品（如木棍等）把落水者拉出水面的方法，适用于营救者距淹溺者的距离较近（数米之内）同时淹溺者还清醒的情况。其操作方法及注意点包括：救援者应尽量站在远离水面同时又能够到淹溺者的地方，将可延长距离的营救物如树枝、木棍、竹竿等物送至落水者前方，并嘱其牢牢握住。此时要注意避免坚硬物体给淹溺者造成伤害，应从淹溺者身侧横向移动交给溺者，不可直接伸向淹溺者胸前，以防将其刺伤。在确认淹溺者已经牢牢握住延长物时，救助者方能拽拉淹溺者。其姿势与伸手救援法一样，首先采取侧身体位，站稳脚跟，降低身体重心，同时叮嘱落水者配合并将其拉出。在拽拉过程中救援者如突然失去重心时应立即放开手，以免被落水者拽入水中。尽管救援者丧失了延伸物，但避免了落水，保障了自己的安全。此时应再想办法营救。

3）抛物救援（推荐）

该方法是指向落水者抛投绳索及漂浮物（如救生

圈、救生衣、木板等）的营救方法，适用于落水者与营救者距离较远且无法接近落水者、同时淹溺者还处在清醒状态的情况。其操作方法及注意点包括：抛投绳索前要在绳索前端系有重物，如可将绳索前端打结或将衣服浸湿叠成团状捆于绳索前端，这样利于投掷。此外必须事先大声呼唤与落水者沟通，使其知道并能够抓住抛投物。抛投物应抛至落水者前方。所有的抛投物均最好有绳索与营救者相连，这样有利于尽快把落水者救出。此时营救者也应注意降低体位，重心向后，站稳脚跟，以免被落水者拽入水中。

4）游泳救援（不推荐）

该方法也称为下水救援，这是最危险的、不得已而为之的救援方法，只有在上述4种施救法都不可行时，才能采用此法。因此不推荐营救者使用该方式救援落水者。

3. 上岸后的溺水者救治

迅速检查患者，包括意识、呼吸、心搏、外伤等情况，根据伤者状态进行下一步处置：

（1）对意识清醒患者实施保暖措施，进一步检查患者，尽快送医治疗。

（2）对意识丧失但有呼吸心跳患者实施人工呼吸，确保保暖，避免呕吐物堵塞呼吸道。

（3）对无呼吸患者实施心肺复苏术。

(三) 机械伤害

发生机械伤害事故后，应及时报告相关负责人员，同时根据现场实际情况，大致判明受伤者的部位，拨打120或999急救电话，必要时可对伤者进行临时简单急救。

处置过程中应关注周边是否有有毒有害气体、是否可能引发触电等危险源，采取有针对性安全技术措施，避免发生次生灾害，引发二次伤害。

处理伤口的原则如下：

（1）立刻止血：当伤口很深，流血过多时，应该立即止血。如果条件不足，一般用手直接按压可以快速止血。通常会在1~2min止血。如果条件允许，可以在伤口处放一块干净且吸水的毛巾，然后用手压紧。

（2）清洗伤口：如果伤口处很脏，而且仅仅是往外渗血，为了防止细菌的深入，导致感染，则应先清洗伤口。一般可以清水或生理盐水。

（3）给伤口消毒：为了防止细菌滋生，感染伤口，应对伤口进行消毒，一般可以消毒纸巾或者消毒酒精对伤口进行清洗，可以有效地杀菌，并加速伤口的愈合。

(四) 触 电

1. 断开电源

发现有人触电时，应保持镇静，根据实际情况，迅速采取以下方式，尽快使触电者脱离电源，触电者未脱离电源前不可用人体直接接触触电者。

关闭电源开关、拔去插头或熔断器。

用干燥的木棒、竹竿等非导电物品移开电源或使触电者脱离电源。

用平口钳、斜口钳等绝缘工具剪断电线。

2. 紧急抢救

当触电者脱离电源后，如果触电者尚未失去知觉，则必须使其保持安静，并立即通知就近医疗机构医护人员进行诊治，密切注意其症状变化。

如果触电者已失去知觉，但呼吸尚存，应使其在通风位置仰卧，将上衣与腰带放松，使其容易呼吸，并立即拨打120或999急救电话呼叫救援。

若触电者呼吸困难，有抽筋现象，则应积极进行人工呼吸；如果触电者的呼吸、脉搏及心跳都已停止，此时不能认为其已死亡，应立即对其进行心肺复苏；人工呼吸必须连续不断地进行到触电者恢复自主呼吸或医护人员赶到现场救治为止。

(五) 火灾的应急救援

1. 初期火灾扑救

初期火灾扑救的基本方法如下：

1）冷却灭火法

冷却灭火法，就是将灭火剂直接喷洒在可燃物上，使可燃物的温度降低到自燃点以下，从而使燃烧停止。用水扑救火灾，其主要作用就是冷却灭火。一般物质起火，都可以用水来冷却灭火。

火场上，除用冷却法直接灭火外，还经常用水冷却尚未燃烧的可燃物质，防止其达到燃点而着火；还可用水冷却建筑构件、生产装置或容器等，以防止其受热变形或爆炸。

2）隔离灭火法

隔离灭火法，是将燃烧物与附近可燃物隔离或者疏散开，从而使燃烧停止。这种方法适用于扑救各种固体、液体、气体火灾。

采取隔离灭火的具体措施很多。例如，将火源附近的易燃易爆物质转移到安全地点；关闭设备或管道上的阀门，阻止可燃气体、液体流入燃烧区；排除生产装置、容器内的可燃气体、液体，阻拦、疏散可燃液体或扩散的可燃气体；拆除与火源相毗连的易燃建筑结构，形成阻止火势蔓延的空间地带等。

3) 窒息灭火法

窒息灭火法，即采取适当的措施，阻止空气进入燃烧区，或惰性气体稀释空气中的氧含量，使燃烧物质因缺乏或断绝氧而熄灭，适用于扑救封闭式的空间、生产设备装置及容器内的火灾。火场上运用窒息法扑救火灾时，可采用石棉被、湿麻袋、湿棉被、沙土、泡沫等不燃或难燃材料覆盖燃烧或封闭孔洞；用水蒸气、惰性气体(如二氧化碳、氮气等)充入燃烧区域；利用建筑物上原有的门以及生产储运设备上的部件来封闭燃烧区，阻止空气进入。但在采取窒息法灭火时，必须注意以下几点：

(1) 燃烧部位较小，容易堵塞封闭，在燃烧区域内没有氧化剂时，适于采取这种方法。

(2) 在采取用水淹没或灌注方法灭火时，必须考虑到火场物质被水浸没后所产生的不良后果。

(3) 采取窒息方法灭火以后，必须确认火已熄灭，方可打开孔洞进行检查。严防过早地打开封闭的空间或生产装置，而使空气进入，造成复燃或爆炸。

(4) 采用惰性气体灭火时，一定要将大量的惰性气体充入燃烧区，迅速降低空气中氧的含量，以达窒息灭火的目的。

4) 抑制灭火法

抑制灭火法，是将化学灭火剂喷入燃烧区参与燃烧反应，中止链反应而使燃烧反应停止。采用这种方法可使用的灭火剂有干粉和卤代烷灭火剂。灭火时，将足够数量的灭火剂准确地喷射到燃烧区内，使灭火剂阻断燃烧反应，同时还要采取冷却降温措施，以防复燃。

在火场应根据燃烧物质的性质、燃烧特点和火场的具体情况，以及灭火器材装备的性能选择灭火方法。

2. 灭火设施的使用

1) 灭火器的使用

灭火器是一种轻便、易用的消防器材。灭火器的种类较多，主要有水型灭火器、空气泡沫灭火器、干粉灭火器、二氧化碳灭火器以及1211灭火器等(图2-35)。

(1) 空气泡沫灭火器的使用

空气泡沫灭火器主要适用于扑救汽油、煤油、柴油、植物油、苯、香蕉水、松香水等易燃液体引起的火灾。对于水溶性物质，如甲醇、乙醇、乙醚、丙酮等化学物质引起的火灾，只能使用抗溶性空气泡沫灭火器扑救。

作业人员可以手提或肩扛的形式迅速带灭火器赶到火场，在距离燃烧物6m左右的地方拔出保险销，一只手握住开启压把，另一只手紧握喷枪，用力捏紧开启压把，打开密封或刺穿储气瓶密封片，即可从喷枪口喷出空气泡沫。灭火方法与手提式化学泡沫灭火器相同。但在使用空气泡沫灭火器时，作业人员应使灭火器始终保持直立状态，切勿颠倒或横放使用，否则会中断喷射。同时作业人员应一直紧握开启压把，不能松手，否则也会中断喷射。

(2) 手提式干粉灭火器的使用

手提式干粉灭火器适用于易燃、可燃液体、气体及带电设备的初起火灾，还可扑救固体类物质的初起火灾，但不能扑救金属燃烧的火灾。

如图2-36所示，灭火时，作业人员可以手提或肩扛的形式带灭火器快速赶赴火场，在距离燃烧处5m左右的地方放下灭火器开始喷射。如在室外，应选择在上风方向喷射。

(a) 手持式干粉灭火器　(b) 手持式泡沫灭火器　(c) 手持式二氧化碳灭火器　(d) 推车式干粉灭火器

图 2-35　常用的灭火器

取出灭火器 → 拔掉保险销 → 一手握住压把一手握住喷管 → 对准火苗根部喷射(人站立在上风)

图 2-36　干粉灭火器的使用

如果使用的干粉灭火器是外挂式储气瓶或储压式的储气瓶，操作者应一只手紧握喷枪，另一只手提起储气瓶上的开启提环；如果储气瓶的开启是手轮式的，则应沿逆时针方向旋开，并旋到最高位置，随即提起灭火器。当干粉喷出后，迅速对准火焰的根部扫射。

如果使用的干粉灭火器是内置式或储压式的储气瓶，操作者应先一只手将开启把上的保险销拔下，然后握住喷射软管前端的喷嘴部，另一只手将开启压把压下，打开灭火器进行灭火。在使用有喷射软管的灭火器或储压式灭火器时，操作者的一只手应始终压下压把，不能放开，否则会中断喷射。

灭火时，操作者应对准火焰根部扫射。如果被扑救的液体火灾呈流淌燃烧状态时，应对准火焰根部由近而远并左右扫射，直至把火焰全部扑灭。如果可燃液体在容器内燃烧，操作者应对准火焰根部左右晃动扫射，使喷射出的干粉流覆盖整个容器开口表面。当火焰被赶出容器时，操作者应继续喷射，直至将火焰全部扑灭。

(3) 推车式干粉灭火器的使用

推车式干粉灭火器主要适用于扑救易燃液体、可燃气体和电器设备的初起火灾。推车式干粉灭火器移动方便、操作简单，灭火效果好。

作业人员把灭火器拉或推到现场，用右手抓住喷粉枪，左手顺势展开喷粉胶管，直至平直，不能弯折或打圈；接着除掉铅封，拔出保险销，用手掌使劲按下供气阀门；再左手把持喷粉枪管托，右手把持枪把，用手指扳动喷粉开关，对准火焰根部喷射，不断靠前左右摆动喷粉枪，使干粉覆盖燃烧区，直至把火扑灭。

(4) 二氧化碳灭火器的使用

二氧化碳灭火器适用于扑灭精密仪器、电子设备、珍贵文件、小范围的油类等引发的火灾，但不宜用于扑灭钾、钠、镁等金属引起的火灾。

作业人员将灭火器提或扛到火场，在距离燃烧物 5m 左右的地方，放下灭火器，并拔出保险销，一只手握住喇叭筒根部的手柄，另一只手紧握启闭阀的压把。对于没有喷射软管的二氧化碳灭火器，操作者应把喇叭筒往上扳 70°~90°。使用时，操作者不能直接用手抓住喇叭筒外壁或金属连线管，防止手被冻伤。

灭火时，当可燃液体呈流淌状燃烧时，操作者将二氧化碳灭火剂的喷流由近而远对准火焰根部喷射。如果可燃液体在容器内燃烧，操作者应将喇叭筒提起，从容器一侧的上部向燃烧的容器中喷射，但不能将二氧化碳射流直接冲击可燃液面，以防止将可燃液体冲出容器而扩大火势。

(5) 酸碱灭火器使用

酸碱灭火器适用于扑救木、棉、毛、织物、纸张等一般可燃物质引起的火灾，但不能用于扑救油类、忌水和忌酸物质及带电设备的火灾。

操作者应手提筒体上部的提环，迅速赶到着火地点，绝不能将灭火器扛在背上或过分倾斜灭火器，以防两种药液混合而提前喷射。在距离燃烧物 6m 左右的地方，将灭火器颠倒过来并晃动几下，使两种药液加快混合；然后一只手握住提环，另一只手抓住筒体下部的底圈将喷出的射流对准燃烧最猛烈处喷射。随着喷射距离的缩减，操作者应向燃烧处推进。

2) 消火栓的使用

消火栓是一种固定的消防工具，主要作用是控制可燃物，隔绝助燃物，消除着火源。消火栓分为地上消火栓和地下消火栓。使用前需要先打开消火栓门，按下内部火警按钮。按钮主要用于报警和启动消防泵。使用步骤如图 2-37 所示，过程中需要人员配合使用，一人接好枪头和水带赶往起火点，另一人则接

(a) 打开或击碎消防箱门

(b) 取出并展开消防水带

(c) 一端连接消防栓

(d) 另一端连接消防枪头

(e) 打开消防栓阀门

(f) 对准火焰根部进行灭火

图 2-37　消火栓的使用

好水带和阀门口,再沿逆时针方向打开阀门使水喷出。

3. 电气灭火

由于电气火灾具有着火后电气设备可能带电,如不注意可能引起触电事故等特点,为此对电气灭火进行以下重要说明:

(1)电气灭火时,最重要的是先切断电源,随后采取必要的救火措施,并及时报警。

(2)进行电火处理时,必须选用合适的灭火器,并按要求进行操作,不得违规操作。应选用二氧化碳灭火器、1211灭火器或用黄沙灭火,但应注意不要将二氧化碳喷射到人体的皮肤及身体其他部位上,以防冻伤和窒息。在没有确定电源已被切断时,绝不允许用水或普通灭火器灭火,否则很可能发次生事故。

(3)为了避免触电,人体与带电体之间应保持足够的安全距离。

(4)对架空线路等设备进行灭火时,要防止导线断落伤人。

(5)如果带电导线跌落地面,要划出一定的警戒区,防止跨步电压伤人。

(6)电气设备发生接地时,室内扑救人员不得进入距故障点4m以内的区域,室外扑救人员不得接近距故障点8m以内的区域。

4. 火速报警

火灾初起,一方面要积极扑救,另一方面要迅速报警。

1)报警对象

(1)召集周围人员前来扑救,动员一切可以动员的力量。

(2)本单位消防与保卫部门,迅速组织灭火。

(3)公安消防队,报告火警电话119。

(4)出警报,组织人员疏散。

2)报警方法

(1)本单位报警利用呼喊、警铃等平时约定的方式。

(2)利用广播、固定电话和手机。

(3)距离消防队较近的可直接派人到消防队报警。

(4)消防部门报警。

3)火灾逃生自救

(1)火灾袭来时要迅速逃生,不要贪恋财物。

(2)平时就要了解掌握火灾逃生的基本方法,熟悉多条逃生路线。

(3)受到火势威胁时,要当机立断披上浸湿的衣物或被褥等向安全出口方向冲出去。

(4)穿过浓烟逃生时,要尽量使身体贴近地面,并用湿毛巾捂住口鼻。

(5)身上着火,千万不要奔跑,可就地打滚或用厚重的衣物压灭火苗。

(6)遇火灾不可乘坐电梯,要向安全出口方向逃生。

(7)室外着火,门已发烫,千万不要开门,以防大火蹿入室内,要用浸湿的被褥、衣物等堵塞门缝,并泼水降温。

(8)若所逃生线路被大火封锁,要立即退回室内,用打手电筒、挥舞衣物、呼叫等方式向窗外发送求救信号,等待救援。

(9)千万不要盲目跳楼,可利用疏散楼梯、阳台、落水管等逃生自救。也可用绳子把床单、被套撕成条状连成绳索,紧系在窗框、暖气管、铁栏杆等固定物上,用毛巾、布条等保护手心,顺绳滑下,或下到未着火的楼层脱离险境。

(六)高处坠落

事故发现人员,第一时间报告相关责任人,并根据情况拨打120或999救护电话。

高处坠落的应急措施如下:

(1)发生高空坠落事故后,现场知情人应当立即采取措施,切断或隔离危险源,防止救援过程中发生次生灾害。

(2)当发生人员轻伤时,现场人员应采取防止受伤人员大量失血、休克、昏迷等紧急救护措施。

(3)遇有创伤性出血的伤员,应迅速包扎止血,使伤员保持在头低脚高的卧位,并注意保暖。

(4)如果伤者处于昏迷状态但呼吸心跳未停止,应立即进行口对口人工呼吸,同时进行胸外心脏按压。昏迷者应平卧,面部转向一侧,维持呼吸道通畅,防止分泌物、呕吐物吸入。

(5)如果伤者心跳已停止,应进行心肺复苏。

(6)发现伤者骨折,不要盲目搬运伤者。

(7)持续救护至急救人员到达现场,并配合急救人员进行救治。

(七)危险化学品烧伤和中毒

危险化学品具有易燃、易爆、腐蚀、有毒等特点,在使用过程中容易发生烧伤与中毒事故。化学危险品事故急救现场,一方面要防止受伤者烧伤和中毒程度的加深;另一方面又要使受伤者维持呼吸。

1. 化学性皮肤烧伤

对化学性皮肤烧伤者,应立即移离现场,迅速脱去受污染的衣裤、鞋袜等,并用大量流动的清水冲洗创面20~30min(如遇强烈的化学危险品,冲洗的时间要更长),以稀释有毒物质,防止继续损伤和通过伤口吸收。

新鲜创面上不要随意涂抹油膏或红药水、紫药水，不要用脏布包裹。

黄磷烧伤时应用大量清水冲洗、浸泡或用多层干净的湿布覆盖创面。

2. 化学性眼烧伤

化学性眼烧伤者，应在现场迅速用流动的清水进行冲洗，冲洗时将眼皮掰开，把裹在眼皮内的化学品彻底冲洗干净。

现场若无冲洗设备，可将头埋入盛满清水的清洁盆中，翻开眼皮，让眼球来回转动进行清洗。

若电石、生石灰颗粒溅入眼内，应当先用蘸有石蜡油(液状石蜡)或植物油的棉签去除颗粒后，再用清水冲洗。

3. 危险化学品急性中毒

沾染皮肤中毒时，应迅速脱去受污染的衣物，并用大量流动的清水冲洗至少15min，面部受污染时，要首先冲洗眼睛。

吸入中毒时，应迅速脱离中毒现场，向上风方向移至空气新鲜处，同时解开中毒者的衣领，放松裤带，使其保持呼吸道畅通，并要注意保暖，防止受凉。

口服中毒，中毒物为非腐蚀性物质时，可用催吐方法使其将毒物吐出。误服强碱、强酸等腐蚀性强的物品时，催吐反而会使食道、咽喉再次受到严重损伤，这时可服用牛奶、蛋清、豆浆、淀粉糊等。此时不能洗胃，也不能服碳酸氢钠，以防胃胀气引起胃穿孔。

现场如发现中毒者心跳、呼吸骤停，应立即实施人工呼吸和体外心脏按压术，使其维持呼吸、循环功能。

三、防护用品及应急救援器材

操作人员必须熟练使用防护用品及应急救援器材，具体包括：救援三脚架、正压式呼吸器、四合一气体检测仪、汽油抽水泵、排污泵(电泵)、对讲机、灭火器、消防栓及消防水带、五点式安全带、复合式洗眼器、防化服等。

四、事故现场紧急救护

(一)事故现场紧急救护的原则

1. 紧急呼救

当紧急灾害事故发生时，应尽快拨打电话120、999、110呼叫。

2. 先救命后治伤，先重伤后轻伤

在事故的抢救过程中，不要因忙乱或受到干扰被轻伤员喊叫所迷惑，使危重伤员被耽误最后救出，本着先救命后治伤的原则。

3. 先抢后救、抢中有救，尽快脱离事故现场

在可能再次发生事故或引发其他事故的现场，如失火可能引起爆炸的现场、有害气体中毒现场，应先抢后救，抢中有救，尽快脱离事故现场，确保救护者与伤者的安全。

4. 先分类再后送

不管轻伤重伤，甚至对大出血、严重撕裂伤、内脏损伤、颅脑损伤者，如果未经检伤和任何医疗急救处置就急送医院，后果十分严重。因此，必须坚持先进行伤情分类，把伤员集中到标志相同的救护区，有的伤员需等待伤势稳定后方能运送。

5. 医护人员以救为主，其他人员以抢为主

救护人员应各负其责，相互配合，以免延误抢救时机。通常先到现场的医护人员应该担负现场抢救的组织指挥职责。

(二)事故现场紧急救护方法

1. 人工呼吸

人工呼吸适用于触电休克、溺水、有害气体中毒、窒息或外伤窒息等引起呼吸停止、假死状态者。

在施行人工呼吸前，要先将伤员运送到安全、通风良好的地点，将伤员领口解开，放松腰带，注意保持体温。腰背部要垫上软的衣服等。应先清除口中脏物，把舌头拉出或压住，防止堵住喉咙，妨碍呼吸。各种有效的人工呼吸必须在呼吸道畅通的前提下进行。

1) 口对口或(鼻)吹气法

此法操作简便容易掌握，而且气体的交换量大，接近或等于正常人呼吸的气体量，效果较好。如图2-38所示，操作方法如下：

图2-38 口对口人工呼吸法

(1) 病人取仰卧位，即胸腹朝天，颈后部(不是头后部)垫一软枕，使其头尽量后仰。

(2) 救护人站在其头部的一侧，自己深吸一口气，对着伤病人的口(两嘴要对紧不要漏气)将气吹入，造成吸气。为使空气不从鼻孔漏出，此时可用一手将其鼻孔捏住，在病人胸壁扩张后，即停止吹气，让病人胸壁自行回缩，呼出空气。这样反复进行，每

分钟进行14~16次。如果病人口腔有严重外伤或牙关紧闭时,可对其鼻孔吹气(必须堵住口),即为口对鼻吹气。注意吹起时切勿过猛、过短,也不宜过长,以占一次呼吸周期的1/3为宜。

2)俯卧压背法

该方法气体交换量小于口对口吹气法,但抢救成功率较高。目前,在抢救触电、溺水时,现场多用此法。如图2-39所示,操作方法如下:

图2-39 俯卧压背法

(1)伤病人取俯卧位,即胸腹贴地,腹部可微微垫高,头偏向一侧,两臂伸过头,一臂枕于头下,另一臂向外伸开,以使胸廓扩张。

(2)救护人面向其头,两腿屈膝跪于伤病人大腿两旁,把两手平放在其背部肩胛骨下角(大约相当于第七对肋骨处)、脊柱骨左右,大拇指靠近脊柱骨,其余4指稍开。

(3)救护人俯身向前,慢慢用力向下压缩,用力的方向是向下、稍向前推压。当救护人的肩膀与病人肩膀将成一直线时,不再用力。在这个向下、向前推压的过程中,即将肺内的空气压出,形成呼气,然后慢慢放松全身,使外界空气进入肺内,形成吸气。

(4)按上述动作,反复有节律地进行,每分钟14~16次。

3)仰卧压胸法

此法便于观察病人的表情,而且气体交换量也接近于正常的呼吸量,但最大的缺点是,伤员的舌头由于仰卧而后坠,阻碍空气的出入,在淹溺、胸外伤、二氧化硫中毒、二氧化氮中毒时,不宜采用此法。如图2-40所示,操作方法如下:

(1)病人取仰卧位,背部可稍垫起,使胸部凸起。

(2)救护人员屈膝跪地于病人大腿两旁,把双手分别放于乳房下(相当于第六七对肋骨处),大拇指向内,靠近胸骨下端,其余四指向外。放于胸廓肋骨之上。

(3)向下稍向前压,其方向、力量、操作要领与俯卧压背法相同。

图2-40 仰卧压胸法

2. 心脏复苏

首先判断患者有无脉搏。操作者跪于患者一侧,一手置于患者前额使头部保持后仰位,另一手以食指和中指尖置于喉结上,然后滑向颈肌(胸锁乳突肌)旁的凹陷处,触摸颈动脉。如果没有搏动,表示心脏已经停止跳动,应立即进行胸外心脏按压(图2-41)。

(1)确定正确的胸外心脏按压位置:先找到肋弓下缘,用一只手的食指和中指沿肋骨下缘向上摸至两侧肋缘于胸骨连接处的切痕迹,以食指和中指放于该切迹上,将另一只手的掌根部放于横指旁,再将第一只手叠放在另一只手的手背上,两手手指交叉扣起,手指离开胸壁。

图2-41 心脏复苏

(2)施行按压:操作者前倾上身,双肩位于患者胸部上方正中位置,双臂与患者的胸骨垂直,利用上半身的体重和肩臂力量,垂直向下按压胸骨,使胸骨下陷4~5cm,按压和放松的力量和时间必须均匀、有规律,不能猛压、猛松。放松时掌根不要离开按压处。

3. 心肺复苏

无心搏患者的现场急救,需采用心肺复苏术,现场心肺复苏术主要分为三个步骤:打开气道,人工呼吸和胸外心脏按压。一般称为ABC步骤,即:A——患者的意识判断和打开气道;B——人工呼吸;C——胸外心脏按压。

按压的频率为80~100次/min,按压与人工呼吸的次数比例为:单人复苏15:2,双人复苏5:1,依照此频次按A-B-C的顺序持续循环,周而复始进

颈总动脉压迫（头面部出血）　面动脉压迫（头顶部出血）　颞浅动脉压迫（颜面部出血）

尺桡动脉压迫（手部出血）　锁骨下动脉压迫（肩胛部出血）　肱动脉压迫（前臂出血）

指动脉压迫（手指出血）　股动脉压迫（大腿以下出血）　胫前后动脉压迫（足部出血）

图 2-42　指压止血法

行，直至苏醒或医护人员到位。

4. 外伤止血

出血有动脉出血、静脉出血和毛细血管出血。动脉出血呈鲜红色，喷射而出；静脉出血呈暗红色，如泉水样涌出；毛细血管出血则为溢血。

出血是创伤后主要并发症之一，成年人出血量超过800mL或超过1000mL就可引起休克，危及生命；若为严重大动脉出血，则可能在1min内即告死亡。因此，止血是抢救出血伤员的一项重要措施，它对挽救伤员生命具有特殊的意义。应根据损伤血管的部位和性质具体选用，常用的暂时性止血方法如下：

1）指压止血法（图2-42）

紧急情况下用手指、手掌或拳头，根据动脉的分布情况，把出血动脉的近端用力压向骨面，以阻断血流，暂时止血。注意：此类方法只适用于头面颈部及四肢的动脉出血急救，压迫时间不能过长。

2）屈肢加垫止血法（图2-43）

当前臂或小腿出血时，可在肘窝、腋窝内放以纱布垫、棉花团或毛巾、衣服等物品，屈曲关节，用三角巾作8字形固定，使肢体固定于屈曲位，可控制关节远端血流，但骨折或关节脱位者不能使用。

图 2-43　屈肢加垫止血法

3）止血带止血法（图2-44）

一般用于四肢大动脉出血。可就地取材，使用软胶管、衣服或布条作为止血带，压迫出血伤口的近心端进行止血。止血带使用方法如下：

（1）在伤口近心端上方先加垫。

（2）急救者左手拿止血带，上端留5寸（约16.5cm），紧贴加垫处。

（3）右手拿止血带长端，拉紧环绕伤肢伤口近心端上方两周，然后将止血带交左手中、食指夹紧。

（4）左手中、食指夹止血带，顺着肢体下拉成环。

（5）将上端一头插入环中拉紧固定。

（6）在上肢应扎在上臂的1/3处，在下肢应扎在大腿的中下1/3处。

图 2-44　止血带止血法

使用止血带时应注意以下事项：

（1）上止血带的部位要在创口上方（近心端），尽量靠近创口，但不宜与创口面接触。

（2）在上止血带的部位，必须先衬垫绷带、布块，或绑在衣服外面，以免损伤皮下神经。

（3）绑扎松紧要适宜，太紧损伤神经，太松不能止血。

（4）绑扎止血带的时间要认真记录，每隔 0.5h（冷天）或者 1h 应放松 1 次，放松时间 1~2min。绑扎时间过长则可能引起肢端坏死、肾功能衰竭。

5. 创伤包扎

包扎的目的：保护伤口和创面，减少感染，减轻痛苦；加压包扎有止血作用；用夹板固定骨折的肢体时需要包扎，以减少继发损伤，也便于将伤员运送医院。

包扎时使用的材料主要包括绷带、三角巾、四头巾等，现场进行创伤包扎可就地取材，用毛巾、手帕、衣服撕成的布条等进行。包扎方法如下：

1）布条包扎法

（1）环形绷带包扎法：在肢体某一部位环绕数周，每一周重叠盖住前一周。主要用于手、腕、足、颈、额部等处以及在包扎的开始和末端固定时使用。

（2）螺旋形绷带包扎法：包扎时，作单纯的螺旋上升，每一周压盖前一周的 1/2。主要用于肢体、躯干等处的包扎。

（3）8 字形绷带包扎法：本法是一圈向上一圈向下的包扎，每周在正面和前一周相交，并压盖前一周的 1/2。多用于肘、膝、踝、肩、髋等关节处的包扎。

（4）螺旋反折绷带包扎法：开始先用环形法固定一端，再按螺旋法包扎，但每周反折一次，反折时以左手拇指按住绷带上面正中处，右手将绷带向下反折，并向后绕，同时拉紧。主要用于粗细不等部位，如小腿、前臂等处的包括。

2）毛巾包扎法

（1）下颌包扎法：先将四头带中央部分托住下颌，上位两端在颈后打结，下位两端在头顶部打结。

（2）头部包扎法：如图 2-45 所示，将三角巾的底边折叠两层约二指宽，放于前额齐眉以上，顶角拉向枕后部，三角巾的两底角经两耳上方，拉向枕后，先作一个半结，压紧顶角，将顶角塞进结里，然后再将左右底角拉到前额打结。

图 2-45　头部包扎法

（3）面部包扎法：在三角巾顶处打一结，套于下颌部，底边拉向枕部，上提两底角，拉紧并交叉压住底边，再绕至前额打结。包完后在眼、口、鼻处剪开小孔。

（4）手、足包扎法：如图 2-46 所示，手（足）心向下放在三角巾上，手指（足趾）指向三角巾顶角，两底角拉向手（足）背，左右交叉压住顶角绕手腕（踝部）打结。

图 2-46　足部包扎法

（5）胸部包扎法：如图 2-47 所示，将三角巾顶角向上，贴于局部，如系左胸受伤，顶角放在右肩上，底边扯到背后在后面打结；再将左角拉到肩部与顶角打结。背部包扎与胸部包扎相同，仅位置相反，结打于胸部。

图 2-47　胸部包扎法

（6）肩部包扎法：如图 2-48 所示，单肩包扎时，将毛巾折成鸡心状放在肩上，腰边穿带在上臂固定，前后两角系带在对侧腋下打结；双肩包扎时，将毛巾两角结带，毛巾横放背肩部，再将毛巾两下角从腋下拉至前面，然后把带子同角结牢。

图 2-48　肩部包扎法

(7)腹部包扎法:将毛巾斜对折,中间穿小带,小带的两部拉向后方,在腰部打结,使毛巾盖住腹部。将上、下两片毛巾的前角各扎一小带,分别绕过大腿根部与毛巾的后角在大腿外侧打结。

6. 骨折固定

骨折固定可减轻伤员的疼痛,防止因骨折端移位而刺伤临近组织、血管、神经,也是防止创伤休克的有效急救措施。操作要点如下:

(1)急救骨折固定:常常就地取材,如各种木板、竹竿、树枝、木棍、硬纸板、棉垫等,均可作为固定代用品。

(2)锁骨骨折固定:最常用的方法是用三角巾将伤侧上肢托起固定。也可用8字形固定方法。即用绷带由健侧肩部的前上方,再经背部到患侧腋下,向前绕到肩部,如此反复缠绕8~10次。在缠绕之前,两侧腋下应垫棉垫或布块,以保护腋下皮肤不受损伤,血管、神经不受压迫。

(3)上臂骨折夹板固定:长骨骨折固定原则上是必须包括骨折两端的上下关节,其方法是就地取材,用木板、竹片等。根据伤员的上臂长短,取3块即可。上臂前面放置短板一块,后面放一块,上平肩下平肘,用绷带或布条上下固定。另将一块板托住前臂,使肘部屈曲90°,把前臂固定,然后悬吊于颈部。倘若没有木板等材料,可用伤员自己的衣服进行固定。即把伤侧衣服的腋中线剪开至肘部,衣服前片向上托起前臂,用别针固定在对侧胸部前。

(4)前臂骨折固定:常采用夹板固定法。即取3块小木板,根据前臂的长短分别置于掌、背面,在其下面托一块直(或平直)的小木板,上下用绷带或布条固定,然后将肘部屈曲90°,保持医生常说的"功能位",用绷带悬吊于颈部。

(5)大腿的骨折固定:常用夹板固定法。即将两块有一定长度的木板,分别置于外侧自腋下至足跟、内侧自会阴部至踝部,然后分段用绷带固定。若现场无木板时也可采用自身固定法,即将伤肢与健肢捆扎在一起,两腿中间根据情况适当加些软垫。

(6)小腿骨折夹板固定:根据伤者的小腿的长度,取两块小木板,分别置于小腿的内、外侧,长度略过膝部,然后用绷带或者绳子予以固定。固定前应该在踝部、膝部垫以棉花、布类,以保护局部皮肤。

(7)脊柱骨折固定:脊柱骨折伤情较重,转送前必须妥善固定。对胸、腰椎骨折须取一块平肩宽的长木板垫在背部、胸部,用宽布带予以固定。颈椎骨折伤员的头部两侧应置以沙袋,或用枕头固定头部,使头部不能左右摆动,以防止或加重脊髓、神经的损伤。

7. 伤员搬运

搬运时应尽量做到不增加伤员的痛苦,避免造成新的损伤及并发症。现场常用的搬运方法有担架搬运法、单人或双人徒手搬运法等。

1)担架搬运法

担架搬运是最常用的方法,适用于路程长、病情重的伤员。担架的种类很多,有帆布担架(将帆布固定在两根长木棒上)、绳索担架(用一根长的结实的绳子绕在两根长竹竿或木棒上)、被服担架(用两件衣服或长大衣翻袖向内成两管,插入两根木棒后再将纽扣仔细扣牢)等。搬运时由3~4人将病人抱上担架,使其头向外,以便于后面抬的人观察其病情变化。

(1)如病人呼吸困难、不能平卧,可将病人背部垫高,让病人处于半卧位,以利于缓解其呼吸困难。

(2)如病人腹部受伤,要叫病人屈曲双下肢、脚底踩在担架上,以松弛肌肤、减轻疼痛。

(3)如病人背部受伤则使其采取俯卧位。

(4)对脑出血的病人,应稍垫高其头部。

2)徒手搬运法

当在现场找不到任何搬运工具而病人伤情又不太重时,可用此法搬运。常用的主要有单人徒手搬运和双人徒手搬运。

(1)单人徒手搬运法:适用于搬运伤病较轻、不能行走的伤员,如头部外伤、锁骨骨折、上肢骨折、胸部骨折、头昏的伤病员。

(2)双人徒手搬运法:一人搬托双下肢,一人搬托腰部。在不影响病伤的情况下,还可用椅式、轿式和拉车式。

第三章
基础知识

第一节 流体力学

流体力学是研究液体机械运动规律及其工程应用的一门学科。本节中介绍的流体力学知识主要包括在排水管渠水力计算、运行管理和防汛抢险中经常用到的基础概念和基础知识。

一、水的主要力学性质

物体运动状态的改变都是受外力作用的结果。分析水的流动规律，也要从分析其受力情况入手，所以研究水的流动规律，首先须对其力学性质有所了解。

(一)水的密度

密度是指单位体积物体的质量，常用符号 ρ 表示。物体密度 ρ 与物体质量 m、体积 V 的关系可用公式 $\rho=m/V$ 表示，密度单位为千克每立方米（kg/m^3）。

水的密度随温度和压强的变化而变化，但这种变化很小，所以一般把水的密度视为常数。采用在一个标准大气压下，温度为4℃时的蒸馏水密度来计算，此时 $\rho_水 = 1.0 \times 10^3 kg/m^3$。排水工程中，雨污水的密度一般也以此为常数，进行质量和体积的换算。

因为万有引力的存在，地球对物体的引力称为重力，以 G 表示，$G=mg$，其中 g 为重力加速度。而单位体积水所受到的重力称为容重，以 γ 表示，$\gamma = G/V = mg/V = \rho g$，单位为牛每立方米（$N/m^3$）。

(二)水的流动性

自然界的常见物质一般可分为固体、液体和气体三种形态，其中液体和气体统称为流体。固体具有确定的形状，在确定的剪切应力作用下将产生确定的变形。而水作为一种典型流体，没有固定的形状，其形状取决于限制它的固体边界。水在受到任意小的剪切应力时，就会发生连续不断的变形即流动，直到剪切应力消失为止。这就是水的易变形性，或称流动性。

(三)水的黏滞性与黏滞系数

水受到外部剪切力作用发生连续变形即流动的过程中，其内部相应要产生对变形的抵抗，并以内摩擦力的形式表现出来，这种运动状态下的抵抗剪切变形能力的特性称为黏滞性。黏滞性只有在运动状态下才能显示出来，静止状态下内摩擦力不存在，不显示黏滞性。

水的这种抵抗剪切变形的能力以黏滞系数 $\nu_水$ 表示，也称黏度。黏滞系数随温度和压强的变化而变化，但随压强的变化甚微，对温度变化较为敏感。因此一般情况下，不同水温时的运动黏滞系数可按经验公式 $\nu_水 = 0.01775/(1+0.0337t+0.000221t^2)$ 计算。其中，t 为水温，以摄氏温度（℃）计，$\nu_水$ 以平方厘米每秒（cm^2/s）计。

在排水管渠中，由于雨污水具有黏滞性的缘故，距离管渠内壁不同距离位置的水流流速不同。一般情况下，距离管渠内壁越近的水流速越小，距离管渠内壁越远的水流速越大，如圆形管道管中心处流速最大，管内壁处流速最小。

(四)水的压缩性与压缩系数

固体受外力作用发生变形，当外力撤除后（外力不超过弹性限度时），有恢复原状的能力，这种性质称为物体的弹性。

液体不能承受拉力，但可以承受压力。液体受压后体积缩小，压力撤除后也能恢复原状，这种性质称为液体的压缩性或弹性。液体压缩性的大小以体积压缩系数 β 或体积弹性系数 K 来表示。

水在10℃下时，每增加一个大气压，体积仅压缩约十万分之五，压缩性很小。因此在排水工程中，一般不考虑水的压缩性。但在一些特殊情况下，必须考虑水受压后的弹力作用。如泵站或闸阀突然关闭，造成压力管道中水流速度急剧变化而引起水击等现象，应予以重视。

(五) 水的表面张力

自由表面上的水分子由于受到两侧分子引力不平衡，而承受的一个极其微小的拉力，称为水的表面张力。表面张力仅在自由表面存在，其大小以表面张力系数 σ 来表示，单位为牛每米（N/m），即自由表面单位长度上所承受的拉力值。水温20℃时，$\sigma = 0.074\text{N/m}$。

在排水工程中，由于表面张力太小，一般来说对液体的宏观运动影响甚微，可以忽略不计，只有在某些特殊情况下才予以考虑。

二、水流运动的基本概念

(一) 水的流态

水的流动有层流、紊流和介于上述两者之间的过渡流三种流态，不同流态下的水流阻力特性不同，在水力计算前要先进行流态判别。流态采用雷诺数 Re 表示。当 $Re<2000$ 时，一般为层流；当 $Re>4000$ 时，一般为紊流；当 $2000 \leq Re \leq 4000$ 时，水流状态不稳定，属于过渡流态。

一般情况下，排水管渠内的水流雷诺数 Re 远大于4000，管渠内的水流处于紊流流态。因此，在对排水管网进行水力计算时，均按紊流考虑。

紊流流态又分为三个阻力特征区：阻力平方区（又称粗糙管区）、过渡区和水力光滑管区。在阻力平方区，管渠水头损失与流速平方成正比；在水力光滑管区，管渠水头损失约与流速的1.75次方成正比；而在过渡区，管渠水头损失与流速的1.75~2.0次方成正比。紊流三个阻力区的划分，需要使用水力学的层流底层理论进行判别，主要与管径（或水力半径）及管渠壁粗糙度有关。

在排水工程中，常用管渠材料的直径与粗糙度范围内，水流均处于紊流过渡区和阻力平方区，不会到达紊流光滑管区。当管壁较粗糙或管径较大时，水流多处于阻力平方区。当管壁较光滑或管径较小时，水流多处于紊流过渡区。因此，排水管渠的水头损失是水力计算中重要的内容。

(二) 压力流与重力流

压力流输水通过封闭管道进行，水流阻力主要依靠水的压能克服，阻力大小只与管道内壁粗糙程度、管道长度和流速有关，与管道埋设深度和坡度等无关。

重力流输水通过管道或渠道进行，管渠中水面与大气相通，且水流常常不充满管渠，水流的阻力主要依靠水的位能克服，形成水面沿水流方向降低，称为水力坡降。重力流输水时，要求管渠的埋设高程随着水流水力坡度下降。

在排水工程中，管渠的输水方式一般采用重力流，特殊情况下也采用压力流，如提升泵站或调水泵站出水管、过河倒虹管等。另外，当排水管渠的实际过流超过设计能力时，也会形成压力流。

从水流断面形式看，由于圆管的水力条件和结构性能好，在排水工程中采用最多。特别是压力流输水，基本上均采用圆管。圆管也用于重力流输水，在埋于地下时，圆管能很好地承受土壤的压力。除圆管外，明渠或暗渠一般只能用于重力流输水，其断面形状有多种，以梯形和矩形居多。

(三) 恒定流与非恒定流

恒定流与非恒定流是根据运动要素是否随时间变化来划分的。恒定流是指水体在运动过程中，其任一点处的运动要素不随时间而变化的流动；非恒定流是指水体在运动过程中，其任一点处有任何一个运动要素随时间而变化的流动。

由于用水量和排水量的经常性变化，排水管渠中的水流均处于非恒定流状态，特别是雨水及合流制排水管网中，受降雨的影响，水力因素随时间快速变化，属于显著的非恒定流。但是，非恒定流的水力计算特别复杂，在排水管渠设计时，一般也只能按恒定流计算。

近年来，由于计算机技术的发展与普及，国内外已经有人开始研究和采用非恒定流计算给水排水管网的水力问题，而且得到了更接近实际的结果。

(四) 均匀流与非均匀流

均匀流与非均匀流是根据运动要素是否随位置变化来划分的。均匀流是指水体在运动过程中，其各点的运动要素沿流程不变的流动；非均匀流是指水体在运动过程中，其任一点的任何一个运动要素沿流程变化的流动。

在排水工程中，管渠内的水流不但多为非恒定流，且常为非均匀流，即水流参数往往随时间和空间变化。特别是明渠流或非满管流，通常都是非均匀流。

对于满管流动，如果管道截面在一段距离内不变且不发生转弯，则管内流动为均匀流；而当管道在局部分叉、转弯与截面变化时，管内流动为非均匀流。均匀流的管道对水流阻力沿程不变，水流的水头损失可以采用沿程水头损失公式计算;满管流的非均匀流动距离一般较短,采用局部水头损失公式计算。

对于非满管流或明(暗)渠流,只要长距离截面不变,也可以近似为均匀流,按沿程水头损失公式进行水力计算;对于短距离或特殊情况下的非均匀流动则运用水力学理论按缓流或急流计算,或者用计算机模拟。

(五)水流的水头与水头损失

1. 水头

水头是指单位重量的水所具有的机械能,一般用符号 h 或 H 表示,常用单位为米水柱(mH_2O),简写为米(m)。水头分为位置水头、压力水头和流速水头三种形式。位置水头是指因为水流的位置高程所得的机械能,又称位能,以水流所处的高程来度量,用符号 Z 表示。压力水头是指水流因为压强而具有的机械能,又称压能,以压力除以相对密度所得的相对高程来度量,用符号 p/γ 表示。流速水头是指因为水流的流动速度而具有的机械能,又称动能,以动能除以重力加速度所得的相对高程来度量,用符号 $v^2/2g$ 表示。

位置水头和压力水头属于势能,它们两者的和称为测压管水头;流速水头属于动能。水在流动过程中,三种形式的水头(机械能)总是处于不断转换之中。排水管渠中的测压管水头较之流速水头一般大得多,因此在水力计算中,流速水头往往可以忽略不计。

2. 水头损失

因黏滞性的存在,水在流动中受到固定界面的影响(包括摩擦与限制作用),导致断面的流速不均匀,相邻流层间产生切应力,即流动阻力。水流克服阻力所消耗的机械能,称为水头损失,用符号 h_w 表示。当水流受到固定边界限制做均匀流动时,流动阻力中只有沿程不变的切应力,称为沿程阻力。由沿程阻力所引起的水头损失称为沿程水头损失,用符号 h_f 表示。当水流固定边界发生突然变化,引起流速分布或方向发生变化,从而集中发生在较短范围的阻力称为局部阻力。由局部阻力所引起的水头损失称为局部水头损失,用符号 h_m 表示。实际应用中,水头损失应包括沿程水头损失 h_f 和局部水头损失 h_m,即 $h_w = \Sigma h_f + \Sigma h_m$。

从产生的原理可以看出,水头损失的大小与管渠过水断面的几何尺寸和管渠内壁的粗糙度有关。

粗糙度一般用粗糙系数 n 来表示,其大小综合反映了管渠内壁对水流阻力的大小,是管渠水力计算中的主要因素之一。

管渠过水断面的特性几何尺寸,称之为水力半径,用符号 R 来表示,单位为米(m),其计算公式为 $R = A/\chi$。其中,A 为过水断面面积,单位为平方米(m^2);χ 为过水断面与固定界面表面接触的周界,即湿周,单位为米(m)。当水流为圆管满流时,其湿周 χ 与圆管断面周长一致,$R = 0.25d$,d 为圆管直径,单位为米(m)。水力半径是一个重要的概念,在面积相等的情况下,水力半径越大,湿周越小,水流所受的阻力越小,越有利于过流。

在排水工程中,由于管渠长度较长,沿程水头损失一般远远大于局部水头损失。所以在进行水力计算时,一般忽略局部水头损失,或将局部阻力转换成等效长度的沿程水头损失进行计算。

三、水静力学

液体静力学主要是讨论液体静止时的平衡规律和这些规律的应用。所谓"液体静止"指的是液体内部质点间没有相对运动,也不呈现黏性,至于盛装液体的容器,不论它是静止的、匀速运动的还是匀加速运动的都没有关系。

(一)液体静压力及其特性

当液体静止时,液体质点间没有相对运动,故不存在切应力,但却有压力和重力的作用。液体静止时产生的压力称为静水压力,即在静止液体表面上的法向力。

液体内单位面积 ΔA 上所受到的法向力为 ΔF,如图3-1,则 ΔF 与 ΔA 之比,称为 ΔA 表面的平均静压强 p。当微小面积 ΔA 无限缩小为一点时,则其平均静压强的极限值就是该点的静压强,见式(3-1):

$$p = \lim_{\Delta A \to 0} \frac{\Delta F}{\Delta A} \quad (3-1)$$

式中:p——液体内单位面积上的平均静压强,Pa;

ΔA——液体内的单位面积,m^2;

ΔF——液体内单位面积上受到的法向力,N。

由此可见,液体的静压力是指作用在某面积上的总压力,而液体的静压强则是作用在单位面积上的压力(图3-1)。由于液体质点间的凝聚力很小,不能受拉,只能受压,所以液体的静压强具有两个重要特性:①静压强的方向指向受压面,并与受压面垂直;②静止液体内任一点的静压强在各个方向上均相等。

图3-1 单位面积上的受力示意图

(二) 水静力学基本方程

1. 静压基本方程式

在静止的液体中，取出一垂直的小圆柱体，如图3-2所示。已知自由液面(指液体与气体的交界面)压强为p_0，圆柱体顶面与自由液面重合，高为h，端面面积为$\triangle A$。

平衡状态下，$p\triangle A = p_0\triangle A + F_G$。这里的$F_G$即为液柱的重量，$F_G = \rho g h \triangle A$。由上述两式得出式(3-2)：

$$p = p_0 + \rho g h = p_0 + \gamma h \tag{3-2}$$

式中：p——静止液体内某点的压强，Pa；
　　　p_0——液面压强，Pa；
　　　g——重力加速度，N/kg；
　　　h——小圆柱体高度，m；
　　　γ——液体重力密度，N/m³。

式(3-2)即为液体静力学的基本方程。

（a）液面受力示意　　（b）小圆柱体受力示意

图3-2　静止液体的受力示意

由液体静压力基本方程可知：

(1) 静止液体内任一点处的压强由两部分组成，一部分是液面上的压强p_0，另一部分是γ与该点离液面深度h的乘积。当液面上只受大气压强p_0作用时，点A处的静压强则为$p = p_0$。

(2) 同一容器中同一液体内的静压强随液体深度h的增加而线性地增加。

(3) 连通器内同一液体中深度h相同的各点压强都相等。由压强相等的组成的面称为等压面。在重力作用下静止液体中的等压面是一个水平面。

2. 静压力基本方程的物理意义

静止液体中单位质量液体的压力能和位能可以互相转换，但各点的总能量却保持不变，即能量守恒。

3. 帕斯卡原理

根据静力学基本方程，盛放在密闭容器内的液体，其外加压强p_0发生变化时，只要液体仍保持其原来的静止状态不变，液体中任一点的压强均将发生同样大小的变化。也就是说，在密闭容器内，施加于静止液体上的压强将以等值同时传到各点，这就是静压传递原理或称帕斯卡原理。

(三) 静水压强的表示方法和单位

1. 表示方法

压强的表示方法有两种：绝对压强和相对压强。绝对压强是以绝对真空作为基准所表示的压强；相对压强是以大气压力作为基准所表示的压强。由于大多数测压仪表所测得的压强都是相对压强，故相对压强也称表压强。绝对压强与相对压强的关系为绝对压强 = 相对压强 + 大气压强。

如果液体中某点处的绝对压强小于大气压强，这时在这个点上的绝对压强比大气压强小的部分数值称为：真空度，即：真空度 = 大气压强 − 绝对压强。

2. 单　位

我国法定压强单位为帕斯卡，简称帕，符号为Pa，$1Pa = 1N/m^2$。由于Pa太小，工程上常用其倍数单位兆帕(MPa)来表示，$1MPa = 10^6 Pa$。

压强单位和其他非法定计量单位的换算关系为：

$1at(工程大气压) = 1kg \cdot f/cm^2 = 9.8 \times 10^4 Pa$

$1mH_2O(米水柱) = 9.8 \times 10^3 Pa$

$1mmHg(毫米汞柱) = 1.33 \times 10^2 Pa$

$1bar(巴) = 10^5 Pa \approx 1.02 kg \cdot f/cm^2$

(四) 液体静压力对固体壁面的作用力

静止液体和固体壁面相接触时，固体壁面上各点在某一方向上所受静压作用力的总和，便是液体在该方向上作用于固体壁面上的力。在液压传动计算中质量力可以忽略，静压处处相等，所以可认为作用于固体壁面上的压力是均匀分布的。

当固体壁面是一个曲面时，作用在曲面各点的液体静压力是不平行的，但是静压力的大小是相等的，因而作用在曲面上的总作用力在不同的方向也就不一样。因此，必须首先明确要计算的曲面上的力。

如图3-3所示，在曲面上的液压作用力F，就等

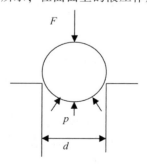

图3-3　曲面液压作用力示意

于压力作用于该部分曲面在垂直方向的投影面积 A 与压力 p 的乘积,其作用点在投影圆的圆心,其方向向上,即 $F = pA = p(\pi d^2/4)$。其中,d 为承压部分曲面投影圆的直径。

由此可见,曲面上液压作用力在某一方向上的分力等于静压力和曲面在该方向的垂直面内投影面积的乘积。

四、水动力学

(一) 基本概念

1. 理想液体、实际液体、平行流动和缓变流动

(1) 理想液体:既无黏性又不可压缩的液体称为理想液体。

(2) 实际液体:实际的液体,既有黏性又可压缩。

(3) 平行流动:流线彼此平行的流动。

(4) 缓变流动:流线夹角很小或流线曲率半径很大的流动。

2. 迹线、流线、流束和通流截面

(1) 迹线:流动液体的某一质点在某一时间间隔内在空间的运动轨迹。

(2) 流线:表示某一瞬时,液流中各处质点运动状态的一条条曲线。

(3) 流管和流束:封闭曲线中的这些流线组合的表面称为流管。流管内的流线群称为流束。

(4) 通流截面:流束中与所有流线正交的截面称为通流截面。截面上每点处的流动速度都垂直于这个面。

3. 流量和流速

(1) 流量:单位时间内通过某通流截面的液体的体积称为流量。

(2) 流速:单位面积内通过某通流截面的流量称为流速。

4. 流体压力

考虑流体内部某一平面,当该平面两侧流体无相对运动时,面上任一单位面积所受到的作用力称为流体压力。从微观上看,压力是分子运动对容器壁面碰撞所产生的平均作用力的表现。

(二) 连续性方程

质量守恒是自然界的客观规律,不可压缩液体的流动过程也遵守质量守恒定律。假设液体作定常流动,且不可压缩,任取一流管,根据质量守恒定律,在 dt 时间内流入此微小流束的质量应等于此微小流束流出的质量,如图3-4所示。

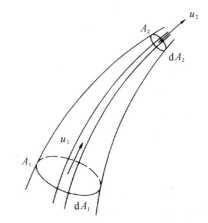

图 3-4 液体的微小流束连续性流动示意图

液体的连续性方程见式(3-3):

$$\left.\begin{array}{r}\rho u_1 dA_1 dt = \rho u_2 dA_2 dt \\ u_1 dA_1 = u_2 dA_2\end{array}\right\} \quad (3\text{-}3)$$

式中:ρ——液体的密度,kg/m^3;

u_1、u_2——分别表示流束两端的液体的黏度,$Pa \cdot s$;

A_1、A_2——分别表示流束两端的截面面积,m^2;

t——液体通过微小流束所用的时间,s。

对整个流管积分,得出式(3-4):

$$\int_{A_1} u_1 dA_1 = \int_{A_2} u_2 dA_2 \quad (3\text{-}4)$$

其中,不可压缩流体作定常流动的连续性方程见式(3-5):

$$v_1 A_1 = v_2 A_2 \quad (3\text{-}5)$$

由于通流截面是任意取的,则得出式(3-6):

$$q = v_1 A_1 = v_2 A_2 = v_3 A_3 = \cdots\cdots = v_n A_n = 常数 \quad (3\text{-}6)$$

式中:v_1——流管通流截面 A_1 上的平均流速,m/s;

v_2——流管通流截面 A_2 上的平均流速,m/s;

q——流管的流量,m^3/s。

此式表明通过流管内任一通流截面上的流量相等,当流量一定时,任一通流截面上的通流面积与流速成反比。则任一通流断面上的平均流速为式(3-7):

$$v_i = \frac{q}{A_i} \quad (3\text{-}7)$$

(三) 伯努利方程

能量守恒是自然界的客观规律,流动液体也遵守能量守恒定律,这个规律是用伯努利方程的数学形式来表达的。

1. 理想液体微小流束的伯努利方程

为了研究方便,一般将液体作为没有黏性摩擦力的理想液体来处理。理想液体微小流束的伯努利方程见式(3-8):

$$\frac{p_1}{\rho g} + z_1 + \frac{u_1^2}{2g} = \frac{p_2}{\rho g} + z_2 + \frac{u_2^2}{2g} \qquad (3-8)$$

式中：$\frac{p}{\rho g}$——单位重量液体所具有的压力能，称为比压能，也叫作压力水头，m；

z——单位重量液体所具有的势能，称为比位能，也叫作位置水头，m；

$\frac{u^2}{2g}$——单位重量液体所具有的动能，称为比动能，也叫作速度水头，m。

对伯努利方程可作如下的理解：

(1)伯努利方程式是一个能量方程式，它表明在空间各相应通流断面处流通液体的能量守恒规律。

(2)理想液体的伯努利方程只适用于重力作用下的理想液体作定常活动的情况。

(3)任一微小流束都对应一个确定的伯努利方程，即对于不同的微小流束，它们的常量值不同。

伯努利方程的物理意义为：在密封管道内作定常流动的理想液体在任意一个通流断面上具有三种形成的能量，即压力能、势能和动能。三种能量的总和是一个恒定的常量，而且三种能量之间是可以相互转换的，即在不同的通流断面上，同一种能量的值是不同的，但各断面上的总能量值都是相同的。

2. 实际液体流束的伯努利方程

实际液体都具有黏性，因此液体在流动时还需克服由于黏性所引起的摩擦阻力，这必然要消耗能量。设因黏性而消耗的能量为 h_w，则实际液体微小流束的伯努利方程见式(3-9)：

$$\frac{p_1}{\rho} + z_1 g + \frac{u_1^2}{2} = \frac{p_2}{\rho} + z_2 g + \frac{u_2^2}{2} + h_w g \qquad (3-9)$$

式中：p_1、p_2——液体的压强，Pa；

ρ——液体的密度，kg/m³；

z_1、z_2——单位重量液体所具有的势能，称为比位能，也叫作位置水头，m；

g——重力加速度，m/s²；

u_1、u_2——液体的黏度，Pa·s；

h_w——由液体黏性引起的能量损失，m。

3. 实际液体总流的伯努利方程

将微小流束扩大到总流，由于在通流截面上速度 u 是一个变量，若用平均流速代替，则必然造成动能偏差，故必须引入动能修正系数。于是实际液体总流的伯努利方程为式(3-10)：

$$\frac{p_1}{\rho} + z_1 g + \frac{\alpha_1 v_1^2}{2} = \frac{p_2}{\rho} + z_2 g + \frac{\alpha_2 v_2^2}{2} + h_w g \qquad (3-10)$$

式中：α_1、α_2——动能修正系数，一般在紊流时 $\alpha = 1$，层流时 $\alpha = 2$。

4. 动量方程

动量方程是动量定理在流体力学中的具体应用。流动液体的动量方程是流体力学的基本方程之一，它是研究液体运动时作用在液体上的外力与其动量的变化之间的关系。液体作用在固体壁面上的力，用动量定理来求解比较方便。动量定理：作用在液体上的力的大小等于液体在力作用方向上的动量的变化率，见式(3-11)：

$$\sum F = \frac{d(mu)}{dt} \qquad (3-11)$$

式中：F——作用在液体上作用力，N；

m——液体的质量，kg；

u——液体的流速，m/s。

假设理想液体作定常流动。任取一控制体积，两端通流截面面积为 A_1、A_2，在控制体积中取一微小流束，流束两端的截面面积分别为 dA_1 和 dA_2，在微小截面上各点的速度可以认为是相等的，且分别为 u_1 和 u_2。动量的变化见式(3-12)：

$$d(mu) = d(mu)_2 - d(mu)_1 = \rho dq dt (u_2 - u_1) \qquad (3-12)$$

式中：ρ——液体的密度，kg/m³；

q——液体的流量，m³/s；

t——液体通过微小流速所用的时间，s；

u_1、u_2——液体在两端通流截面上的流速，m/s。

微小流束扩大到总流，对液体的作用力合力见式(3-13)：

$$\sum F = \rho q(u_2 - u_1) \qquad (3-13)$$

将微小流束扩大到总流，由于在通流截面上速度 u 是一个变量，若用平均流速代替，则必然造成动量偏差，故必须引入动量修正系数 β。故对液体的作用力合力为式(3-14)：

$$\sum F = \rho q(\beta_2 v_2 - \beta_1 v_1) \qquad (3-14)$$

式中：β_1、β_2——动量修正系数，一般在紊流时 $\beta = 1$，层流时 $\beta = 1.33$。

五、基础水力

(一)沿程水头损失计算

管渠的沿程水头损失常用谢才公式计算，其形式见式(3-15)：

$$h_f = \frac{lv^2}{C^2 R} \qquad (3-15)$$

式中：h_f——沿程水头损失，m；

l——管渠长度，m；

v——过水断面的平均流速，m/s；

C——谢才系数，$\sqrt{m}$/s；

R——过水断面水力半径，m。

对于圆管满流，沿程水头损失也可用达西公式计算，表示为式(3-16)：

$$h_f = \lambda \frac{l}{d} \frac{v^2}{2g} \quad (3-16)$$

式中：d——圆管直径，m；

g——重力加速度，m/s²；

λ——沿程阻力系数，$\lambda = 8g/C^2$，m。

沿程阻力系数或谢才系数与水流流态有关，一般只能采用经验公式或半经验公式计算。目前，国内外较为广泛使用的主要有舍维列夫公式、海曾-威廉公式、柯尔勃洛克-怀特公式和巴甫洛夫斯基公式等，其中国内常用的是舍维列夫公式和巴甫洛夫斯基公式。

(二) 局部水头损失计算

局部水头损失见式(3-17)：

$$h_j = \zeta \frac{v^2}{2g} \quad (3-17)$$

式中：h_j——局部水头损失，m；

ζ——局部阻力系数，无量纲；

v——过水断面的平均流速，m/s。

不同配件、附件或设施的局部阻力系数详见表3-1。

表3-1 局部阻力系数 (ζ)

配件、附件或设施	ζ	配件、附件或设施	ζ
全开闸阀	0.19	90°弯头	0.9
50%开启闸阀	2.06	45°弯头	0.4
截止阀	3~5.5	三通转弯	1.5
全开蝶阀	0.24	三通直流	0.1

(三) 非满流管渠水力计算

非满流管渠水力计算的目的在于确定管渠的流量、流速、断面尺寸、充满度、坡度之间的水力关系。非满流管渠内的水流状态基本上都处于阻力平方区，接近于均匀流。所以，在非满流管渠的水力计算中一般都采用均匀流公式，即式(3-18)：

$$\left. \begin{array}{l} v = C\sqrt{Ri} \\ Q = Av = AC\sqrt{Ri} = K\sqrt{i} \end{array} \right\} \quad (3-18)$$

式中：v——过水断面的平均流速，m/s；

C——谢才系数，$\sqrt{m}$/s；

R——水力半径，m；

i——水力坡度(等于水面坡度，也等于管底坡度)，m/m；

Q——过水断面的平均流量，m³/s；

A——过水断面面积，m²；

K——流量模数，$K = AC\sqrt{R}$，其值相当于底坡等于1时的流量。

式(3-18)中的谢才系数C如采用曼宁公式计算，则可表示为式(3-19)：

$$\left. \begin{array}{l} v = \frac{1}{n}\sqrt[3]{R^2}\sqrt{i} \\ Q = A\frac{1}{n}\sqrt[3]{R^2}\sqrt{i} \\ R = R(D, h/D) \\ A = A(D, h/D) \end{array} \right\} \quad (3-19)$$

式中：n——粗糙系数，无量纲。

D——过水管道管径，m；

H——过水断面水深，m；

h/D——充满度，%。

上述速度和流量的计算公式即为非满流管渠水力计算的基本公式。

在非满流管渠水力计算的基本公式中，有Q、d、h、i和v共5个变量，已知其中任意3个，就可以求出另外2个。由于计算公式的形式很复杂，所以非满流管渠水力计算比满流管渠水力计算要繁杂得多，特别是在已知流量、流速等参数求其充满度时，需要解非线性方程，手工计算非常困难。为此，必须找到手工计算的简化方法。常用简化计算方法有利用水力计算图表进行计算和借助满流水力计算公式并通过一定的比例变换进行计算等。

(四) 无压圆管的水力计算

所谓无压圆管，是指非满流的圆形管道。在排水工程中，圆形断面无压均匀流的例子最为普遍，一般污水管道、雨水管道和合流管道中大多属于这种流动。这是因为它们既是水力最优断面，又具有制作方便、受力性能好等特点。由于这类管道内的流动都具有自由液面，所以常用明渠均匀流的基本公式对其进行计算。

圆形断面无压均匀流的过水断面如图3-5所示。设其管径为d，水深为h，定义$\alpha = h/d = \sin(\theta/4)$，$\alpha$称为充满度，所对应的圆心角$\theta$称为充满角(°)。

由几何关系可得各水力要素之间的关系为：

(1) 过水断面面积 $A = \dfrac{d^2}{8}(\theta - \sin\theta)$。

(2) 湿周 $\chi = \dfrac{d}{2}\theta$。

(3) 水力半径 $R = \dfrac{d}{4}\left(1 - \dfrac{\sin\theta}{\theta}\right)$。

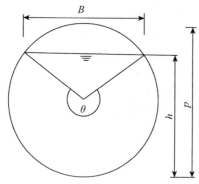

图 3-5 无压圆管均匀流的过水断面

代入式(3-19)，得出式(3-20)：

$$\left.\begin{array}{l}v = \dfrac{1}{n}\sqrt[3]{R^2}\sqrt{i}\\ Q = \dfrac{1}{n}A\sqrt[3]{R^2}\sqrt{i}\end{array}\right\} \quad (3\text{-}20)$$

为便于计算，表 3-2 列出不同充满度时，圆形管道过水断面面积 A 和水力半径 R 的值。

表 3-2 不同充满度时圆形管道过水断面面积和水力半径

充满度 (α)	过水断面积 (A)/m²	水力半径 (R)/m	充满度 (α)	过水断面积 (A)/m²	水力半径 (R)/m
0.05	$0.0147d^2$	$0.0326d$	0.55	$0.4426d^2$	$0.2649d$
0.10	$0.0400d^2$	$0.0635d$	0.60	$0.4920d^2$	$0.2776d$
0.15	$0.0739d^2$	$0.0929d$	0.65	$0.5404d^2$	$0.2881d$
0.20	$0.1118d^2$	$0.1206d$	0.70	$0.5872d^2$	$0.2962d$
0.25	$0.1535d^2$	$0.1466d$	0.75	$0.6319d^2$	$0.3017d$
0.30	$0.1982d^2$	$0.1709d$	0.80	$0.6736d^2$	$0.3042d$
0.35	$0.2450d^2$	$0.1935d$	0.85	$0.7115d^2$	$0.3033d$
0.40	$0.2934d^2$	$0.2142d$	0.90	$0.7445d^2$	$0.2980d$
0.45	$0.3428d^2$	$0.2331d$	0.95	$0.7707d^2$	$0.2865d$
0.50	$0.3927d^2$	$0.2500d$	1.00	$0.7845d^2$	$0.2500d$

注：表中 d 的单位为 m。

第二节 水化学

一、概述

(一)水的含义

水(H_2O)是由氢、氧两种元素组成的无机物，在常温常压下为无色无味的透明液体。水是最常见的物质之一，是包括人类在内所有生命生存的重要资源，也是生物体最重要的组成部分。水在生命演化中起到了重要的作用。

(二)水化学的基本内容

水化学是研究和描述水中存在的各种物质(包括有机物和无机物)与水分子之间相互作用的物理化学过程。涉及化学动力学、热力学、化学平衡、酸碱化学、配位化学、氧化还原化学和它们之间相互作用等理论与实践，同时也会涉及有关物理学、地理学、地质学和生物学等相关知识。

(三)水化学的意义

研究水化学的意义主要包括：了解天然水的地球化学；研究水污染化学；开发给水工程；污水处理实现水的回归；发展水养殖；进行水资源保护和合理利用；研究海洋科学工程；研究腐蚀与防腐科学；进行水质分析与水环境监测；制定水质标准；研究水利工程与土木建筑等。

二、水化学反应

(一)中和反应

(1)中和反应：是指酸与碱作用生成盐和水的反应。例如氢氧化钠(俗称烧碱、火碱、苛性钠)可以和盐酸发生中和反应，生成氯化钠和水。

(2)实际应用：改变土壤的酸碱性、用于医药卫生、调节人体酸碱平衡、调节溶液酸碱性、处理工厂的废水等。

污水处理厂里的废水常呈现酸性或碱性，若直接排放将会造成水污染，所以需进行一系列的处理。碱性污水需用酸来中和，酸性污水需用碱来中和，如硫酸厂的污水中含有硫酸等杂质，可以用熟石灰来进行中和处理，生成硫酸钙沉淀物和水。

例如氢氧化钠被广泛应用于水处理。在污水处理厂，氢氧化钠可以通过中和反应减小水的硬度。在工业领域，是离子交换树脂再生的再生剂。氢氧化钠具有强碱性，且在水中具有相对高的可溶性。由于氢氧化钠在水中具有相对高的可溶性，所以容易衡量用量，被方便地使用在水处理的各个领域。

氢氧化钠被使用在水处理的方向有：消除水的硬度；调节水的pH；对废水进行中和；通过沉淀消除水中重金属离子；离子交换树脂的再生。

(二)混凝

混凝是指通过某种方法(如投加化学药剂)使水中胶体粒子和微小悬浮物聚集的过程，是水和废水处理工艺中的一种单元操作。凝聚和絮凝总称为混凝。凝聚主要指胶体脱稳并生成微小聚集体的过程，絮凝主要指脱稳的胶体或微小悬浮物聚结成大的絮凝体的过程。

影响混凝效果的主要因素如下：

(1)水温：水温对混凝效果有明显的影响。

(2)pH：对混凝的影响程度，视混凝剂的品种而异。

(3)水中杂质的成分、性质和浓度。

(4)水力条件。

混凝剂可归纳为如下两类：

(1)无机盐类：有铝盐(硫酸铝、硫酸铝钾、铝酸钾等)、铁盐(三氯化铁、硫酸亚铁、硫酸铁等)和碳酸镁等。

(2)高分子物质：有聚合氯化铝，聚丙烯酰胺等。

常用的混凝剂介绍如下：

(1)硫酸铝

硫酸铝常用的是 $Al_2(SO_4)_3 \cdot 18H_2O$，其分子量为666.41，相对密度1.61，外观为白色，光泽结晶。硫酸铝易溶于水，水溶液呈酸性，室温时溶解度大致是50%，pH在2.5以下。沸水中溶解度提高至90%以上。硫酸铝使用便利，混凝效果较好，不会给处理后的水质带来不良影响。当水温低时硫酸铝水解困难，形成的絮体较松散。

硫酸铝在我国使用最为普遍，大都使用块状或粒状硫酸铝。根据其中不溶于水的物质的含量可分为精制和粗制两种。硫酸铝易溶于水可干式或湿式投加。湿式投加时一般采用10%~20%的浓度(按商品固体重量计算)。硫酸铝使用时水的有效pH范围较窄，约在5.5~8，其有效pH随原水的硬度的大小而异，对于软水pH在5.7~6.6，中等硬度的水pH为6.6~7.2，硬度较高的水pH则为7.2~7.8。在控制硫酸铝剂量时应考虑上述特性。有时加入过量硫酸铝会使水的pH降至铝盐混凝有效pH以下，既浪费了药剂，又使处理后的水浑浊。

(2)三氯化铁

三氯化铁($FeCl_3 \cdot 6H_2O$)是一种常用的混凝剂，是黑褐色的结晶体，有强烈吸水性，极易溶于水，其溶解度随温度上升而增加，形成的矾花沉淀性能好，处理低温水或低浊水效果比铝盐好。我国供应的三氯化铁有无水物、结晶水合物和液体三种。液体、结晶水合物或受潮的无水物腐蚀性极大，调制和加药设备必须用耐腐蚀器材(不锈钢的泵轴运转几星期也即腐蚀，用钛制泵轴有较好的耐腐性能)。三氯化铁加入水后与天然水中碱度起反应，形成氢氧化铁胶体。

三氯化铁的优点是形成的矾花密度大，易沉降，低温、低浊时仍有较好效果，适宜的pH范围也较宽，缺点是溶液具有强腐蚀性，处理后的水的色度比用铝盐高。

(3)硫酸亚铁

硫酸亚铁($FeSO_4 \cdot 7H_2O$)是半透明绿色结晶体，俗称绿矾，易溶于水，在水温20℃时溶解度为21%。

硫酸亚铁通常是生产其他化工产品的副产品，价格低廉，但应检测其重金属含量，保证其在最大投量时，处理后的水中重金属含量不超过国家有关水质标准的限量。

固体硫酸亚铁需溶解投加，一般配置成10%左右的重量百分比浓度使用。

当硫酸亚铁投加到水中时，离解出的二价铁离子只能生成简单的单核络合物，因此，不如含有三价铁的盐那样有良好的混凝效果。残留于水中的 Fe^{2+} 会使处理后的水带色，当水中色度较高时，Fe^{2+} 与水中有色物质反应，将生成颜色更深的不易沉淀的物质(但可用三价铁盐除色)。根据以上所述，使用硫酸亚铁时应将二价铁先氧化为三价铁，然后再起混凝作用。通常情况下，可采用调节pH、加入氯、曝气等方法使二价铁快速氧化。

当水的pH在8.0以上时，加入的亚铁盐的 Fe^{2+} 易被水中溶解氧氧化成 Fe^{3+}，当原水的pH较低时，可将硫酸亚铁与石灰、碱性条件下活化的活化硅酸等碱性药剂一起使用，可以促进二价铁离子氧化。当原水pH较低而且溶解氧不足时，可通过加氯来氧化二价铁。

硫酸亚铁使用时，水的pH的适用范围较宽，为5.0~11。

(4)碳酸镁

铝盐与铁盐作为混凝剂加入水中形成絮体随水中杂质一起沉淀于池底，作为污泥要进行适当处理以免造成污染。大型水厂产生的污泥量甚大，因此不少人曾尝试用硫酸回收污泥中的有效铝、铁，但回收物中常有大量铁、锰和有机色度，以致不适宜再作混凝剂。

碳酸镁在水中产生 $Mg(OH)_2$ 胶体和铝盐、铁盐产生的 $Al(OH)_3$ 与 $Fe(OH)_3$ 胶体类似，可以起到澄清水的作用。石灰苏打法软化水站的污泥中除碳酸钙外，尚有氢氧化镁，利用二氧化碳气可以溶解污泥中的氢氧化镁，从而回收碳酸镁。

(5)聚丙烯酰胺(PAM)

聚丙烯酰胺为白色粉末或者小颗粒状物，密度为1.32g/cm³(23℃)，玻璃化温度为188℃，软化温度接近210℃，为水溶性高分子聚合物，具有良好的絮凝性，可以降低液体之间的摩擦阻力，不溶于大多数有机溶剂。本身及其水解体没有毒性，聚丙烯酰胺的毒性来自其残留单体丙烯酰胺(AM)。丙烯酰胺为神经性致毒剂，对神经系统有损伤作用，中毒后表现出肌体无力，运动失调等症状。因此各国卫生部门均有规定聚丙烯酰胺工业产品中残留的丙烯酰胺含量，一般为 0.05%~0.5%。聚丙烯酰胺用于工业和城市污水的净化处理方面时，一般允许丙烯酰胺含量 0.2% 以下，用于直接饮用水处理时，丙烯酰胺含量需在 0.05% 以下。聚丙烯酰胺产品用途如下：

①用于污泥脱水可有效在污泥进入压滤之前进行污泥脱水，脱水时，产生絮团大，不粘滤布，压滤时不散，泥饼较厚，脱水效率高，泥饼含水率在 80% 以下。

②用于生活污水和有机废水的处理，在酸性或碱性介质中均呈阳电性，这样对污水中悬浮颗粒带阴电荷的污水进行絮凝沉淀，澄清很有效。如生产粮食酒精废水、造纸废水、城市污水处理厂的废水、啤酒废水、纺织印染废水等，用阳离子聚丙烯酰胺要比用阴离子、非离子聚丙烯酰胺或无机盐类效果要高数倍或数十倍，因为这类废水普遍带阴电荷。

③用于以江河水作水源的自来水的处理絮凝剂，用量少，效果好，成本低，特别是和无机絮凝剂复合使用效果更好，它将成为治理长江、黄河及其他流域的自来水厂的高效絮凝剂。

聚丙烯酰胺可以应用于各种污水处理，针对生活污水处理使用聚丙烯酰胺一般分为两个过程，一是高分子电解质与粒子表面的电荷中和；二是高分子电解质的长链与粒子架桥形成絮团。絮凝的主要目的是通过加入聚丙烯酰胺使污泥中细小的悬浮颗粒和胶体微粒聚结成较粗大的絮团。随着絮团增大，沉降速度逐渐增加。

(6) 聚合氯化铝(PAC)

聚合氯化铝颜色呈黄色或淡黄色、深褐色、深灰色，树脂状固体。有较强的架桥吸附性能，在水解过程中，伴随发生凝聚、吸附和沉淀等物理化学过程。聚合氯化铝与传统无机混凝剂的根本区别在于传统无机混凝剂为低分子结晶盐，而聚合氯化铝的结构由形态多变的多元羧基络合物组成，絮凝沉淀速度快，适用 pH 范围宽，对管道设备无腐蚀性，净水效果明显，能有效去除水中色度、悬浮物(SS)、化学需氧量(COD)、生化需氧量(BOD)及砷、汞等重金属离子，广泛用于饮用水、工业用水和污水处理领域如下：

①净水处理：生活用水、工业用水。
②城市污水处理。
③工业废水、污水、污泥的处理及污水中某些杂质回收等。

④对某些处理难度大的工业污水，以聚合氯化铝为母体，掺入其他药剂，调配成复合聚合氯化铝，处理污水能得到良好的效果。

(三) 氧化还原

1. 臭氧消毒

臭氧由三个氧原子组成，在常温下为无色气体，有腥臭。臭氧极不稳定，分解时产生初生态氧。

臭氧 $O_3 = O_2 + [O]$，$[O]$ 具有极强氧化能力，是氟以外的最活泼氧化剂，对具有较强抵抗能力的微生物如病毒、芽孢等都具有强大的杀伤力。$[O]$ 除具有强大杀伤力外，还具有很强的渗入细胞壁的能力，从而破坏细菌有机体结构导致细菌死亡。臭氧不能贮存，需现场边生产边使用。

臭氧在污水处理过程中除可以杀菌消毒外，还可以除色。

臭氧是一种强氧化剂，它能把有机物大分子分解成小分子，把难溶解物分解为可溶物，把难降解物质转化为可降解物质，把有害物质分解为无害物，从而达到污水净化的作用。污水处理中臭氧的特点如下：

(1) 臭氧是优良的氧化剂，可以彻底分解污水中的有机物。

(2) 可以杀灭包括抗氯性强的病毒和芽孢在内的所有病原微生物。

(3) 在污水处理过程中，受污水 pH、温度等条件的影响较小。

(4) 臭氧分解后变成氧气，增加水中的溶解氧，改善水质。

(5) 臭氧可以把难降解的有机物大分子分解成小分子有机物，提高污水的可生化性。

(6) 臭氧在污水中会全部分解，不会因残留造成二次污染。

2. 紫外线消毒

紫外线具有杀菌消毒作用。其消毒优点如下：

(1) 消毒速度快，效率高。
(2) 不影响水的物理性质和化学成分，不增加水的臭和味。
(3) 操作简单，便于管理，易于实现自动化。

紫外线消毒的缺点是：不能解决消毒后在管网中再污染问题，电耗较大，水中悬浮物杂质妨碍光线透射等。

3. 氯消毒

氯是一种黄绿色气体，在标准状态下，氯的密度约为空气密度的 2.5 倍，有特殊的强烈的刺鼻臭味，在常温常压下是气体，加压到 5~7 个大气压时就会变成液体。氯气极易溶于水。氯对人的呼吸器官有刺激性，浓度大时，起初引起流泪，每升空气中含有 0.25mg 浓度的氯气时，在其间停留 30min 即可致死，超过 2.5mg/L 浓度时，能短时间致死。氯气中毒能引起气管炎症，直至引起肺脏气肿、充血、出血和水肿，为防止氯气泄漏和中毒，需注意有关安全事项和操作规程。

氯消毒的目的是使致病的微生物失去活性，一般利用氯气或次氯酸。在再生水输向用户时要加入一定量的氯，以保证在运输过程中水不会被微生物污染，到达用户家中的余氯符合相关标准。

(四) 气 提

气提即气提法，是指通过让废水与水蒸气直接接触，使废水中的挥发性有毒有害物质按一定比例扩散到气相中去，从而达到从废水中分离污染物的目的。

气提的基本原理：将空气或水蒸气等载气通入水中，使载气与废水充分接触，导致废水中的溶解性气体和某些挥发性物质向气相转移，从而达到脱除水中污染物的目的。根据相平衡原理，一定温度下的液体混合物中，每一组分都有一个平衡分压，当与之液相接触的气相中该组分的平衡分压趋于零时，气相平衡分压远远小于液相平衡分压，则组分将由液相转入气相。

(五) 离子交换

离子交换是指借助于固体离子交换剂中的离子与稀溶液中的离子进行交换，以达到提取或去除溶液中某些离子的目的，是一种属于传质分离过程的单元操作。离子交换是可逆的等当量交换反应。

离子交换主要用于水处理(软化和纯化)；溶液(如糖液)的精制和脱色；从矿物浸出液中提取铀和稀有金属；从发酵液中提取抗生素以及从工业废水中回收贵金属等。

离子交换在水处理的应用如下：

连续电除盐技术(EDI)是一种将离子交换技术、离子交换膜技术和离子电迁移技术(电渗析技术)相结合的纯水制造技术。该技术利用离子交换能深度脱盐来克服电渗析极化而脱盐不彻底，又利用电渗析极化而使水发生电离产生 H^+ 和 OH^- 实现树脂再生，来克服树脂失效后通过化学药剂再生的缺陷。EDI 装置包括阴/阳离子交换膜、离子交换树脂、直流电源等设备。

EDI 装置属于精处理水系统，一般多与反渗透(RO)配合使用，组成预处理、反渗透、EDI 装置的超纯水处理系统，取代了传统水处理工艺的混合离子交换设备。EDI 装置进水电阻率要求为 0.025~0.5MΩ·cm，反渗透装置完全可以满足要求。EDI 装置可生产电阻率 15MΩ·cm 以上的超纯水，具有连续产水、水质高、易控制、占地少、不需酸碱、环保等优点，具有广泛的应用前景。

第三节 水微生物学

一、概 述

(一) 微生物的分类和特点

1. 分 类

根据一般概念，水中的微生物分成两类，即非细胞形态的微生物和细胞形态的微生物。非细胞形态的微生物主要指病毒包括噬菌体。细胞形态的微生物主要有原核生物和真核生物。原核生物主要包括细菌、放线菌和蓝藻。真核生物主要包括藻类、真菌(酵母菌和霉菌)、原生生物(肉足虫、鞭毛虫、纤毛类)和后生动物。

上述微生物中，大部分是单细胞的，其中藻类在生物学中属于植物学的范围，原生动物及后生动物属于无脊椎动物范围。严格地说，其中个体较大者，不属于微生物学范围。此外，还需注意一种用光学显微镜看不见的生物，例如病毒，一般显微镜无法分辨小于 0.2μm 的物体，而病毒个体一般小于 0.2μm，可称为超显微镜微生物。

2. 特 点

微生物除具有个体非常微小的特点外，还具有下列几个特点：一是种类繁多。由于微生物种类繁多，因而对于营养物的要求也不相同。它们可以分别利用自然界中的各种有机物和无机物作为营养，使各种有机物合成分解成无机物，或使各种无机物合成复杂的碳水化合物、蛋白质等有机物。所以，微生物在自然界的物质过程中起着重要作用。二是分布广。微生物个体小而轻，可随着灰尘四处飞扬，因而广泛分布于土壤、空气和水体等自然环境中。因土壤中含有丰富的微生物所需的营养物质，所以土壤中微生物的种类或数量特别多。三是繁殖快。大多数微生物在几十分钟内可繁殖一代，即由一个分裂为两个，如果条件适宜，经过 10h 就可繁殖为数亿个。四是容易发生变异。这一特点使微生物较能适应外界环境条件的变化。

微生物的生理特性以及上述的四个特点，是废水生物处理法的依据，废水和微生物在处理构筑物中接触时，能作为养料的物质(大部分的有机化合物和某些含硫、磷、氮等的无机化合物），即被微生物利用、转化，从而使废水的水质得到改善。当然，在废水排入水体之前，还必须除去其中的微生物，因为微生物本身也是一种有机杂质。

在各类微生物中，细菌与水处理的关系最密切。细菌是微小的、单细胞的、没有真正细胞核的原核生物，其大小一般只有几微米大。一滴水里，可以包含好几万个细菌。所以要观察细菌的形态，必须要使用显微镜。但由于细菌本身是无色透明的，即使放在显微镜下看，还是比较模糊的，为了清楚地观察到细菌，目前已使用了各种细菌的染色法，把细菌染成红的、紫色或者其他颜色，这样在显微镜下，细菌的轮廓就很清楚了。细菌的外形和结构如下：

1) 细菌的外形

细菌从外观、形状来看，可分为球菌、杆菌和螺旋菌三大类。

球菌按照排列的形式，又可分为单球菌、链球菌。细菌分裂后各自分散独立存在的，称单球菌；细菌分裂后成串的，称链球菌。产甲烷八叠球菌等都是球状细菌。球菌直径一般为 0.5~2μm。

杆菌一般长 1~5μm，宽 0.5~1μm。布氏产甲烷杆菌、大肠杆菌、硫杆菌等都属于这一类细菌。

螺旋菌的宽度常在 0.5~5μm，长度各异。常见的有霍乱弧菌、纤维狐菌等。

各类细菌在其初生时期或适宜的生活条件下，呈现它的典型形态，这些形态特征是鉴定菌种的依据之一。

2) 细菌的结构

细菌的内部结构相当复杂。一般来说，细菌的构造分为基本结构和特殊结构两种。特殊结构只为一部分细菌所具有。

细菌的基本结构包括细胞壁和原生质体两部分。原生质体位于细胞壁内，包括细胞膜、细胞质、核质和内含物。细胞壁是细菌分类中最重要的依据之一。根据革兰氏染色法，可将细菌分为两大类，革兰氏阳性菌和革兰氏阴性菌。革兰氏阳性菌的细胞壁较厚，为单层，其组分比较均匀，主要由肽聚糖组成。革兰氏阴性菌的细胞壁分为两层。

(1) 细胞壁：细胞壁是包围在细菌细胞最外面的一层富有弹性的结构，是细胞中很重要的结构单元，在细胞生命活动中的作用主要有：保持细胞具有一定的外观形状；可作为鞭毛的支点，实现鞭毛的运动；与细菌的抗原特性、致病性有关。

(2) 细胞膜：细胞膜是一层紧贴着细胞壁而包围着细胞质的薄膜，其化学组成主要是脂类、蛋白质和糖类。这种膜具有选择性吸收的半渗透性，膜上具有与物质渗透、吸收、转送和代谢等有关的许多蛋白酶或酶类。

细胞膜的主要功能有：一是控制细胞内外物质的运送和交换；二是维持细胞内正常渗透压；三是合成细胞壁组分和荚膜的场所；四是进行氧化、磷酸化或光合磷酸化的产能基地；五是许多代谢酶和运输酶以及电子呼吸链主组分的所在地；六是鞭毛着生和生长点。

(3) 细胞质：细胞质是一种无色透明而黏稠的胶体，其主要成分是水、蛋白质、核酸和脂类等。根据染色特点，可以通过观察染色均匀与否来判断细菌处于幼龄还是衰老阶段。

(4) 核质：一般的细菌仅具有分散而不固定形态的核质。核或核质内几乎集中有全部与遗传变异有密切相关的某些核酸，所以常称核是决定生物遗传性的主要部分。

(5) 内含物：内含物是细菌新陈代谢的产物，或是贮存的营养物质。内含物的种类和量随着细菌种类和培养条件的不同而不同，往往在某些物质过剩时，细菌就将其转化成贮存物质，当营养缺乏时，它们又被分解利用。常见的内含物颗粒有异染颗粒、硫粒等。例如，在生物除磷过程中，不动杆菌在好氧条件下利用有机物分解产生的大量能源，可过度摄取周边溶液中磷酸盐并转化成多聚偏磷酸盐，以异染颗粒的方式贮存于细胞内。许多硫磺细菌都能在细胞内大量积累硫粒，如活性污泥中常见的贝氏硫细菌和发硫细菌都能在细胞内贮存硫粒。

(6) 细菌的特殊结构：荚膜、芽孢和鞭毛。

① 荚膜：在细胞壁的外边常围绕着一层黏液，厚薄不一。比较薄时称为黏液层，相当厚时，便称为荚膜。当荚膜物质相融合成一团块，内含许多细菌时，称为菌胶团。并不是所有的细菌都能形成菌胶团。凡是能形成菌胶团的细菌，则称为菌胶团细菌。不同的细菌形成不同形状的菌胶团。菌胶团细菌包藏在胶体物质内，一方面对动物的吞噬起保护作用，同时也增强了它随不良环境的抵抗能力。菌胶团是活性污泥中细菌的主要存在形式，有较强的吸附和氧化有机物的能力，在废水生物处理中具有较为重要的作用。一般来说，处理生活污水的活性污泥，其性能的好坏，主要可依据所含菌胶团多少、大小及结构的紧密程度来定。

② 芽孢：在部分杆菌和极少数球菌的菌体内能形成圆形或椭圆形的结构，称为芽孢。一般认为芽孢是某些细菌菌体发育过程中的一个阶段，在一定的环境条件下由于细胞核和核质的浓缩凝聚所形成的一种特殊结构。一旦遇上合适的条件可发育成新的营养

体。因此，芽孢是抵抗恶劣环境的一个休眠体。处理的有毒废水都有芽孢杆菌生长。

③ 鞭毛：是由细胞质而来的，起源于细胞质的最外层即细胞膜，穿过细胞壁伸出细菌体外。鞭毛也不是一切细菌所共有，一般的球菌都无鞭毛，大部分杆菌和所有的螺旋菌都有鞭毛。有鞭毛的细菌能真正运动，无鞭毛的细菌在液体中只能呈分子运动。

(二) 微生物的生理特性

微生物的生理特性，主要从营养、呼吸、其他环境因素三方面来分析。微生物的营养是指吸收生长所需的各类物质并进行代谢生长的过程。营养是代谢的基础，代谢是生命活动的表现。

(1) 微生物细胞的化学组分及生理功能：微生物细胞中最重要的组分是水，约占细胞总重量的85%，一般为70%~90%，其他10%~20%为干物质。干物质中有机物占90%左右，其主要代表元素是碳、氢、氧、氮、磷，另外约10%为无机盐分(或称灰分)。水分是最重要的组分之一，它的生理作用主要有溶剂作用、参与生化反应、运输物质的载体、维持和调节一定的温度等。无机盐，主要指细胞内存在的一些金属离子盐类。无机盐类在细胞中的主要作用是构成细胞的组成成分，酶的激活剂，维持适宜的渗透压，自氧型细胞的能源。

(2) 碳源：凡是能提供细胞成分或代谢产物中碳素来源的各种营养物质称之为碳源。它分有机碳源和无机碳源两种，前者包括各种糖类、蛋白质、脂肪酸等，后者主要指 CO_2。碳源的作用是提供细胞骨架和代谢物质中碳素的来源以及生命活动所需的能量。碳源的不同是划分微生物营养类型的依据。

(3) 氮源：凡是能提供细胞组分中氮素来源的各种物质称为氮源。氮源也可分为两类：有机氮源(如蛋白质、氨基酸)和无机氮源。氮源的作用是提供细胞新陈代谢所需的氮素合成材料。极端情况下(如饥饿状态)，氮素也可为细胞提供生命所需的能量。这是氮源与碳源的不同。

(三) 微生物的营养类型

微生物种类不同，它们所需的营养材料也不一样。根据碳源不同，微生物可分为自氧型和异养型两大类。有的微生物营养简单，能在完全含无机物的环境中生长繁殖，这类微生物属于自氧型。它们以二氧化碳或碳酸盐为碳素养料的来源(碳源)，铵盐或者硝酸盐作为氮素养料的来源(氮源)，用来合成自身成分，它们生命活动所需的能源则来自无机物或者阳光。有的微生物需要有机物才能生长，这类微生物属于异养型。它们主要以有机碳化物，如碳水化合物、有机酸等作为碳素养料的来源，并利用这类物质分解过程中所产生的能量作为进行生命活动所必需的能源。微生物的氮素养料则是无机的或有机氮化物。在自然界，绝大多数微生物都属于异养型。

根据生活所需能量来源不同，微生物又分为光能营养和化能营养两类。结合碳源的不同，则有光能自氧、化能自氧、化能异氧和光能异氧四类营养类型。

在应用微生物进行水处理过程中，应充分注意微生物的营养类型和营养需求，通过控制运行条件，尽可能地提供微生物所需的各类营养物质，最大限度地培养微生物的种类和数量，以实现最佳的工艺处理效果。如水处理中要注意进水中BOD：N：P比例。好氧生物处理中对BOD：N：P的比例要求一般为100：5：1。

(四) 微生物的新陈代谢

微生物要维持生存，就必须进行新陈代谢。即指微生物必须不断地从外界环境摄取其生长与繁殖所必需的营养物质，同时，又不断地将自身产生的代谢产物排泄到外部环境中的过程。微生物的新陈代谢主要是通过呼吸作用来完成的。

根据与氧气的关系，微生物的呼吸作用分为好氧呼吸和厌氧呼吸两大类。由于呼吸类型的不同，微生物也就分为好氧型(需氧型或好气型)、厌氧型(厌气型)和兼性(兼气)型三类。好氧微生物生长时需要氧气，没有氧气就无法生存。它们在有氧的条件下，可以将有机物分解成二氧化碳和水，这个物质分解的过程称为好氧分解。厌氧微生物只有在没有氧气的环境中才能生长，甚至有了氧气还对其有毒害作用。它们在无氧条件下，可以将复杂的有机物分解成较简单的有机物和二氧化碳等，这个过程称为厌氧分解。兼性微生物既可在有氧环境中生活，也可在无氧环境中生长。在自然界中，大部分微生物属于这一类。

微生物新陈代谢的代谢产物有以下几种：气体状态，如二氧化碳、氢、甲烷、硫化氢、氨及一些挥发酸；有机代谢产物，如糖类、有机酸；分解产物，如氨基酸等；其他还有亚硝酸盐、硝酸盐等。

(五) 微生物的生长繁殖

微生物在适宜的环境条件下，不断地吸收营养物质，并按照自己的代谢方式进行代谢活动，如果同化作用大于异化作用，则细胞质的量不断增加，体积得以加大，于是表现为生长。简单地说，生长就是有机体的细胞组分与结构在量方面的增加。

单细胞微生物如细菌，生长往往伴随着细胞数目的增加。当细胞增长到一定程度时,就以二分裂方式,形成两个基本相似的子细胞,子细胞又重复以上过程。在单细胞微生物中,由于细胞分裂而引起的个体数目的增加,称为繁殖。在一般情况下,当环境条件适合,生长与繁殖始终是交替进行的。从生长到繁殖是一个由质变到量变的过程,这个过程就是发育。

微生物生长最重要的因素是温度和pH。根据最适宜生长温度的不同,微生物可分为低温、中温和高温三大类。一般来说,微生物在pH为中性(6~8)的条件下生长最好。微生物处于一定的物理、化学条件下,生长发育正常,繁殖速率也高;如果某一或某些环境条件发生改变,并超出了生物可以适应的范围时,就会对机体产生抑制乃至杀灭作用。

(六)影响微生物生长的环境因素

微生物的生长除了需要营养物质外,还需要适宜的生活条件,如温度、酸碱度、无毒环境等。

温度对微生物影响较大。大多数微生物生长的适宜温度在20~40℃,但有的微生物喜欢高温,适宜的繁殖温度是50~60℃,污泥的高温厌氧处理就是利用这一类微生物来完成的。按照温度不同,可将微生物(主要是细菌)分为低温性、中温性和高温性三类,见表3-3。

表3-3 水处理中不同微生物的适用工艺

类别	适宜生长温度/℃	适宜工艺
低温性微生物	10~20	水处理工艺
中温性微生物	20~40	污泥中温厌氧消化
高温性微生物	50~60	污泥好氧堆肥 污泥高温厌氧消化

对于微生物来说,只要加热超过微生物致死的最高温度,微生物就会死亡。因为,在高温下,构成微生物细胞的主要成分和推动细胞进行新陈代谢作用的生物催化剂,都是由蛋白质构成的,蛋白质受到高温,其机体会发生凝固,导致微生物死亡。

各类微生物都有适合自己的酸碱度。在酸性太强或碱性太强的环境中,一般不能生存。大多数微生物适宜繁殖的pH为6~8。

各类微生物生活时要求的氧化还原电位条件不同。氧化还原条件的高低可用氧化还原电位E表示。一般好氧微生物要求E在$+0.3\sim+0.4V$左右;而E值在$+0.1V$以上均可生长;厌氧微生物则需要E值在$+0.1V$以下才能生活。对于兼性微生物,E值在$+0.1V$以上,进行好氧呼吸;E值在$+0.1V$以下,进行无氧呼吸。在实际生产中,对于好氧分解系统,如活性污泥系统,E值常在$200\sim600mV$。对于厌氧分解处理构筑物,如污泥消化池,E值应保持在$-200\sim-100mV$的范围内。

除光合细菌外,一般微生物都不喜欢光。许多微生物在日光直接照射下容易死亡,特别是病原微生物。日光中具有杀菌作用的主要是紫外线。

二、水处理微生物

自然界中许多微生物具有氧化分解有机物的能力。这种利用微生物处理废水的方法称为生物处理法。由于在水处理过程中微生物对氧气要求不同,水的生物处理可分为好氧生物处理和厌氧生物处理两类。生物处理单元基本分为附着生长型和悬浮生长型两类。在好氧生物处理中,附着生长型所用反应器可以生物滤池为代表;而悬浮生长型则可以活性污泥法中的曝气池为代表。

(一)用于好氧处理的微生物

活性污泥中的微生物主要有假单胞菌、无色杆菌、黄杆菌、硝化菌等,此外还有钟虫、盖纤虫、累枝虫、草履虫等原生生物以及轮虫等后生生物。

生物滤池中的细菌主要有无色杆菌、硝化菌。原生动物中常见有钟虫、盖纤虫、累枝虫、草履虫等原生动物。此外,还有一些轮虫、蠕虫、昆虫的幼虫等。

(二)用于厌氧处理的微生物

厌氧生物处理是在无氧条件下,借助厌氧微生物(包括兼性微生物),主要是靠厌氧菌(包括兼性菌)作用来进行的。起作用的细菌主要有两类,发酵菌和产甲烷菌。

发酵菌,是有兼性的,也有厌氧的,在自然界中数量较多,而产甲烷菌则是严格的厌氧菌,且专业性强,其对温度和酸碱度的反应都相当敏感。温度变化或环境中的pH稍超过适宜的范围时,就会在较大程度上影响到有机物的分解。

一般的产甲烷菌都是中温的,最适宜的温度在25~40℃,高温性产甲烷菌的适宜温度则在50~60℃。产甲烷菌生长最适宜的pH范围约为6.8~7.2,如pH低于6或高于8,细菌的生长繁殖将受到极大影响。

产甲烷细菌有多种形态,有球形、杆形、螺旋形和八叠球形。《伯杰氏系统细菌学手册》第九版,将近年来的产甲烷菌的研究成果进行进行总结,建立以系统发育为主的甲烷菌最新分类系统,产甲烷菌可分为5个大目,分别为甲烷杆菌目、甲烷球菌目、甲烷微菌目、甲烷八叠球菌目、甲烷火菌目。上述5个目的产甲烷菌可继续分为10个科与31个属。

目前，在厌氧消化反应器中，研究应用较多的是甲烷菌中的甲烷鬃毛菌属（*Methanosaeta*）和甲烷八叠球菌（*Methanosarcina*）这两种菌属。在工业应用中，*Methanosaeta*在高进液量、快流动性的反应器（如UASB）中适用广泛，而*Methanosarcina*对于液体流动性比较敏感，主要用于固定和搅动的罐反应器。

此外，温度不同，甲烷菌属也不同。在高温厌氧消化器中就多见甲烷微菌目和甲烷杆菌目的甲烷菌。

（三）用于厌氧氨氧化的细菌

在缺氧条件下，以亚硝酸氮为电子受体，将氨氮为电子供体，将亚硝酸氮和氨氮同时转化为氮气的过程，称为厌氧氨氧化。执行厌氧氨氧化的细菌成为厌氧氨氧化菌。目前已发现的厌氧氨氧化菌均属于浮霉状菌目。

厌氧氨氧化菌形态多样，呈球形、卵形等，直径$0.8\sim1.1\mu m$。厌氧氨氧化菌是革兰氏阴性菌，细胞外无荚膜，细胞壁表面有火山口状结构，少数有菌毛。

厌氧氨氧化菌为化能自养型细菌，以二氧化碳作为唯一碳源，通过将亚硝酸氧化成硝酸来获得能量，并通过乙酰辅酶A（乙酰-CoA）途径同化二氧化碳。虽然有的厌氧氨氧化菌能够转化丙酸、乙酸等有机物质，但它们不能将其用作碳源。

厌氧氨氧化菌对氧敏感，只能在氧分压低于5%氧饱和的条件下生存，一旦氧分压超过18%氧饱和，其活性即受抑制，但该抑制是可逆的。

厌氧氨氧化菌的最佳生长pH为$6.7\sim8.3$，最佳生长温度为$20\sim43℃$。厌氧氨氧化菌对氨和亚硝酸的亲和力常数都低于$1\times10^{-4}g/(N\cdot L)$。基质浓度过高会抑制厌氧氨氧化菌活性，见表3-4。

表3-4 基质对厌氧氨氧化菌的抑制浓度

基质	抑制浓度/(mmol/L)	半抑制浓度/(mmol/L)
NH_4^+-N	70	55
NO_2^--N	7	25

注：半抑制浓度代表抑制50%厌氧氨氧化活性的基质浓度。

由于厌氧氨氧化同时需要氨和亚硝酸2种基质，在实验室反应器中或在污水处理厂构筑物中，当溶解氧浓度较低时，厌氧氨氧化菌可与好氧氨氧化菌共同存在，互惠互利。好氧氨氧化菌产生的亚硝酸用作厌氧氨氧化菌的基质，而厌氧氨氧化菌消耗亚硝酸，则可解除亚硝酸对好氧氨氧化菌的抑制。

厌氧氨氧化菌是一种难培养的微生物，生长缓慢。据科学家研究表明，在$30\sim40℃$下，其倍增时间为$10\sim14d$。如果对培养条件优化，可以缩短培养时间。但由于至今未能成功分离到纯的菌株，在某种方面制约了其应用。

（四）用于堆肥的微生物

堆肥本质上是在微生物的作用下，将废弃的有机物中的有机质，分解并转化，合成腐殖质的过程。

按照堆肥过程中的需氧程度可分为好氧堆肥和厌氧堆肥。在堆肥的不同时期，微生物种类和数量不同。

好氧堆肥的过程如图3-6所示。

图3-6 好氧堆肥过程

1. 好氧堆肥微生物

好氧堆肥中，参与有机物生化降解的微生物包括两类：嗜温菌和嗜热菌。嗜温菌的适宜温度范围为$25\sim40℃$，嗜热菌的适宜温度单位为$40\sim50℃$。好氧堆肥按照温度变化，主要分为三个阶段：升温、高温和腐熟阶段。各阶段的微生物见表3-5。

表3-5 堆肥常见的微生物

堆肥阶段	优势微生物	种类
升温期	假单胞菌	细菌
	芽孢杆菌	
	酵母菌	真菌
	丝状真菌	
高温期	芽孢杆菌	细菌
	卡诺菌	
	链霉素	放线菌
	单孢子菌	
降温期	担子菌	真菌
	子囊菌	
	芽孢杆菌	细菌
	假单胞菌	

堆肥初期，堆层呈中温，故称中温阶段。此时，嗜温性微生物活跃，主要增殖的微生物为细菌、真菌和放线菌。堆层温度上升到45℃以上，进入高温阶段，此时，嗜温性微物受到抑制，甚至死亡，而嗜热性微生物逐渐替代嗜温性微生物的活动。在50℃左右活动的主要是嗜热性真菌和放线菌；60℃时，仅有

嗜热性放线菌与细菌活动；70℃以上，微生物大量死亡进入休眠状态，进入降温阶段。主要是在内源呼吸期，微生物活性下降，发热量减少，温度下降，嗜温性微生物再占优势，使残留难降解的有机物进一步分解，腐殖质不断增多且趋于稳定，堆肥进入腐熟阶段。

堆肥方式不同，堆肥中的优势微生物种类也不同，见表3-6。

表3-6 不同堆肥方式中的菌落情况

堆肥方式	初期优势菌	中期优势菌	后期优势菌
条垛式	蛭弧菌、梭菌细菌、芽孢杆菌属	β-变形菌、硝化细菌、梭状芽孢杆菌	β-变形菌、梭状芽孢杆菌、类芽孢杆菌
槽式	海洋底泥食冷菌、腐食螺旋体属、丝孢菌属	类链球菌、柱顶孢霉	类链球菌

由于微生物在堆肥过程中的角色非常重要，所以，在工程实践中，也有添加微生物菌剂的实例。通过添加微生物菌剂，提高优势菌群数量，提升有机质降解率，缩短熟化周期，提升系统效率。

2. 厌氧堆肥微生物

厌氧堆肥中有复杂有机物降解的步骤包括水解、酸化、产乙酸和产甲烷四个步骤，参与反应的微生物有水解菌、酸化菌、产乙酸菌、氢甲烷菌和乙酸甲烷菌等几个主要类群。

据研究，在厌氧堆肥中，厌氧菌将污泥中的氮转化成植物可吸收的氨氮，所以可以用厌氧堆肥过程中污泥中氨氮的变化来衡量厌氧堆肥的效果。如图3-7所示。

图3-7 厌氧堆肥中不同堆肥时间污泥中氨氮的变化

此外，实验表明，污泥厌氧堆肥的最佳温度为55℃，污泥含水率为80%左右，堆肥时间在6d左右。

三、活性污泥微生物

(一) 活性污泥法中有机物的去除

流入曝气池的有机物主要由好氧细菌和兼氧细菌分解去除。分解去除的机制是细菌类通过利用分子态溶解氧呼吸，将一部分有机物氧化分解为无机的二氧化碳和水，其余大部分有机物用于合成细胞。呼吸获得的大量能量被细菌类生命活动及细胞合成所消耗。

流入曝气池的有机物、细菌和溶解氧的量处于良好的平衡状态时，有机物几乎被分解去除。平衡状态恶化，流入的有机物量比细菌所需要的多时，即使有足够的溶解氧存在，有机物也来不及分解去除，随处理水流出。此时细菌在不断增加，絮体没有絮凝性，因而在沉淀池中无法进行固液分离。若恶化继续，连细菌数量也变得难以维持。相反，有机物量比细菌所需要的少，单位数量细菌得到的能量少，细胞合成量减少。因此，曝气池的污泥停留时间延长，絮体失去絮凝性，成分散状态随处理水流出。即使有机物量比细菌所需要的少，若溶解氧量成了制约因素，溶解氧量少，分解速度慢，因而有机物量接近过多状态。

捕食游离细菌生活的是原生动物和微型后生动物等小动物。原生动物、微型动物不直接分解流入的有机物，而捕食活性污泥中的不凝性细菌，有些种类可起到提高处理水透明的作用。

(二) 细菌去除有机物的机理

好氧菌去除有机物的机理为：有机物先被吸附到细菌的表面，其中中、低分子的有机物直接被摄入到菌体内，而高分子有机物则由胞外酶将其小分子化后摄入到菌体内。摄入的一部分有机物利用分子态溶解氧，通过好氧呼吸分解成二氧化碳和水。有机物是碳水化合物时的反应式为式(3-21)：

$$C_xH_yO_z + (x + \frac{y}{4} - \frac{z}{2})O_2 \rightarrow xCO_2 + \frac{y}{2}H_2O - \Delta H$$
(3-21)

这个反应中产生的能量用作细菌类生命活动和细胞合成所需的能量。摄入菌体内后呼吸代谢未消耗的剩余有机物用于合成新细胞。其反应式为式(3-22)：

$$n(C_xH_yO_z) + nNH_3 + n(x + \frac{y}{4} - \frac{z}{2} - 5)O_2 \rightarrow$$
$$(C_5H_7NO_2)_n + n(x-5)CO_2 + (y-4)H_2O + \Delta H$$
(3-22)

式中：$C_5H_7NO_2$——好氧细菌类的定性式子。

式(3-21)、式(3-22)表示流入的有机物全部被分解去除。

增殖的细菌类若因老化，细胞内能量贮存物质不足，则被细胞内的各种水解酶自氧化。反应式为式(3-23)：

$$(C_5H_7NO_2)_n + 5nO_2 \rightarrow 5nCO_2 + 2nH_2O + nNH_3 - \Delta H$$
(3-23)

式(3-21)~式(3-23)是曝气池中通常发生的有机物去除机制。

(三)絮体状态与生物相的变迁

污水空曝(不投加生物,只通入空气)得到的生物种群的变迁,即摄取有机物增殖的细菌类随时间的变化,以及随有机物量与生物量之比(F/M)的改变,原生动物和微型动物出现的先后顺序是生物相诊断的基础。

污水空曝时,活性污泥中显示出现直接捕食流入基质的细菌类,之后出现原生动物捕食细菌类,形成微型后生动物捕食原生动物和细菌类的食物链。

(四)有机负荷状态的划分

活性污泥法是将流入的有机物通过曝气转换成生物(絮体),再分离成处理水和固体的技术。维持固液分离性能良好的絮体状态是运行管理的重要内容。最好通过观察絮体的状态就能判断曝气池的状况,但实际上相当困难。取而代之,将有机负荷状态分为5个群,通过观察不是细菌类原生动物和微型后生动物的变迁来判断絮体的指示生物。曝气池有机负荷状态分为以下5个群。

Ⅰ群:负荷非常高状态下出现的生物。

与有机物量相比,细菌量非常少,絮体处于不凝性状态。细菌类不断增殖,游离细菌多,因此,出现很多有利于捕食不凝性细菌的小型鞭毛虫类。

Ⅱ群:高负荷状态下出现的生物。

与Ⅰ群相比有机物的分解在进行,细菌量在增加,絮体正在不断形成,但处理水中还残留未分解有机物的状态。细菌类的增殖还很活跃,游离细菌多。因此,出现很多相对虫体胞口小,全身被纤毛覆盖的椭圆形活蚕豆形游泳型纤毛虫类。

Ⅲ群:负荷从高或低的状态趋向良好状态时出现的生物。

有机物进一步被氧化,处理水中已无未分解有机物。絮体的絮凝性良好,但周围还存在不凝性游离细菌,因而出现许多或在絮体周围游泳或钻入絮体内部捕食不凝性游离细菌的生物。这类生物相比虫体胞口占的比例比Ⅱ群大。

Ⅳ群:处理良好状态下出现的生物。

细菌量、有机物量和溶解氧三者处于良好的平衡状态,絮凝性好,粒径又大的絮体多起来。絮体的絮凝性变好,粒径变大就出现许多固定在絮体上,靠搅动水流捕食水中细菌类的缘毛目(钟虫属)以及前端有圆形黏性吸管,捕捉游泳小虫、吮吸虫体原生质的吸管虫目生物。

Ⅴ群:负荷低或污泥停留时间长状态下出现的生物。

相对细菌类,有机物量一直处于缺少的状态。絮体多种多样,有的呈团块状,有的分散带有解体气味,也有的仍处于良好状态。因为污泥停留时间长,出现许多接近1000μm(1mm)左右的大型游泳型生物、微型生物、身体周围有硬壳的变形虫以及有粗鞭毛、轮廓清晰的植物性鞭毛虫类等。

归纳将活性污泥法中无法依据有机负荷情况判断异常的生物相分为4类。

A类:溶解氧不足状态下出现的生物。
B类:存在死水区状态下出现的生物。
C类:引起污泥膨胀的丝状细菌。
D类:引起泡沫的生物。

例如,负荷低,污泥停留时间长的情况下能观察到Ⅴ群生物。负荷降低,减少空气量运行,曝气池的活性污泥混合不均匀,池底会出现氧气不足,这时可同时观察到Ⅴ群的生物和溶解氧不足的生物,测定出现的指示生物数量后按群和组统计,最适应环境现状生物个体数最多。根据Ⅰ~Ⅴ群和4类生物数量的统计结果,就能掌握曝气池的大致状态。指示生物中也有运动少、识别困难的种类,因此,显微镜观察要反复多次。

曝气池状态的分组和指示生物是基于悬浮活性污泥法确定的,但污水和生活污水即使使用其他处理方式,曝气池状态与指示生物的相关性基本相同。在生物膜法中,微生物固定在载体上,若生物膜表面存在许多良好状态下出现的生物,说明处理效果良好,但往往也能观察到污泥停留时间长、存在死水区域、溶解氧不足等状态下出现的生物。但若生物膜表面存在许多良好状态下出现的生物,多数情况下处理是没有问题。在同一个池内进行固液分离和氧化处理的间歇式活性污泥法中,也往往能观察到絮体内溶解氧不足状态下出现的螺旋体和贝氏硫细菌,但处理状况用活性污泥法基本相同的指标也能诊断。活性污泥法以外的处理方式,结合处理方式的特点做些说明是必要的,但基本的指示生物仍可作为参考。工业废水处理时,由于进水的生物分解难易程度,氮、磷、微量金属等营养盐的平衡状态,与生活污水不同,出现的生物种类有差别,有些设施根据原生动物和微型后生动物进行生物相诊断会有困难。不过通过不断观察,往往也能掌握这些设施的生物相特点。

(五)生物相诊断的意义

生物相种类、数量、活性是污水处理效果的重要指标。生产运行中可依据生物相快速、准确判断生物处理系统的发展趋势,继而采取针对措施及时调整工艺,以保证污水处理系统时刻在合理、高效状态下运行。

微生物是包括细菌、病毒、真菌以及一些小型的原生生物、藻类等在内的一大类生物群体，它个体微小，与人类关系密切，涵盖了有益和有害的众多种类，广泛涉及食品、医药、工业、农业、环保、体育等诸多领域。

微生物相：即微生物种类，一般泥样中可能出现的微生物有轮虫、钟虫、楯纤虫、肾形虫、吸管虫、漫游虫、线虫、游仆虫、变形虫、游离细菌等；有时还有水蚤等大型动物。根据微生物相，可大致判断泥龄及生物处理系统处理程度；判断种类后，还应分辨和记录该种微生物所属的种类（比如，钟虫，包括小口钟虫等几种类别，记录时应记录是小口钟虫）。微生物形态、特点及相应指示意义见表3-7。

表3-7 微生物形态、特点及相应指示意义

名称	形态	形态特点	指示意义
\multicolumn{4}{c}{非活性污泥原生动物}			
鞭毛虫	（图）	具有1~8条或更多的鞭毛作为运动器官，以鞭毛游离端的圆圈状振动而运动	以游离细菌为食，适合在中污带和多污带生存，多出现在高负荷，污泥解体水质恶化之时
变形虫	（图）	体型不固定，高倍镜可见伪足和收缩泡，以其体型可变为主要特征，整体透明，移动速度慢	变形虫食性广，单细胞藻类、细菌、小型原生动物、真菌、有机碎片皆是其食物。在低负荷，污泥解体正在进行时大多能观察到
草履虫	（图）	体型较大呈圆筒型，后半中间最宽阔，前半部腹面有一凹下的口沟，中沟底部有一椭圆形的胞口，身体布满纤毛	主要以细菌为食，最适宜的生存环境是中污性和多污性。大量出现在几乎检测不到溶解氧的环境中，每当活性污泥净化程度较差时出现
肾形虫	（图）	身体呈肾形，右缘是个身体半圆形的弯曲，后端比较圆，饥饿时比较细，口位于身体中间偏前的左缘中部，口前庭成一个较浅的注窝，在口周围纤毛均匀	主要以细菌为食，最常出现在生化需氧量（BOD）负荷在0.5kg左右的高负荷状态下
尾丝虫	（图）	身体呈圆形，长度和宽度比例约为2:1，通常前半部分较后半部分窄；前端平截而常有少许下陷，后端宽阔较浑圆；外部表膜具有纵长的条纹，在后端有一根长长的尾毛	以细菌为主要食物，属于中污性种类，在活性污泥中经常出在高负荷低溶氧的状态下，一般处理水BOD负荷较高
表壳虫	（图）	壳的背腹面呈圆形，似表盖，侧面看则腹部肩平整个壳呈半圆形。壳通常呈褐色也有黄色，有指状伪足，从壳体伸出，数目不会超过5个或6个	以鞭毛虫和藻类为主要食物，寡污性水体是其最佳的生存环境，经常出现在活性污泥低BOD负荷、污泥龄过长的情况下，同时也是硝化反应出现的标志
漫游虫	（图）	身体细长的片状或柳叶刀状，最宽处位于中部，从中部向前后两端瘦削；颈部相当长，胞口在颈部的腹面；纤毛分布在身体单侧	是一种肉食性的毛虫，以鞭毛虫和其他小型纤毛虫为食，在自然界最适合是中污性和多污性水体，经常出现在活性污泥系统恢复期间

(续)

名称	形态	形态特点	指示意义
管叶虫		身体纵长，长度约为宽度的4倍，呈矛头状或形似针叶片，高度扁平，柔韧易变，经常做滑翔式的游泳，三分之一的前部突出地变细形成一"颈部"，后端少许稍窄而浑圆，纤毛分布全身，内质含有不少粒体	以细菌为主要食物，亦捕食小型原生动物，主要出在活性污泥处于最佳状态，是判活性污泥从坏转好或是转向恶化的要参考
裂口虫		体型偏扁呈烧瓶状，前端有一微向侧弯的长颈，胞口在颈部的腹缘，裂缝状，全身纤毛分布均匀，沿裂口状的胞口处有较长的纤毛	以固着型纤毛虫为食物的肉食性原动物，经常出现在水质BOD较低的时候，是判断水质是否良好的指示性物体
斜管虫		身体较透明，呈不规则的椭圆形，后半部分比前半部分要宽；背面或多或少凸出，胞口圆形位于腹面靠近前端，伸缩泡比较多，不规则的分别在身体周围	以藻类和细菌为食，环境适应能力较强，主要出现在活性污泥由恶化状态到恢复期间
吸管虫		有体、柄，其身体扁平，接近三角形或圆形，在前端形成吸管	属于肉食性原生动物，出现时BOD多半比较低或污泥趋向解体前后，亦是硝化作用出现的指示

活性污泥类原生动物			
名称	形态	形态特点	指示意义
钟虫		虫体形似倒吊钟形或椭圆形，靠尾柄部分收缩虫体，尾内有肌丝，无分支，单独固定在絮体上	以细菌为食，有时亦兼食单细胞藻类，大量出现在水质良好的时候，处理水BOD在15mg/L以下
累枝虫		呈半圆状的群体，尾柄中无肌丝，每个虫体收缩的时候，虫体的后部呈皱状，虫体收缩时由于尾柄上没有肌丝面不会收缩	以细菌为食，有时亦兼食单细胞藻类，大量出现在水质良好的时候，处理水BOD在16mg/L以下
独缩虫		具有分支尾柄相连的群体，尾柄中有互不相连的肌丝，即使一个细胞受到刺激，其他细胞也不收缩	以细菌为食，有时亦兼食单细胞藻类，大量出现在水质良好的时候，处理水BOD在17mg/L以下

(续)

名称	形态	形态特点	指示意义
盖纤虫		形成由分支尾柄相连的群体，尾柄中无肌丝，与累枝虫相同，不同的是胞口的小口圆盘从口围部开始斜向突出，尾柄细	以细菌为食，常出现在 0.2~0.4kg BOD/(kg MLSS·d)负荷，处理水质良好下出现
楯纤虫		呈卵圆形，腹面扁平，背面有隆起，表膜坚硬而无屈伸性。在虫体腹面布满刚毛，围绕絮体旋转，用腹面刚毛扒取絮体周边的细菌捕食	常出现在污泥状态良好至污泥解体期，对化学物质较为敏感，可作为有毒物质判断标准
游仆虫		呈扁平的长椭圆形或卵圆形，腹面平坦而背面隆起，有从前端开始达到体长 1/3 宽的口围部，虫体前后有多根刚毛，与楯纤虫一样，用前部刚毛掐碎絮体捕食	经常出现在 BOD 负荷较低的时候，在污泥停留时间长或解体已发生时大多能观察到
鳞壳虫		呈卵圆形，具有透明有规则的硅酸质鳞片或小板块构成的壳	经常出现在 BOD 负荷较低，溶解氧浓度高的状态下，污泥解体大量产生
轮虫		轮虫与单细胞原生动物不同，属于多细胞小动物，轮虫可依据这两个特有 3 根趾，吻状突起上有眼点来识别轮虫	是寡污带和污水处理效果较好指示生物，从有机负荷低，污泥解体开始之后才能观察到。故其大量出现时应注意污泥是否老化
线虫		像蚯蚓那样做拱曲运动，体呈细长周身不具纤毛	线虫有好氧与厌氧型，出现环境与负荷无关，曝气池中有大量污泥堆积时出现

注：图片引自《污水处理的生物相诊断》，(日)株式会社西原环境著，赵庆祥、长英夫译。

曝气池生物相诊断是根据出现的生物种类和数量来判断曝气池状态的一种技术。污水处理厂中存在的生物是通过雨水等各种途径混入下水道，最终汇集到污水处理厂的。微生物只有适应环境的种类才能生存，因此，混入进来的生物中适应曝气池环境的微生物种类才能繁殖，环境发生变化，能够生存的微生物也会变迁。若预先找到了增殖微生物(指示生物)种类与适应环境之间的基本规律，那么观察出现微生物的种类和数量(生物相)，就能判断曝气池的状态。

通常的水质分析数值在连续处理过程中只能表示取样点的状态。为取得有代表性的平均值可进行多点采样，但仍有局限性，例如假定有少量有毒物质混入了污水处理厂，除非毒物混入时间与取样时间重叠，否则难以掌握是否有毒物混入。而用生物相诊断只要曝气池的生物受到毒物影响，毒物混入后就能推测出来。生物相诊断即使出现的生物种类发生了变化，因为它的尸体和痕迹还在，过去的状态大致也能判断出来。同时，掌握初始增殖生物就能预测继续保持相同条件的未来。进行水质管理时，将日常检测项目、水质试验和活性污泥法试验的结果与生物相诊断结合起来判断十分重要。

第四节 工程识图

一、识图基本概念

(一) 投影概念

物体在光源的照射下会出现影子。投影的方法就是从这一自然现象中抽象出来，并随着科学技术的发展而发展起来的。在制图中，把光源称为投射中心，光线称为投射线，光线的射向称为投射方向，落影的平面(如地面、墙面等)称为投影面，影子的轮廓称为投影，用投影表示物体的形状和大小的方法称为投影法。

由一点放射的投影线所产生的投影称为中心投影，由相互平行的投影线所产生的投影称为平行投影。根据投影线与投影面的角度关系，平行投影又分为正投影和斜投影，如图3-8、图3-9所示。

(二) 正投影与三视图

1. 正投影原理

正投影属于平行投影的一种，如前所述，如有一束平行光线垂直照射在一个平面上，在光线和平面之间放置一个平行于平面的物体，那么这个物体必然在这个平面上留下一个与这个物体形状相同，大小相等的影子。在工程制图中把这束平行的光线称为投影线，把这个平面称为投影面，把这个物体称为投影体，而且这个影子就是该物体的正投影。将物体用平行投影法分别投到一个或多个互相垂直的投影面上，这样所得到的图形称为正投影图。

2. 正投影性质

一般的工程图纸都是按照正投影的原理绘制的，即假设投影线互相平行并垂直于投影面。正投影具有以下基本性质：

(1) 全等性：当空间直线或平面平行于投影面时，其投影反映直线的实长或平面的实形，这种投影性质称为全等性(图3-10)。

图3-8 中心投影

图3-9 平行投影

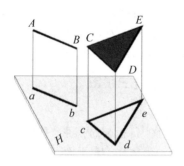

图 3-10　正投影的全等性

（2）积聚性：当直线或平面垂直于投影面时，其投影积聚为一点或一条直线，这种投影性质称为积聚性（图 3-11）。

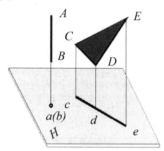

图 3-11　正投影的积聚性

（3）类似性：当空间直线或平面倾斜于投影面时，其投影仍为直线或与之类似的平面图形，其投影的长度变短或面积变小，这种投影性质称为类似性（图 3-12）。

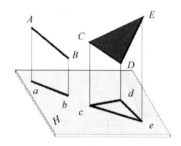

图 3-12　正投影的类似性

3. 三视图

由几何学可知，一个物体由长、宽、高三维的量构成，因此可用三个正投影面分别反映出物体含有长度的正立面（V）、含有宽度的水平面（H）、含有高度的侧立面（W）的三维不同外形表面，分别表示出物体形状，称为该物体三面投影。其正面投影称正视图、水平投影称俯视图、侧面投影称侧视图。而投影面之间交线称为投影轴。H 面与 V 面交线为 X 轴，H 与 W 面交线为 Y 轴，V 与 W 面交线为 Z 轴，X、Y、Z 三轴交于一点 O 称为原点。

该物体三面投影可完全表达出某工程构筑物可见部分的轮廓外部形状；并可根据各部位尺寸，按照一定比例画在图纸上，这就是工程图中的三视图，如图 3-13 所示。三视图特性见表 3-8。

图 3-13　正视图

表 3-8　三视图特性

名称	特征	三视图	简化视图
长方体	各表面是长方形且相邻各面互相垂直		
六棱柱	顶、底面是正六边形，六个棱面是长方形且与顶、底面垂直		
圆柱	两端面是圆，表面四周是柱面，且和两端面垂直		

(续)

(1) 正视图：由物体正前方向，反映物体表面形状的投影面，称为正面图或正视图。在此投影面上，能反映出物体长度、高度尺寸和形状。

(2) 俯视图：由物体上面俯视，反映出物体宽度表面形状的投影面，称为平面图或俯视图。在此投影图上，能反映出物体宽度与长度尺寸和形状。

(3) 侧视图：由物体侧面方向反映物体高度表面形状的投影面，称为侧面图或侧视图，在此投影图上，能反映出物体高度和宽度尺寸与形状。

(三) 轴测投影原理与方法

1. 轴测投影原理

正投影可以表达物体的长、宽、高的尺寸与形状，为此通常分别画出三个方向（立、平、侧）视图。而每一种视图又分别表示物体某一方向尺寸与表面形状，但整个物体形状与尺寸不能完整地表示出来。轴测投影和正投影一样，是物体对于一个平面采用平行投影法画出的立体图形，但可以直接表示出物体形状和长、宽、高三个方向的尺寸。因此其直观性强，缺点是量度性差，一般只用于指导少数特殊或新构筑物的施工。

2. 轴测投影方法

轴测图的关键是"轴"和"测"的两个问题。"轴"是用三个方向坐标反映物体放置的位置方向。"测"是在各方向坐标轴上，按照一定比例量测物体尺寸，反映出物体的尺寸状况。如果三测比例相同称为等测投影。其中二测比例相同称为二测投影。三测比例均不相同称为三测投影。一般轴测投影有两种表示方法，即正轴测投影和斜轴测投影。现分述如下：

1) 正轴测投影

正轴测投影或称为等角轴测投影，其原理是 X、Y、Z 三根坐标轴的轴间角相等，均为 $120°$。其轴向变形系数相等，均为 $1:1$，如图 3-14 所示。

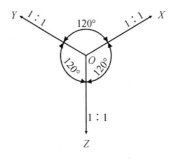

图 3-14 正轴测投影图

例如：物体的三视图如图 3-15 所示，用正轴测投影表示此物体，如图 3-16 所示。

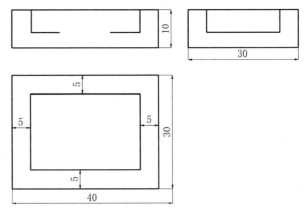

图 3-15 物体三视图（单位：mm）

2) 斜轴测投影

斜轴测投影原理是 X、Y、Z 三根坐标轴的轴间角不等，轴变形系数也不同。即其中有轴方向坐标尺寸，按其余两轴的 1/2、2/3 或 3/4 比例来反映实物尺寸。根据物体不同面平行于轴测投影面状况，可分为正面斜轴测投影和水平斜轴测投影两种，现分述如下：

(1) 正面斜轴测投影

物体的正立面平行于轴测投影面，其投影反映为实形，X、Z 轴平行于投影面均不变形为原长，其轴

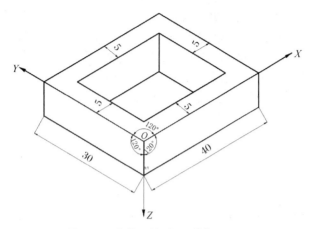

图 3-16 物体正轴测图(单位：mm)

间角为 90°，Y 轴斜线与水平线夹角为 30°、45° 或 60°，轴变形系数一般考虑定为 1/2，如图 3-17 所示。

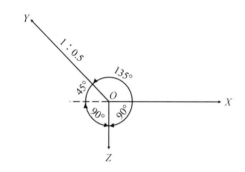

图 3-17 正面斜轴测投影图

例如：将图 3-15 对应的物体用正面斜轴测投影表示，如图 3-18 所示。

图 3-18 正面斜轴测图(单位：mm)

(2) 水平斜轴测投影

物体的水平面平行于轴测投影面，其投影反映实形，X、Y 轴平行轴测投影面均不变形为原长，其轴间角为 90°，与水平线夹角为 45°，Z 轴为垂直线，轴变形系数一般考虑定为 1/2，如图 3-19 所示。

若平面垂直于投影面，其投影成为直线。

依上所述，当给出投影条件在投影面上时，可以得出投影体与投影相互几何图形特性和变化。

例如：将图 3-15 对应的物体用水平斜轴测投影

图 3-19 水平斜轴测投影

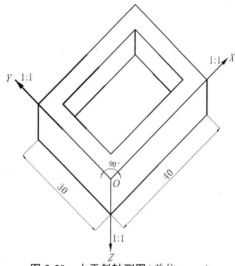

图 3-20 水平斜轴测图(单位：mm)

表示，如图 3-20 所示。

(四) 标高投影

1. 投影概念

在排水工程中，经常需要在一个投影面上给出地面起伏和曲面变化形状，即给出物体垂直与水平两个方向变化情况。这就需要用标高投影方法来解决。一般物体水平投影确定后，它的立面投影主要是提供投影物体的高度位置。如果投影物体各点高度已知后，将空间的点按正投影法投影到一个水平面上，并标出高度数值，使在一个投影面上表示出点的空间位置，即可确定物体形状与大小，此种方法称为标高投影。

如图 3-21 所示，若空间 A 点距水平面(H) 有 4 个单位，则 A 点在 H 面投影 a_4 按其水平基准面的尺寸

图 3-21 点标高投影

单位和绘图比例就可确定 A 点空间位置，即自 a_4 引水平基准面(H)垂直线按比例大小量取 4 个单位定出空间 A 点的高度。

2. 地面标高投影——等高线

物体相同高度点的水平投影所连成的线，称为等高线。一般采用一个水平投影面，用若干不同的等高线来显示地面起伏或曲面形状(图 3-22)。

图 3-22　地形图

地面标高投影特性如下：

(1)等高线是某一水平面与地面交线，因此它必是一条闭合曲线。

(2)每条等高线上高程相等。

(3)相邻等高线之间的高度差都相等。

(4)相邻等高线之间间隔疏远程度，反映着地表面或物体表面倾斜程度。

(五)剖面图

三视图可以清楚地表示出构造物可见部分的外形轮廓与尺寸。其构造物内部看不见的部分一般用虚线来表示；但是当物体内部比较复杂，在三视图上用大量虚线来表示，会使图形不清晰。因此采用切断开的办法，把物体内部需要的部分的构造状况暴露出来，使大多数虚线变成实线，采用这种方法绘出所需要物体某一部位切断面的视图称为剖视图。只表示出切断面的图形称为剖面图，简称剖面。所以剖面图是用来表示物体某一切开部分断面形状的。因此剖面与剖视的区别在于：剖面图只绘出切口断面的投影，而剖视图则即绘出切口断面又绘出物体其余有关部分结构轮廓的投影。现将剖视情况分述如下。

1. 按剖开物体方向分类

可分为纵剖面和横剖面，如图 3-23 所示。

2. 按剖视物体的方法分类

(1)全剖视：由一个剖切平面，把某物体全部剖开所绘出的剖视图。它能清楚地表示出物体内部构造。一般当物体外形比较简单，而内部构造比较复杂时，采用全剖视(图 3-24)。

图 3-23　物体纵剖面和横剖面图

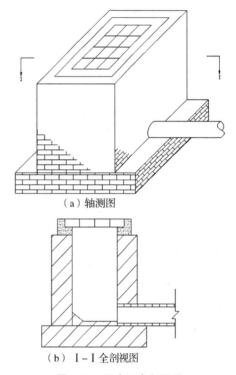

图 3-24　雨水口全剖面图

(2)半剖视：当物体有对称平面时，垂直于对称平面的投影面上的投影，可以由对称中心线为界，一半画出剖视图来表示物体内部构造情况，另一半画出物体原投影图，用以表示外部形状，这种剖面方法叫半剖视。如图 3-25 所示，有一混凝土基础，其三面图左右都对称，为了同时表示基础外形与内部构造情况，采用半剖视方法。

(3)局部剖视：如只表示物体局部的内部构造，不需全剖或半剖，但仍保存原物体外形视图，则采取局部剖视方法，称为局部剖视图。

(4)斜剖视：当物体形状与空间有倾斜度时，为了表示物体内部构造的真实形状，可采用斜剖视方法

图 3-25 半剖面

来表示。

(5)阶梯剖视:由两个或两个以上的相互平行的剖切平面进行剖切,用这种方法所绘出的图形叫阶梯剖视图。

(6)旋转剖视:用两个相交的剖切平面,剖切物体后,并把它们旋转到同一平面上,用这种剖视方法所得到的剖视图,称为旋转剖视图。

3. 按剖面图在视图上的位置分类

(1)移出剖面:剖面图绘在视图轮廓线外,称为移出剖面。

(2)重合剖面:剖面图直接绘在视图轮廓线内,称为重合剖面。

二、识图基本知识

(一)图纸尺寸、比例、方向

在工程图纸上除绘出物体图形外,还必须注明各部分的尺寸大小。我国统一规定,工程图一律采用法定计量单位。由于排水工程以及构筑物各部分实际尺寸很大,而图纸尺寸有限,这就必须把实际尺寸加以缩小若干倍数后,才能绘在图纸上并加以注明。而图纸比例尺寸大小,以图纸上所反映构造物的需要而定,一般情况下采用以下比例:

(1)排水系统总平面图比例为 1∶2000 或 1∶5000。

(2)排水管道平面图比例为 1∶500 或 1∶1000。

(3)排水管道纵断面图比例纵向为 1∶50 或 1∶100。

(4)排水管道横断面图比例横向为 1∶500 或 1∶1000。

(5)附属构筑物图比例为 1∶20~1∶100。

(6)结构大样比例为 1∶2~1∶20。

图纸上地形、地物、地貌的方向,以图纸指北针为准,一般为上北、下南、左西、右东。

(二)线 条

为了使图纸上地形地物主次清晰,应用各种粗、细、实、虚线条来加以区分。一般常用的线条又有下数种,见表 3-9。

表 3-9 常用的线条

线条类型	线型	符号
构筑物中心线	点细线	—·—·—·—
构筑物隐蔽轮廓线	虚粗线	▬ ▬ ▬ ▬
构筑物主要轮廓线	实粗线	————
地物地貌现状和标注尺寸线	最细线	————

(三)图 例

为了便于统一识别同一类型图纸所规定出统一的各种符号来表示图纸中反映的各种实际情况。

1. 地形图符号

在地形图中一般可分地物符号、地貌符号和注记符号三种。

1)地物符号

地面上铁路、道路、水渠、管道、房屋、桥梁等地物,在图上按比例缩小后标注出来,被称为比例符号。它反映地物尺寸、方向、位置。但有些地物按比例缩小后画不出来而且又很重要,如独立树木、水井、窑洞、路口等,只能标注位置、方向,不能反映出尺寸大小称为非比例符号。然而比例符号和非比例符号不是固定不变的,它们与图纸选用的比例大小有关,一般地物符号有下列数种,见表 3-10。

表 3-10　地物符号

类型		符号	类型	符号
三角点		△ 点号/标高	台阶	
导线点		⊕ 点号/标高	地下管道检查井	○
水准点		⊗ ⊠ 点号/标高	消火栓	
雨水口	平箅式	单 双 多	边坡	
	偏沟式	单 双 多	堤	
	联合式	单 双 多	地下管线：街道规划管线	
	平立结合式	单 双 多	地下管线：上水管道	
房屋建筑物			地下管线：污水管道	
临时建筑物			地下管线：雨水管道	
一般照明杆		○	地下管线：燃气管道	
高压电力杆			地下管线：热力管道	
铁路			地下管线：电信管道	
道路			地下管线：电力管道	
水渠			电缆：照明	
桥梁			电缆：电信	
窑洞			电缆：广播	
围墙			工业管道	—I—I—I—
临时围墙		—X—X—		

2)地貌符号

表示地形起伏变化和地面自然状况的各种符号，一般有以下数种，见表3-11。

3)注记符号

在工程图上，用文字表示地名、专用名称等；用数字表示屋层层数、地势标高和等高线高程；用箭头表示水流方向等都称为注记符号。

2. 地形图图例

在地形图中图例一般分为建筑材料图例和排水附件图例。

1)建筑材料图例

用以表示构筑物的材料结构情况，见表3-12。

表3-11 地貌符号

类型	符号	类型	符号
一般土路		土堰	
人行小道		沟渠	
坟地		固然边坡	
土坡梯田		等高线	

表3-12 建筑材料图例

类型	符号	类型	符号
素土夯实（密实土壤）		块石砌体	
级配砂石		碎石底层	
水泥混凝土		沥青路面	
砂土		砖、条石砌体	
石灰石		木材	
石材			

2) 排水附件图例
(1) 管道附件的图例 (表3-13)

表3-13 管道附件的图例

名称	图例
管道固定支架	
管道滑动支架	
挡墩	
Y型除污器	

(2) 管道连接的图例 (表3-14)。

表3-14 管道连接的图例

名称	图例	备注
法兰连接		
管堵		
法兰堵盖		
三通连接		
四通连接		
盲板		
管道交叉		在下方和后面的管道应断开

(3) 阀门的图例 (表3-15)。

表3-15 阀门的图例

名称	图例	备注	名称	图例	备注
闸阀			气动阀		
角阀			减压阀		左侧为高压端
三通阀			旋塞阀	平面　系统	
四通阀			底阀		
截止阀	DN≥50　DN<50		球阀		
电动阀			隔膜阀		
液动阀			气开隔膜阀		

(续)

名称	图例	备注	名称	图例	备注
气闭隔膜阀			弹簧安全阀		
温度调节阀			平衡锤安全阀		
压力调节阀			自动排气阀	平面　系统	
电磁阀			浮球阀	平面　系统	
止回阀			延时自闭冲洗阀		
消声止回阀			吸水喇叭口	平面　系统	
蝶阀			疏水器		

(4) 排水构筑物的图例 (表3-16)。

表3-16　排水构筑物

名称	图例	备注	名称	图例	备注
雨水口		单口	水封井		
雨水口		双口	跌水井		
阀门井检查井			水表井		

(5) 排水专用所用仪表的图例 (表3-17)。

表3-17　排水专用所用仪表的图例

名称	图例	名称	图例
温度计		压力表	
自动记录压力表		压力控制器	
水表		自动记录流量计	
转子流量计		真空表	

名称	图例	名称	图例
温度传感器	— — ─T─ — —	压力传感器	— — ─P─ — —

(四) 尺寸标注

工程图中,除了依比例画出建筑物或构筑物等的形状外,还必须标注完整的实际尺寸,以作为施工的依据。图样的尺寸应由尺寸界线、尺寸线、尺寸起止符号和尺寸数字组成。

尺寸标注由有以下几点组成:

(1)尺寸界线:表明所标注的尺寸的起止界线。

(2)尺寸线:用来标注尺寸的线称为尺寸线。

(3)尺寸起止符号:尺寸线与尺寸界线的交点为尺寸的起止点,起止点上应画出尺寸起止符号。

(4)尺寸数字:图上标注的尺寸数字是物体的实际尺寸,它与绘图所用的比例无关;尺寸数字字高一般为 3.5mm 或 2.5mm。尺寸线的方向有水平、竖直和倾斜三种。

基本几何体一般应标注长、宽、高三个方向的尺寸。具有斜截面和缺口的几何体,除应注出基本几何体的尺寸外,还应标注截平面的定位尺寸。截平面的位置确定后,立体表面的截交线是也就可以确定,所以截交线必标注尺寸。

三、排水工程识图

排水管道工程图一般有排水系统总平面图、管道平面图、管道纵断面图、管道横断面图和排水管道附属构筑物结构图五种。

(一) 排水系统总平面图

排水系统总平面图表示某一区域范围内,排水系统的现状和管网布置情况,其具体内容包括:

(1)流域面积:在地形总平面图上,反映出总干管流域面积范围,确定出水流方向。

(2)流域面积范围内水量分布:依地形状况,划分出各管段的排水范围,水流方向。各段支线排水面积之和应等于总干管的流域面积。

(3)管网布置和干支线设置情况:根据流域面积和水量分布,确定出管网布置和支干线设置。总平面图示例如图 3-26 所示。

(二) 管道平面图

管道平面图主要表示管道和附属构筑物在平面上的位置,其示例如图 3-27 所示,具体内容如下:

1)排水管道的位置及尺寸:管道的管径和长度,排水管道与周围地物的关系。

2)管道桩号:桩号排列自下游开始,起点为 K0+000,向上游依次按检查井间距排列出管道桩号,直到上游末端最后一个检查井作为管道终点桩号。

3)检查井位置与编号如下:

(1)检查井位置一般应用三种方法来表示:栓点法、角度标注法、直角坐标法。

(2)检查井的井号编制是自上游起始检查井开始,依次顺序向下游方向进行编号,直到下游末端检查井为止。

图 3-26 排水系统总平面图示例

图 3-27　管道平面图示例

图 3-28　排水管道纵断面示意图

4)进、出水口的内容如下:
(1)进、出水口的地点位置与结构形式。
(2)雨水口的地点位置、数量与形式。
(3)雨水口支管的位置、长度、方向与接入的井号。
(4)管道及其附属构筑物与地上、地下各种建筑物、管线的相对位置(包括方向与距离尺寸)。
(5)沿线临时水准点设置的位置与高程情况。

(三)管道纵断面图

主要表示管道及附属构筑物的高程与坡降情况,如图3-28所示。具体内容如下:

1)排水管道的各部分位置与尺寸

(1)管径与长度:管道总长度与各种管径长度,决定于管网布置中干管与各支管的长度,它取决于汇水区域的水量分布情况。各种井距间的管道长度,取决于检查井的设置情况。

(2)高程与坡度:高程包括地面高程和管底高程,表示管道埋深与覆土情况。坡降表示管道中水力坡降与合理坡降的情况。

2)管道结构状况

(1)管道种类与接口处理:所使用的管道材料及断面形式包括普通混凝土管、钢筋混凝土管、砖砌方沟等。接口处理方法包括钢丝网水泥砂浆抹带接口、沥青卷材接口、套环接口等。

(2)管道基础和地基加固处理:管道基础包括混凝土通基(90°、135°、180°)等。地基加固处理包括人工灰土、砂石层、河卵石垫层等。

3)检查井的井号、类型与作用

(1)检查井的井号:自上游向下游顺序排列,区分出干线井与支线井的井号。

(2)检查井类型:如圆形井、方形井、扇形井。并区分出雨水井、污水井与合流井。

(3)检查井作用:如直线井、转弯井、跌水井、截流井等。

(4)管道排水能力:表示出各井距间管道的水力元素即流量(Q)、流速(V)的状况,给使用与养护管理方面提供出最基本数据。

5)进出水口、雨水口、支线接入检查井的井号、标高、位置与预留管线的方向、管径等。

6)管道与各种地下构筑物和管线的标高、相互位置关系。

7)临时设置的水准点位置与高程等。

(四)管道横断面图

主要表示排水管道在城市街道上水平与垂直方向具体位置。反映排水管道同地上、地下各种建筑物和管线相对位置与相互关系的状况,以及排水管道合理布置的程度(图3-29)。

(五)管道与附属构筑物示意图

建筑物排放的污水和雨水的管道结构图,一般都是利用三视图原理和各种剖视方法来反映下水道构筑物的结构状况,一般常用下列结构图:

(1)管道基础与管道接口结构图(图3-30)
(2)进出水口、雨水口示意图(图3-31)
(3)检查井示意图(以矩形为例、图3-32)

图3-29 管道横断面示意图

图 3-30 90°混凝土基础水泥砂浆抹带接口示意图

图 3-31 偏沟式单箅雨水口示意图

图 3-32 矩形检查井示意图

(4)钢筋混凝土盖板配筋示意图(图 3-33)。

(5)管道加固示意图(图 3-34)。

图 3-33 矩形检查井盖板配筋示意图

图 3-34 普通混凝土管满包混凝土加固示意图
（覆土<0.7m，$H=6\sim 8$m）

四、排水工程制图

(一)制图的步骤

(1)图面布置：首先考虑好在一张图纸上要画几个图样，然后安排各个图样在图纸上的位置。图面布置要适中、匀称，以获得良好的图面效果。

(2)画底图：常用 H~3H 等铅笔，画时要轻、细，以便修改。目前多数制图者已采用计算机绘图，因此，画底稿时用细线即可。

(3)加深图线：底稿画好后要检查一下，是否有错误和遗漏的地方，改正后再加深图线。常用 HB、B 等稍软的铅笔加深，并应正确掌握好线型。计算机绘图时将细线加粗即可。

(二)排水管道工程图绘制方法及要点

排水管道工程图的绘制，是在已经掌握了制图的基本原理与规定画法的基础上，根据排水管道工程的设计要求、设计思想而用工程图的形式书面表达的一种方法。下面就以排水管道工程图的平面图、纵断图及结构图为例，简述其绘制方法及步骤。

1. 平面图

(1)选择绘图比例，布置绘图位置：根据确定的绘图比例和图面的大小，选用适当的图幅。制图前还应考虑图面布置的均称，并留出注写尺寸、井号、指北针、说明及图例等所需的位置。

(2)绘制主干线：根据设计意图及上、下游管线位置，确定主干线位置，并绘于图纸上。

(3)绘制支线及检查井：根据现况确定支线接入位置，根据干线管径大小确定检查井井距，并将支线及检查井绘制于图面上。

(4)加粗图线：将绘制完的图线检查一下，将不需要的线条除去，按国标规定的线型及画法加粗图线。

(5)标注尺寸及注写文字：按照平面图所应包括的内容，注写井号、桩号、管线长度、管径等；标注管线与其他建筑物或红线的相对位置，对于转折点的检查井应有栓桩；标注与管线相连的上下游现况管线的名称及管径；绘制指北针、说明及图例。

(6)检查：当图纸绘制完成后，还要进行一次全面的检查工作，看是否有画错或画得不好的地方，然后进行修改，确保图纸质量。

(7)出图：使用 AutoCAD 画图的，需要设置适当的出图比例，然后打印输出。

2. 纵断图

(1)确定绘图比例：根据管线长度及管径大小，确定纵断图绘制的横向及纵向比例。

(2)确定并绘制高程标尺：根据所确定的纵向比例及下游管的埋深，绘制高程标尺。

(3)绘制现况地面线：按照实测的地面高程，根据不同的纵横向比例，绘出现况地面线。

(4)绘制管线纵断面：根据下游管底高程，按所确定的坡度，计算出各检查井的管底高程，并标于图上，将其连接起来，即为管线的管底位置。根据管径大小及纵向比例，即可绘出管线的纵断面图。

(5)绘制与管线交叉或顺行的其他地下物的横、纵断面。

(6)加粗图线：将绘制完的图线检查一下，看看有没有同现状地下物相互影响的地方，上下游相接处是否合乎标准，并及时调整。然后按国标规定的线型及画法加粗图线。

(7)标注尺寸及注写文字：注写管径、长度、坡度、高程及桩号等。标注检查井井号及井型。注写水准点及说明性文字。

(8)确定管道种类及接口形式：根据管道材料、管径(或断面)及埋深，确定管道基础形式、接口方法，并标于图上。

(9)标注水力元素：根据管道种类、管道坡度等，确定水力元素即流量、流速、充满度，并将其标注在图中。

(10)检查：图纸绘制完成后，进行一次全面的检查工作，看是否有画错或画得不好的地方，然后进行修改，确保图纸质量。

(11)出图：使用 AutoCAD 画图的，需要设置适当的出图比例，然后打印输出。建议在图纸空间布局中，打印输出在模型空间中各个不同视角下产生的视图。

3. 结构图

(1)选择最能表达设计要求的视图：根据构筑物的特点，选适宜的剖视图。任何剖视图都要确定剖切位置，剖切位置选择的原则是选择最能表达结构物几何形状特点、最能反映尺寸距离的剖切平面。

(2)选择绘图比例，布置视图位置：根据确定的绘图比例和图面的大小选择适当的图幅，制图前还应考虑图面布置的匀称，并留出注写尺寸、代号等所需的位置。

(3)画轴线：即定位线。轴线可确定单个图形的位置，以及图形中各个几何体之间的互相位置。

(4)画图形轮廓线：以轴线为准，按尺寸画出各个几何图形的轮廓线，画轮廓线时，先用淡铅笔轻轻画出，待细部完成后再加深。如用计算机制图，先使用细线，最后加粗即可。

(5)画出其他各个细部：凡剖切到的部分及可见到的各个部分，均需一一绘出。

(6)加深图线：底稿完成以后要检查一下，将不需要的线条擦去，按国标规定的线型及画法加深图线。例如：凡剖切到的轮廓线为 0.6~0.8mm 的粗实线，未剖到的轮廓线为 0.4mm 的中实线，尺寸标线为0.2mm的细实线等。总的要求是轮廓清楚、线型准确、粗细分明。

(7)标注尺寸及注写文字：尺寸标注必须做到正确、完整、清晰、合理。不论图形是缩小还是放大，图样中的尺寸仍应按实物实际的尺寸数值注写，标注尺寸应先画尺寸界线、尺寸线和起止点，再注写尺寸数字。

(8)检查：当图样完成后，还要进行一次全面的检查工作，看是否有画错或画得不好的地方，然后进行修改，确保图纸质量。

(9)出图：使用AutoCAD画图的，需要设置适当的出图比例，然后打印输出。建议在图纸空间布局中打印输出在模型空间中各个不同视角下产生的视图。

五、排水工程竣工图绘制

目前，大部分竣工图的编制是利用施工图来编制的。竣工图的编制工作，可以说是以施工图为基础，以各种设计变更文件及实测实量数据为补充修改依据而进行的。竣工图反映的实际施工的最终状况。

(一)绘制排水管道竣工图的技术要求

平面图的比例尺一般采用1:500~1:2000。平面图中应包括平面图绘制一般要素外，还应绘制以下内容：

(1)管线走向、管径(断面)、附属设施(检查井、人孔等)、里程、长度等，以及主要点位的坐标数据。

(2)主体工程与附属设施的相对距离及竣工测量数据。

(3)现状地下管线及其管径、高程。

(4)道路永中、路中、轴线、规划红线等。

(5)预留管、口及其高程、断面尺寸和所连接管线系统的名称。

纵断面图内容，应包括相关的现状管线、构筑物(注明管径、高程等)，及根据专业管理的要求补充必要的内容。

(二)竣工图的绘制方法

绘制竣工图以施工图为基本依据，按照施工图改动的不同情况，采用重新绘制或利用施工图改绘成竣工图。

1. 重新绘制

有以下情况应重新绘制竣工图：

(1)施工图纸不完整，而具备必要的竣工文件资料。

(2)施工图纸改动部分，在同一幅图中覆盖面积超过1/3，以及不宜利用施工图改绘清楚的图纸。

(3)各种地下管线(小型管线除外)。

2. 利用施工图改绘竣工图

有以下情况可利用施工图改绘成竣工图：

(1)具备完整的施工图纸。

(2)局部变动，如结构尺寸、简单数据、工程材料、设备型号等及其他不属于工程图形改动，并可改绘清楚的图纸。

(3)施工图图形改动部分，在同一幅图中覆盖图纸面积不超过1/3。

(4)小区支、户线工程改动部分，不超过工程总长度的1/5。

利用施工图改绘竣工图的基本方法有如下两种：

(1)杠改法：对于少量的文字和数字的修改，可用一条粗实线将被修改部分划去。在其上方或下方(一张图纸上要统一)空白行间填写修改后的内容(文字或数字)。如行间空白有限，可将被修改点全部划去，用线条引到空处，填写修改后的情况。对于少量线条的修改，可用"×"号将被修改掉的线条划去，在适当的位置上画上修改后的线条，如有尺寸应予标注。

(2)贴图更改法：施工图由于局部范围内文字、数字修改或增加较多、较集中，影响图面清晰；线条、图形在原图上修改后使图面模糊不清，宜采用贴图更改法。即将需修改的部分用别的图纸书写绘制好，然后粘贴到被修改的位置上。重大工程一般宜采用贴图更改法。

不论用何种方法绘制排水管道工程的竣工图，如设计管道轴线发生位移、检查井增减、管底标高变更或管径发生变化等，除均应注明实测实量数据外，还应在竣工图中注明变更的依据及附件，共同汇集在竣工资料内，以备查考。

当检查井仍在原设计管线的中心线位置上，只是沿中心线方向略有位移，且不影响直线连接时，则只需在竣工图中注明实测实量的井距及标高即可。

(三)竣工图编制的注意事项

竣工图的编制必须做到准确、完整和及时，图面应清晰，并符合长期安全保管的档案要求，具体应注意以下几点：

(1)完整性：即编制范围、内容、数量应与施工图相一致。在施工图无增减的情况下，必须做到有一张施工图，就有一张相应的竣工图；当施工图有增加时，竣工图也应相应增加；当施工图有部分被取消时，则需在竣工图中反映出取消的依据；当施工图有变更时在竣工图中应得到相应的变更。如施工中发生质量事故，而作处理变更的，亦应在竣工图中明确表示。

（2）准确性：增删、修改必须按实测实量数据或原始资料准确注明。数据、文字、图形要工整清晰，隐蔽工程验收单、业务联系单、变更单等均应完整无缺，竣工图必须加盖竣工图标记章，并由编制人及技术负责人签证，以对竣工图编制负责。标记章应盖在图纸正面右下角的标题栏上方空白处，以便于图纸折叠装订后的查阅。

（3）及时性：竣工图编制的资料，应在施工过程中及时记录、收集和整理，并作妥善的保管，以便汇集于竣工资料中。

第四章
城镇排水系统概论

第一节 排水系统的作用与发展概况

一、排水系统的作用

人们在生活和生产中，使用着大量的水。水在使用过程中会受到不同程度的污染，改变原有的化学成分和物理性质，这些水称作污水或废水。废水按照来源可以分为生活污水、工业废水和降水。工业废水和生活污水含有大量有害、有毒物质和多种细菌，严重污染自然环境，传播各种疾病，直接危害人民身体健康。自然降水若不能及时排除，也会淹没街道而中断交通，使人们不能正常进行生活和生产。在城市和工业企业中，应当有组织且及时地排除上述废水和雨水，否则可能污染和破坏环境，甚至形成公害，影响生活和生产以及威胁人民健康。废水和雨水的收集、输送、处理和排放等设施以一定方式组合成的总体，称为排水系统。

二、城镇排水系统发展概况

(一) 国外排水行业的发展概况

1. 创建阶段

19世纪，中期西方国家先后发展了现代城市给水排水系统。英国早期的排水工艺只是建造管渠工程，将污水、废水和雨水直接排入水体。到1911年德国已建成70座污水处理厂，在其后的半个世纪里城市排水系统的发展较为缓慢，例如，1957年西德的家庭污水入网率仅50%，1961年日本东京仅为21.2%。

2. 发展和治理阶段

20世纪60—70年代开始，西方国家投入大量财力铺设污水管道，修建污水处理厂，提高污水的收集率和处理率，并对工业污水、污水处理厂尾水的排放作了严格的控制（又称"点源"治理）。例如：1979年东京污水入网率达到70%；1987年前西德污水的入网率已达到95%，污水处理率达到86.5%，城市居民人均污水管长达4m。然而城市水环境的质量仍然不尽人意，研究中发现，传统的排水观念造成人们长期以来认为，合流管渠中的污水被暴雨稀释（稀释比约1:5~1:7），溢流后不会再危害水体，事实上并非如此。1960—1962年，在英国北安普敦的调查发现，暴雨之初，原沉淀在合流管渠内的污泥被大量冲起，并经溢流井溢入水体即所谓的"第一次冲刷"。此后，人们提高了溢流井内的堰顶高程以减少溢流量，但这样做又增加了管渠内的沉积物，一旦被更大暴雨冲起、挟入溢流，进入水体仍然会造成污染。

3. 暴雨管理阶段

为了进一步改善城市水体的水质，自20世纪70年代起都在致力于此项工作。首先是对雨水混合污水在溢流前进行调节、处理及处置，使之溢流后对水体的水质影响在控制的目标之内。例如美国一些州，要求混合污水在溢流之前就地做一级处理，并对每个溢流口因超载而未加处理的混合污水溢流次数加以限制（如华盛顿州每个溢流口每年1次，旧金山市为4次）；其次是对污染严重地区雨水径流的排放做了更严格的要求，如工业区、高速公路、机场等处的暴雨雨水要经过沉淀、撇油等处理后才可以排放。在已有二级污水处理厂的合流制排水管网中，适当的地点建造新型的调节、处理设施（滞留池、沉淀池等）是进一步减轻城市水体污染的关键性补充措施。它能拦截暴雨初期"第一次冲刷"出来的污染物送往污水处理厂处理，减少混合污水溢流的次数、水量和改善溢流的水质，以及均衡进入污水处理厂混合污水的水量和水质，它也能对污染物含量较多的雨水作初步处理。

国外的实践表明，为了进一步改善受纳水体的水质，将合流制改造为分流制，其费用高昂且效果有限，而在合流制系统中建造上述补充设施则较为经济而有效。国外排水体制的构成中带有污水处理厂的合流制仍占相当高的比例,如西德1987年其比例为71.2%,且该国专家认为通常应优先采用合流制,分流制要建造两套完整的管网,耗资大、困难多,只在条件有利时才采用。至20世纪80年代末,西德建成的调节池已达计划容量的20%,虽然其效果难以量化,但是送到处理厂的污泥量增加了、河湖的水质有了显著的改善。据估计,用这种方式处理雨水的费用与用污水处理厂不相上下。

为了实现对暴雨雨水的管理,必须对雨水径流过程有更深入的认识、准确的预测和模拟。目前常用的排水系统水力模拟软件有:①英国环境部及全国水资源委员会的沃林福特软件(Wallingford),它是在20世纪60年代的过程线方法——TRRL程序的基础上发展起来的,可用于复杂径流过程的水量计算和模拟、管理设计优化,并含有修正的推理方法。②美国陆军工程师兵团水文学中心的"暴雨"模型(Storage,Treatment, Over flow, Runoff Model,简称STORM),该程序可以计算径流过程、污染物的浓度变化过程,适用于工程规划阶段对流域长期径流过程的模拟。③美国环保局的雨水管理模型(Storm Water Management Model,简称SWMM),它能模拟降雨和污染物质经过地面、排水管网、蓄水和处理设施,最终到达受纳水体的整个运动、变化的复杂过程,可作单一事件或长期连续时期的模拟。④德国汉诺威水文研究所的HE软件(HYSTEM-EXTRAN,简称HE),可用于模拟排水管网中的降雨径流过程和污染物扩散过程,是全德国境内使用最广泛的流体动力学排水管网计算程序,可以计算水力基础数据如径流量和水位,以及污染物在地表和管网中的扩散过程。这些雨水模型软件在西方国家城市排水工程中的应用已非常普遍。例如,早在1975年英国就有96%的雨水管渠设计使用了TRRL程序,而在现阶段的暴雨雨水管理中更是离不开计算机和相关软件了。

(二)中国古代排水事业的发展概况

1. 中国古代排水管渠的起源与发展

人类在公元前2500年创造了古代的排水管道,在20世纪初期创造了污水处理,在20世纪中期创造了水回用技术。排水工程的内涵由排水管道发展到水处理,由水处理发展到再生水循环回用,前后有将近4500多年的历史。在此期间中国的先民们首先在史前龙山文化时期造就了陶土排水管道,开创了人类的排水工程事业。城垣排水是古代文化的重要组成部分,也是人类文明的重要进程。

2. 中国古代排水管道种类及特点

中国最早的城垣遗址,出现在史前新石器时代的晚期。当时城垣内的排水系统,主要是地面自流,明沟排水。

进入了铜石并用时代的晚期时,由于封闭型城垣的长期发展以及人们物质文化水平的提高,河南省淮阳市平粮台的先民们(约为公元前2500年),首先将城垣中的雨水,由地面自流排水发展为采用小型地下陶土排水管。从此在排水系统中开创性地增加了排水管道的内涵。

随着历史的变革与社会的发展,社会生产力得到了解放,排水管道逐步得到了发展。偃师商城是商代前期(其年代约为公元前1600—公元前1400年)的都城遗址,城垣内开始出现了石砌排水暗沟;有较狭窄的全部用石块垒砌的小型石砌排水暗沟遗迹;也有沿城内的路网、贯通全城完整的大型石、木结构排水暗沟遗迹。

到了西汉时,已步入封建社会,并已进入铁器时代。社会生产力又有了长足的发展,城垣规模不断扩大。汉长安城的排水管道设施种类繁多,有圆形陶土排水管、五角形陶土排水管,并首次出现了拱形砖结构的砖砌排水暗沟,这是中国最早修建的大型砖砌排水暗沟。

由此可见,排水管道在城垣建设中已经形成不可缺少的一项基础设施。

为了纵观古代排水管道发展的历程,表4-1按照纪年体系整理出"中国古代排水管道遗迹资料表"。

依照表4-1的资料及有关文史、考古的报道,从公元2500年到公元前190年,前后约2300年,排水管道先后出现了陶土排水管道、木结构排水暗沟、石砌排水暗沟、卵石排水暗沟以及砖砌排水暗沟等5个种类,现依次叙述如下。

表4-1 中国古代排水管道遗迹资料表

时代分期	朝代与纪年	排水管道名称	管道种类概要
铜石并用时代晚期	相当文献记载的史前帝喾时代(约公元前2500年,河南龙山文化时期)	平粮台陶土排水管道	三孔圆形陶土排水管(倒品字形)、每孔断面0.04m^2、总断面0.12m^2
青铜时代早期	夏王朝中、后期,商代前期(公元前1900—公元前1500年)	二里头木结构排水暗沟	木结构排水暗沟、石砌排水暗沟及圆形陶土排水管

(续)

时代分期	朝代与纪年	排水管道名称	管道种类概要
青铜时代中期	商代前期（公元前1600—公元前1400年）	偃师商城石砌排水暗沟	石砌排水暗沟（木盖板）、断面3.0m² 及木结构排水暗沟、圆形陶土排水管
	商代前期（公元前1600—公元前1400年）	郑州商城石砌排水暗沟	石砌排水暗沟及圆形陶土排水管
	商代后期（公元前1300—公元前1046年）	安阳殷墟陶土排水管道	圆形陶土排水管
青铜时代晚期	西周时期（公元前11世纪）	沣京陶土排水管道	圆形陶土排水管
	西周时期（约公元前1045年）	琉璃河燕都卵石排水暗沟	卵石排水暗沟、断面0.84m² 及圆形陶土排水管
	西周时期（约公元前900年）	周原卵石排水暗沟	卵石排水暗沟及圆形陶土排水管
	西周时期（约公元前850年）	齐国故城石砌排水暗沟	15孔石砌排水暗沟（每孔断面0.2m²）、总断面3.0m² 及圆形陶土排水管
	东周时期（公元前770—公元前256年）	雒邑陶土排水管道	圆形陶土排水管
	东周时期（公元前403—公元前221年）	燕下都陶土排水管道	圆形陶土排水管
铁器时代	战国末期至秦王朝时期（公元前247—公元前208年）	秦皇陵陶土排水管道	五孔五角形陶土排水管（每孔断面0.11m²）、总断面0.55m² 及圆形陶土排水管
	秦王朝时期（公元前221—公元前206年）	阿房宫陶土排水管道	三孔圆形陶土排水管（品字形）、总断面0.12m² 及五角形陶土排水管
	汉朝时期（公元前195—公元前190年）	汉长安城砖砌排水暗沟	砖砌排水暗沟（顶部发砖券）、断面2.24m² 及五角形陶土排水管、圆形陶土排水管
	隋唐时期（581—582年）	唐长安城砖砌排水暗沟	砖砌排水暗沟（顶部发砖券）、断面1.04m² 及圆形陶土排水管

1）陶土排水管道

已发现的陶土排水管道有两种类型陶土排水管道：一种为圆形陶土管，另一种为五角形陶土管。

圆形陶土管，此管道很原始，从没有榫口，发展到有管套承插接口。从每节管长35~45cm，到每节管长100cm。从直管到三通管，再到直角弯管。经过漫长的岁月，陶土管逐步得到改进与完善。

圆形陶土管的内径一般为22cm，断面面积约为0.04m²。它的管径小，能够排泄的雨水流量也少，所以只适宜用于排除流量较小的地区。

由于大型圆形陶土管制作困难，也易压碎，为增大排水流量，先民们巧妙地拼装成三孔圆形陶土管，用以排除大流量。这种三孔圆形陶土管，前后发掘出正"品"字形和倒"品"字形两种拼装的形式，如图4-1、图4-2所示。

图4-2 阿房宫三孔圆形陶土排水管道（正"品"字形）

除了圆形陶土管，另一类型是五角形陶土管。五角形陶土管是在秦汉时期形成的，该管道通高45~47cm，底边宽40~43cm，管壁厚7cm，全长65~68cm。它的单孔断面面积约为0.11m²。它是圆形陶土管断面面积的3倍，相应排水的流量也较大，并且可以简单地拼装成两孔、三孔、四孔、五孔等形式（单孔构造如图4-3所示）。从而进一步提高排水流量，适应不同层次的流量需求。这种陶土管采用的是预制装配式结构，构思非常独特巧妙。它的缺点是制造复杂、管壁厚、成本高。

图4-1 平粮台三孔圆形陶土排水管道（倒"品"字形）

图 4-3 咸阳市西汉帝陵五角形陶土排水管道（单孔）

2）木结构排水暗沟

这是继"平粮台陶土排水管道"之后，发掘出最早的另一种排水暗沟。这是在当时的生产条件下，采用丰富的天然木材，巧妙搭建成的排水暗沟，以便适应大流量排水时的需求。这种排水暗沟，显然比较原始，不能耐久，流水也不顺畅。

3）石砌排水暗沟

石砌排水暗沟，在夏商周时期主要是采用天然石块即毛石垒砌而成，有如下三种形式：

第一种形式是较狭窄的石砌排水暗沟；暗沟的两侧沟墙及盖板，均采用天然石块垒砌，如"二里头石砌排水暗沟"及"郑州商城石砌排水暗沟"。

第二种形式是沟体较宽的石砌排水暗沟，暗沟的两侧沟墙用天然石块垒砌，并且在沟墙中夹砌木桩，支撑上面的木梁，木梁上再铺木材作为沟顶盖板，形成暗沟。贯通偃师商城的石砌排水暗沟就是这种类型。

第三种形式是多孔石砌排水暗沟。在原齐国故城，发掘出一座 15 孔石砌排水暗沟。15 个矩形石砌水孔，分上、中、下 3 层排列。水孔一般高 50cm、宽 40cm。每孔的两侧沟墙、盖板、底板均是采用天然石块互相搭接、垒砌而成。下层水孔的沟顶盖板，是上层水孔的底板（图 4-4）。齐国先民们巧妙地采用多孔石砌暗沟，使过水总面积达到了 3m²，满足了排除大流量雨水时的需求。避开由于排水流量大，若采用大型单孔暗沟，带来沟顶盖板建筑结构的技术难题。这座石砌排水暗沟，水力条件合理、石材耐久，说明设计是成功的。缺点是体积庞大、不易清理。

4）卵石排水暗沟

这也是利用天然材料砌筑的排水暗沟。它是采用天然鹅卵石作为暗沟底部与侧墙的建筑材料，木材作为沟顶盖板，堆砌而形成较大的排水管道。

5）砖砌排水暗沟

汉长安城的砖砌排水暗沟，是中国目前发掘出最早的一座砖砌排水暗沟。暗沟的两侧墙体和底板、采用砖石混合结构，石材采用料石。顶部用发砖券，为拱形砖结构。这种拱形砖顶科学地解决了大型排水暗沟顶部的建筑结构问题。这在排水管道建筑结构的发展，是一项很有意义的突破。

根据以上的阐述，中国古代排水管道发展中的特点，大致有以下 3 个：

（1）圆形陶土管，一直是延续应用最广泛的一种排水管道，在各个朝代、各个时期、不同地区的城垣、皇宫以及庭院中，都曾发掘出许多这种管道。

（2）早期的矩形排水暗沟，由于缺乏有效的生产技术手段，大多数是采用天然木材、天然石块、天然鹅卵石等建造而成。夏商周时期，在一些古城遗址中，出现了许多木结构排水暗沟、石砌（毛石）排水暗沟以及卵石排水暗沟的遗迹。

（3）为适应排除大流量雨水的需求，人们一直在追求排水管道的变革和改进。由于城垣在不断扩大、建筑规模在增大、排水流量也在大幅增加。为了适应排除城垣中出现的大流量雨水，先民们对排水管道采取了许多加大管道、增加排水断面的工程措施；从三孔圆形陶土排水管到五孔五角形陶土排水管道，再到 15 孔石砌排水暗沟，再到采用天然材料建造矩形排水暗沟，一直到建造拱形砖顶的砖砌排水暗沟等变化。显然，先民们一直在探求解决能够排除大流量雨水，而且又性能最佳的排水管道。

砖砌排水暗沟的出现，是排水管道发展中的重要突破。西汉初年（公元前 195—公元前 190 年），在汉长安城遗址中，出现了最早的砖砌排水暗沟。为了分析砖砌排水暗沟形成及其发展的历史背景，表 4-2 将汉代以来砖砌排水暗沟的遗迹状况予以整理。

图 4-4 原齐国故城 15 孔石砌排水暗沟

表4-2 砖砌排水暗沟发掘资料表

朝代	时间	地点	排水管道概要
西汉	公元前202—公元9年	西安	西面城墙至城门附近的城墙下,发掘出断面尺寸宽约1.2m,高约1.4m的砖砌排水暗沟;另外在南面城墙西安门附近的城墙下,也发掘出一座宽约1.6m,高约1.4m的砖砌排水暗沟。两座暗沟的沟墙、底板是用砖和石材砌筑。顶部都用发砖券,为拱形砖结构的砖砌排水暗沟
六朝(吴、东晋、宋、齐、梁、陈)	229—589年	南京	在建康宫城遗址中,发现了一条穿过道路的拱顶砖砌排水暗沟,可能是东晋时修建
隋、唐	581—582年	西安	含光门遗址以西的城墙下,发掘出一座大型砖砌排水暗沟,其沟顶采用的是拱形结构,沟宽0.6m,全高1.8m,沟墙与拱顶的砖砌体结构厚度均为0.95m。沟内设有三根10cm方铁粗柱作为铁栅,防范外人穿过
	618—907年	洛阳	在唐东都洛阳定鼎门遗址的西城墙下部,也发现了一处相同类型的砖砌排水暗沟,其沟顶也是采用拱形结构,暗沟内也设有铁栅防范外人穿过
北宋	960—1127年	赣州	著名的福寿砖砌排水暗沟,简称福寿沟。福寿沟约0.9m,高约1.8m,其中福沟长约11.6km,寿沟长约1km,福寿沟的主沟总长约12.6km,沟墙为砖砌体,沟顶为石盖板,全城采用地下管道排除雨水。这是古代赣州的重要排水基础设施,且直到20世纪50年代仍然在养护、维修使用中
南宋	1127—1279年	杭州	南宋临安御街遗址(今杭州中山中路南段)中,发掘出两处砖砌排水暗沟。一处内宽0.3m,高0.9m,长约2.15m。沟壁为砖砌体,沟顶覆盖石板。另一处内宽0.15m,高0.15m,长约2.15m。沟壁用长方砖平砌,再用相同规格的长方砖封盖,长方砖的规格为33cm×10cm×5cm
	1162—1233年		南宋临安恭圣仁烈皇后宅院遗迹中,发掘出一条砖砌排水暗沟和宅院以外相通。暗沟为方形,宽0.3m,高0.29m。沟底、沟壁均为砖砌体,沟顶用透雕的方砖封堵。透雕花纹为假山、松枝和两只猴子
元	1206—1368年	北京	健德门以西(今花园路段)发掘出一处砖砌排水暗沟的水关,基础由7层条石垒砌而成,顶部的拱券和两壁均为青砖砌筑,洞高3.45m。其中有一块条石上刻有"至元五年(1268年)二月石匠作头"的标记
			肃清门以北(今学院路西端)也发掘出一处砖砌排水暗沟水关,暗沟宽2.5m,直墙高1.25m;全高2.5m,暗沟顶部的拱券直径2.5m。沟底和两壁用条石铺砌,拱顶为砖砌体。暗沟按照宋代"营造法式"设计、施工。暗沟内设有菱形铁栅棍,铁栅棍的间距为10~15cm,防范外人穿过
			光照门以南(今东土城转角楼处)也发掘出一处与肃清门处相同的拱券砖砌排水暗沟水关遗址
明清	1368—1911年	北京	所有排水主干渠,穿过城墙下的水关排入护城河时,大部分也是采用砖砌排水暗沟。在内城就有6座排水水关,其中5座采用拱顶式砖砌排水暗沟,另外1座采用过梁式砖砌排水暗沟,沟墙均为砖砌体,沟顶为条石盖板。每座水关均设2~3层铁栅栏,防范外人穿过。根据乾隆五十一年(1786年)的丈量统计数据,明清时期北京城区的砖砌暗沟和排水明渠等,当时总计长达429km
		汉口	乾隆四年(1739年)汉口开埠时,首先在汉正街修建了一条长3441m,宽、高各1.66m的砖砌方形排水暗沟,上盖花岗岩长条石,条石的顶面作为路面,每隔20m留一窨井,上盖铁板,便于清掏
		上海	19世纪开埠初,租界在辟路的同时,在路旁砌明沟或建暗渠。同治元年(1862年)起,英租界先从当时的中区(今黄浦区东部)开始进行规划和建设雨水排水管道;其中延安东路前身为洋泾浜(即小河沟)。19世纪60年代起,在其系统内,工部局在广东路、山东路、云南南路等地区修建了砖砌排水暗沟。19世纪中叶,工部局在泥城浜(今西藏中路)排水系统内,修建了芝罘路、劳合路(今六合路)和广西路等砖砌排水暗沟
		天津	光绪二十七年(1901年)开埠期间,拆毁了旧城墙,改建为四条环城马路,同时填平了城濠。于光绪二十九年(1903年),为解决填平后城内排水出路,在南城濠建造了第一条大型砖砌排水暗沟,名"官沟"

从上述的资料中可以看出:砖砌排水暗沟在古代城垣排水系统中,已逐渐发展成为重要的通用排水设施。

3. 古代城垣排水系统的布局及特点

由于城垣文化的发展,社会经济的需求,导致排水管道的出现与增多,同时又陆续充实、组成了比较完整的排水系统。

1) 排水系统的主要功能及设施

史前城垣中的排水系统，主要是采用地面自流的排水方式。自从龙山文化时期平粮台出现了陶土排水管以后，古代城垣中的排水系统开始进入采用明渠和地下排水管道两者相结合的阶段。

古代，在生活过程中产生的洉水一般是随意洒泼到庭院或排入渗井。粪便排除的方式，从宫廷到平民，大多地区都采用干厕。粪便的收集和清运，或背或挑，或车运或船运至粪场，经简易处置后多作农肥。潲水、粪便的这种传统清除方式，一直沿用到清朝末年，也很少有水冲厕所，更没有排除生活污水、粪便的专用污水管道。因此，古代城垣中的排水系统，其主要功能是排除雨水。

当时的城区，人口密度一般都较低，与排水系统相关联的河湖水体，自然净化的能力较强，水质清澈，基本未受污染。

2) 城垣排水系统的布置方式

古代在城垣中布置的排水系统，在商周时期已经逐步形成两种基本方式。第一种方式是排水系统的主干线采用明渠，沿主干线接收两旁的排水管道、支沟的排水后，当主干线的排水明渠，在穿过城墙下的水关时采用排水暗沟，然后再接入尾闾河段。第二种方式是排水系统的主干线采用管道、暗沟，沿干管接收支线的排水后，直接穿过城墙排入护城河。

古代城垣中的排水系统，常用的是第一种布置方式，并一直沿用到近代。

由于城垣的扩大与发展，各种排水设施也日趋完善，雨水经城区路网中的明渠或排水干管将宫廷、院落、街道的排水支管以及支沟的雨水汇流后，再通过预埋在城墙下的管道、暗沟，排入护城河，形成排水系统与路网系统相互结合的布局。并逐步发展为与引水系统、湖泊雨水调蓄等系统互相结合、更为完整的规划布置。

3) 古代排水系统中的雨水调蓄方式

在汉长安城中，排水系统与之相连的湖泊雨水调蓄系统，主要是进行径流调节，其作用是拦洪削峰，以保持下游管渠的流量在一定的范围内正常运行。这是在古代湖泊雨水调蓄系统中出现的第一种调蓄方式，也是通用的一种调蓄方式。另外还有第二种调蓄方式，调蓄目的是待机排水，古城赣州的调蓄系统就是采用了这种调蓄方式。

如前所述，北宋赣州古城的福寿沟是全城排除雨水的主要地下管道，其设施非常完整。赣州位于江西省的章江与贡江的交汇处，排水暗沟共有12个出口，就近分别进入章、贡两江。在各个出口处，共建造了12座"水窗"。"水窗"即为拍门，它是一种单向阀。它的功能是：当章、贡两江水位高时自动关闭拍门面板，防止江水倒灌。两江水位低时自动打开拍门面板，将暗沟中的雨水排入章、贡两江。在福寿沟所经之处又和沿线众多的湖泊，池塘连成一体，组成了排水网络中的蓄水库，形成湖泊雨水调蓄系统。调蓄的目的是当江河水位达到一定的高度时，利用"水窗"临时将雨水拦蓄在湖泊、池塘以及管渠中，待江河水位下降后再行排除，形成待机排水系统。巧妙地根据章、贡两江水位适时地排除城区的积水。

另外赣州古城是宋代一座封闭型的砖砌城垣。当发生水灾时，可以阻挡洪水进入城内。而章、贡两江的洪水，由于排水暗沟出口处造有"水窗"，可以阻挡江水倒流到城内，因而古城可以减轻或避免灾害，使城内保持稳定。赣州古城的各种排水设施，构思独特、设计巧妙，形成了有特点的、可调蓄的排水系统。

从以上的资料可以看出：古代当时对排水系统和与之相连的湖泊雨水调蓄系统，已具备了完整的、科学的规划设计手段。

4) 古代排水系统中的附属设施

随着排水管道的应用与发展，排水系统中的附属设施也逐渐增多，如在二里头古城遗址中发掘出石砌渗水井。在齐国故城出现了排水明渠穿过城墙下的"水关"。在秦咸阳发现有排水池，池中有地漏，下接90°弯曲的陶土管，弯曲的陶土管再与排水管道相连。在汉长安城长乐宫的皇宫庭院遗址中，发现其管线中设置有沉砂井。在唐长安城含光门遗址的砖砌排水暗沟水关内，设有3根10cm方铁粗柱作为铁栅，防范外人穿过铁栅水关设施（图4-5）。在赣州古城的砖砌排水暗沟出口处造有"水窗"，可防止江水倒灌。

在北京故宫的庭院排水系统中，发现有"沟眼""钱眼"。"沟眼"是地面明沟遇有台阶或建筑物，在

图4-5　唐长安城含光门砖砌排水暗沟
（左图为砖砌体结构断面示意图）

其下设置的过水涵洞设施,"钱眼"是雨水由地面流进地下管道的入口设施,这种入水口多为方石板雕成明、清铜币形,即外圆中方的5个空洞,可以进水,也就是雨水口。在乾隆年代,汉口汉正街的砖砌排水暗沟中,每隔20m有一座窨井(检查井),上盖铁板,便于清掏等。

5) 中国古代排水管道在世界文明进展中的历史意义

中国是世界上最早出现排水管道的国家,早期在世界各地,先后出现了三种陶土管道:在公元前2500年左右,中国河南省的平粮台古城遗址,首先出现了圆形陶土排水管。在公元前1650—公元前1450年,文明古国希腊的克里特岛出现了圆锥形陶土排水管道。在公元前211年左右时,中国陕西省西安市的秦始皇陵,出现了五角形陶土排水管道。很明显中国是世界上最早出现这种承插管道接口的国家。平粮台出现的圆形陶土排水管,它的连接方式,采用的是承插接口。这种接口方式,设计工艺非常巧妙,彼此套接,就可成为一条管道。是一个非常先进的接口方式,它在制作上有特殊的要求。管体和管头接口的同心度、管壁厚度等,必须按设计规定严格执行。陶土管的承插接口方式,已经延续使用了数千年,一直沿用至今。目前在许多其他管材的圆形管道接口中,如铸铁管道、塑料管道、预应力钢筋混凝土管道、球墨铸铁管道等,也都是采用这种接口方式。

(三) 中国当代排水事业的发展概况

中华人民共和国成立以后,随着城市和工业建设的发展,城市排水工程的建设有了很大的发展。为了改善人民居住区的卫生环境,中华人民共和国成立初期,除对原有的排水管渠进行疏浚外,曾先后修建了北京龙须沟、上海肇家浜、南京秦淮河等十几处管渠工程。在其他许多城市也有计划地新建或扩建了一些排水工程。在修建排水管渠的同时,还开展了污水、污泥的处理和综合利用的科学研究工作,修建了一些城市污水处理厂。

改革开放以后,随着城市化进程的加快和国家对环境保护重视程度的不断加强,城市水环境污染问题也日益得到重视。国家适时调整政策,规定在城市政府担保还贷条件下,准许使用国际金融组织、外国政府和设备供应商的优惠贷款,推动了一大批城市新建排水设施,较好的控制了城市水污染。同时,立法要求建设、完善城市排水管网和污水处理设施,并对社会环境质量标准,以及结合中国经济、技术条件,对制定国家及地方的污染物排放标准等工作做出了规定。并制定排污收费制度,开始征收排污费和城市排水设施有偿使用费,明确要求城市排水设施有偿使用费专款专用,用于排水设施的维修养护、运行和建设。城市排水设施建设得到较快发展,各城市修建的排水工程数量不断增加,工程规模不断加大,我国城市排水管道总量有了大幅地提高。

进入21世纪以来,我国排水事业有了长足进步,在环境保护和污水治理方面也取得了一定的经验,但由于历史欠账太多,总体水平仍然比较落后,与发达国家相比尚有差距。

第二节 排水系统体制

一、排水系统体制

在城市和工业企业中的生活污水、工业废水和雨水可以采用同一管道系统来排除,也可采用两个或两个以上各自独立的管道系统来排除,这种不同的排除方式所形成的排水系统称为排水体制。排水体制一般分为合流制、分流制和混流制。

(一) 合流制排水体制

合流制排水体制指将生活污水、工业废水和雨水混合在同一个管渠内排除的系统。最早出现的合流制排水系统,是将收集的混合污水不经处理直接就近排入水体,国内外很多老城市以往几乎都是采用这种合流管道系统。

但由于污水未经无害化处理就排放,使受纳水体遭受严重污染。现在常采用末端截流方式对合流制排水系统进行分流改造。这种系统是在临河岸边建造一条截流干管,同时在合流干管与截流干管相交前或相交处设置截流井和溢流井,并在截流干管下游修建污水处理厂。晴天和降雨初期所有污水和雨污混合水可通过截流管道输送至污水处理厂,经处理后排入水体。随着降雨的延续,雨水径流量也逐渐增加,当雨污混合水的流量超过截流管的截流能力后,将有部分雨污混合水经溢流井溢出,直接排入水体(图4-6)。截流式合流制排水系统实现了晴天和降雨初期污水不入河,但降雨过程中仍会有部分雨污混合水未经处理直接排放入河,对受纳水体造成污染,这是它的严重缺点。

图4-6 合流制排水体制

目前，国内外在对合流制排水系统实施分流制改造时，普遍采用末端截流式分流方式，但在条件允许的情况下，应对采取末端截流式分流的合流制系统的溢流污染进行调蓄控制。

(二) 分流制排水体制

分流制排水体制是指将生活污水、工业废水和雨水分别在两个或两个以上各自独立的管道内排除的系统。由于排除雨水方式的不同，分流制排水系统又分为分流制和不完全分流制两种排水系统。

1. 完全分流制

按污水性质，采用两个各自独立的排水管渠系统进行排除。生活污水与工业废水流经同一管渠系统，经过处理，排入外界水体；而雨水流经另一管渠系统，直接排入外界水体。新建大中城市多采用完全分流排水体制(图4-7)。

图4-7 完全分流制

2. 不完全分流制

完全分流制具有污水排水系统和雨水排水系统，而不完全分流只具有污水排水系统，未建完整雨水排水系统。雨水沿天然地面、街道边沟、原有沟渠排泄，或者为了补充原有雨水渠道输水能力的不足而建部分雨水管道，待城市进一步发展完善后，再修建雨水排水系统，变成完全分流制(图4-8)。

图4-8 不完全分流制

(三) 混流制排水体系

混流制排水体制是指在同一城市内，有时因地制宜的分成若干个地区，采用各不相同的多种排水体制。

合理地选择排水系统的体制，是城市和工业企业排水系统规划和设计的重要问题。它不仅从根本上影响排水系统的设计、施工、维护管理，而且对城市和工业企业的规划和环境保护影响深远，同时也影响排水系统工程的总投资和初期投资费用，以及维护管理费用。通常，排水系统体制的选择应首先满足环境保护的需要，根据当地条件通过技术、经济比较后确定。因此，应当根据城市和工业企业发展规划、环境保护、地形现状、原有排水工程设施、污水水质与水量、自然气候与受纳水体等因素，在满足环境卫生条件下，综合考虑确定。

二、排水系统组成

(一) 城市污水排水系统

城市污水排水系统包括室内污水管道系统及设备、室外污水管道系统、污水泵站及压力管道、污水处理厂、出水口及事故排出口。

1. 室内污水管道系统及设备

其作用是收集生活污水，并将其送至室外居住小区的污水管道中。在住宅及公共建筑内，各种卫生设备既是人们用水的容器，也是承受污水的容器，还是生活污水排水系统的起端设备。生活污水从这里经水封管、出户管等室内管道系统流入室外居住小区管道系统。

2. 室外污水管道系统

分布在地面下的依靠重力流输送污水至泵站、污水处理厂或水体的管道系统。它包括居住小区管道系统和街道管道系统，以及管道系统上的附属构筑物。

居住小区污水管道系统(亦称专用污水管道系统)指敷设在居住小区内，连接建筑物出户管的污水管道系统。它分为接户管、小区支管和小区干管。接户管是指布置在建筑物周围接纳建筑物各污水出户管的污水管道。小区污水支管是指布置在居住组团内与接户管连接的污水管道，一般布置在组团内道路下。小区污水干管是指在居住小区内接纳各居住组团内小区支管流来污水的污水管道。一般布置在小区道路或市政道路下。居住小区污水排入城市排水系统时，其水质必须符合《污水排入城镇下水道水质标准》。居住小区污水排出口的数量和位置，要取得城镇排水主管部门的同意。

街道污水管道系统(亦称公共污水管道系统)指敷设在街道下，用以排除从居住小区管道排出的污水，一般由支管、干管、主干管等组成。支管是承受居住小区干管流来的污水或集中流量排出污水的管道。干管是汇集输送支管流来污水的管道。主干管是汇集输送由两个或两个以上干管流来污水，并把污水输送至泵站、污水处理厂或通至水体出水口的管道。

污水管道系统上常设的附属构筑物有检查井、跌水井、倒虹管等。

3. 污水泵站及压力管道

污水一般以重力流排除，但往往受地形等条件的限制而无法排除，这时就需要设泵站。压送从泵站出来的污水至高地自流管道的承压管段称为压力管道。

4. 污水处理厂

处理和利用污水、污泥的一系列构筑物及附属构筑物的综合体称为污水处理厂。城市污水处理厂一般设置在城市河流的下游地段，并与居民点或公共建筑保持一定的卫生防护距离。

5. 出水口及事故排出口

污水排入水体的渠道和出口称为出水口，它是整个城市污水排水系统的终点设施。事故排出口是指在污水排水系统的途中，在某些易于发生故障的组成部分前，所设置的辅助性出水渠，一旦发生故障，污水就通过事故排出口直接排入水体。

(二) 工业废水排水系统

1. 车间内部管道系统和设备

主要用于收集各生产设备排出的工业废水，并将其排送至车间外部的厂区管道系统中。

2. 厂区管道系统

敷设在工厂内，用以收集并输送各车间排出的工业废水的管道系统。厂区工业废水的管道系统，可根据具体情况设置若干个独立的管道系统。

3. 污水泵站及压力管道

主要用于将厂区管道系统内的废水提升至废水处理站。

4. 废水处理站

废水处理站是厂区内回收和处理废水与污泥的场所。在管道系统上，同样也设置检查井等附属构筑物。在接入城市排水管道前宜设置检测设施。

(三) 雨水排水系统

1. 建筑物的雨水管道系统和设备

主要用于收集工业、公共或大型建筑的屋面雨水，将其排入室外雨水管渠系统中。

2. 居住小区或工厂雨水管渠系统

用于收集小区或工厂屋面和道路雨水，并将其输送至街道雨水管渠系统中。

3. 街道雨水管渠系统

用于收集街道雨水和承接输送用户雨水，并将其输送至河道、湖泊等水体中。

4. 排洪沟

排洪沟指为了预防洪水灾害而修筑的沟渠。在遇到洪水灾害时能够起到泄洪作用。一般多用于矿山企业生产现场，也可用于保护某些建筑物或者工程项目的安全，提高抵御洪水侵害的能力。

5. 出水口

出水口是指管渠排入水体的排水口，有多种形式，常见的有一字式、八字式和门字式。

第三节 常见排水设施

一、排水管渠

排水管渠是城市排水系统的核心组成部分，一般分为管道和沟渠两大类。

二、检查井

检查井是连接与检查管道的一种必不可少的附属构筑物，其设置的目的是为了使用与养护管渠的需要。

(一) 检查井设置条件

检查井的设置条件如下：
(1) 管道转向处。
(2) 管道交汇处。
(3) 管道断面和坡度变化处。
(4) 管道高程改变处。
(5) 管道直线部分间隔距离为 30~120m。其间距大小决定于管道性质、管径断面、使用与养护上的要求而定。

检查井在直线管渠段上的最大间距，一般可按表 4-3 选用。

表 4-3 检查井最大间距

管径或暗渠	最大间距/m	
净高/mm	污水管道	雨水(合流)管道
200~400	40	50
500~700	60	70
800~1000	80	90
1100~1500	100	120
1500~2000	120	120

注：数据参照 GB 50014—2006。

(二) 检查井类型

(1) 圆形(井直径 Φ = 1000~1100mm)：一般用于管径 D < 600 mm 管道上。
(2) 矩形(井宽 B = 1000~1200mm)：一般用于管径 D > 700mm 管道上。
(3) 扇形(井扇形半径 R = 1000~1500mm)：一般用于管径 D > 700mm 管道转向处。

(三)检查井与管道的连接方法

(1)井中上下游管道衔接处:一般采取工字式接头,即管内径顶平相接和管中心线相接(流水面平接)。不论何种衔接都不允许在井内产生壅水现象。

(2)流槽设置:为了保持整个管道有良好的水流条件,直线井流槽应为直线型,转弯与交汇井流槽应成为圆滑曲线型,流槽宽度、高度、弧度应与下游管径相同,至少流槽深度不得小于管径的1/2,检查井底流槽的形式如图4-9所示。

图4-9 检查井底流槽的形式

(四)检查井构造及材料

检查井井身的构造一般有收口式和盖板式两种。收口式检查井,是指在砌筑到一定高度以后,逐行回收渐砌渐小直至收口至设计井口尺寸的形式,一般可分为井室、渐缩部和井筒三部分。盖板式检查井,是指直上直下砌筑到一定高度以后,加盖钢筋混凝土盖板,在盖上留出与设计井口尺寸一致的圆孔的形式,可分为井室和井筒两部分。

为了便于人员检修出入安全与方便,其直径不应小于0.7m,井室直径不应小于1m,其高度在埋深许可时一般采用1.8m。

检查井井身可采用砖、石、混凝土或钢筋混凝土、砌块等材料。检查井井盖一般为铸铁或钢筋混凝土材料,在车行道上一般采用铸铁。为防止雨水流入,盖顶略高出地面。井座采用铸铁、钢筋混凝土或混凝土材料制作。

三、雨水口

雨水口是在雨水管渠或合流管渠上收集雨水的构筑物。雨水口的设置位置应能保证迅速有效的收集地面雨水。一般应在交叉路口、路侧边沟的一定距离处以及没有道路边石的低洼地方设置,以防止雨水漫过道路或造成道路及低洼地区积水而妨碍交通。

雨水口的构造包括进水箅、井筒和连接管三部分,如图4-10所示;箅条交错排列的进水箅如图4-11所示。

1-进水箅;2-井筒;3-连接管。
图4-10 平箅雨水口

图4-11 箅条交错排列的进水箅

雨水口的进水箅可用铸铁或钢筋混凝土、石料制成。采用钢筋混凝土或石料进水箅可节约钢材,但其进水能力远不如铸铁进水箅,有些城市为加强钢筋混凝土或石料进水箅的进水能力,把雨水口处的边沟沟底下降数厘米,但给交通造成不便,甚至可能引起交通事故。

雨水口按进水箅在街道上的设置位置可分为:①边沟雨水口,进水箅稍低于边沟底水平放置;②边石雨水口,进水箅嵌入边石垂直放置;③联合式雨水口,在边沟底和边石侧面都安放进水箅。各类又分为单箅、双箅、多箅等不同形式,双箅联合式雨水口如图4-12所示。

雨水口的井筒可用砖砌或用钢筋混凝土预制,也可采用预制的混凝土管。雨水口的深度一般不宜大于1m,在有冻胀影响的地区,雨水口的深度可根据经验适当加大。

1—边石进水箅；2—边沟进水箅；3—连接管。

图 4-12　双箅联合式雨水口

图 4-13　内跌水井

图 4-14　外跌水井

雨水口的底部可根据需要做成有沉泥井或无沉泥井的形式，有沉泥井的雨水口可截留雨水所夹带的沙砾，避免它们进入管道造成淤塞。但是沉泥井往往需要经常清除，增加养护工作量，通常仅在路面较差、地面积秽很多的街道或菜市场等地方，才考虑设置有沉泥井的雨水口。

雨水口以连接管与街道排水管渠的检查井相连。当排水管直径大于 800mm 时，也可在连接管与排水管连接处不另设检查井，而设连接暗井。连接管的最小管径为 200mm，坡度一般为 0.01，长度不宜超过 25mm，接在同一连接管上的雨水口一般不宜超过 3 个。

四、特殊构筑物

(一) 跌水井

跌水井也叫跌落井，是设有消能设施的检查井。当上下游管道高差大于 1m 时，为了消能，防止水流冲刷管道，应设置跌水井。跌水井的跌水方式与构造如下：

1. 跌水方式

(1) 内跌水：一般跌落水头较小，上游跌水管径不大于跌落水头，在不影响管道检查与养护工作的管道上采用（图 4-13）。

(2) 外跌水：对于跌落水头差与跌水流量较大的污水管和合流管道上，为了便于管道检查与养护工作，一般都采用外跌水方式（图 4-14）。

2. 跌水井构造

一般跌水井一次跌落不宜过大，需跌落的水头较大时，则采取分级跌落的办法，跌水井分竖管式、竖槽式、阶梯式三种（图 4-15～图 4-17）。

(二) 溢流井

溢流井一般用于合流管道，当上中游管道的水量达到一定流量时，由此井进行分流，将过多的水量溢流出去，以防止由于水量过分集中某一管段处而造成倒灌、检查井冒水危险或污水处理厂和抽水泵站发生超负荷运转现象。通常溢流井采用跳堰和溢流堰两种形式，如图 4-18 所示。

(三) 截流井

在改造老城区合流制排水系统时，一般在合流管道下游地段与污水截流管相交处设置截流井，使其变成截流式合流制排水系统。截流井的主要作用是正常情况下截流污水，当水量超过截流管负荷时进行安全溢流。常见截流井形式有堰式、槽式、槽堰结合式、漏斗式等（图 4-19）。

(四) 冲洗井

在污水与合流管道较小管径的上、中游段，或管道起始端部管段内流速不能保证自净时，为防止管道淤塞可设置冲洗井，以便定期冲洗管道。冲洗井中的水量，可采用上游污水自冲或自来水与污水冲洗，达到疏通下水道的目的即可。

图 4-15　竖管式跌水井平面示意图

图 4-16　竖槽式跌水井平面示意图

图 4-17　阶梯式跌水井平面示意图

(a) 跳堰式截流井　　　(b) 溢流堰式溢流井

图 4-18　溢流井形式

(a) 堰式　　(b) 槽式
(c) 槽堰结合式　　(d) 漏斗式

图 4-19　截流井形式

图 4-20　闸井

1-进水井；2-事故排除；3-下行管；4-平行管；5-上行管；6-出水井。

图 4-21　倒虹吸

（五）沉砂井

沉泥井主要用于排水管道中，是带有沉泥槽的检查井。可将排水管道中的砂、淤泥、垃圾等物在沉泥槽中沉淀，方便清理，以保持管道畅通无阻。

应根据各地情况，在排水管道中每隔一定距离的检查井和泵站前一检查井设沉泥槽，深度宜为0.3～0.5m。对管径小于600mm的管道，距离可适当缩短。设计上一般相隔2~3个检查井设1个沉泥槽。

（六）闸　井

闸井一般设于截流井内、倒虹吸管上游和沟道下游出水口部位，其作用是防止河水倒灌、雨期分洪，以及维修大管径断面沟道时断水，闸井（图4-20），一般有叠梁板闸、单板闸、人工启闭机开启的整板式闸，也有电动启闭机闸。

（七）倒虹吸

当管道遇到障碍物必须穿越时，为使管道绕过某障碍物，通常采用倒虹吸方式（图4-21）。此处水流中的泥沙容易在此部位沉淀淤积堵塞管道。因此一般设计流速不得小于1.2m/s。根据养护与使用要求应设双排管道。并在上游虹吸井中设有闸槽或闸门装置，以利于管道养护与疏通工作。

（八）通气井

污水管道污水中的有机物，在一定温度与缺氧条件下，厌气发酵分解产生甲烷、硫化氢、二氧化碳、氯化氢等有毒有害气体，它们与一定体积空气混合后极易燃易爆。当遇到明火可发生爆炸与火灾，为防止此类事故发生和保护下水道养护人员操作安全，对有此危害的管道，在检查井上设置通风管或在适宜地点设置通气井予以通风，以确保管道通风换气。

（九）排河口

（1）淹没式排河口：这种方式多用于排放污水和经混合稀释的污水。

（2）非淹没式排河口：此种多用于排放雨水或经过处理的污水。其位置应设置在城市水体下游，并且有消能防冲刷措施。在构造形式上，一般为一字式（图4-22）、八字式（图4-23）和门字式（图4-24）三种形式，可用砖砌、石砌或混凝土砌筑。

图 4-22　一字式管道出口

（十）围　堰

围堰是指在水利工程建设中，为了建造永久性水利设施，修建的临时性围护结构。其作用是防止水和土进入建筑物的修建位置，以便在围堰内排水，开挖基坑，修筑建筑物。一般主要用于水工建筑中，除作为正式建筑物的一部分外，围堰一般在用完后拆除。围堰高度必须高于施工期内可能出现的最高水位。

形式。

(2) 进水设施：包括格栅和集水池。

(3) 抽水设备：水泵，水泵型号、流量、扬程、功率应满足上游来水所需抽升水量和抽升高度的要求；电动机，电动机功率应稍大于水泵轴功率，其大小要相互适应。

(4) 管道设施：进水管道、出水管道和安全排水口。

(5) 电气设备：包括电器启动和制动逆行控制系统。

(6) 起重吊装设备：用以适应设备安装与维修工作需要。

六、调蓄池

调蓄池一般分为雨水调蓄池和合流调蓄池。

雨水调蓄池是一种用于雨水调蓄和储存雨水的收集设施，占地面积大，可建造于城市广场、绿地、停车场等公共区域的下方，也可以利用现有的河道、池塘、人工湖、景观水池等设施。主要作用是把雨水径流的高峰流量暂时存入其中，待流量下降后，再从雨水调蓄中将雨水慢慢排出，以削减洪峰流量，实现雨水利用，避免初期雨水对下游受纳水体的污染，控制面源污染。特别是在下凹式桥区、雨水泵站附近设置带初期雨水收集池的调蓄池，既能规避雨水洪峰，实现雨水循环利用，避免初期雨水污染，又能对排水区域间的排水调度起到积极作用。

合流调蓄池主要设置于合流制排水系统的末端，采用调蓄池将截流的合流污水进行水量和水质调蓄，既能减少对污水处理厂造成冲击负荷，保证污水处理厂的处理效果，又能提高截流量、减少合流制溢流对水体的污染。

图 4-23 八字式管道出口

图 4-24 门字式管道出口

五、泵　站

当管道的上游水头低、下游水头高时，为使上游低水头改变成下游高水头，需要在变水头的部位加设抽水泵站，采用人为的方法提高管道中的水位高度。抽水泵站一般可分为雨水泵站、污水泵站与合流泵站三类，并由以下部分组成：

(1) 泵房建筑：设泵站的地点，泵房的建筑结构

第五章
污泥处理处置概述

第一节 污 泥

一、污泥的来源

在污水处理过程中，会产生大量的污泥，其数量约占处理水量的0.3%~0.5%（以含水率97%计）。污泥的产生一方面是由于微生物的增殖，另一方面，污水中有些沉渣等沉淀下来形成。污泥中有大量的有毒有害物质，如寄生虫卵、病原微生物、细菌、合成有机物以及重金属等，但污泥中也含有非常多的有用物质，如植物营养素（氮、磷、钾）、有机物及水分等。

污泥处理处置应遵循减量化、稳定化、无害化、资源化等原则。

二、污泥的分类

污泥可以根据污泥的成分与来源不同进行分类。

（一）按成分分类

按照成分，污泥可分为有机污泥和无机污泥。

有机污泥，常称为污泥，是以有机物为其主要成分。一般是处理有机废水（包括生活污水）的产物。有机污泥中常含有肥料成分，但必须注意某些生活污水、肉类加工等污水污泥中含有病原微生物、寄生虫卵等，应妥善处理后再排放。有机污泥的特点是容易腐化发臭，颗粒较细，比重较小，约为1.006~1.02，含水率高且不易脱水，呈胶体状态。初沉污泥与二次沉淀池的沉淀物均属有机污泥。

无机污泥，也称沉渣。它的主要成分是无机物质，一般是化学法处理无机废水或天然水的产物。无机污泥中有时也会含有有毒物质或一定量的有机污染物质，所以应该根据它们的性质进行必要的处理。无机污泥的特点是颗粒较粗，比重较大，约为2左右，含水率较低且易于脱水，流动性差。沉砂池与某些工业废水处理沉淀池的沉淀物属于沉渣。

（二）按产生来源分类

按来源分类，污泥可分为初沉污泥、剩余污泥、生污泥、熟污泥和化学污泥等。

初沉污泥来自初次沉淀池，其性质随着进水的成分而异。初沉污泥在正常情况下为棕褐色略带灰色，当发生腐败时，则为灰色或黑色，一般情况下，有难闻的气味。初沉污泥的pH一般为5.5~7.5，典型值为6.5左右，略显酸性。含固量一般为2%~4%，常为3%左右，具体取决于初沉池的排泥操作。初沉污泥的有机份一般为55%~70%。初沉污泥的产量取决于污水水质与初沉池的运行情况。干污泥量与进水中的悬浮物（SS）和沉淀效率有关，湿污泥量除与沉淀效率有关外，还直接决定了排泥浓度。

剩余污泥来自活性污泥法二次沉淀池或生物膜法，前者含水率较高，后者含水率较低。活性污泥外观为黄褐色絮体，有土腥味，含固量一般为0.5%~0.8%，具体取决于所采用的污水处理生化工艺。有机份常为70%~85%。活性污泥的pH为6.5~7.5，具体取决于污水处理系统的工艺及控制状态。活性污泥的产量取决于污泥处理工艺所采用的生化工艺类型，传统的活性污泥法、A-B等工艺的产泥量都不同。

一般将未经厌氧消化处理的污泥，称为生污泥；经过消化处理的污泥，称为熟污泥（或消化污泥）。

根据污泥在干化和焚烧不同的处置阶段，将干化阶段的污泥，称为干化污泥；在焚烧阶段的污泥，称为焚烧污泥。

用化学沉淀法产生的污泥为化学污泥。如用混凝法去除水中的磷产生的污泥，投加硫化物去除污水中的重金属离子产生的污泥,以及投加石灰中和酸性污水产生的沉渣以及酸、碱污水中和处理产生的沉渣等等。一般来说,化学污泥气味较小,且极易浓缩或脱水。由于有机份含量不高,所以一般不需要消化处理。此外,在厌氧消化沼气净化工艺采用生物脱硫方法的,也需定期排放污泥,这种污泥通常称含硫污泥,也是化学污泥的一种。

三、污泥的性质

实际生产中,常常用一些指标来衡量污泥的性质。主要有含水率、有机物含量、pH 等。

(一)含水率

污泥中所含水分的重量与污泥总重量之比的百分数称为污泥含水率。污泥的含水率一般都很高,比重接近1。污泥的体积、重量及所含固体物浓度之间的关系,可用式(5-1)表示:

$$\frac{V_1}{V_2} = \frac{100 - P_2}{100 - P_1} \tag{5-1}$$

式中:V_1、V_2——污泥体积,m^3;

P_1、P_2——污泥含水率,%。

要注意,上述公式只适用于含水率大于 65% 的污泥。因含水率低于 65% 以后,体积内出现很多气泡,体积与重量不再符合此公式。

(二)有机物含量

挥发性固体(或称灼烧减重)近似的等于有机物含量。污泥中有机物的成分主要有蛋白质、脂肪和碳水化合物。可通过测定污泥中有机物具体成分含量来进行厌氧消化产气量的评估等。

(三)肥分

污泥中含有大量的植物生长所必需的肥分(氮、磷和钾)和微量元素。通过对全国 144 个城市污泥处理处置的取样分析,结果表明,在污泥中氮的平均含量是 25g/kg,即 2.5%,磷的平均含量为 2.26%,钾则相对较少。和国际水平相比,我国污泥处理处置产生的污泥中氮、磷含量偏低。但从另一个角度,污泥中氮含量比农家肥中含氮量高,有机质含量也高于农家肥。从资源学来说,污泥替代有机肥,是有可能的。但也有不利的一面,在三十几个城市污泥中,都测到了多环芳烃,这种物质对人体的致癌效果显著。但是,厨房油烟排放中也有多环芳烃,森林火灾也会产生多环芳烃,所以关键在于它超标与否。总体上来说,我国污泥存在有机污染物,但并不超标。

(四)重金属含量

污泥中重金属含量,决定于城市污水中工业废水所占的比例及工业性质。污水经二级处理以后,约有 50% 以上转移到污泥中。因此,污泥中的重金属离子含量一般都比较高。当污泥作为肥料使用时,要注意重金属离子含量是否超过标准。

(五)pH

pH 也是污泥的一项重要的指标。一般来自污水处理厂的剩余污泥 pH 为 7 左右。但是需注意设置有 pH 调节工艺的污泥,如投加石灰,在投加前后 pH 会有变化。

四、污泥的组成

污泥的特点是含水率高,通常污泥的含水率可高达 97% 以上。污泥中有机物含量也较高,一般为 40%~70%。城镇污水厂的污泥主要属于有机污泥,其特点是含水率和有机物含量高、颗粒细、密度较小。污泥中含有大量氮、磷、钾、钙等元素,同时还有植物所必需的微量元素,通过缓慢释放,具有长效性;但是污泥中还有大量病原菌、寄生虫、致病微生物,以及砷、铜、铬、汞等重金属,具有很强的污染性,如不对其进行处理,将对生态环境和人类健康造成危害。

(一)有机物

污泥中含有较多的有机物,易分解腐烂,带来强烈的恶臭味,污染大气,并且存放污泥的渗滤液也会污染水体与土壤,导致食物链感染。

(二)氮 磷

污泥含有较多的氮磷元素。当这部分有机物无法得到去除后,就会富集在污泥固体中,随着后继的污泥处理与利用,有再次污染环境的可能性,如导致水体富营养化。

(三)盐 分

污泥中的大量盐分,会提高土壤电导率,破坏植物养分平衡,抑制植物对养分的吸收,甚至会对植物根系造成伤害。

(四)致病菌

污泥中可能含有病原菌、寄生虫、致病微生物等可导致流行性传染病。

(五) 重金属

污泥中重金属的特点是溶解度小、性质稳定、难以去除，污泥若不经处理直接施用于土地，有污染土壤的风险。

第二节 污泥的最终处置与处理方法

一、污泥的最终处置

(一) 污泥的最终处置要求

污泥必须经过处理后才能进行最终处置。污泥的安全处置是当前污泥处置工作的最终目标，即污泥经处置后不再造成环境的二次污染。各地区应根据泥质特性、地理位置、环境条件和经济社会发展水平、人员管理水平等因素合理确定处置方式。

对于城市中心区人口密集、土地资源紧张、经济相对发达的城市，在生物堆肥处理用地紧张、土地利用成本较高时，可考虑采用占地面积小、设备集中、运行管理自动化程度较高、对环境影响小的处理方法和处置方式，例如，污泥经"干化+焚烧"处理后对焚烧灰渣进行填埋或者建筑材料利用。

对于土地资源相对丰富，制水泥、制砖等行业较发达的城市，污泥宜以土地利用和建筑材料利用为主、填埋为辅进行处置。

对于人口密度低、土地资源丰富，周边有较多农田、绿地的城市，应当对污泥中的营养物质进行回收利用或用于改良土壤，污泥宜以土地利用为主进行处置。

(二) 污泥处理处置技术的选用原则

污泥处理处置技术应以节能、低碳、循环为评价标准，应以减量化、稳定化和无害化为目标，以稳定化为重点。

妥善处理后的污泥可以农用或制作建材等。污泥含有大量的有机份和植物生产元素，经高温发酵等方式处理后可作为良好的肥料和土壤改良剂。符合标准的污泥施用于土地，可将由土壤中摄取的部分有机质和无机肥料输送回土壤，有助于恢复土壤肥力。

污泥处理处置技术的具体选用原则应为：坚持处置方式决定处理工艺；强化污泥减量化措施；坚持设施合理布局、统筹兼顾；优先进行土地利用。

1. 坚持处置方式决定处理工艺

同污水处理一样，污泥处理处置工艺与之类似，由处置方式决定泥质标准，根据泥质标准确定污泥处理方法。目前，由于我国污泥处理起步较晚，一些地区尚未开展相关的研究和规划，设计工程中确实存在着污泥处理思路不清晰的问题，具有较大的不确定性，因此要求处理工艺更加灵活，尽可能地保证处理后出路的多样化。

2. 强化污泥减量化措施

污泥含水率由80%降低至60%时，体积能减少到原来的一半。如果能在污水处理厂内经脱水设备将含水率降低，后继采用污泥干化或者"干化+焚烧"处理时将降低干化设备的投资，并可能使污泥焚烧实现热量平衡，减少附加能源的投入，降低运行成本。为实现污泥的减量化，应重视挖掘现有脱水设备的能力，采用高效污泥脱水新技术，有效减少污泥体积，降低后继污泥处理处置负担。

3. 设施合理布局、统筹兼顾

合理布局、统筹兼顾的含义包括：污泥处理处置建设过程中，应将污泥处理作为污水处理的一部分统一考虑，避免片面强调污水处理率，无视污泥处理和处置；对污泥处理设施的建设宜相对集中设置，鼓励将若干小型城镇的污泥集中处理处置，避免分散建设；对污泥进行系统处置时，应在考虑运输距离、规模效益等因素下，可以考虑将污泥处理中心(场)设置于水泥、制砖和发电企业附近，利用工业废热、合理确定污泥处理规模；此外，在制订污泥处理处置规划过程中，坚持城乡统筹的原则，建立起布局合理、覆盖城乡的污泥处理处置体系。

4. 优先进行土地利用

污泥的土地利用是各类污泥处理方式中最为经济有效的方式，还可以实现资源的回收和利用。因此，应在合理控制污泥量的前提下，根据各地区的气候、土地资源情况等条件，对污泥优先进行土地利用。当然，污泥用于土地利用，泥质必须满足国家的相关标准，方可施用。

二、污泥的处理方法

污泥的处理方法，一般是指通过生化、物化的方法，去除污泥中的水分，提取污泥中的有机物，减少污泥的容积。物化的方法，通常为筛分、浓缩、干化等。生化的方法，通常包括厌氧消化、堆肥等。污泥处理的工艺就是这些处理方法的组合。

第三节 污泥处理处置新技术

近年来，随着国外先进技术的引进、消化和吸收，国内在污泥预处理技术和装备上有明显进步，主要表现在对于污泥中的渣、砂等增加预处理环节，减少污泥中无机质的比重；另外，通过热解、高压脉冲等技术，对于有机污泥加大预处理，充分利用现况设施，提升降解污泥中有机物的水平。出现污泥高干脱水、污泥低温干化、太阳能干化、污泥炭化(干馏)、污泥焚烧等典型案例应用。甚或有些地方开展污泥与城市垃圾协同消化，污泥与水泥厂回转炉的协同干化焚烧等。

对于污泥的后继处置，除堆肥农用、建材等，蚯蚓养殖、做发泡混凝土或陶粒等，都是对于污泥处理处置之路的积极探索。

第四节 我国有关污泥处理处置的标准规范

一、国家标准

《城镇污水处理厂污泥处置 园林绿化用泥质》(GB/T 23486—2009)。

《城镇污水处理厂污泥处置 混合填埋用泥质》(GB/T 23485—2009)。

《城镇污水处理厂污泥处置 分类》(GB/T 23484—2009)。

《城镇污水处理厂污泥泥质》(GB/T 24188—2009)。

《城镇污水处理厂污泥处置 制砖用泥质》(GB/T 25031—2010)。

《城镇污水处理厂污泥处置 单独焚烧用泥质》(GB/T 24602—2009)。

《城镇污水处理厂污泥处置 土地改良用泥质》(GB/T 24600—2009)。

《农用污泥污染物控制标准》(GB 4284—2018)。

二、行业标准

《城镇污水处理厂污泥处理 稳定标准》(CJ/T 510—2017)。

三、地方标准

《城镇污水处理厂污泥处理能源消耗限额》(DB11/T 1428—2017)。

四、推荐规范

《城镇污水处理厂污泥处理技术规程》(CJJ 131—2009)。

《城镇污水处理厂污泥处理处置技术指南(试行)》(2011年3月)。

第六章
污泥处理处置工艺

第一节 污泥处理处置常用工艺流程

典型的污泥处理流程分为四个阶段。第一阶段为污泥浓缩，主要目的是使污泥初步减容，减少后面的处理构筑物的容积或设备容量；第二阶段为污泥消化，使污泥中的有机物分解；第三阶段为污泥脱水，使污泥进一步减容；第四阶段为污泥处置，采用某种途径将最终的污泥予以消纳。以上各阶段产生的清液或滤液中仍含有大量的污染物质，因而应送到污水处理系统加以处理。经过以上四个阶段，能够实现污泥的减量化、稳定化、无害化、资源化的目的。与之相对应，常用的污泥处理方法有污泥浓缩、消化、脱水、干化、焚烧、碳化等。污泥后继利用途径包括：园林利用、建筑建材、垃圾场的覆盖土等。

各地条件不同，但基本上是污泥浓缩、消化、脱水、干化等的组合。常用的污泥处理处置工艺流程组合如图6-1~图6-3所示。

图6-1 污泥浓缩、消化、脱水组合工艺

图6-2 污泥浓缩、消化、脱水、干化组合工艺

图6-3 污泥浓缩、消化、脱水、干化、焚烧组合工艺

第二节 筛分、洗砂、均质、浓缩

筛分、洗砂、均质、浓缩均可划分为污泥预处理工序,主要目的是为减少后继设备磨损,提高现况污泥处理设备设施的效率,提升污泥中有机物的降解效率而采取的工程技术措施。

一、筛 分

筛分,主要是去除污泥中的浮渣。因浮渣在前期污水预处理过程中未能及时去除,随污泥进到后继污泥管线中。浮渣含量较多时,会堵塞污泥管线、泵、流量计等。浮渣进到消化池内,易在消化池顶部形成浮渣层,影响消化池的运行安全。

通常情况下,污泥中的浮渣,基本上是纤维状物质,一般多为毛发、瓜子壳、木材碎屑等。对于大粒径的杂物分离,通常采用机械格栅的方式分离。但是,由于通用的机械格栅普遍存在分离精度不高(分离对象的最小粒径为3mm)、分离对象受限(不能同时去除重质和轻质杂质)等,所以,国内有研发使用微网机械筛分的工艺,以便去除粒径小于1mm的杂质。

常用的污泥筛分设备,多安装在污泥管线上,采用孔板或网板,拦截污泥中的絮状物,避免絮状物等杂质进入后继处理工序中。污泥筛分去除浮渣的常用设备有滚筒式和管道式两种格栅。

(一)滚筒格栅

1. 原 理

滚筒格栅是一种利用滚筒式网板从液体中筛分出固体颗粒和纤维毛发等杂质的装置,专门用于解决污泥中纤维、毛发等杂物处理难的问题,具有杂质拦截效率高、设备可靠性高、结构紧凑等特点。

滚筒格栅工作原理,是待处理污泥经过管路,从设备一端中心位置进入具有特殊结构的滚筒格栅。在重力作用下污泥经过网板上的圆形孔汇入格栅下箱体,并从排泥口流出,杂质被截留在滚筒网板内部,在滚筒旋转过程中利用滚筒网板内壁上的螺旋叶片逐渐将杂质推出格栅。滚筒格栅反冲洗系统提供中压冲洗水对网板过滤孔进行清洗,并利用毛刷彻底清扫网孔,保证格栅稳定的过泥量。滚筒格栅外观实物图如图6-4所示。

2. 构 成

滚筒格栅主要由外壳、滚筒式网板、进水配水管、

图 6-4 滚筒格栅

反冲洗系统、毛刷、驱动装置和电控系统等组成。

(二)管道式格栅

1. 原 理

管道式污泥除渣机是一个管状水平安装的粗大杂质分离器,可实现连续过滤、排泥和传输、压榨固体栅渣,主要由进料管、驱动区、过滤区、压榨区及带锥形调节装置的卸料区组成。由泵把待处理介质注入过滤区,然后通过排放管排入下一步流程。截留在过滤区表面的粗大杂质被螺旋杆输入压榨区,经压榨后排出。

2. 构 成

管道式污泥除渣机主要由进料管、驱动装置、过滤网、输送螺旋以及带锥形调节装置的卸料区组成。结构示意如图6-5所示,实物如图6-6所示。

图 6-5 管道式格栅除污机结构示意图

图 6-6 管道式格栅除污机

影响除渣机效率的主要因素包括进泥流速、进泥浓度、进泥含渣量。

二、洗 砂

污泥中往往携带一定量的砂粒，虽前端建有除砂设施，但是由于砂的粒径分布范围不同，除砂设备的选型与实际进水中砂的粒径不匹配或除砂设备除砂效率的问题，导致部分砂粒会进入到污泥中。污泥中的砂粒如果得不到有效去除，就可能对后续各处理单元的运行带来诸多影响，如堵塞污泥管线、磨损污泥泵的定转子或叶轮，甚至在消化池等地沉积，将减少有效容积。同时，污泥中砂粒过多，有机份含量低，会导致污泥在进行厌氧消化时产气量低。通过强化除砂工艺，可以提高污泥的有机份，进而提升后继消化系统的效率。

一般来说，污泥含砂特性主要与污泥处理处置服务区域地理环境以及进水性质有关。污泥中多为黑色的磁性无机砂质颗粒和淡黄色硅质无机砂质颗粒。

常用的污泥洗砂设备包括旋流除砂器和砂水分离器。

(一) 旋流除砂器

旋流沉砂器，是指利用离心力对污泥中不同粒径或比重的物料进行分离的设备。旋流器本身无任何动力部件，需要外部提供一定的压力进而形成离心力。沙砾等固体颗粒在离心力的作用下，进行旋转运动，粒径大的颗粒在旋流流场的作用下同时沿径向向外运动，达到器壁后速度越来越慢，最后沿旋流器的锥体段进入沉砂装置进行砂水分离。

(二) 砂水分离器

砂水分离器，是指砂水混合液通过进入箱体，砂水混合液中的砂等沉淀物依靠自重慢慢地沉淀在带有螺旋叶片的"U"形槽底部，而上清液则通过溢流板经出水管排出到储泥池中。砂等沉淀物则通过一旋转的无轴螺旋叶片输送至卸料口，落在垃圾箱中。

三、均 质

对于集中式污泥处理工程，污泥来自服务片区内不同的污水处理厂，因各厂进出水水质及处理工艺的不同，会使污泥泥质有较大的差异。对于进入热水解、厌氧消化、干化焚烧设备的不同污泥处理处置污泥应进行均质调节，避免污泥泥质不均对设备运行产生的不利影响。此外，污泥处理处置的产气量也可能产生波动，如进水量、进水水质和工艺变化、设备维修等均会导致污泥量的变动，这就需要均质设施来调剂以减少波动。

目前最主要的污泥均质调节手段是储坑或料仓混合和螺旋输送机在线混合。同时，对于片区规划新建的污泥处理处置项目，应进行科学合理的泥质预测，较为准确可靠的方法是取同片区临近污水处理厂进水水样进行中试研究，检测污泥泥质。

现况大型污泥处理设施均建有污泥料仓等均质设施，并具备稀释、搅拌等功效。

四、浓 缩

污泥中的水分大致分为四类：颗粒间的孔隙水，约占总水分的70%；毛细水，即颗粒间的毛细管内的水，约占20%；污泥颗粒吸附水和颗粒内部水，约占10%。

污泥浓缩，就是降低污泥中的孔隙水，因孔隙水所占比例最大，故浓缩是减容的主要手段。

浓缩一般分为重力浓缩、气浮浓缩、转鼓浓缩、带式浓缩、离心浓缩等。

(一) 重力浓缩

1. 基本原理

重力浓缩法适用于固体密度较大的场合。重力浓缩本质上是一种沉淀工艺，属于压缩沉淀。浓缩前，由于污泥浓度很高，颗粒之间彼此接触支撑。浓缩开始之后，在上层颗粒的重力作用下，下层颗粒间隙中的水被挤出界面，颗粒之间相互拥挤得更加紧密。通过这种拥挤和压缩过程，污泥浓度进一步提高，从而实现污泥浓缩。

重力浓缩法的构筑物称为浓缩池。按其运行方式可分为间歇式浓缩池和连续式浓缩池两类。

间歇式浓缩池(图6-7)处理能力小，主要用于小型处理设施，间断操作。

图6-7 间歇式浓缩池

连续式浓缩池(图6-8)处理能力较大，适用于大中型污水处理。污泥由浓缩池中心筒进入，澄清水由溢流堰排走，污泥由池底排出。为提高浓缩池效率，可在池内增设倾斜板，或增设竖向栅条，随刮泥机一起转动，可以破坏固体泥渣间的搭接及胶着状态，并使吸附在固体表面的气泡分离，促进固体沉降，提高处理效率。

1-栅条；2-刮板；3-主轴；4-稳流筒；5-减速机座；
6-减速机；7-联轴器；8-刮臂。

图6-8 连续式浓缩池

重力浓缩池可分为矩形池和圆形池。圆形重力浓缩池的进泥管一般在池中心，进泥点一般在池深一半处。排泥管设在池中心底部的最低点。上清液自液面池周的溢流堰排出。

较大的浓缩池设有污泥浓缩机，浓缩机底部带刮板，可采用半桥或全桥的回转方式，转速可调，利用刮板，将污泥刮至泥斗中，便于排泥。此外，浓缩池还设有浮渣斗。

浓缩池一般设置在地面上，也可放在脱水机上部。后者的优点是浓缩池泥渣可以直接流入真空过滤机料浆槽，有利于提高泥渣浓度，缺点是高架浓缩池投资较高。

2. 工艺控制

重力浓缩池工艺控制要点，主要包括浓缩池进泥量、排泥量和浮渣排放操作。

1）进泥量的控制

由于浓缩池本质上是压缩沉淀，对于选定的浓缩池来说，其进泥量宜在最佳进泥量区间。进泥量太大，超过了浓缩能力，会导致上清液浓度太高，浓缩效果比较差；进泥量太小，浓缩池的处理能力降低，浪费池容，还可能导致污泥上浮，从而使浓缩不能顺利进行下去。

污泥在浓缩池中发生厌氧分解，降低浓缩效果表现在两个不同的阶段：当污泥在池中停留时间较长时，首先发生水解酸化，使污泥颗粒粒径变小，比重降低，导致浓缩困难；如果停留时间继续延长，则可发生厌氧分解产生甲烷、二氧化碳等，或发生反硝化作用产生氮气，直接导致污泥上浮。

浓缩池进泥量可由式(6-1)计算：

$$Q = \frac{q \times A}{C} \quad (6-1)$$

式中：Q——进泥量，m^3/d；
C——进泥浓度，kg/m^3；
A——浓缩池的表面积，m^2；
q——固体表面负荷，$kg/(m^2 \cdot d)$。

其中固体表面负荷，是指浓缩池单位表面积在单位时间内能浓缩的干固体量。固体表面负荷的大小与污泥种类、浓缩池构造和温度有关，是综合反映浓缩池某种污泥的浓缩能力的一个指标。初沉污泥的浓缩效果较好，其固体表面负荷一般可控制在 $90 \sim 150 kg/(m^2 \cdot d)$ 的范围内。活性污泥的浓缩性很差，一般不宜进行单独重力浓缩。如果进行重力浓缩，则应控制在低负荷水平，一般在 $10 \sim 30 kg/(m^2 \cdot d)$。

此外，可使用水力停留时间来衡量计算浓缩池的进泥量。水力停留时间的计算公式见式(6-2)：

$$T = \frac{V}{Q} \quad (6-2)$$

式中：T——停留时间，h；
V——浓缩池的有效体积，m^3；
Q——进泥量，m^3/d。

浓缩池水力停留时间一般控制在 $12 \sim 30h$ 内。温度较低时，水力停留时间可以稍微长一些；温度高时，不应使停留时间太长，以防止污泥上浮。需考虑温度的原因主要是温度对浓缩效果的影响体现在两个不同的方面：当温度较高时，一方面污水容易水解酸化(腐败)，使浓缩效果降低；另一方面，温度会使污泥的黏度降低，使颗粒中的孔隙水易于分离出来，从而提高浓缩效果。在保证污泥不水解酸化的前提下，总的浓缩效果将随温度的升高而提高。一般来说，温度在 $15 \sim 20℃$ 时，浓缩效果最佳。

2）排泥量的控制

浓缩池排泥量是严格控制的指标。浓缩池的排泥应该确保一定的浓缩效果，即避免排泥过多，导致浓缩池的进泥来不及浓缩，都被排走；又应避免浓缩池的污泥没有及时排走，导致浓缩池出现污泥上浮。

当污泥进泥量少或连续排泥不能保证出泥的含水率要求时，可以间歇排泥。应避免较长时间不排泥，污泥在池内发生厌氧反应，进而产生污泥上浮的问题。

3）排浮渣的控制

浓缩池都设有浮渣排放槽，用于池面上漂浮的沉渣或杂物等的去除。应每周检查浮渣槽的堵塞情况，并及时清理。

3. 运行控制目标

浓缩池的运行控制目标，就是获得较好的浓缩效果。一般采用浓缩比、分离率和固体回收率三个指标进行综合评价。生产中运行控制指标，主要是浓缩后污泥含水率，详见表6-1。

表6-1 不同类型污泥浓缩控制指标

污泥类型	污泥固体负荷/[kg/(m²·d)]	浓缩后污泥含水率/%	停留时间/h
初沉污泥	80~120	95~97	6~8
剩余活性污泥	20~30	97~98	6~8
初沉污泥与剩余活性污泥的混合污泥	50~75	95~98	10~12

（1）浓缩比：一般对于重力浓缩池，常引进浓缩比为综合指标，对浓缩效果进行评价。浓缩比系指浓缩池排泥浓度与进泥浓度的比值。一般浓缩比宜大于2，浓缩比的计算公式见式(6-3)：

$$浓缩比：f = \frac{C_2}{C_1} \quad (6-3)$$

式中：C_1、C_2——进泥、排泥污泥浓度，kg/m^3。

（2）固体回收率：是指被浓缩到排泥中的固体占入流总固体的百分比。浓缩初沉污泥时，固体回收率宜大于90%；浓缩初沉污泥和剩余污泥的混合污泥时，固体回收率宜大于85%。计算公式见式(6-4)：

$$M = \frac{Q_2 \times C_2}{Q_1 \times C_1} \quad (6-4)$$

式中：Q_1、Q_2——进泥量、排泥量，m^3/d；

C_1、C_2——进泥浓度、排泥浓度，kg/m^3。

（3）分离率：是指浓缩池上清液占进泥量的百分比。表示经浓缩后分离出来的水分所占的百分比。计算公式见式(6-5)：

$$F = \frac{Q_e}{Q_i} \quad (6-5)$$

式中：Q_e——浓缩池上清液的流量，m^3/d；

Q_i——浓缩池的进泥量，m^3/d。

需要说明的是在实际应用中，因为浓缩池上清液基本很少有计量，所以此项指标较少使用。

（二）转鼓浓缩

1. 基本原理

转鼓机械浓缩，是将经化学絮凝的污泥进行螺旋推进脱水和挤压脱水，是降低污泥含水率的一种简便高效的机械设备。

转鼓浓缩机主要构造是一安装在圆柱形筛筐内的运输螺杆，转速可调整。通过自由重力，清水将从网隙内过滤。截流在筛网内的固体物质将通过运输螺杆缓慢运向排泥口。通过排泥口的调节堰板以及螺杆转速可以对污泥浓缩度进行调整。过滤筛筐将会定期通过一自动冲洗装置进行清洁。

转鼓浓缩机一般由浓缩机本体、絮凝罐、絮凝制备系统、进泥泵、排泥泵、冲洗水系统等组成。实物如图6-9所示。

图6-9 转鼓浓缩机

2. 工艺控制

对于转鼓浓缩工艺，主要控制参数是控制浓缩机的加药量和进泥量。根据絮团和滤液情况，通过调整加药量和进泥量，来确保稳定的处理效果。

要注意检查并观察浓缩机滤液，尽量确保滤液中悬浮物较低。在部分浓缩机设计中，是采用浓缩后的滤液作为浓缩机的冲洗水，所以滤液悬浮物含量太高，影响筛网的冲洗效果，进而影响浓缩机进泥量。

要定期检查浓缩机冲洗水压力，确保冲洗筛网水压稳定。

3. 运行控制目标

浓缩机投药量应控制在 $2~4kg/(t\ DS)$；浓缩后污泥含水率宜为96%~97%。滤液悬浮物应小于500mg/L。

（三）带式浓缩

1. 基本原理

调质后的污泥絮体通过机械进料分配器均匀地分布在循环运动的滤带上，在泥耙双向搅动作用下，污泥絮体及颗粒间互相剪切、揉搓，使污泥结构发生变化，从而促使污泥中水分释放，随着滤带的移动使污泥得到浓缩。其中，滤液在滤带水平运动过程中穿过滤带被排出，浓缩后的污泥则随滤带运至后继系统中。

带式浓缩工艺配置包括：絮凝反应罐、带式浓缩机、空气压缩机、污泥进泥泵、污泥排泥泵、冲洗水泵、絮凝剂制备系统。主体部分是带式浓缩机。带式浓缩机示意如图6-10所示。

1-上网带；2-下网带；3-轴辊；4-网带冲洗；
5-驱动电机；6-机架；7-调偏轴。

图6-10 带式浓缩机

2. 工艺控制

工艺控制主要参数为调节浓缩机带速、网带张紧压力、进泥量、加药量等。一般来说，带式浓缩机的滤带上层应平铺一层经过絮凝反应的污泥，污泥絮团性质大小均一且稳定。滤液为澄清状态，无污泥等悬浮杂质。

当污泥流量发生变化时，相应的加药量应进行调整，一般随污泥流量的变化而呈正相关性的变化。

带式浓缩机运行的异常情况包括：带式浓缩机滤液逐渐浑浊，悬浮物不断升高；加药泵运转异常，出药量少；储药箱和干粉料仓料位低；网带出现损坏等。

3. 运行控制目标

带式浓缩机处理剩余污泥时，带速宜小于8m/min；处理初沉污泥时，带速可适当增加。

浓缩机投药量应控制在2~4kg/(t DS)；浓缩后污泥含水率宜为96%~97%。滤液SS应小于500mg/L。

(四) 离心浓缩

1. 工作原理

离心浓缩的原理是指利用污泥中的固体、液体的比重差，在离心力场所受到的离心力的不同而被分离。离心浓缩的主要设备是离心浓缩机。离心机转鼓在主驱动电机带动下进行高速旋转形成离心力，由于离心力的作用，物料中密度大的固体颗粒物沉积在转鼓的内壁上，工作时螺旋体通过液压差速器驱动与转鼓作不等速的相对运动，螺旋体不断将沉积在转鼓内壁上的固体颗粒刮向排泥端，并利用"U"形管原理和空气辅助补偿技术，通过固、液排料口两端的液位差将浓缩污泥排出，分离后的清液从转鼓清液溢流口排出。从而实现污泥浓缩过程，称为离心浓缩。

生产中，最早采用筐式离心浓缩机，后来经过盘嘴式等几代更换，现在普遍采用卧螺式离心浓缩机。

离心浓缩机主要由螺旋体、转鼓、液压差速系统和空气调节系统等构成。

2. 工艺控制

离心浓缩机运行过程中，通过调整转鼓的转速、固体负荷、絮凝剂的种类、絮凝剂的配制浓度、投加量及投加位置、液环层厚度、速差曲线等参数，改变脱水泥饼的含固量和上清液的含固量，使离心机运行在最佳状态。

在上述的诸多因素中，液环层厚度的设定、速差的调整对离心浓缩机浓缩效果影响较明显。

需注意，若进泥中的含砂量比较高，就会导致上清液的含固率较高，如果在这种状态下长期运行的话，由于上清液从返流管中被甩出的时候具有很高的流速，这样将造成离心浓缩机螺栓及配重块的磨损，导致离心机动平衡的破坏。

3. 运行控制目标

一般转鼓转速最大设定值为100%，根据调试确定，一般转速不做调整。可通过调整差转速，来改变离心浓缩机排泥的快慢。差转速的大小，由调试取得。差转速过小，会有堵料的风险。

离心浓缩机投药量应控制在2~4kg/(t DS)；浓缩后污泥含水率宜为96%~97%。滤液悬浮物应小于500mg/L。

(五) 气浮浓缩

1. 工艺原理

气浮浓缩是指利用高度分散的微小气泡作为载体去黏附污泥中的疏水性悬浮物，使其比重小于水而上浮，实现浓缩的过程。具体是利用微小气泡能附着于污泥固体表面的特性，在气固附着体的相对密度小于$1g/cm^3$的情况下，将固体携带到液面，形成浮渣层，然后用刮泥机刮除，从而获得浓缩污泥。气浮浓缩可以使污泥含水率从98.5%~99.3%降低到96%~97%。澄清液中悬浮物一般低于1000mg/L，可回流到沉淀池。

气浮浓缩法适用于轻质泥渣，如活性污泥等。气浮浓缩工艺典型配置包括：气浮池、浓缩污泥储池、溶气系统、加药系统和电控系统。详见图6-11。

气浮池应设絮凝反应区、接触区、分离区、清水区、絮凝搅拌装置、水位调节装置、刮泥机、出泥槽和内部管路等。溶气系统应设溶气水泵、管道过滤器、空气压缩机、空气稳压罐、溶气罐、溶气水释放装置等。加药系统应设溶药储药装置、加药泵和加药管路。

1—气浮池;2—集水池;3—加压泵;
4—溶气罐;5—减压阀;6—刮泥装置。

图 6-11 气浮浓缩系统示意图

气浮时有效空气重量与污泥中固体物重量之比称为气固比(或溶气比)。在一定范围内,气浮浓缩效果随气固比的增加而提高,超过这个范围,效果就不明显。一般采用气固比为 0.03~0.1。溶气罐的压力,一般采用 0.3~0.5MPa。溶气罐的水力停留时间约为 1~3min。回流比采用 25%~35%,水量负荷参考表 6-2。

表 6-2 气浮浓缩池水量负荷

污泥种类	水量负荷/[$m^3/(m^2 \cdot d)$]
曝气池混合液	46~75
剩余活性污泥	40~80

2. 工艺控制

气浮系统的运行调控参数主要有进泥量、加药量、气固比(或溶气比)、悬浮液的浓度、排泥量等。

(1)观察气浮反应池内污泥的浓缩情况以及溶气情况,一般来说,气浮反应池上层应漂浮一层浓缩污泥,且池面上有溶气气泡,气泡大小应大小均匀。

(2)需观察气浮反应池回流渠内回流液情况,一般来说,回流液为澄清状态,无污泥等悬浮杂质。

(3)需观察储泥池内浓缩污泥情况。储泥池是储存经气浮浓缩反应后的浓缩污泥的设施,一般情况下,经气浮浓缩后的污泥含水率为 96%~98%,污泥状态呈半流动性。

(4)需检查现场的显示仪表,需注意混合泵的进气流量以及压力,气浮反应池的液位,储泥池的液位,气浮反应池的溶气气量等。可以借助污泥浓度计以及浊度仪等测试仪器来进行运行状态的测试。其中,污泥浓度计用来测量污泥气浮浓缩效果,浊度仪用来测量气浮反应池回流渠回流液的澄清度情况。

(5)通过泥质检测,可判断气浮浓缩效果。可进行检测的指标包括气浮浓缩池进泥含水率和排泥含水率。

(6)气浮浓缩可采用无机混凝剂如铁盐、活性二氧化硅、有机高分子如聚丙烯酰胺(PAM)等,在水中形成易于吸附或者俘获气泡的表面及架构,提高气浮浓缩的效果。注意:当气浮浓缩后的污泥,用以回流曝气池时,则不宜采用混凝剂。

3. 运行控制目标

污泥处理量大于 $100m^3/h$ 时,多采用辐流式池型。当污泥处理量小于 $100m^3/h$,多采用矩形池。通常辐流式气浮池采用连续排泥,矩形池采用间歇排泥,为保证出泥含水率,避免刮泥机频繁启动产生过大静负荷对设备造成影响,气浮池间歇排泥时间宜为 2~4h。

气浮浓缩通常采用加压溶气气浮,气源压力应稳定。结合《给水排水设计手册》和部分城镇污泥处理处置运行经验数据,溶气水饱和罐进气压力确定为 0.3~0.5MPa。浓缩后污泥含水率为 96%~97%。

(六)浓缩药剂

浓缩工艺中,除重力浓缩外,一般都采用絮凝剂进行污泥调质提高浓缩效果。总体来说,絮凝剂分为无机絮凝剂、有机絮凝剂和微生物絮凝剂三类。

无机絮凝剂价格便宜,但用量较多,一般在工业废水中使用的比较多;有机高分子絮凝剂用量少,浮渣产量少,絮凝能力强,絮体容易分离,除油及除悬浮物效果好,一般在市政污泥中用的比较多;微生物絮凝剂因不存在二次污染,使用方便,但价格昂贵,适用特异性较强,目前较少使用。

1. 无机絮凝剂

无机絮凝剂主要有铁盐和铝盐。铁盐包括硫酸铁、氯化铁等。常用的有三氯化铁水合物($FeCl_3 \cdot 6H_2O$)、硫酸亚铁水合物($FeSO_4 \cdot 7H_2O$)和硫酸铁[$Fe_2(SO_4)_3$]。铝盐有硫酸铝[$Al_2(SO_4)_3 \cdot 18H_2O$]、明矾[$Al_2(SO_4)_3 \cdot K_2SO_4 \cdot 24H_2O$]和聚合氯化铝(PAC)等。

(1)硫酸铁:硫酸铁为微黄色的白色粉末或单斜结晶,对光敏感,易吸湿。在水中溶解缓慢,但在水中有微量硫酸亚铁时溶解较快,微溶于乙醇,几乎不溶于丙酮和乙酸乙酯,在水溶液中缓慢地水解。相对密度(d18)为 3.097,加热至 480℃ 分解。

(2)硫酸铝:硫酸铝极易溶于水。常温析出含有十八分子结晶水,为十八水合硫酸铝,工业上生产多为十八水合硫酸铝。含无水硫酸铝 51.3%,即使 100℃ 也不会自溶(溶于自身结晶水)。不易风化而失去结晶水,比较稳定,加热会失水,高温会分解为氧化铝和硫的氧化物。加热至 770℃ 开始分解为氧化铝、三氧化硫、二氧化硫和水蒸气。溶于水、酸和碱,不溶于乙醇。水溶液呈酸性,水解后生成氢氧化铝。水溶液长时间沸腾可生成碱式硫酸铝。工业品为灰白色片状、粒状或块状,因含低铁盐而带淡绿色,又因低价铁盐被氧化所以表面发黄。粗品为灰白色细晶结构多孔状物。无毒，粉尘会刺激眼睛。

2. 有机絮凝剂

有机絮凝剂主要有三大类：一类以天然的高分子有机物为基础，经过化学处理增加它的活性基团含量而制成；一类是用现代的有机化工方法合成的聚丙烯酰胺系列产品；一类用天然原料和聚丙烯酰胺接枝（或共聚）制成。

有机高分子絮凝剂有天然高分子和合成高分子两大类。从化学结构上可以分为以下三种类型：

(1) 聚胺型：低分子量阳离子型电解质。

(2) 季铵型：分子量变化范围大，并具有较高的阳离子性。

(3) 丙烯酰胺的共聚物：分子量较高，可以几十万到几百万、几千万，均以乳状或粉状的剂型出售，使用上较不方便，但絮凝性能好。根据含有不同的官能团离解后粒子的带电情况可以分为阳离子型、阴离子型、非离子型三大类。有机高分子絮凝剂大分子中可以带-COO-、-NH-、-SO_3、-OH等亲水基团，具有链状、环状等多种结构。因其活性基团多，分子量高，具有用量少，浮渣产量少，絮凝能力强，絮体容易分离，除油及除悬浮物效果好等特点，在处理炼油废水上有不错的效果。

在国内水处理中使用最广泛的絮凝剂，是合成的聚丙烯酰胺系列产品，主要分为阴离子型，阳离子型，非离子型和两性离子型。

聚丙烯酰胺（polyacrylamide），常简写为PAM，实质上是用一定比例的丙烯酰胺和丙烯酸钠经过共聚反应生成的高分子产物，有一系列的产品。

聚丙烯酰胺按分子量的大小可分为超高相对分子量聚丙烯酰胺、高相对分子量聚丙烯酰胺、中相对分子量聚丙烯酰胺和低相对分子量聚丙烯酰胺。超高相对分子量聚丙烯酰胺主要用于油田的三次采油，高相对分子量聚丙烯酰胺主要用作絮凝剂，中相对分子量聚丙烯酰胺主要用作纸张的干强剂，低相对分子量聚丙烯酰胺主要用作分散剂。

聚丙烯酰胺属于高分子聚合物，专门针对各种难以处理的废水的处理以及污泥脱水的处理。使用阴离子型PAM时，一般配置0.1%左右的水溶液，阳离子型可配制成0.1%~0.5%。配制溶液时应先在溶解槽中加水，然后开启搅拌机，再将PAM沿着漩涡缓慢加入，PAM不能一次性快速投入，否则PAM会结块形成"鱼眼"而不能溶解；加完PAM后一般应继续搅拌30min以上，以确保其充分溶解。溶解后的PAM应尽快使用，阴离子型一般不要超过36h，阳离子型溶解后很容易水解，应24h内使用。

3. 微生物絮凝剂

微生物絮凝剂是利用生物技术，从微生物体或其分泌物提取、纯化而获得的一种安全、高效，且能自然降解的新型水处理剂，主要有糖蛋白、黏多糖、纤维素和核酸等。从其来源看，也属于天然有机高分子絮凝剂，因此它具有天然有机高分子絮凝剂的一切优点。由于微生物絮凝剂可以克服无机高分子和合成有机高分子絮凝剂本身固有的缺陷，最终实现无污染排放，因此微生物絮凝剂的研究正成为当今世界絮凝剂方面研究的重要课题。

微生物絮凝剂主要包括利用微生物细胞壁提取物的絮凝剂，利用微生物细胞壁代谢产物的絮凝剂、直接利用微生物细胞的絮凝剂和克隆技术所获得的絮凝剂。国外从20世纪90年代开始研究微生物絮凝剂商业化生产。当前，国内已经有微生物絮凝剂应用成功的工程案例。但与常规无机和有机絮凝剂相比，微生物絮凝剂需要微生物培养启动阶段和特定微生物营养剂添加等，这些在一定程度上制约了微生物絮凝剂的大范围应用。

(七) 常用耗材

污泥浓缩工艺中常用的耗材是筛网、滤布、皮带和喷嘴。这些均为易损材料，需定期更换。

带式浓缩中，常用消耗材料是网带，一般每年更换一次网带。

转鼓浓缩中，常用消耗材料是筛网，一般每两年更换一次筛网。

离心浓缩中，常用消耗材料是电机的皮带轮和出口的污泥喷嘴。一般每年更换一次。

第三节 脱水、堆肥、干化、焚烧

一、脱 水

污泥经浓缩之后，其含水率仍在96%~97%，呈流动状态。浓缩污泥经厌氧消化后，如果排放上清液，其含水率与消化前基本相当或略有降低；如果不排上清液，则含水率可能会升高。总之，污泥经浓缩消化处理后，仍为液态，体积很大，难以消纳处理，因此还需要脱水。

污泥脱水分为自然干化脱水和机械脱水两类。自然干化脱水，是将污泥摊置到有不同级配砂石铺垫的干化场，通过蒸发、渗透和清液溢流等方式，实现脱水。这种方式由于恶臭严重，现在很少采用。机械脱水，是利用机械设备进行污泥脱水。按照脱水原理可分为真空过滤脱水、压滤脱水和离心脱水三类，新型的有螺旋压榨脱水等。

污泥在机械脱水前，一般应进行预处理。预处理也称污泥调质。这主要是因为城市污水处理系统产生的污泥，尤其是活性污泥，脱水性能都比较差，倘若不进行调质而直接脱水，需要设备具备极大的处理能力，不经济。污泥调质，就是通过对污泥预处理，改善其脱水性能，提高脱水设备的生产能力，获得较高经济效益的处理效果。

通常来说，污泥调质方法有物理调质和化学调质两大类。物理调质有淘洗法、冷冻法及热调质法。化学调质则主要指向污泥中投加化学药剂，改善其脱水性能，俗称"加药"。在这两种调质方法中，化学调质使用较多。

（一）污泥脱水

1. 基本原理

污泥脱水主要是去除污泥中的吸附水和毛细水。

污泥脱水性能指标，主要是指脱水的难易。不同种类的污泥，其脱水性能不同，即使是同一种类的污泥，其脱水性能也因调质方式和脱水设备不同而异。

衡量污泥脱水性能指标主要有两个：污泥比阻和污泥毛细吸水时间。

1）比阻

污泥比阻，是指在一定压力下，在单位过滤介质面积上，单位重量的干污泥所受到的阻力，常用 R 表示，单位为 m/kg。计算公式见式(6-6)：

$$R = \frac{2bPA^2}{\mu C} \quad (6-6)$$

式中：R——污泥过滤比阻抗，m/kg；

b——比阻测定过程中的一个斜率系数，s/m^6；

P——过滤压力，N/m^2；

A——过滤面积，m^2；

μ——滤出液的动力黏滞度，N·s/m^2。

C——单位体积滤出液所得滤饼干重，kg/m^3。

1—真空泵；2—吸滤瓶；3—真空调节阀；4—真空表；
5—布氏漏斗；6—吸滤垫；7—量筒。

图 6-12　比阻测定装置

比阻的测定过程与真空过滤脱水过程基本相近，因此比阻能非常准确地反映出污泥的真空过滤脱水性能；也能比较准确地反映出污泥的压滤脱水性能，但比阻不能准确地反映污泥的离心脱水性能，因为该过程与比阻测定过程相差甚远。

一般有专门的比阻测试方法。测试装置如图6-12所示。常见的污泥的比阻经验数值见表6-3。

表 6-3　通常污泥的比阻值

污泥种类	比阻值/(10^{12}m/kg)
初沉污泥	46~61
活性污泥	165~283
消化污泥	124~139
污泥机械脱水的要求	1~4

2）毛细吸水时间

毛细吸水时间，是指污泥中的毛细水在滤纸上渗透1cm距离所需要的时间，常用 CST 表示。一般来说，CST 值越小，脱水性能则越好。可用毛细吸水时间测定仪测定 CST。

3）污泥比阻与毛细吸水时间的比较

污泥比阻和毛细系数时间是衡量污泥性能的两个不同的指标，各有优缺点。一般来说，比阻能够非常准确地反映出污泥的真空脱水过滤性能，但不能准确反映污泥的离心脱水性能。

毛细吸水时间适用于所有污泥的脱水过程，但要求污泥泥样与待脱水的污泥的含水率完全一致，因为毛细吸水时间的测定结果受污泥含水率的影响非常大。

2. 工艺控制

一般用两个主要的指标衡量污泥脱水效果的好坏：一个是污泥含水率；另一个是固体回收率。运行控制主要围绕这两个指标开展。

污泥含水率在前面已经叙述过，在此不再赘述。固体回收率是泥饼中固体量占脱水泥饼总干固体量的百分比，一般用 η 标示，见式(6-7)：

$$\eta = \frac{C_1(C_0 - C_2)}{C_0(C_1 - C_2)} \times 100\% \quad (6-7)$$

式中：η——固体回收率，%；

C_0——原泥的含固量，%；

C_1——泥饼的含固量，%；

C_2——滤液的含固量，%。

实际生产中，主要是通过调节污泥进泥量、加药量、冲洗水等，控制脱水后泥饼的含水率；通过调整网带转速等，降低滤液的悬浮物。

3. 运行控制目标

浓缩机投药量应控制在 1~4kg/(t DS)；脱水后污泥含水率宜小于为80%；滤液 SS 应小于 500mg/L。

(二)带式脱水机

带式脱水机,是20世纪60年代首先由西德公司用于污泥脱水的,最早是用于纸浆脱水。随着阳离子絮凝剂的出现,1966年,西德的Krcutzal污水处理厂首先用带式压滤机进行剩余污泥的脱水。

带式脱水机,是利用上下两条张紧的滤带夹带着污泥层,从一系列按规律排列的辊压筒中呈S形弯曲经过,依靠滤带本身的张力形成对污泥层的压榨力和剪切力,把污泥中的毛细水挤压出来,从而获得较高含固量的泥饼,实现污泥脱水,如图6-13所示。

1—机架;2—轴辊;3—上网带;4—下网带;
5—网带张紧;6—网带调偏;7—网带冲洗。

图6-13 带式脱水机结构示意

1. 系统构成

带式脱水机本体主要由驱动装置、机架、压榨辊、上滤带、下滤带、滤带张紧装置、滤带清洗装置、卸料装置、气控系统、电气控制系统等组成。

(1)机架:带式压榨过滤机架主要用来支撑及固定压榨辊系及其他各部件。

(2)压榨辊:压榨辊是由直径由大到小顺序排列的辊筒组成。污泥被上、下滤带夹持,依次经过压榨辊时,在滤带张力作用下形成由小到大的压力梯度,使污泥在脱水过程中所受的压榨力不断增高,污泥中水分逐渐脱除。

(3)重力区脱水装置:主要由重力区托架、料槽组成。絮凝后的物料在重力区脱去大量水分,流动性变差,为以后的挤压脱水创造条件。

(4)楔形区脱水装置:由上下滤带所形成的楔形区对所夹持物料施加挤压力,进行预压脱水,以满足压榨脱水段对物料含液量及流动性的要求。

(5)滤带:是带式压榨过滤机的主要组成部分,污泥的固相与液相的分离过程均以上、下滤带为过滤介质,在上、下滤带张紧力作用下绕过压榨辊而获得去除物料水分所需压榨力。

(6)滤带调整装置:由执行部件气缸、调偏辊筒、电气系统组成。其作用是调整由于滤带张力不均、辊筒安装误差、加料不均等多种原因所造成的滤带跑偏,从而保证带式压榨过滤机的连续性和稳定性。

(7)滤带清洗装置:由喷淋器、清洗水接液盒和清洗罩等组成。当滤带行走时,连续经过清洗装置,受喷淋器喷出的压力水冲击,残留在滤带上的物料在压力水作用下与滤带脱离,实现清洁滤带的目的。

(8)滤带张紧装置:由张紧缸、张紧辊及同步机构组成,其作用是将滤带张紧,并为压榨脱水提供张力。张力大小的调节可通过调节气压系统的张紧缸气压来实现。

(9)卸料装置:由刮刀板、刀架、卸料辊等组成,其作用是将脱水后的泥饼与滤带剥离,达到卸料目的。

(10)传动装置:由电机、减速机、齿轮传动机构等组成,它是滤带行走的动力来源,并能够通过调节减速机转速,满足工艺上不同带速的要求。

(11)气压系统:该系统主要是由动力源(储气罐、电机、气泵等),执行元器件(气缸)及气压控制元件(包括压力继电器、压力流量及方向控制阀)等组成。通过气压控制元件,控制空气压力,流量及方向,保证气压执行元件具有一定的推力和速度,并按预定程序正常地进行工作。它是完成滤带张紧、调整操作的动力来源。

(12)自控仪表:带式脱水系统仪表一般还包括进泥和药剂流量计、污泥浓度计、压力表等。

自控系统一般可设定进泥量和药剂投配率,根据实时采集的污泥浓度,自动根据设定投配率计算投加药剂量。

2. 运行控制

一般来说,带式脱水机运行控制主要有泥药调质控制和设备控制两类。具体调控方法如下。

泥药混合效果不佳,影响带式压滤脱水的效果。存在两种情况(假定所选絮凝剂和泥质适合的情况下),即加药量偏小和加药量偏大两种情况。在加药量过小的情况下,导致进泥絮凝不充分,存在部分污泥没有絮凝,导致泥水分离效果变差,渗水速率变慢,同时会导致网带堵塞的可能性加大,污泥中的水分去除不充分。因为,待脱水污泥进入到楔形区和挤压区对含水率有一定上限要求,大于上限会导致挤压区局部挤泥,严重情况直接导致重力区跑泥,这样使得脱水泥饼含水率偏高。

加药量过大的情况,泥药混合絮团会变得比较大,由于絮凝剂的黏度加高,导致泥水分离效果变差，同时过量的药会混于滤液中，从而使得滤带极易堵塞，从而导致滤带渗水效果变差，最终影响将和加药量过小的情况一样。

影响泥药混合效果的因素主要有絮凝剂的选型、溶药装置的选择及搅拌效果、混合管线的长度、药泵的输送压力以及混合装置的选择等。

带式脱水机的设备控制主要有带速控制、网带张力控制、冲洗强度控制等，具体介绍如下：

1）带速控制

带速控制是脱水机运行过程中一个非常重要的参数，带速的快慢极大地影响了脱泥的质量。带速过慢，必然造成单位时间内设备的处理量降低，这样将会有大量的泥在设备的各个区域堆积，造成重力区的跑泥和挤压区的挤泥。在一定的处理量的情况下，必然要求有一定范围的带速与之相适应。反之，如果带速过快，来泥中含有的大量水分在重力区来不及渗透，必然会造成重力区跑泥和挤压区挤泥。同样也会导致出泥效果变差。

需要说明的是，在合理的带速范围内，带速越慢，渗水效果相对越充分，泥饼厚度越厚，含水率也越低。

2）张力控制

张力同样是影响脱水机出泥效果的一个重要因素，正常情况下毛细水被压出，必须保证网带一定的张力。对于设计好的脱水设备而言，张力存在一个设计范围。如果张力过小，会出现网带松弛的情况，轻时会使得毛细水在挤压区无法充分挤出，从而造成出泥泥饼含水率偏高，严重时会导致网带打滑无法驱动；相反，如果张力过大，会使得网带驱动负荷增大，由于挤压力过大，会使得泥饼在挤压区容易被挤出，从而影响泥饼得产量，同时，张力过大，会使得网带过快的发生松弛，甚至使网带拉断，影响了网带的使用寿命。

值得注意的是，在满足工艺要求和设定范围的情况下，可以适当调大网带的张力，这样可以使得泥饼的含水率更低。

3）冲　洗

冲洗效果直接影响脱水设备运行的可靠性，降低网带的渗水效率，影响泥饼的含水率，严重时会发生跑泥和挤泥。冲洗效果取决于冲洗系统的选择，对于设计好的脱水机而言，冲洗效果取决于喷嘴系统（包括冲洗喷头的数量、形式、喷嘴口径的大小以及冲洗水管的粗细）网带的选择以及水泵的选择，主要影响因素为冲洗水压和水量。在脱水设备、冲洗设备和网带选型已定的情况下，保证喷嘴和冲洗水过滤器不堵塞，才能保证网带的冲洗效果。

4）刮泥

刮泥效果不好会导致部分泥饼刮不干净，使得网带冲洗不干净，并造成恶性循环，网带渗水效果变差，进而影响泥饼的含水率。

刮泥效果的好坏，取决于刮板的安装角度和磨损情况，需要注意的是，刮板安装过紧会剐蹭网带，从而影响网带的使用寿命。

（三）离心脱水机

离心脱水机特点是结构紧凑，附属设备少，在密闭状态下运行，臭味小，不需要过滤介质，能长期自动连续运行。但离心脱水机噪声较大，尤其是当固液比重相差较小时，处理效果较差。污泥中如有沙砾，则极易磨损设备。

离心脱水机种类很多，使用较多的是卧螺式离心脱水机。分离液与沉渣各自运动的方向为逆流运转。离心脱水机的转筒是一个卧式的锥形圆筒，一端排出沉渣，一端排出分离液。

1. 系统构成

离心脱水机由转鼓、推料器、电机等构成，实物如图 6-14 所示。

图 6-14　离心脱水机

污泥由中心进料管进入离心脱水机内部，在离心力作用下，转鼓内形成一个液环层，污泥颗粒沉降到转鼓内表面形成泥环层，在差速器的差动作用下使螺旋推料器与转鼓间形成相对运动，泥环层被螺旋推到转鼓小端干燥区进一步脱水后经出渣口排出，分离后的液相经转鼓大端盖上的溢流孔排出。泥饼和滤液分别被收集，并在重力作用下排出机外。

进入离心脱水机的污泥沉降速度与颗粒直径、两相物体的密度差、角速度的平方、颗粒到回转中心的距离都成正比，即颗粒直径越大、两相物体密度差越大、转速越高、转鼓直径越大，物料沉降的速度越快。向污泥中添加絮凝剂，使小颗粒污泥聚集成较大的颗粒，提高颗粒直径，则污泥分离得越快越彻底。转鼓直径不能过大，否则机器的稳定性难以保证，因此通过提高转鼓直径来提高处理量是有限的。沉降速度与污泥黏度成反比，污泥黏度越高，越不易脱水。

2. 运行控制

离心脱水机的运行控制，主要有控制转鼓转速、螺旋推料器的差速等。

1) 转鼓转速

转鼓转速，直接决定了污泥在离心机内部受到的离心力大小，决定了污泥的沉降速度和处理量。

主转速上升能够提高污泥的分离速度，获得更为清澈的分离液，分离后污泥更紧密牢固，排出离心脱水机的泥饼更干，同时由于增加了沉降速度，使得离心机的污泥通过能力增加，处理量也随之上升。但过高的主转速也会带来不利的一面。最直接的表现是增加了不必要的转鼓电机功耗，所以离心脱水机没必要在最高转速下运转，只要达到所需的处理效果就可以了。过高的主转速产生了过高的离心力，随之产生了过高的污泥沉降紧密度，增加了螺旋推料的负荷。

所需要的主转速高低主要与泥质有关。对活性污泥，泥龄较长的污泥需要高的主转速，初沉污泥需要低的主转速。同时，在保证处理效果的前提下，应尽量降低能耗。

2) 差 速

螺旋的推料差速作用，是将转鼓分离沉降好的泥饼连续不断地推向离心脱水机排渣口，使之排出机外。

通常螺旋推料的差速比较小，一方面可有效抑制螺旋对水的扰动，另一方面又延长了沉降污泥在离心机内部受压缩的时间，这样才能得到较干燥的泥饼。差速越低，泥饼被推出离心机的速度越慢，对清液的排放形成了扰动，泥饼向滤液的渗透面加大，泥饼的含固率提高，但是滤液比较浑浊，所以固体回收率降低。差速高时，泥饼被推出的速度加快，泥饼在离心机内的压缩时间缩短，泥饼含固率降低，但能够减轻对清液的扰动，可得到较清澈的分离液，使固体回收率提高。

泥饼的干度和分离液的清澈度是互相矛盾的。调试离心机的目的就是找出兼顾两者平衡点的差速。一般离心脱水机的差速在 2~35 r/min 范围内调节，初沉污泥高一些，活性污泥低一些。

3) 液层深度

液层深度是污泥在离心力的作用下，在转鼓内壁形成的固渣与液体的混合圆环的厚度。因为存在固液密度差，固体在外，液体在内，越往圆环内侧，液体越清澈，但固渣更湿。若液层深度减少，固渣更干，但分离液更浑浊。

离心机液层厚度一般为 50~150mm，具体取决于离心机的规格及进泥泥质。初沉污泥可相对薄一些，以便在保证高固体回收率的前提下，尽量提高泥饼的含固率。活性污泥脱水时，液层环层应相对厚一些，否则很难保证一定的固体回收率。混合污泥脱水时，液环层厚度介于两者之间。

4) 进泥量及进泥含固率

每台离心机都有一个最大进泥量和最大固体物浓度，实际运行中若超过该值，离心机会影响脱水效果，因而运行中应严格控制离心机的进泥量及最大固体物浓度在允许的范围内。当进泥含固率升高时，要相应地降低进泥量，以获得最佳的处理效果。离心机使用中可找到一个最佳投泥量，当超过该值时固体回收率和泥饼含固率都会降低。

5) 絮凝剂的合理选择及投配率

一般离心脱水机使用的絮凝剂均为 PAM。投药量应控制在为 3~6kg/(t DS)。

(六) 板框压滤机

板框压滤机是一种通过加压过滤的固液分离设备，一般为间歇操作。脱水效率差，但脱水效果较好。一般含水率在 65% 以下，运输量较小，可节约运输费用。示意如图 6-15 所示，工艺流程如图 6-16 所示。

图 6-15 板框压滤机示意图

图 6-16 板框压滤机处理工艺流程

板框压滤机工作时，靠压力将一定数量的滤板加以固定，滤板表面包有滤布，当紧压在一起时，就形成了一连串相邻的泥室，污泥进入泥室后，在一定压力的作用下，液体被挤出滤布流走，固体物则被滤布阻挡在泥室内，形成含水率很低的泥饼。

根据滤板组的组成不同，现今市政污泥处理行业主流的板框压滤机可分为两种形式：普通厢式板框压滤机和隔膜板框压滤机。普通厢式板框压滤机的滤腔由两块普通厢式板组合而成，隔膜板框压滤机由普通厢板和隔膜板共同组成。

隔膜式板框压滤机出泥含水率低，运行循环周期相对较短，故实际工程上采用隔膜式板框压滤机较多。本书介绍的压滤机一般指隔膜板式压滤机。

隔膜压滤机为间歇运行工作制，一个工作周期约为1.5~4.5h。其优点是单位面积过滤速度高，运行稳定，不易产生故障，进泥含水率要求较宽，一般可为95%~99%。

板框过滤机的处理能力随污泥性质、滤饼厚度、过滤压力、过滤时间、滤布的种类等因素而不同。一般要采取拟定过滤脱水的污泥试验机试验确定。

1. 主要工序

下面以山东景津板框压滤机为例，详细介绍一下板框机的工序。一般板框工序主要分为两段进泥、反吹、压榨、卸料、反洗等具体工序。

(1) 两段进泥：板框机进泥阶段采取两段进泥方式，先低压进泥，后高压进泥。在低压进泥过程中，将隔膜压滤机各泥室充满，压力达到0.6MPa左右，然后进行低压恒压进泥，保持进泥压力在0.6MPa左右约10min。低压恒压进泥完成之后，进行高压进泥，压力达到约1.2MPa，最后进行高压恒压进泥，保持进泥压力在1.2MPa左右30~60min。

(2) 反吹：进泥完成之后，进入反吹阶段，此时反吹压缩机开启，将存在进料口附近的泥进行反吹，持续时间约20~30s，反吹压力为0.85MPa。

(3) 压榨：反吹完毕之后，进入压榨阶段，压榨水泵开启，将隔膜压滤机内的污泥进一步压紧，从而降低出泥泥饼的含水率。压榨水泵采用立式多级泵，运行压力为2.0MPa，流量为20m³/h，保持压榨水泵开启，持续约30min，结束压榨阶段。

(4) 卸料：结束压榨阶段之后，即可打开隔膜压滤机各个滤板和厢板，进行卸料。

(5) 反洗：经过长时间运行，脱水机滤布的孔隙内会堵塞一些固体颗粒，影响过滤速度。这时启动洗布程序（根据滤布堵塞程度，一般3~6d洗一次）。滤布冲洗泵流量为15m³/h，扬程6.0m清洗滤布，将滤板一块一块拉开，有一个限位开关控制待洗滤板对准洗布架的正下方，水洗横管上下移动，固定在横管的喷嘴从滤板的左右两侧，同时以5~6MPa的高压水冲洗滤布，将表面和内部的固体颗粒冲洗掉，使滤布恢复良好的过滤性能。洗布水被翻板接住，通过两侧的小槽排出。

2. 系统构成

隔膜板框压滤机主要由带有滤液通路的滤板平行组成，每组滤板之间夹有滤布，滤板通过外部施压使其压紧构成封闭的滤腔，在高压污泥输送泵的作用下，污泥从进料口压入，同时水通过滤板从滤液出口排出，实现固液分离。板框压滤机的辅助装置包括滤板自动清洗装置、滤布气动振打装置和翻板系统等。此外，板框压滤机还配套有破碎机、皮带输送装置、溶药系统和压榨水箱等。

3. 运行控制

板框机控制主要参数是处理泥量和泥饼含水率。由于板框机不能连续运行，因此处理泥量直接表观是处理板数。污泥含水率与调质情况和污泥特性相关，一般通过试验机设定参数。在实际生产中，也是主要围绕处理泥量和泥饼含水率来进行调控的。

此外，在运行中需要关注板框机的泥饼剥离滤布情况。根据泥饼剥离滤布情况，及时进行板框机滤布清洗或药剂调整。

板框脱水后的泥饼含水率宜小于60%。投药量应控制在10~15kg/(t DS)。板框滤液悬浮物小于200mg/L。

二、堆肥

堆肥，一般是指好氧堆肥。好氧堆肥，通常采用设施设备实现规模化堆肥。如利用大型机械设备实施物料运输、混合、翻抛、进出料以及筛分、包装等各项操作。考虑降雨、冬季低温对堆肥过程的影响，因此一般在封闭或半封闭的室内进行。堆肥过程产生的大量气体可能影响到职工生产、生活，所以需注意特别防护。堆肥过程中可能遇到的安全突发事件主要包括：机械伤害、毒气中毒、触电等方面。

1. 基本原理

污泥堆肥的基本原理是通过污泥中好氧微生物的生物代谢作用，使污泥中有机物转化成稳定的腐殖质，代谢过程中产生的热量使堆料温度升高至55℃以上，可有效杀死病原菌、寄生虫卵和杂草种子，并使水分蒸发，实现污泥稳定化、减量化和无害化。

污泥堆肥的处理过程包括：预处理、主发酵、后腐熟、深加工等工序。基本工艺流程包括：物料混合、成垛(槽)、翻抛、出垛(槽)、筛分、包装等。工艺流程如图6-17所示。

图6-17 污泥堆肥处理过程流程图

2. 工艺控制

1) 预处理

污泥堆肥在预处理阶段应控制污泥、发酵产物和调理剂的混合比例。一般三者混合后质量比为100：(60~100)：(15~30)。冬季应适当提高调理剂投加比例。混料后物料含水率应控制在50%~60%，碳氮比以20~40为宜，堆密度应不高于780kg/m³，pH应不高于8.5。

2）主发酵

主发酵阶段，一般应通过控制堆体高度宽度、曝气溶解氧、堆体温度和含水率等，确保堆肥反应稳定进行。条垛堆肥的条垛高度以1.5~1.8m为宜，底部宽度以3.5~4m为宜。槽式堆肥物料高度不宜超过3m。冬季运行，应尽可能增大堆体容积，减少车间空气对流，以利于保温。

布料前应保证曝气孔畅通，并在管道上方铺垫陶粒和15~30cm调理剂或返混物料以防止混合物料堵塞曝气孔。堆体中氧气浓度宜控制在5%~15%（按体积计）。快速发酵起垛温度宜高于20℃，1~2d之内开始升温，一周内上升至55℃，堆体温度在55℃以上至少保持5~7d，起垛温度较低时，可在快速发酵阶段采用添加生物菌剂等方法，提高好氧发酵效率。快速发酵阶段应以条垛含水率降至40%为终点，周期15~20d。且发酵后产物应进行筛分，筛上物为返混料，筛下物进入深度发酵系统。

3）调理剂

调理剂是快速堆肥中必不可少的添加剂，它可以起到调节物料碳氮比、含水率、堆肥养分等作用，保证堆肥的快速高效进行。

从调理剂是否参与发酵过程的角度，可将调理剂分为活性调理剂和惰性调理剂。活性调理剂指的是本身含有易降解有机物，在堆肥过程中参与有机质降解过程的调理剂；惰性调理剂与之相对，在堆肥过程中不被微生物降解，起到调节堆体的物理结构和改善堆肥品质的作用。

（1）活性调理剂：常用的活性调理剂包括稻草、秸秆、树叶、木片、锯末和回流堆肥等，主要成分为有机物，能够在堆肥过程中被微生物分解。其主要作用是对物料的化学成分进行调节，调整物料的碳氮比，同时起到调节物料物理结构的作用。此外，还有一些有机调理剂物理结构蓬松，有较好的孔隙率，可以用于改善堆体的物理结构，比如木片、秸秆、树叶等。

（2）惰性调理剂：目前关于惰性调理剂的研究不多，主要集中在改善堆肥产品品质和钝化重金属上，也有少量调理剂如碎轮胎等用于调整物料的自由空域和含水率。

一般通常所说的调理剂，通常指活性调理剂。如富含有机质的农作物秸秆、废料、蘑菇渣、糠醛渣、花生壳、菜帮菜叶等。常见调理剂的性质，见表6-4。

表6-4 常见堆肥物料性质一览表

物料	$w(C)/w(N)$	含水率/%	规模、堆肥时间
城市污泥	7.21~7.3	76.2~79.0	
	4.7	85	
猪粪	11.3	68.3	8m³静态堆，63d
	7~15		
	16.34	66.1±0.6	4.8m³，28d+28d
	19.8~22.2	67.3~0.2	
牛粪	8~26		
	22.2~24.1	74.0~76.0	
鸡粪	9.4	15.9	6m³发酵仓，10月
	5~10		
	13.1~15	49.9~54.7	
干马粪	25	9.7	250L反应器，7d
厨余垃圾	15	65~80	实验室规模，4d
	13	72.2	125L反应器，590d
	20~25		
鱼类废弃物	6.86	68	156m³，18d
	3.64	80	
木质类			
锯末	664	8.12	
	120	10	250L反应器，8d
	500	30	
木屑	63.5	37.2	
	200~1700		
	500	10	
冷杉木片	87.0	24	
桤木片	80.7	28	
树皮	100~350		
硬木片	638	5.4	
软木片	736	6.5	
树叶	32	8.3	
农业废弃物			
稻草、麦秆、稻壳	70~100		
秸秆	30.0~58.4	11.0~12.0	
	60~70	9~11	
	48~76.6		
	92	4.4	
玉米芯	110.84	17.6±0.1	
杂草	12~19		
废纸	438	4.2	
泥炭	30.5	19	
	52	5.9	

注：此表引用于张军、雷梅、高定等，堆肥调理剂研究进展[J]. 生态环境，2007(01)：239-247.

3. 运行控制目标

污泥经堆肥处理后，通常将腐熟度作为后继污泥土地利用的重要指标。通常将污泥腐熟度指标分为物理、化学和生物三类。物理指标，通常指温度、气味和颜色。堆肥腐熟后，堆体温度与环境温度趋于一致，一般不再明显变化。堆肥结束和翻堆后，堆体内无明显臭气产生，并检测不到低分子脂肪酸，堆肥产品具有潮湿泥土的气息。堆肥过程中堆料逐渐发黑，腐熟后的堆肥产品呈黑褐色或黑色。化学指标，包括有机质变化指标、氨氮指标、腐殖化指标、碳氮比和有机酸等。生物学指标包括种子发芽率等。

在实际生产中，通常控制污泥堆肥稳定熟化期宜为30～60d；污泥翻堆周期宜控制在7～14d；污泥稳定熟化后，有机物分解率应在25%～40%；含水率不宜高于35%。

三、干 化

污泥干化就是利用蒸发以及扩散作用，将污泥中的水分去除。按照能耗分类，污泥干化分为自然干化和机械干化。自然干化，指通过渗滤或蒸发等作用，从污泥中去除大部分水分，一般采用污泥干化场（床）等自蒸发设施。目前，工程实践中已经不用自然干化，通常污泥干化都是指机械干化。按照干化机的运转方式分类，干化分为桨叶式干化、流化床干化、回转炉干化等。按照热源与污泥的接触方式分类，干化可分为直接接触式干化和间接接触式干化。其中，直接干化有烘干设备喷雾干化机。间接干化设备有刀片式干化机、盘式干化机、薄层干化机、转筒式干化机等。直接与间接加热相结合的设备有混合带污泥干化机、流化床污泥干化机等。

除了传统的干化技术，一些新兴技术正逐渐应用于污泥干化工程，例如，太阳能温室污泥干化、电渗透污泥干化、"污泥热水解+脱水干化"等。但受污泥的特征、干化程度以及能源效率等条件限制，传统的热干化技术仍为污泥干化的主流技术。

1. 主流技术

1）流化床干化

流化床干化系统中污泥颗粒温度一般为40～85℃，系统氧含量小于3%，热媒温度180～220℃。推荐采用间接加热方式，热媒常采用导热油，可利用天然气、燃油、蒸汽等各种热源。流化床干化工艺既可对污泥进行全干化处理，也可半干化，最终产品的污泥颗粒分布较均匀，直径1～5mm。流化床干化工艺设备单机蒸发水量一般在1000～20000kg/h，单机污泥处理能力30～600t/d（含水率以80%计）。可用于各种规模的污泥处理处置，尤其适用于大型和特大型污泥处理处置。干化效果好，处理量大，国内有成功工程经验可以借鉴。但投资和维修成本较高，当污泥含砂量高时应注意设置除砂预处理工序和提高机械材质耐磨等级。

2）带式干化

带式干化的工作温度可从环境温度到65℃，系统氧含量小于10%，直接加料，无须干泥返混。

带式干化工艺设备既可适应于污泥全干化，也适用于污泥半干化。出泥含水率可以自由设置，使用灵活。在半干化时，出泥颗粒的含水率一般为15%～40%，出泥颗粒中灰尘含量很少；当全干化时，含水率小于15%，粉碎后颗粒粒径范围为3～5mm。

带式干化工艺设备可采用直接或间接加热方式，可利用各种热源，如天然气、燃油、蒸汽、热水、导热油、来自气体发动机的冷却水及排放气体等。

带式干化有低温和中温两种方式。低温干化装置单机蒸发水量一般小于1000kg/h，单机污泥处理能力一般小于30t/d（含水率以80%计），只适用于小型污泥处理处置；中温干化装置单机蒸发水量可达5000kg/h，全干化时，单机污泥处理能力最高可达约150t/d（含水率以80%计），可用于大中型污泥处理处置。由于主体设备为低速运行，磨损部件少，设备维护成本很低，运行过程中不产生高温和高浓度粉尘，安全性好，使用比较灵活，可利用多种热源。但单位蒸发量下设备体积比较大，采用循环风量大，导致热能消耗较大。

3）桨叶式干化

桨叶式干化采用中空桨叶和带中空夹层的外壳，具有较高的热传递面积和物料体积比。污泥颗粒温度小于80℃，系统氧含量小于10%，热媒温度150～220℃。一般采用间接加热，热媒首选蒸汽，也可采用导热油（通过燃烧沼气、天然气或煤等加热）。干污泥不需返混，出口污泥的含水率可以通过轴的转动速度进行调节，既可全干化，也可半干化。全干化污泥的颗粒粒径小于10mm，半干化污泥为疏松团状。

桨叶式干化工艺设备单机蒸发水量最高可达8000kg/h，单机污泥处理能力达约240t/d（含水率以80%计），适用于各种规模的污泥处理处置。结构简单、紧凑。运行过程中不产生高温和高浓度粉尘，安全性高。国内有成功的工程经验可以借鉴。但污泥易黏结在桨叶上影响传热，导致热效率下降，需对桨叶进行针对性设计。

4）卧式转盘式干化

卧式转盘式干化既可全干化，也可半干化。全干化工艺颗粒温度105℃，半干化工艺颗粒温度100℃，系统氧含量小于10%，热媒温度200～300℃。采用间接加热,热媒首选饱和蒸汽,其次为导热油(通过燃烧沼气、天然气或煤等加热),也可以采用高压热水。污泥需返混,返混污泥含水率一般需低于30%。全干化污泥为粒径分布不均匀的颗粒,半干化污泥为疏松团状。

卧式转盘式干化工艺设备单机蒸发水量为1000~7500kg/h,单机污泥处理能力30~225t/d(含水率以80%计),适用于各种规模的污泥处理处置。其结构紧凑,传热面积大,设备占地面积较省。

5)立式圆盘式干化

立式圆盘式干化又被称为珍珠造粒工艺,仅适用于污泥全干化处理,颗粒温度40~100℃,系统氧含量小于5%,热媒温度250~300℃。采用间接加热,热媒一般只采用导热油(通过燃烧沼气、天然气或煤等加热)。返混的干污泥颗粒与机械脱水污泥混合,并将干颗粒涂覆上一层薄的湿污泥,使含水率降至30%~40%。干化污泥颗粒粒径分布均匀,平均直径在1~5mm,无须特殊的粒度分配设备。

立式圆盘式干化工艺设备的单机蒸发水量一般为3000~10000kg/h,单机污泥处理能力90~300t/d(含水率以80%计),适用于大中型污泥处理处置。结构紧凑,传热面积大,设备占地面积较省。污泥干化颗粒均匀,可适应的消纳途径较多,对导热油的要求较高。

6)喷雾干化

喷雾干化系统是利用雾化器将原料液分散为雾滴,并用热气体(空气、氮气、过热蒸汽或烟气)干燥雾滴。原料液可以是溶液、乳浊液、悬浮液或膏糊液。干燥产品根据需要可制成粉状、颗粒状、空心球或团粒状。喷雾干化采用并流式直接加热,既可用于污泥半干化,也可用于全干化,且无须污泥返混。脱水污泥经雾化器雾化后,雾化液滴粒径在30~150μm。热媒首选污泥焚烧高温烟气,其次为热空气(通过燃烧沼气、天然气或煤等产生),也可采用高压过热蒸汽。采用污泥焚烧高温烟气时,进塔温度为400~500℃,排气温度为70~90℃,污泥颗粒温度小于70℃,干化污泥颗粒粒径分布均匀,平均粒径在20~120μm。

喷雾干化工艺设备的单机蒸发能力一般为5~12000kg/h,单机处理能力最高可达360t/d(含水率以80%计),适用于各种规模的污泥处理处置。干燥时间短(以s计),传热效率高。采用污泥焚烧高温烟气时,干燥强度可达12~15kg/(m³·h)。干化污泥颗粒温度低,结构简单,操作灵活,安全性高,易实现机械化和自动化,占地面积小。但干燥系统排出的尾气中粉尘含量高,有恶臭,需经两级除尘和脱臭处理。

2. 基本原理

污泥热干化技术是应用最广泛的污泥干化技术。其主要工作原理是通过添加热源实现污泥中水分蒸发。污泥热干化系统主要包括储运系统、干化系统、尾气净化与处理、电气自控仪表系统及其辅助系统等。污泥热干化系统的一般工艺流程,如图6-18所示。

图6-18 污泥干化系统一般工艺流程

储运系统主要包括料仓、污泥泵、污泥输送机等。干化系统以各种类型的干化工艺设备为核心。尾气净化与处理包括干化后尾气的冷凝和处理系统。电气自控仪表系统包括满足系统测量控制要求的电气和控制设备。辅助系统包括压缩空气系统、给排水系统、通风采暖、消防系统等。

3. 工艺控制

与干化设备爆炸有关的三个主要因素是氧气、粉尘和颗粒的温度。不同的工艺会有差异,但总的来说必须控制的安全要素包括:流化床和立式圆盘式的氧气含量小于5%,带式、桨叶式和卧式转盘式的氧气含量小于10%;粉尘浓度小于60g/m³;颗粒温度小于110℃。此外,湿污泥仓中甲烷浓度控制在1%以下;干泥仓中干泥颗粒的温度控制在50℃以下。

4. 运行控制目标

干化后污泥含水率应小于40%。

四、焚 烧

污泥焚烧作为一项比较彻底解决城市污泥的处理技术,具有减容率高、处理速度快、无害化较彻底、余热可用于发电或供热等优点,符合污泥减量化、无害化、资源化的处置要求。

污泥焚烧包括单独焚烧,以及与工业窑炉的协同焚烧。

1. 基本原理

污泥焚烧是利用污泥中的热量和外加辅助燃料,通过燃烧实现污泥彻底无害化处置的过程。单独焚烧是指单独建设焚烧设施对污泥进行的焚烧。与工业窑炉的协同焚烧是指利用已有的工业窑炉焚烧污泥。

污泥焚烧系统通常包括储运系统、干化系统、焚烧系统、余热利用系统、烟气净化系统、电气自控仪表系统及其辅助系统等。污泥焚烧的一般工艺流程，如图 6-19 所示，污泥干化系统和焚烧系统是整个污泥干化焚烧系统的核心。储运系统主要包括料仓、污泥泵、污泥输送机等。烟气净化系统主要包括脱硫塔、自动喷雾系统、活性炭仓、除尘器、碱液系统等。电气自控仪表系统包括能满足系统测量控制要求的电气和控制设备。辅助系统包括压缩空气系统、给排水系统、通风采暖、消防系统等。对于较小规模的污泥处理处置设施，可采用污泥干化焚烧一体化设备。

图 6-19 污泥焚烧一般工艺流程图

污泥焚烧炉主要包括流化床焚烧炉、回转窑式焚烧炉和立式多膛焚烧炉。立式多膛焚烧炉的焚烧能力低、污染物排放较难控制；回转窑式焚烧炉的炉温控制困难、对污泥发热量要求较高；流化床焚烧炉结构简单、操作方便、运行可靠、燃烧彻底、有机物破坏去除率高，目前已经成为主要的污泥焚烧设备。

1) 流化床焚烧炉

流化床焚烧炉的基本工作原理是利用炉底布风板吹出的热风，将污泥悬浮起呈沸腾（流化）状进行燃烧。一般采用惰性床料进行蓄热、流化，再将污泥加入流化床中与高温的床料接触、传热进行燃烧。流化床污泥焚烧炉通常采用绝热的炉膛，下部设有分配气体的布风板，炉膛内壁衬耐火材料，并装有一定量的床料。气体从布风板下部通入，并以一定速度通过布风板，使床内床料沸腾呈流化状态。污泥从炉侧或炉顶加入，在流化床层内经过干燥、粉碎、气化等过程后，迅速燃烧。烟气中夹带的床料和飞灰，一般用除尘器捕集，床料可返回流化床内。

流化床焚烧炉的典型技术指标应符合：一是污泥处理量应满足设计要求，波动范围宜为 65%~125%；

二是流化床焚烧炉密相区温度宜为 850~950℃；三是排烟温度大于 180℃。

2) 带式干化焚烧一体机

带式污泥干燥焚烧一体机是将带式污泥干化与焚烧镶嵌在同一装置内，适用于较小规模的污泥处理处置。

带式污泥干燥装置由上、中、下三层排列的输送带组成。脱水污泥由螺旋输送机送至泥条机，由泥条机旋转压制成泥条均匀地铺设在输送带上，通过上、中、下三段输送带传送至出料口。在上输送带上方安装抽风装置，抽吸焚烧炉的热能和厢体外的干燥空气，使热能和空气从装置的下部进入，穿流整个输送带，带走污泥内的水分，并将干化后的污泥进焚烧炉燃烧。污泥燃烧的热能可以输入干燥厢体作为干燥湿污泥所需的热能。

2. 工艺控制

应确保焚烧炉出口烟气中氧气含量达到 6%~10%（干气）；焚烧炉密相区温度宜为 850~950℃；由于污泥焚烧烟气中含湿量较大，为有效防止积灰和腐蚀，焚烧炉排烟温度宜大于 180℃。

3. 运行控制目标

污泥单独焚烧时，干化段污泥的含水率小于 45%，最佳干化段污泥含水率小于 40%，减少辅助热源的使用量。

当污泥与垃圾协同焚烧时，污泥掺混比宜小于 7%。污泥干化段含水率宜降低至与垃圾含水率相接近。若污泥回转窑与煤协同焚烧时，应尽可能地降低干化段污泥含水率，一般含水率应低于 40%。

焚烧产生的炉渣与飞灰应分别收集、贮存、运输，并妥善处置。符合要求的炉渣可进行综合利用。飞灰应按《危险废物鉴别标准通则》（GB 5085.7—2019）的规定进行鉴定后，妥善处置。属于危险废物的，应按危险废物处置；不属于危险废物的，可按一般固体废物处理。

第四节 热水解、厌氧消化、沼气利用

一、热水解

污泥中有机物含量一般为 60%~70%。其中初沉污泥多是非生命颗粒有机物，剩余污泥则主要由微生物细胞体组成。剩余污泥微生物的细胞壁阻碍了细胞内有机物（蛋白质、多糖和酶等）的释放与水解。因此，污泥水解不畅便成为限制污泥厌氧消化速率和效率的瓶颈之一。

热水解能促进微生物细胞的裂解,目前应用的温度为70~170℃。热水解亦能促进木质纤维素成分的水解,适用温度200℃,比细胞破壁应用温度高。实际工程中,热水解处理技术一般是采用较高温度(155~170℃)和较高压力蒸汽(6Bar)对污泥进行蒸煮和瞬时卸压汽爆闪蒸的工艺,使污泥中的细胞破壁,胞外聚合物水解,以提高污泥流动性。

目前,国内普遍采用挪威康碧公司和法国威立雅公司的热水解技术进行污泥热解。其中以康碧公司为代表的热水解技术实际应用较多,如北京的小红门、高碑店、高安屯等5座污泥处理中心均采用该技术。国内湖南长沙、湖北襄阳、山东等地还有一些国内自主研发的热水解装置。图6-20是以康碧热水解典型工艺为代表的热水解工艺流程图。

图6-20　康碧热水解典型工艺流程

热水解系统主要由污泥料仓、浆化罐、反应罐和闪蒸罐组成。辅助系统有工艺气收集、蒸汽锅炉加热、压缩空气系统、换热器、稀释水等。核心是浆化罐、反应罐和闪蒸罐。在浆化罐中,污泥与反应罐和闪蒸罐的回流蒸汽余热混合,污泥呈液态浆化,温度达到约97℃。反应罐采用序批式处理,一般由2~6个罐组成,实现连续运行的效果,由蒸汽锅炉提供蒸汽,加热污泥到165~170℃,并保持30min,水解后的污泥通过卸压排放到闪蒸罐。在闪蒸罐,污泥进一步通过降压,温度减低到102℃。经过热水解后污泥由于温度较高,需要通过换热器降温,方可进入后继的消化池或者脱水设备。污泥经热水解处理后,流动性得到明显改善,消化池的进料固体浓度可以提高到9%。热水解生产线系统详见图6-21。

图6-21　热水解生产线系统

1. 基本原理

热水解是污泥热处理的一种。一般来说,污泥热处理包括两个过程:固体物质的溶解及絮体的破碎,其中絮体的破碎与热处理温度有关。通常温度较高时,两个过程同时存在。而温度较低时,可能只有固体物质的溶解过程。详细来讲,污泥的热处理又可以细分为以下四个过程:污泥絮体结构的解体、污泥细胞破碎和有机物的释放、有机物的水解和有机物发生美拉德反应。

热处理会影响污泥的特性,使之发生变化,这些影响主要表现在污泥物理特性、化学特性和生物特性三个方面。

1)物理特性

污泥物理特性主要包括絮体结构与形态、固形物含量、粒径、黏性、脱水性能和沉降性能等方面,热处理会影响污泥的这些物理特性。

(1)絮体结构与形态

由于絮体表面和内部的胞外聚合物在热处理过程中发生溶解和水解,絮体结构中的氢键被破坏,导致由这些胞外聚合物和氢键连接的污泥絮体结构被破坏和解体,絮体形态发生变化。

热处理条件(如热处理温度和时间等)和污泥性质(如污泥来源和污泥浓度等)不一样,污泥絮体结构破坏和解体的程度会有一定的差异。研究表明,污泥的絮体结构在温度超过100℃时,才会发生较大的变化。

(2)固形物含量

由于污泥絮体结构的解体和一部分细胞物质从不溶态转化为溶解态,导致污泥固形物含量(总固形物和挥发性固形物)下降,这在一定程度上实现了污泥减量。另外,热处理还会降低污泥中挥发性固形物占总固形物的比例,这主要是因为污泥热处理过程中,溶解的有机物比无机物多。

(3) 脱水性能和沉降性能

热处理会导致污泥絮体结构和部分微生物的细胞结构破碎,释放絮体内和细胞内的水分。同时,热处理还会破坏污泥絮体结构中的氢键,从而使污泥中的间隙水(如黏附水、吸附水、毛细虹吸水、氢合水等)成为游离水,进而改善污泥的脱水性能。

大量科学研究表明,污泥经150℃或180℃高温热处理后,其脱水性能得到了改善。研究发现,在220℃、2500 kPa下热处理污泥30s后,其脱水性能明显提高,在不加任何药剂调理的情况下,离心脱水泥饼的含固率可以达到25%,悬浮物的固体回收率可稳定在95%左右。

(4) 其他物理特性

由于污泥絮体结构被解体和破坏,有机物(尤其是蛋白质)被水解,因此,热处理会导致污泥粒径发生变化,提高了污泥的ξ电位,影响污泥的黏性。

2) 化学特性

污泥的化学特性主要包括pH、有机物含量、氮磷含量及其形态转化和碱度等方面,热处理会影响污泥的这些化学特性。

(1) pH

由于溶解性有机物的水解,导致污泥内有机物的组成发生变化,而污泥热处理过程中产生的挥发性有机酸、氨基酸和氨氮等会影响污泥的pH。

(2) 有机物释放

由于污泥絮体中胞外聚合物和细胞内物质转化为溶解性物质,溶解性蛋白质、糖类、脂类和挥发性有机酸等增加,从而导致污泥的溶解性化学需氧量(SCOD)增加。

(3) 氮磷释放

污泥中氮主要以蛋白质的形式存在。在污泥热处理过程中,由于蛋白质的水解,污泥中氮会发生形态转变,从不溶态转变为溶解态。

氮的释放随着处理温度的升高和处理时间的延长而增加。低温下,由于蛋白质水解程度较低,污泥热处理释放出的总氮主要为有机氮,而随着处理温度的升高,蛋白质进一步水解,产生一些无机氮(如氨氮等)。

磷是细胞DNA、RNA和ATP等的构成元素,热处理会破坏污泥细胞的DNA和RNA,因此,热处理也可以使污泥中一部分磷释放出来。

(4) 其他化学特性

热处理还会影响污泥的其他一些化学特性,如无机盐浓度和碱度等。热处理会使污泥中的钙和镁离子释放,导致其浓度升高。剩余污泥在热处理过程中会释放镁离子和钾离子,但钙离子浓度会有一定的下降。热处理对污泥中的重金属(铬、铜、铁、镍、铅和锌)形态也会有影响,热处理可以将这些金属离子转化成更稳定的形态,并且重金属的浓度会增加。

3) 生物特性

热处理还会影响污泥的生物特性。热处理可使污泥细胞破碎,蛋白质变性,从而导致污泥中微生物(包括病原菌)死亡。温度越高、处理时间越长,污泥微生物死亡的数量也会越多。热处理温度不同,抑制和杀死的污泥微生物也不同。

2. 工艺控制

热水解工艺控制要点:运行温度、压力、稀释水的用量。在运行过程中,需要重点监控热水解的蒸汽压力、泵的运行压力、浆化罐的液位、一次和二次稀释水的添加比例等。

3. 运行控制目标

热水解的运行控制目标:污泥处理量、处理后污泥的含水率。热水解处理后的污泥含水率应小于91%,热水解蒸汽耗量应小于$1.1\ t/(t\ DS)$。

二、厌氧消化

污泥消化主要是指污泥厌氧消化。在厌氧消化过程中,一般利用厌氧微生物,在厌氧条件下,分解污泥中的有机物质,最终产物为甲烷和二氧化碳,实现污泥稳定。

污泥经厌氧消化,污泥中致病菌得到控制,寄生虫卵部分被杀死,污泥卫生得到改善。而且由于污泥中有机质分解,经厌氧消化后的污泥易于脱水,可以提升污泥处理的适用性。

1. 分 类

污泥厌氧消化分类方法有很多,一般分为传统厌氧消化工艺、两级厌氧消化工艺、两相厌氧消化工艺等。目前,随着热水解、热碱、超声波等预处理技术的应用,采用这些新预处理技术的消化系统称为高级厌氧消化,区别于之前没有经过预处理技术的传统消化工艺,即把污泥厌氧消化工艺分类为传统厌氧消化和高级厌氧消化。

1) 传统消化与高级厌氧消化

传统厌氧消化工艺,是指采用中温或常温(目前应用很少)的厌氧工艺,使污泥在消化池内有机物得到降解的工艺。

高级厌氧消化工艺,是指在污泥进入消化池前,经过热碱、高温高压水解、超声波预处理等有机物降解的工艺。

2) 单级消化和两级消化

单级消化，是指污泥消化和沉降在一座消化池内进行。在一级消化池内，设有集气、加热、搅拌等设备，不排上清液。

两级消化，是指将污泥消化过程分为两池串联进行，将消化和沉降分为两个池子进行，污泥消化反应主要在一级消化池完成，在此期间产气活跃；在二级消化池中设有集气设备、撇除上清液装置，但不再加热和搅拌，污泥在二级消化池内完成最后消化。

一般，两级厌氧消化中，一级消化池产生的沼气量约占全部产气量的80%。然后污泥进入二级消化池，二级消化池中不设换热和搅拌装置，依靠来自一级消化池污泥的余热继续消化污泥。二级消化池兼具有浓缩和后储泥池的功能。

3) 两相消化

两相消化，特指把产酸第一阶段、产碱第二阶段与产甲烷第三阶段分别安排在两个消化池中进行，使各自都有最佳菌种生长繁殖的环境条件。两相消化一般分为酸化池和产气池。

2. 系统构成

厌氧消化系统构成主要包括消化池、进排泥系统、搅拌系统、排浮渣系统、沼气收集系统、污泥换热系统和药剂投配系统等组成。消化池厌氧消化的主要构筑为消化池。消化池外形有矩形、方形、圆柱形、卵形等。国内比较普遍是圆柱形和卵形。圆柱形消化池，一般为钢筋混凝土结构。近10年来，随着施工和材料技术发展，现在也较多采用钢制罐。柱形消化池底部有适当的坡度，顶部气相空间较大。卵形消化池，基本上采用混凝土结构。底部呈圆锥形，顶部气相空间较小。

消化池池体包括罐体本身、保温层和附属管道。罐体基本上分为混凝土和钢制材质，外衬保温层，保温层一般为发泡材料，外涂层为铝质或瓷砖的装饰板。附属管道包括污泥管、排上清液管、溢流管、取样管等。污泥管包括：进泥管、排泥管、循环搅拌管。

1) 进排泥系统

消化池的进排泥方式比较多，总体而言，消化池进泥一般采用泵进泥，通常是从消化池上部进泥。排泥方式一般分为泵排泥、排泥阀排泥和静压排泥3种方式，如图6-22所示。

2) 搅拌系统

消化池中污泥的搅拌方法，一般有沼气搅拌、泵搅拌、机械搅拌和联合搅拌等。搅拌设备能在2~5h内将全池的污泥搅拌一次，如图6-23所示。

图6-22 消化池不同进排泥方式

图6-23 消化池不同搅拌方式

(1) 机械搅拌

机械搅拌系统又可分为泵搅拌和叶轮搅拌。

泵搅拌是用泵将消化池底部的污泥抽出，经污泥泵加压后再送至消化池顶部或消化池的不同部位，进行循环搅拌。常与投加新鲜污泥、污泥池外加热合并进行。这种搅拌方式一般用于小型消化池，在大型消化池中作为其他搅拌方式的补充方法。泵搅拌系统由泵、管道和喷嘴三部分组成。为方便维护，泵安装于消化池外部，高速喷嘴安装于消化池内部，喷射出的水流形态可以使消化池内的物料达到充分混合。消化池内部的设备不需要定期维护，但是泵需要定期维护。混合泵的出料端压力剧增，说明相应的混合设备可能出现问题，如管道或喷嘴堵塞。

叶轮搅拌器由叶轮、传动轴和驱动器组成。叶轮可以安装在消化池的导流管上用于导流。通常叶轮驱动器可以反转，在导流管顶部或底部均可排泥，或反转叶轮清通堵塞。通常叶轮搅拌器面临的问题是碎布条、毛发和其他纤维物质包裹缠绕在桨叶和传动轴上。通过测量搅拌器驱动电机的电流和温度可以监测缠绕物累积，可利用起重机吊起叶轮搅拌器或放空消化池清理。叶轮搅拌除需要监测缠绕物累积外，还需对驱动装置和轴承进行定期保养和维修。

(2) 沼气搅拌

沼气搅拌是将消化池气相部分沼气抽出，经压缩后再释放回消化池。其特点是没有机械磨损，搅拌力度大。气体搅拌又分为四类：扩散器式、吊管式、导流筒式、气塞式，搅拌方式如图6-24所示。

扩散式搅拌方式中，扩散器以环状布置方式固定在消化池底部。采用多个扩散器，每个扩散器单独供气。一般情况下，此种搅拌方式应考虑设置扩散器管路冲洗装置。否则，扩散器一旦堵塞，需要消化池泄

(a) 扩散器式　　(c) 导游筒式
(b) 吊管式　　(d) 气塞式

1-扩散器；2-沼气压缩机；3-配气干管；4-吊管；
5-导流筒；6-气塞管；7-气泡；8-气泡发生器。

图 6-24　沼气搅拌方式

空进行管线疏通。

吊管式搅拌中的吊管安装在消化池顶部，深入池内。沼气经吊管进入消化池，上升气流带动污泥，实现搅动，通常采用多根吊管。

导流筒式搅拌由中心导流筒、吊管或具有喷嘴的浸没管组成。导流筒起着气升泵的作用。沼气从池顶部或底部输入，形成的气体污泥混合上升到液面上来，污泥再从其底部进入，形成循环，导流筒通常直径为 1.5~2m。

气塞式搅拌，通常使用较小直径（150~300mm）的导流管。沼气供到导流管的底部间断释放，气泡好像活塞一样，将污泥提升到表面，形成搅拌。

总而言之，在整个沼气搅拌系统中，核心是压缩机。目前使用的压缩机包括旋转凸轮、旋转叶片和液环型。除此之外，沼气搅拌系统应设有控压装置，设有高压或低压报警系统。

3）换热系统

对于常规厌氧消化来说，消化池需要加热。供给消化池的热量主要作用包括：使新鲜污泥温度提高到要求数值的耗热量，补充消化池池盖、池壁、池底及管道的热损失，以及从热源到池子及其他构筑物沿途的热损失。此外，厌氧生化反应以及污泥水蒸发，也都消耗热量，但这部分数量很少，在工程上基本不考虑。

换热系统一般由热源（冷源）、管道和热交换器构成。热源一般为蒸汽、热水，主要来自锅炉、内燃机余热等。冷源一般为二沉水或再生水。

热交换器主要有三种：套管式、管壳式、螺旋板式。前两种为常见的形式。套管式换热器由两根同心管组成，一根为污泥，另一根为热水，两层流体逆向流动，但因有 360° 转弯，易堵塞；管壳式换热器是在一个圆筒形壳体内设置许多平行的管子（这些平行的管子称为管束），让两种流体分别从管内空间和管外空间流过进行热量的交换。螺旋板式换热器由两根长条形板相互包裹形成两个同轴通道，螺旋板式换热器的流程也是逆向的，内层板的设计让其最大可能易于清洗和防止堵塞。尤其适用于污泥处理。应对热交换器的进口和出口温度进行监测。若两处温差明显降低，说明污泥泵、热水泵或热水供应可能出现故障。同时，应检查热交换器表面是否出现堵塞或结垢问题。

对于常规厌氧消化来说，进入消化池的污泥温度一般都低于消化过程所需的温度，需对污泥进行加热。加热方式分池内加热和池外加热两类。池内加热是热量直接通入消化池内，对污泥进行加热，有热水循环和蒸汽直接加热两种方法。由于加热设备和管道系统的检修保养很困难，只能在消化池泄空的情况下才能进行，池内加热应用不多。

池外加热是将污泥在池外进行加热，有生污泥预热和循环加热两种方法。污泥进入消化池前，对进料污泥和消化池内污泥进行混合和预热，可避免造成局部低温和污泥活性不高。进料污泥也可以通过与热交换器排出的热污泥混合进行预热。

当污泥预处理采用热水解等工艺时，进料污泥温度较高，基本在 50~70℃，为保持恒定的消化温度，污泥需进行降温处理。降温也是采用热交换器。

4）排浮渣系统

当消化池的液体表面形成浮渣层时，厌氧消化反应受到抑制，产气量会受到影响，有效容积减少，必须采取措施防止浮渣的形成或予以破碎。消化池顶部通常设有观察窗，可目测观察浮渣层的情况。

浮渣的成分由污水的水质决定。当城市污水中混有屠宰、造纸、纤维工厂等工业污水时，极易形成浮渣，必须进行预处理。若预处理效果不好时，这些浮渣会进到消化池。通常的做法是加强消化池进泥的预处理，进行破浮渣操作和加强消化池排浮渣操作。

消化池进泥的预处理，将消化池进泥通过专门的污泥格栅，进行絮状物的拦截，还有的是在消化池进泥泵后加装破碎机或叶轮上加装破碎刀片。

进入消化池顶部的浮渣，一般通过设计污泥搅拌时增加专门的破浮渣搅拌实现，而浮渣的去除，只能通过专用的浮渣门和排浮渣管线去除。一般浮渣排放口位于消化池顶部。消化池排放浮渣时，需要提升液位到排放口，进行排放，如图 6-25 所示。

图 6-25　某消化池顶部浮渣排放口设计示意

浮渣门（图 6-26）通常设置在消化池顶部，位于消化池顶部气液交界的位置，主要为了排放浮渣方便。所以，浮渣门的开启，要注意消化池顶部气相空间沼气的释放。

图 6-26　消化池浮渣门

打开浮渣门后，空气会迅速进入消化池与沼气混合，可能导致爆炸气体的产生。此外，沼气和浮渣的气味会污染运行环境，并且排出的大块浮渣要及时清掏。还要及时检查浮渣门的密封口，避免密封橡胶在长时间的使用过程中老化，导致沼气泄漏。

5）药剂投加系统

消化池碱度、pH、硫化物以及重金属浓度发生变化，或消化池内气相空间泡沫频发时，需投加药剂改善消化池内的生化环境。

投加药剂有碳酸氢钠、氯化铁、硫酸铁、石灰和明矾等，此外，还有专门的消泡剂等。加药系统主要由加药罐、加药泵、稀释水和管道构成。要关注管道保温和腐蚀。

3. 基本原理

污泥厌氧消化过程是由多种微生物种群协同作用的极为复杂的生物化学过程：在厌氧条件下，由兼性菌和厌氧菌将污泥中的可生物降解的有机物分解成甲烷、二氧化碳、硫化氢、氨和水等。在此过程中，不同微生物的代谢过程相互影响、相互制约，形成非常复杂的生态系统。

厌氧消化分三个阶段进行。第一阶段，水解发酵阶段：复杂的固体有机物如纤维素、蛋白质、木质素和油脂在胞外酶（细胞外起作用的酶）的作用下，分解成溶解态（液态）有机脂肪酸、酒精、二氧化碳和氨；第二阶段，产氢产乙酸阶段：微生物（通常指产乙酸菌或产酸菌）将第一阶段的产物转化为乙酸、丙酸、氢、二氧化碳和其他低分子量有机酸；第三阶段，产甲烷阶段：通过两种不同类型的产甲烷菌作用，一类将氢和二氧化碳转化为甲烷，另一类将乙酸转化成甲烷和碳酸氢盐（溶解态二氧化碳）。由于这两类产甲烷菌均为厌氧菌，故消化过程中要注意消化池的密封以防止氧气进入。如图 6-27 所示。

图 6-27　有机物厌氧消化示意

厌氧消化的影响因素主要有温度、pH 等。

1）温度

温度是影响厌氧消化的主要因素，适宜的温度，细菌发育正常，有机物分解较充分，产气量大。

甲烷菌根据对温度的适应性，可分为两类，即中温甲烷菌（适应温度为 30～36℃）和高温甲烷菌（适应温度为 50～55℃）。甲烷菌在一定温度范围被驯化以后，温度的变化就会妨碍甲烷细菌的活动，尤其是高温消化对温度的变化更为敏感。因此在消化过程中要保持一个相对稳定的消化温度。中温或高温消化允许的温度变化单位为 ±1℃。当有 ±3℃ 的变化时，就会限制消化速率。当有 ±5℃ 的急剧变化时，就会突然停止产气，出现有机酸大量积累而破坏厌氧消化。

大多数厌氧消化系统设计在中温范围内操作，因为将温度控制在 35℃ 左右，有机物的产气速率较快、产气量较大，从运行成本上看也较经济。但也有少数厌氧消化系统设计在高温范围内操作，高温消化也有其优点：能改善污泥脱水性能，增加病原微生物的杀灭率。但由于高温操作费用高，过程稳定性差，对设备设施的结构要求高，所以国内市政污泥中采用高温消化的系统较少。

2）pH与碱度

厌氧微生物对pH有一个适宜区域，超过适宜生长的pH范围，大多数微生物都不能生长。即使在其适宜生长的区域内，pH迅速改变，也会对细菌生长产生重要影响。

污泥中所含的碳水化合物、脂肪和蛋白质在厌氧消化过程中，经过酸性发酵和碱性发酵，产生甲烷和二氧化碳，成为消化污泥。酸性发酵和碱性发酵最合适的pH不同。厌氧细菌，特别是甲烷菌，对pH非常敏感。

消化过程中连续产酸，使pH有降低的趋势。然而，甲烷化过程产生碱度，主要是二氧化碳和氨形式的碱度。这些物质通过与氢离子结合，缓冲pH的变化。消化池中pH的降低（如消化池负荷过高，导致产酸量增加）将抑制甲烷的形成。合理设计搅拌、加热和进料系统，对于减少不正常操作的扰动是很重要的。设计时还应当考虑提供外加化学物质（如石灰、碳酸氢钠或碳酸钠）来中和不正常消化中过量的酸。

一般厌氧消化工艺pH控制在6.6~7.5，挥发性脂肪酸（VFA）<3000mg/L，碱度（ALK）>2000mg/L。

3）消化投配率与负荷

厌氧消化效果好坏与污泥龄有直接关系。有机物降解程度是污泥龄的函数，而不是进水有机物的函数。

消化池容积设计应该按照有机负荷污泥龄（solid retention time，简称SRT）或消化时间设计。所以只要提高进泥的有机物浓度，就可以更充分地利用消化池的容积。由于甲烷菌增殖较慢，对环境变化敏感，因此要获得稳定的处理效果就需要保持较长的污泥龄。

消化池的投配率是每日投加新鲜污泥体积占消化池有效容积的百分数。投配率是消化池运行的重要参数，投配率过高，消化池内脂肪酸可能积累，pH下降，污泥消化不完全，产气率降低；投配率过低，污泥消化较完全，产气率较高，消化池容积大，基建费用增高。根据我国污泥处理处置的运行经验，市政污泥中温消化的投配率以5%~8%为宜。

消化池负荷分为水力负荷和有机物负荷。要综合考虑两个负荷的变化对消化池运行的影响。

4）有毒物质

污泥中含有有毒性物质时，会抑制甲烷的形成，从而导致挥发酸积累和pH下降，严重时会使消化池无法正常操作。所谓"有毒"是相对的，事实上任何一种物质对甲烷消化都有两方面的作用，即有促进甲烷细菌生长的作用和抑制甲烷细菌生长的作用，关键在于它们的浓度界限，即毒阈浓度。低于毒阈浓度下限，对甲烷细菌生长有促进作用；在毒阈浓度范围内，有中等抑制作用，如果浓度是逐渐增加的，则甲烷细菌可被驯化；超过毒阈浓度上限，对甲烷细菌有强烈的抑制作用。

5）营养

厌氧消化池中，细菌生长所需营养是由投配污泥提供的。营养配比中重要的是碳氮比，碳氮比太高，细菌的氮量不足，消化液的缓冲能力降低，pH容易降低；碳氮比太低，氮量过多，pH可能会上升到8.0以上，脂肪酸的铵盐容易积累，会抑制消化过程。从碳氮比看，初沉污泥比较合适，混合污泥次之，而剩余污泥不大适宜单独进行消化处理。

6）污泥搅拌

厌氧消化是由细菌体的内酶和外酶与底物进行的接触反应，因此，必须使新鲜污泥与消化池内污泥充分混合，使整个消化池内的温度、底物、甲烷细菌分布均匀，并能避免在消化池表面浮渣结壳。搅拌的方法有机械搅拌法和气体搅拌法等。

4. 工艺控制

对于消化系统来说，工艺控制主要为进泥量的控制和排泥量的控制。

1）进泥量的控制

（1）稳定进泥量

消化池运行的关键是使消化池内物料处于均匀一致状态。进泥量体积、浓度、温度、组分或排泥速率的突然变化都会影响消化池运行，并可能导致泡沫产生。理想的进泥方式是将不同类型污泥（初沉污泥和剩余污泥）混合，每天24h连续进泥。

（2）确定合理进泥量

合理确定消化池处理能力的两个参数分别是SRT和挥发性固体负荷率，两者决定了微生物必须有稳定的有机物量和消化这些有机物的时间。通常进料浓度小于3%时，处理能力受SRT限制；进料浓度高于3%时，处理能力受挥发性固体负荷率的影响。

对于充分混合的高负荷消化池，SRT一般为15~20d。若停留时间远低于15d，产甲烷菌的增殖速率缓慢，易被排出。缩短停留时间使消化池的缓冲能力（中和挥发酸的能力）降低。泵入稀释的污泥和消化池内泥沙和浮渣的过度积累都将减少停留时间。尽可能向消化池加入高浓度污泥（在设计范围内），增加有效停留时间，还能减少供热需求。

2）排泥量的控制

消化池需要定期排泥，确保消化池进出物料平衡和液位稳定。一般排泥量应和进泥量协调同步。要确保至少每天排泥一次，以避免活性微生物量的突然减少，以及消化池中 VFA 与 ALK 的比值(VFA/ALK)改变而影响其缓冲能力。

一级消化池污泥可以排至二级消化池或直接进入消化池污泥贮存池。

3) 排浮渣

浮渣在消化池的积累很常见。浮渣是未被消化的油脂和油类物质的混合物，还常常含有漂浮物，如预处理中未去除的塑料。浮渣在消化池表面漂浮并积累，形成厚厚的一层。设计和运行良好的搅拌系统通常是能够打破顶部浮渣的。

如果消化池连续运行 8h 而不进行搅拌操作，那么浮渣就有可能上升并漂浮在液面上。一旦开启搅拌系统，浮渣又重新分散在消化池中。浮渣控制的主要方法就是保持消化池运行期间搅拌系统的正常运行并通过专门的排浮渣装置将浮渣排出消化池。

在日常运行过程中，应定期检查消化池浮渣情况，若积累较多应采取人工排浮渣措施。

5. 运行控制目标

消化池运行控制目标分为两类，运行监控指标和生产指标。运行监控指标主要包括温度、pH、VFA 和 ALK 等。生产指标主要包括产气量、甲烷含量等。

1) 运行监控指标

传统中温消化，控制温度范围为 35~38℃。传统高温消化，控制温度在 52~55℃。高级厌氧消化，中温消化控制温度范围为 38~40℃。

消化池 pH 控制为 6.0~8.0。传统厌氧消化池 ALK 范围为 1500~5000mg/L。高级厌氧消化 ALK 范围为 3000~12000mg/L。

传统消化 VFA 控制在 3000 mg/L 以下。高级厌氧消化 VFA 控制在 5000mg/L 以下。

2) 生产指标

生产指标主要为产气量和沼气中甲烷含量等。一般，产气量大于 230m^3/(t DS)。沼气中甲烷含量应大于 50%。

三、沼气利用

厌氧消化过程中产生的气体是一种混合气体，俗称沼气。这种气体最早发现在沼泽地区，因此习惯上称为沼气。沼气其实由很多气体混合组成。成分比较复杂，其中最主要成分为甲烷和二氧化碳，还含有少量其他气体，如氢气、硫化氢、一氧化碳、氮气和氧气等。一般甲烷含量为 57%~70%，二氧化碳为 30%~38%，氢气为 0~2%，氮气为 0~6%，硫化氢为 0.005%~1%。沼气的热值取决于沼气中各气体的含量。一般来说，其热值高于城市煤气，低于天然气。

污泥在厌氧消化过程中按照正常要求的条件，保持充分搅拌、一定温度、含有一定的碳氮比、有毒物质在允许浓度范围内，pH 调在正常范围内，则其产气量及气体的成分决定于污泥中有机物的组成消化时间。

研究表明，污泥中的挥发性有机物不同，产气量也不同。污泥中的挥发性有机物，主要是脂肪、蛋白质和碳水化合物。其中脂肪的产气量最大，且所产的沼气中甲烷含量也高。蛋白质产生的沼气中甲烷含量虽高，但产气量少。碳水化合物产气量和沼气中的甲烷含量都比较低，见表 6-5。

表 6-5 不同种类有机物的产甲烷情况

有机物种类	产气量 /(m^3/kg)	气体组分	热值 /(kJ/kg)
碳水化合物	0.8	50%甲烷+50%二氧化碳	17165
蛋白质	0.7	70%甲烷+30%二氧化碳	24871
脂肪	1.2	67%甲烷+30%二氧化碳	23617

1. 利用途径

沼气利用价值比较高且利用途径比较广泛。沼气中的甲烷可作为生产四氯化碳或者有机玻璃树脂的原料，也可用于制造甲醛，其中的二氧化碳可以用于生产纯碱。沼气净化提纯后直接与城市天然气管线并网，供给周边居民或工业客户使用。沼气用作燃料，在污水处理厂里直接利用，用于弥补能源，是最广泛的利用途径。例如，沼气在厂内直接进行发电，驱动鼓风机或进水泵，或者直接燃烧，提供厂内蒸汽、热水等热介质等。

2. 系统构成

沼气利用系统包括沼气的收集、输送、净化、存储、利用及安全阀等附属设备，如图 6-28 所示。

1) 沼气收集

沼气收集，一般是从消化池顶部的集气罩的最高处用管道引出。顶部的集气罩应有足够尺寸和高度。对于大型消化池，其直径最小为 4~5m，高度为 2~3m。气体的出气口，至少应高于最高污泥面 1.5m。气管上应安装有闸门，同时在集气罩顶部设有排气管、进气管、取样管、测压管、测温管等。有的考虑到冲洗，还有自来水管等。

集气罩可采用固定或浮动的方式。一般与集气罩连接的沼气管上设有阻火器。此外，集气罩上还有安全阀，同时具备正压和负压应急启动的功能，防止消化池因气相空间压力急剧变化而损坏消化池顶部设施，从而出现安全事故。

图6-28 沼气利用流程示意图

2) 沼气输送

沼气输送，一般采用输送气管，沼气管线的材质为不锈钢316。沼气在管道内的流速，最大为7~8m/s，平均流速为5m/s。一般，沼气管道坡度应顺气流方向，坡段一般在0.5%，应把冷凝水收集罐设在低点，要求冷凝水能够排出。

在重要设备如沼气压缩机、沼气锅炉、沼气发电机、废气燃烧器、脱硫塔等设备沼气管线入口处，在干式气柜的进口处和湿式气柜的进出口处都设置冷凝水去除罐。有时在某些设备出口处，如有密封水系统的沼气压缩机，还需要设置装有高压排水阀的去除罐。一般采用人工定期检查操作冷凝水排放的方式加强保障。

为安全起见，消化池的气相空间（集气罩）和管道要确保在正压情况下运行。通常运行压力为200~300mm H_2O。在实际运行中，要考虑沼气管路的压力损失。沼气管道的压力损失包括沿程阻力损失和局部阻力损失。局部损失比较大的环节是水封罐、阻火器、脱硫装置等。在沼气系统压力异常时，要特别检查，并用U型压力计检测具体阻力数值。

3) 沼气净化

沼气中通常含有一些杂质，如污泥中的一些无机的小颗粒随沼气溢出进入输送气管中，严重的会堵塞输送气管中的阻火器等。沼气净化就是采用砾石过滤器或水封装置等，将这些杂质去除。此外，考虑到沼气中含有硫化氢气体，对后继管线和沼气利用设备的腐蚀，需实施沼气脱硫，去除硫化氢。对于有些特殊的设备，还要考虑到沼气的除湿，一般采用活性炭或专门的过滤器去除。

4) 沼气存储

由于沼气产气量与用气量之间可能存在波动，经常存在沼气产气量与用气量相比有富余的情况，所以，在城镇污泥处理处置设施中通常设置储气设施，来调节产气量和用气量之间的波动，稳定消化系统的压力。

通常储气设施称为气柜，是存储沼气的容器。为了防止腐蚀，储气柜内部必须进行防腐处理，一般涂以防腐涂料。为了减少太阳照射、气体受热引起的容积增加，储气柜外侧一般涂反射性材料，如银灰色涂料等。

储气柜从外形看，有圆柱体或球体。气柜从压力看，分为低压（200~450mm H_2O）和中压（2~4kg/cm^2）两种形式。从气柜的存储介质看，又分为干式气柜和湿式气柜。其中，干式气柜，是指气体存储在胆囊内；湿式气柜，由水封池和浮罩组成，沼气进入时，浮罩上升；当沼气排出时，浮罩下降。为了保持浮罩垂直升降，通常还设有导轨。目前，干式气柜因其运行和维护简单，在国内得到较广泛的应用，已经在污泥处理设施的升级改造中替代原有的湿式气柜。

(1) 干式气柜：干式气柜主要由底膜、内膜和外膜组成。按照不同的压力设计，内膜和外膜之间有的是需要一定的压力支撑。如图6-29所示。

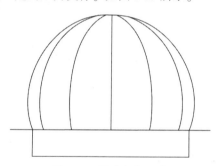

图6-29 干式气柜示意

(2) 湿式气柜：湿式气柜分为湿式螺旋气柜和湿式直升气柜两种，如图6-30、图6-31所示。这两种气柜都带有水槽，当气柜进入气体时，钟罩呈螺旋式上升的为湿式螺旋气柜；钟罩呈直升式上升的为湿式直升气柜。湿式直升气柜有环形外导轨支架，耗钢量较湿式螺旋气柜要多，直升气柜容积比螺旋气柜要小，其容积一般为1000~22000m^3。

在运行中，要注意监控湿式气柜水槽中水的pH等。检测发现pH为4~5.5时要及时更换水槽中的水。要定期对沼气柜进行检修，检查导轨等情况。对于并联使用的沼气柜，应注意各沼气柜配重是否均匀，防止其升降不均匀。此外，还需要定期检查气柜的安全阀和物位计等。

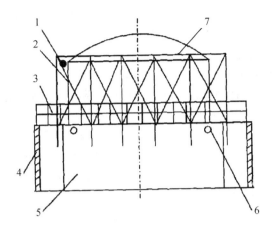

1—外滚轮；2—外导轨；3—操作平台；4—砖墙；
5—水槽；6—内滚轮；7—钟罩。

图 6-30　湿式直升气柜

1—钟罩；2—导轨；3—中节；
4—操作平台；5—水槽。

图 6-31　湿式螺旋气柜

5）沼气利用

沼气的用途可以作为燃料、化工原料、动力能源使用等。沼气作为燃料，可以烧茶炉、烧锅炉等。沼气作为化工原料时，加氨及氧合成氢氰酸，再经醇化及酯化，可合成有机玻璃树脂。沼气经氧化可制取甲醛及甲醇。利用沼气中的二氧化碳可制作纯碱或干冰。甲烷在高温及纯氧作用下，碳与氢分离，可得炭黑。沼气作为动力能源，主要利用设备有沼气拖动鼓风机、沼气发电机、沼气汽轮机、沼气锅炉等。

6）其他附属安全系统

为确保沼气系统安全，沼气系统还设有废气燃烧器，确保将剩余沼气烧掉，避免直接向大气排放。废气燃烧器，能实现自动点火。此外，沼气系统还设有气体安全释放阀，确保气体在一定条件下能实现紧急释放气体，避免气体在管道积聚爆炸。

3. 沼气脱硫

沼气脱硫，是指去除沼气中的硫化氢气体。硫化氢湿态时的腐蚀性要比干态时大得多。另外，沼气燃烧时，其中的硫化氢还会转化成腐蚀性很强的亚硫酸气雾，污染环境和腐蚀设备。

为防止硫化氢的危害，通常设置脱硫装置将其去除。一般要求沼气脱硫后，沼气中硫化氢含量低于100ppm*。当沼气作为燃料时，根据城市煤气的质量规定，硫化氢允许含量应小于 $20mg/m^3$。

当沼气中硫化氢含量较高时，为减少硫化氢的产生，在污水进入初沉池之前，加入 10~15mg/L 的氯，即可杀死硫细菌，从而避免污泥蛋白质中的硫和硫酸盐还原成硫化氢。一般情况下，在初沉池之前或曝气池后加铁盐，减少硫化氢的产生。

脱硫装置通常设置在气柜前，主要分为两类，干式脱硫和湿式脱硫。近年来，生物脱硫等也得到较广泛应用。

1）干式脱硫

干式脱硫，一般采用常压氧化铁脱硫。即利用氧化铁屑（或粉）和木屑制成的脱硫剂，或经氧化处理的铸铁屑做脱硫剂，填充于脱硫装置中。有时，还需要添加木屑作为疏松剂。当沼气通过时，通过脱硫剂的氧化作用，硫化氢被吸收，沼气得到净化。

脱硫反应：

$$Fe_2O_3 \cdot 3H_2O + 3H_2S \rightarrow Fe_2S_3 + 6H_2O$$
$$Fe_2O_3 \cdot 3H_2O + 3H_2S \rightarrow 2FeS + S + 6H_2O$$

脱硫剂失效后，可再生使用，也可更换新料。再生时，将含硫化铁的脱硫剂取出，洒上水，接触空气，使其氧化，即可再生利用。

$$2Fe_2S_3 + 3O_2 \rightarrow 2Fe_2O_3 + 6S$$
$$4FeS + 3O_2 \rightarrow 2Fe_2O_3 + 4S$$

影响干式脱硫剂脱硫效果及再生效果的主要因素有运行温度、沼气湿度等。一般来说，脱硫效果随着温度的升高而增加。但当温度超过40℃时，会导致脱硫剂脱水而失去脱硫活性，最佳运行温度应控制在25~40℃。沼气湿度也会影响脱硫效果，湿度太高，脱硫剂表面被水膜覆盖，影响与沼气的接触；湿度太低，不利于氧气在水分中的溶解与扩散，一般控制沼气中水蒸气的含量为2%~4%。

2）湿式脱硫

湿式脱硫，是指利用水或碱液洗涤沼气，通常使用碱液比较多。碱液可使用氢氧化钠溶液或碳酸氢钠溶液，一般根据沼气中硫化氢含量选择合适的碱液浓度及种类。近年，湿式脱硫中也有采用生物脱硫的，在后面做专门介绍。

湿式脱硫装置一般由吸收塔与再生塔组成。用浓

---

* 注：*1ppm=0.001‰，下同。

度为2%~3%的碳酸钠溶液作为吸收剂，吸收沼气中的硫化氢。碳酸钠溶液从吸收塔顶部喷淋向下与沼气进行逆流吸收。然后再通过吸收塔，氧化成单体硫而得到再生，使碳酸钠溶液得到反复使用。

$$NaCO_3+H_2S \rightarrow NaHS+NaHCO_3$$
$$2NaHS+2NaHCO_3+O_2 \rightarrow 2NaCO_3+2H_2O+2S$$

此外，还可利用处理厂的出水，对沼气进行喷淋水洗，去除硫化氢。在温度为20℃，压力为0.1MPa时，每立方米水能溶解2.3m^3的硫化氢。

3）生物脱硫

生物脱硫是在一定条件下，利用微生物的代谢作用将硫化氢转化为单质硫的脱硫方式。它既解决了传统脱硫方法的污染问题，又可以回收硫资源，能够实现环保和低成本脱硫。

生物脱硫按照机理可分为三个阶段：硫化氢气体的溶解过程，按照双膜理论由气相经气液双膜转移到液相；溶解后的硫化氢透过细胞膜进入脱硫细菌体内；进入细胞内的硫化氢被转化和利用，从而达到去除沼气中硫化氢的目的。

生物脱硫主要靠脱硫细菌来完成。脱硫细菌大致可分为两类：有色硫细菌和无色硫细菌。有色硫细菌体内有光合色素，可进行光合作用，主要为光能自养型脱硫菌；无色硫细菌体内没有光合色素，不进行光合作用，主要为化能自养型脱硫菌。目前，化能自养型脱硫菌是应用最广泛的脱硫菌。

化能自养型脱硫菌不受光源限制，以二氧化碳为碳源，在氧化硫化氢过程中释放的能量可被细胞用来固定二氧化碳进行生长。在有机碳源存在的情况下，部分种类的化能自养型脱硫菌可以利用有机碳源进行异养代谢，成为化能异养型细菌（碳源和能源皆来自有机物）。代表性的化能自养型脱硫菌主要为硫杆菌，包括以下几种细菌：氧化亚铁硫杆菌、氧化硫硫杆菌、排硫硫杆菌和脱氮硫杆菌等。

目前沼气生物脱硫技术仍然面临许多挑战，例如，条件控制不当时，沼气生物脱硫系统将硫化氢大部分氧化成硫酸盐而不是单质硫，系统排出废液中将含大量硫酸盐，导致二次污染。同时，沼气中含有大量的二氧化碳（30%~45%），可以为化能自养型脱硫菌提供充足的无机碳源，但单质硫存在容易堵塞填料以及难以分离等缺点。

4. 工艺控制

（1）沼气脱硫系统：干式脱硫的运行温度不超过50℃。沼气脱硫液一般采用氢氧化钠、碳酸钠、水等。

（2）沼气存储系统：湿式气柜中的水封pH大于6.5。

（3）沼气输送系统：沼气输送系统的压降小于2000Pa。

5. 运行控制目标

经脱硫处理后的沼气中的硫化氢含量小于100ppm。

沼气利用率（沼气利用量与沼气产气量的比值）超过90%。

第七章

相关知识

第一节 电工基础知识

一、电学基础

(一)电学的基本物理量

1. 电量

自然界中的一切物质都是由分子组成的,分子又是由原子组成的,而原子是由带正电荷的原子核和一定数量带负电荷的电子组成的。在通常情况下,原子核所带的正电荷数等于核外电子所带的负电荷数,原子对外不显电性。但是,用一些办法,可使某种物体上的电子转移到另外一种物体上。失去电子的物体带正电荷,得到电子的物体带负电荷。物体失去或得到的电子数量越多,则物体所带的正、负电荷的数量也越多。

物体所带电荷数量的多少用电量来表示。电量是一个物理量,它的单位是库仑,用字母C表示。1C的电量相当于物体失去或得到 6.25×10^{18} 个电子所带的电量。

2. 电流

电荷的定向移动形成电流。电流有大小和方向。

1)电流的方向

人们规定正电荷定向移动的方向为电流的方向。金属导体中,电流是电子在导体内电场的作用下定向移动的结果,电子流的方向是负电荷的移动方向,与正电荷的移动方向相反,所以金属导体中电流的方向与电子流的方向相反,如图7-1所示。

图7-1 金属导体中的电流方向

2)电流的大小

电学中用电流强度来衡量电流的大小。电流强度就是单位时间内通过导体截面的电量。电流强度用字母 I 表示,计算公式见(7-1):

$$I = \frac{Q}{t} \tag{7-1}$$

式中:I——电流强度,A;

Q——在时间 t 内,通过导体截面的电荷量,C;

t——时间,s。

实际使用时,人们把电流强度简称为电流。电流的单位是安培,简称安,用A表示。如果1s内通过导体截面的电荷量为1C,则该电流的电流强度为1A。实际应用中,除单位安培外,还有千安(kA)、毫安(mA)和微安(μA)等。它们之间的关系为:

$1kA = 10^3 A$,$1A = 10^3 mA$,$1mA = 10^3 \mu A$。

3. 电压

从图7-2(a)可以看到水由A槽经C管向B槽流去。水之所以能在C管中进行定向移动,是由于A槽水位高,B槽水位低所致;A、B两槽之间的水位差即水压,是实现水形成水流的原因。与此相似,当图7-2(b)中的开关S闭合后,电路里就有电流。这是因为电源的正极电位高,负极电位低。两个极间电位差(电压)使正电荷从正极出发,经过负载R移向负极形成电流。所以,电压是自由电荷发生定向移动形成电流的原因。在电路中电场力把单位正电荷由高

图7-2 水流和电流形成

电位 a 点移向低电位 b 点所做的功称为两点间的电压，用 U_{ab} 表示。所以电压是 a 与 b 两点间的电位差，它是衡量电场力做功本领的物理量。

电压用字母 U 表示，单位为伏特，电场力将 1C 电荷从 a 点移到 b 点所做的功为 1 焦耳(J)，则 ab 间的电压值就是 1 伏特，简称伏，用 V 表示。常用的电压单位还有千伏(kV)、毫伏(mV)等。它们之间的关系为：$1kV = 10^3V$，$1V = 10^3mV$。

电压与电流相似，不但有大小，而且有方向。对于负载来说，电流流入端为正端，电流流出端为负端。电压的方向是由正端指向负端，也就是说负载中电压实际方向与电流方向一致。在电路图中，用带箭头的细实线表示电压的方向。

4. 电动势、电源

在图 7-2(a) 中，为使水在 C 管中持续不断地流动，必须用水泵把 B 槽中的水不断地泵入 A 槽，以维持两槽间的固定水位差，也就是要保证 C 管两端有一定的水压。在图 7-2(b) 中，电源与水泵的作用相似，它把正电荷由电源的负极移到正极，以维持正、负极间的电位差，即电路中有一定的电压使正电荷在电路中持续不断地流动。

电源是利用非电力把正电荷由负极移到正极的，它在电路中将其他形式能转换成电能。电动势就是衡量电源能量转换本领的物理量，用 E 表示，它的单位也是伏特，简称伏，用 V 表示。

电源的电动势只存在于电源内部。人们规定电动势的方向在电源内部由负极指向正极。在电路中也用带箭头的细实线表示电动势的方向，如图 7-2(b) 所示。当电源两端不接负载时，电源的开路电压等于电源的电动势，但两者方向相反。

生活中用测量电源端电压的办法，来判断电源的状态。如测得工作电路中两节 5 号电池的端电压为 2.8V，则说明电池电量比较充足。

5. 电阻

一般来说，导体对电流的阻碍作用称为电阻，用字母 R 表示。电阻的单位为欧姆，简称欧，用字母 Ω 表示。如果导体两端的电压为 1V，通过的电流为 1A，则该导体的电阻就是 1Ω。常用的电阻单位还有千欧(kΩ)、兆欧(MΩ)等。它们之间的关系为：$1k\Omega = 10^3\Omega$，$1M\Omega = 10^3k\Omega$。

应当强调指出：电阻是导体中客观存在的，它与导体两端电压变化情况无关，即使没有电压，导体中仍然有电阻存在。实验证明，当温度一定时，导体电阻只与材料及导体的几何尺寸有关。对于两根材质均匀、长度为 L、截面积为 S 的导体而言，其电阻大小可用式(7-2)表示：

$$R = \rho \frac{L}{S} \quad (7-2)$$

式中：R ——导体电阻，Ω；
L ——导体长度，m；
S ——导体截面积，mm^2；
ρ ——电阻率，$\Omega \cdot m$。

电阻率是与材料性质有关的物理量。电阻率的大小等于长度为 1m，截面积为 $1mm^2$ 的导体在一定温度下的电阻值，其单位为欧米($\Omega \cdot m$)。例如，铜的电阻率为 $1.7 \times 10^{-8} \Omega \cdot m$，就是指长为 1m，截面积为 $1mm^2$ 的铜线的电阻是 $1.7 \times 10^{-8} \Omega$。几种常用材料在 20℃时的电阻率见表 7-1。

表 7-1 几种常用材料在 20℃时的电阻率

材料名称	电阻率/($\Omega \cdot m$)
银	1.6×10^{-8}
铜	1.7×10^{-8}
铝	2.9×10^{-8}
钨	5.5×10^{-8}
铁	1.0×10^{-7}
康铜	5.0×10^{-7}
锰铜	4.4×10^{-7}
铝铬铁电阻丝	1.2×10^{-6}

从表中可知，铜和铝的电阻率较小，是应用极为广泛的导电材料。以前，由于我国铝的矿藏量丰富，价格低廉，常用铝线作输电线。但由于铜线有更好的电气特性，如强度高、电阻率小，现在铜制线材被更广泛应用。电动机、变压器的绕组一般都用铜材。

6. 电功、电功率

电流通过用电器时，用电器就将电能转换成其他形式的能，如热能、光能和机械能等。把电能转换成其他形式的能称为电流做功，简称电功，用字母 W 表示，单位是焦耳，简称焦，用 J 表示。电流通过用电器所做的功与用电器的端电压、流过的电流、所用的时间和电阻有以下的关系，见式(7-3)：

$$\left.\begin{array}{l} W = UIt \\ W = I^2Rt \\ W = \dfrac{U^2}{R}t \end{array}\right\} \quad (7-3)$$

式中：U ——电压，V；
I ——电流，A；
R ——电阻，Ω；
t ——时间，s；
W ——电功，J。

电流在单位时间内通过用电器所做的功称为电功

率，用 P 表示。其数学表达式见式(7-4)：

$$P = \frac{W}{t} \quad (7-4)$$

将电功的表示公式代入上式得到式(7-5)：

$$\left.\begin{array}{l} P = \dfrac{U^2}{R} \\ P = UI \\ P = I^2 R \end{array}\right\} \quad (7-5)$$

若电功单位为 J，时间单位为 s，则电功率的单位就是 J/s。J/s 又称为瓦特，简称瓦，用 W 表示。在实际工作中，常用的电功率单位还有千瓦（kW）、毫瓦（mW）等。它们之间的关系为：$1kW = 10^3 W$，$1W = 10^3 mW$。

从电功率 P 的计算公式中可以得出如下结论：

（1）当用电器的电阻一定时，电功率与电流平方或电压平方成正比。若通过用电器的电流是原电流的 2 倍，则电功率是原功率的 4 倍；若加在用电器两端电压是原电压的 2 倍，则电功率是原功率的 4 倍。

（2）当流过用电器的电流一定时，电功率与电阻值成正比。对于串联电阻电路，流经各个电阻的电流是相同的，则串联电阻的总功率与各个电阻的电阻值的和成正比。

（3）当加在用电器两端的电压一定时，电功率与电阻值成反比。对于并联电阻电路，各个电阻两端电压相等，则各个电阻的电功率与各个电阻的阻值成反比。

在实际工作中，电功的单位常用千瓦小时（kW·h），也称为度。1kW·h 是 1 度，它表示功率为 1kW 的用电器 1h 所消耗的电能，即：$1kW·h = 1kW \times 1h = 3.6 \times 10^6 J$。

例 7-1：已知一台 42 英寸（1 英寸 = 2.54cm）等离子电视机的功率约为 300W，平均每天开机 3h，若每度电费为人民币 0.48 元，问 1 年（以 365 天计算）要交纳多少电费？

解：电视机的功率 $P = 300W = 0.3kW$

电视机 1 年开机的时间 $t = 3 \times 365 = 1095h$

根据式(7-4)，电视机 1 年消耗的电能 $W = Pt = 0.3 \times 1095 = 328.5 kW·h$

则 1 年的电费为 $328.5 \times 0.48 = 157.68$ 元

7. 电流的热效应

电流通过导体使导体发热的现象称为电流的热效应。电流的热效应是电流通过导体时电能转换成热能的效应。

电流通过导体产生的热量，用焦耳—楞次定律表示，见式(7-6)：

$$Q = I^2 Rt \quad (7-6)$$

式中：Q——热量，J；
　　　I——通过导体的电流，A；
　　　R——导体电阻，Ω；
　　　t——电流通过导体的时间，s。

焦耳—楞次定律的物理意义是：电流通过导体所产生的热量，与电流强度的平方、导体的电阻及通电时间成正比。

在生产和生活中，应用电流热效应制作各种电器。如白炽灯、电烙铁、电烤箱、熔断器等在工厂中最为常见；电吹风、电褥子等常用于家庭中。但是电流的热效应也有其不利的一面，如电流的热效应能使电路中不需要发热的地方（如导线）发热，导致绝缘材料老化，甚至烧毁设备，导致火灾，是一种不容忽视的潜在祸因。

例 7-2：已知当 1 台电烤箱的电阻丝流过 5A 电流时，每分钟可放出 $1.2 \times 10^6 J$ 的热量，求这台电烤箱的电功率及电阻丝工作时的电阻值。

解：根据式(7-4)，电烤箱的电功率为：

$$P = \frac{W}{t} = \frac{Q}{t} = \frac{1.2 \times 10^6}{60} = 20kW$$

根据式(7-5)，电阻丝工作时电阻值为：

$$R = \frac{P}{I^2} = \frac{20000}{25} = 800\Omega$$

（二）电　路

1. 电路的组成及作用

电流所流过的路径称为电路。它是由电源、负载、开关和连接导线 4 个基本部分组成的，如图 7-3 所示。电源是把非电能转换成电能并向外提供电能的装置。常见的电源有干电池、蓄电池和发电机等。负载是电路中用电器的总称，它将电能转换成其他形式的能。如电灯把电能转换成光能；电烙铁把电能转换成热能；电动机把电能转换成机械能。开关属于控制电器，用于控制电路的接通或断开。连接导线将电源和负载连接起来，担负着电能的传输和分配的任务。电路电流方向是由电源正极经负载流到电源负极，在电源内部，电流由负极流向正极，形成一个闭合通路。

1-电源；2-导线；3-灯泡；4-开关。

图 7-3　电路的组成

2. 电路图

在设计、安装或维修各种实际电路时，经常要画出表示电路连接情况的图。如图7-3所示的实物连接图，虽然直观，但很麻烦。所以很少画实物图，而是画电路图。所谓电路图就是用国家统一规定的符号，来表示电路连接情况的图。如图7-4所示是图7-3的电路图。

图 7-4　电路图

表7-2是几种常用的电工符号。

表 7-2　几种常用的电工符号

名称	符号	名称	符号
电池	─┤├─	电流表	─(A)─
导线	─────	电压表	─(V)─
开关	─╱─	熔断器	─[ ]─
电阻	─[ ]─	电容	─┤├─
照明灯	─⊗─	接地	⏚

3. 电路状态

电路有3种状态：通路、开路、短路。

通路是指电路处处接通。通路也称为闭合电路，简称闭路。只有在通路的情况下，电路才有正常的工作电流；开路是指电路中某处断开，没有形成通路的电路。开路也称为断路，此时电路中没有电流；短路是指电源或负载两端被导线连接在一起，分别称为电源短路或负载短路。电源短路时电源提供的电流比通路时提供的电流大很多倍，通常是有害的，也是非常危险的，所以一般不允许电源短路。

(三) 电磁基本知识

1. 磁现象

早在2000多年前，人们就发现了磁铁矿石具有吸引铁的性质。人们把物体能够吸引铁、钴、镍及其合金的性质称为磁性，把具有磁性的物体称为磁体。磁体上磁性最强的位置称为磁极，磁体有两个磁极：即南极和北极，通常用S表示南极（常涂红色），用N表示北极（常涂绿色或白色）。条形、蹄形、针形磁铁的磁极位于它们的两端。值得注意的是任何一个磁体的磁极总是成对出现的。若把一个条形磁铁分割成若干段，则每段都会同时出现南极、北极。这称为磁极的不可分割性。磁极与磁极之间存在的相互作用力称为磁力，其作用规律是同性磁极相斥，异性磁极相吸。一根没有磁性的铁棒，在其他磁铁的作用下获得磁性的过程称为磁化。如果把磁铁拿走，铁棒仍有的磁性则称为剩磁。

2. 磁场、磁感应

磁体周围存在磁力作用的空间称为磁场。人们经常看见两个互不接触的磁体之间具有相互作用力，它们是通过磁场这一特殊物质进行传递的。磁场之所以是一种特殊物质，是因为它不是由分子和原子等粒子组成的。虽然磁场是一种看不见、摸不着的特殊物质，但通过实验可以证明它的存在。例如，在一块玻璃板上均匀地撒些铁粉，在玻璃板下面放置一个条形磁铁。铁粉在磁场的作用下排列成规则线条，如图7-5(a)所示。这些线条都是从磁铁的N极到S极的光滑曲线，如图7-5(b)所示。人们把这些曲线称为磁感应线，用它能形象描述磁场的性质。

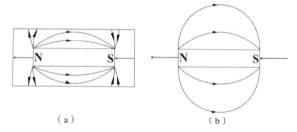

(a)　　　　　　　　(b)

图 7-5　铁粉在磁场作用下的排列

实验证明磁感应线具有下列特点：

(1) 磁感应线是闭合曲线。在磁体外部，磁感应线从N极出发，然后回到S极，在磁体内部，是从S极到N极，这称为磁感应线的不可中断性，如图7-6所示。

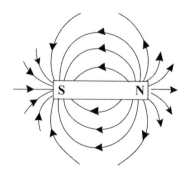

图 7-6　磁体内外磁感应线走向

(2) 磁感应线互不相交。这是因为磁场中任何一点磁场方向只有一个。

(3) 磁感应线的疏密程度与磁场强弱有关。磁感应线稠密表示磁场强，磁感应线稀疏表示磁场弱。

3. 磁通量、磁感应强度

在磁场中，把通过与磁场方向垂直的某一面积的磁感应线的总数目，称为通过该面积的磁通量，简称磁通，用 Φ 表示。磁通量的单位是韦伯，简称韦，用 Wb 表示。

磁感应强度是用来表示磁场中各点磁场强弱和方向的物理量，用 B 表示。垂直通过单位面积的磁感应线的数目称为该点的磁感应强度。它既有大小，又有方向。在磁场中某点磁感应强度的方向，就是位于该点磁针北极所指的方向，它的大小在均匀磁场中可由式(7-7)表示：

$$B = \frac{\Phi}{S} \quad (7-7)$$

式中：B——磁感应强度，T；

Φ——磁通量，Wb；

S——垂直于磁感应线方向通过磁感应线的面积，m^2。

式(7-7)说明磁感应强度的大小等于单位面积的磁通。如果通过单位面积的磁通越多，则磁感应线越密，磁场也越强，反之磁场越弱。磁感应强度的单位是 Wb/m^2，称为特斯拉，简称特，用 T 表示。

4. 磁导率

实验证明，铁、钴、镍及其合金对磁场影响强烈，具有明显的导磁作用。但是自然界绝大多数物质对磁场影响甚微，导磁作用很差。为了衡量各种物质导磁的性能，引入磁导率这一物理量，用 μ 表示。磁导率的单位为亨利/米(H/m)。不同物质有不同的磁导率。在其他条件相同的情况下，某些物质的磁导率比真空中的强，另一些物质的磁导率比真空中的弱。

经实验测得，真空的磁导率为 $\mu_0 = 4\pi \times 10^{-7}$ H/m，是常数。

为了便于比较各种物质的导磁性能，把各种性质的磁导率与真空中的磁导率进行比较，引入相对磁导率这一物理量。任何一种物质的磁导率与真空的磁导率的比值称为相对磁导率，用式(7-8)表示：

$$\mu_r = \frac{\mu}{\mu_0} \quad (7-8)$$

相对磁导率没有单位，只是说明在其他条件相同的情况下，物质的磁导率是真空磁导率的多少倍。

根据各种物质的磁导率的大小，可将物质分成3类。

(1) $\mu_r < 1$ 的物质称为反磁物质，如铜、银等。

(2) $\mu_r > 1$ 的物质称为顺磁物质，如空气、铝等。

(3) $\mu_r \gg 1$ 的物质称为铁磁物质，如铁、钴、镍及其合金等。

由于铁磁物质的相对磁导率很高，所以铁磁物质被广泛地应用于电工技术方面(如制作变压器、电磁铁、电动机的铁心等)。表 7-3 中列出了几种铁磁物质的相对磁导率，供参考。

表 7-3 几种铁磁物质的相对磁导率

铁磁物质名称	相对磁导率(μ_r)
钴	174
镍	1120
退火的铁	7000
软钢	2180
硅钢片	7500
镍铁合金	60000
坡莫合金	115000

(四) 常用电学定律

1. 欧姆定律

1) 一段电阻电路的欧姆定律

所谓一段电阻电路是指不包括电源在内的外电路，如图 7-7 所示。

图 7-7 一段电阻电路

实验证明，两段电阻电路欧姆定律是指流过导体的电流强度与这段导体两端的电压成正比；与这段导体的电阻成反比。其数学表达式见式(7-9)：

$$I = \frac{U}{R} \quad (7-9)$$

式中：I——导体中的电流，A；

U——导体两端的电压，V；

R——导体的电阻，Ω。

在式(7-9)中，已知其中两个量，就可以求出第三个未知量；公式又可写成另外两种形式：

(1) 已知电流、电阻，求电压，见式(7-10)：

$$U = IR \quad (7-10)$$

(2) 已知电压、电流，求电阻，见式(7-11)：

$$R = \frac{U}{I} \quad (7-11)$$

例 7-3：已知 1 台直流电动机励磁绕组在 220V 电压作用下，通过绕组的电流为 0.427A，求绕组的电阻。

解：已知电压 $U=220V$，电流 $I=0.427A$，根据式(7-11)，可得：

$$R=\frac{U}{I}=\frac{220}{0.427}\approx 515.2\Omega$$

2) 全电路欧姆定律

全电路是指含有电源的闭合电路。全电路是由各段电路连接成的闭合电路。如图7-8所示，电路包括电源内部电路和电源外部电路，电源内部电路简称内电路，电源外部电路简称外电路。

图7-8 简单的全电路

在全电路中，电源电动势 E、电源内电阻 r、外电路电阻 R 和电路电流 I 之间的关系为式(7-12)：

$$I=\frac{E}{R+r} \quad (7-12)$$

式中：I——电路中的电流，A；
　　　E——电源电动势，V；
　　　R——外电路电阻，Ω；
　　　r——内电路电阻，Ω。

上式是全电路欧姆定律。定律说明电路中的电流强度与电源电动势 E 成正比，与整个电路的电阻（$R+r$）成反比。

将式(7-12)变换后得到式(7-13)：

$$E=IR+Ir=U+Ir \quad (7-13)$$

式中：U——外电路电压，V。

外电路电压是指电路接通时电源两端的电压，又称为路端电压，简称端电压。这样，公式的含义又可叙述为：电源电动势在数值上等于闭合回路的各部分电压之和。根据全电路欧姆定律研究全电路的3种状态时，全电路中电压与电流的关系是：

(1) 当全电路处于通路状态时，由式(7-13)可以得出端电压为：$U=E-Ir$，可知随着电流的增大，外电路电压也随之减小。电源内阻越大，外电路电压减小得越多。在直流负载时需要恒定电压供电，所以总是希望电源内阻越小越好。

(2) 当全电路处于开路状态时，相当于外电路电阻值趋于无穷大，此时电路电流为零，开路内电路电阻电压为零，外电路电压等于电源电动势。

(3) 当全电路处于短路状态时，外电路电阻值趋近于零，此时电路电流称为短路电流。由于电源内阻很小，所以短路电流很大。短路时外电路电压为零，内电路电阻电压等于电源电动势。

全电路在3种状态下，电路中电压与电流的关系见表7-4。

表7-4 电路中电压与电流的关系

电路状态	负载电阻	电路电流	外电路电压
通路	$R=$常数	$I=\dfrac{E}{R+r}$	$U=E-Ir$
开路	$R\to\infty$	$I=0$	$U=E$
短路	$R\to 0$	$I=\dfrac{E}{r}$	$U=0$

通常电源电动势和内阻在短时间内基本不变，且电源内阻又非常小，所以可近似认为电源的端电压等于电源电动势。不特别指出电源内阻时，就表示其阻值很小忽略不计。但对于电池来说，其内阻随电池使用时间延长而增大。如果电池内阻增大到一定值时，电池的电动势就不能使负载正常工作了。如旧电池开路时两端的电压并不低，但装在电器里，却不能使电器工作，这是由于电池内阻增大所致。

2. 电阻的串联、并联电路

1) 电阻的串联电路

在一段电路上，将几个电阻的首尾依次相连所构成的一个没有分支的电路，称为电阻的串联电路。如图7-9(a)所示是电阻的串联电路。图7-9(b)是图7-9(a)的等效电路。电阻的串联电路有以下特点：

(a) 电阻的串联电路　　　　(b) 等效电路

图7-9 电阻的串联电路及等效电路

(1) 串联电路中流过各个电阻的电流都相等，用式(7-14)表示：

$$I=I_1=I_2=I_3=\cdots=I_n \quad (7-14)$$

(2) 串联电路两端的总电压等于各个电阻两端的电压之和，用式(7-15)表示：

$$U=U_1+U_2+\cdots+U_n \quad (7-15)$$

(3) 串联电路的总电阻（即等效电阻）等于各串联的电阻之和，用式(7-16)表示：

$$R=R_1+R_2+\cdots+R_n \quad (7-16)$$

根据欧姆定律得出，$U_1=IR_1$，$U_2=IR_2$，…，$U=$

IR 可以得出式(7-17)：

$$\frac{U_1}{R_1} = \frac{U_2}{R_2} = \cdots = \frac{U}{R} \qquad (7\text{-}17)$$

或者式(7-18)：

$$\frac{U_1}{U} = \frac{R_1}{R} = \frac{U_2}{U} = \frac{R_2}{R} \qquad (7\text{-}18)$$

式(7-17)和式(7-18)表明，在串联电路中，电阻的阻值越大，这个电阻所分配到的电压越大；反之，电压越小，即电阻上的电压分配与电阻的阻值成正比。这个理论是电阻串联电路中最重要的结论，用途极其广泛。例如，用串联电阻的办法来扩大电压表的量程：

在如图 7-9(a)所示的，电路中，将 $R = R_1 + R_2$ 代入式(7-18)中，得出式(7-19)：

$$\left.\begin{array}{l} U_1 = \dfrac{R_1}{R_1+R_2} U \\[6pt] U_2 = \dfrac{R_2}{R_1+R_2} U \end{array}\right\} \qquad (7\text{-}19)$$

利用式(7-19)可以直接计算出每个电阻从总电压中分得的电压值，习惯上就把这两个式子称为分压公式。

电阻串联的应用极为广泛。例如：

①用几个电阻串联来获得阻值较大的电阻。

②用串联电阻组成分压器，使用同一电源获得几种不同的电压。如图 7-10 所示，由 $R_1 \sim R_4$ 组成串联电路，使用同一电源，输出 4 种不同数值的电压。

图 7-10　电阻分压器

③当负载的额定电压(标准工作电压值)低于电源电压时，采用电阻与负载串联的方法，使电源的部分电压分配到串联电阻上，以满足负载正确的使用电压值。例如，一个指示灯额定电压 6V，电阻 6Ω，若将它接在 12V 电源上，必须串联一个阻值为 6Ω 的电阻，指示灯才能正常工作。

④用电阻串联的方法来限制调节电路中的电流。在电工测量中普遍用串联电阻法来扩大电压表的量程。

2) 电阻的并联电路

将两个或两个以上的电阻两端分别接在电路中相同的两个节点之间，这种连接方式称为电阻的并联电路。如图 7-11(a)所示是电阻的并联电路，图 7-11(b)是图 7-11(a)的等效电路。电阻的并联电路有如下特点：

（a）电阻的并联电路　　　　（b）等效电路

图 7-11　电阻的并联电路及等效电路

(1) 并联电路中各个支路两端的电压相等，即式(7-20)：

$$U = U_1 = U_2 = \cdots = U_n \qquad (7\text{-}20)$$

(2) 并联电路中总的电流等于各支路中的电流之和，即式(7-21)：

$$I = I_1 + I_2 + I_3 + \cdots + I_n \qquad (7\text{-}21)$$

(3) 并联电路的总电阻(即等效电阻)的倒数等于各并联电阻的倒数之和，即式(7-22)：

$$\frac{1}{R} = \frac{1}{R_1} + \frac{1}{R_2} + \cdots + \frac{1}{R_n} \qquad (7\text{-}22)$$

若是两个电阻并联，可求并联后的总电阻为式(7-23)：

$$R = \frac{R_1 R_2}{R_1 + R_2} \qquad (7\text{-}23)$$

可以得出式(7-24)：

$$\left.\begin{array}{l} \dfrac{I_1}{I_n} = \dfrac{R_n}{R_1} \\[6pt] \dfrac{I}{I_n} = \dfrac{R_n}{R} \end{array}\right\} \qquad (7\text{-}24)$$

上述公式表明，在并联电路中，电阻的阻值越大，这个电阻所分配到的电流越小，反之越大，即电阻上的电流分配与电阻的阻值成反比。这个结论是电阻并联电路特点的重要推论，用途极为广泛，例如，用并联电阻的办法，扩大电流表的量程。

电阻并联的应用，同电阻串联的应用一样，也很广泛。例如：

①因为电阻并联的总电阻小于并联电路中的任意一个电阻，因此，可以用电阻并联的方法来获得阻值较小的电阻。

②由于并联电阻各个支路两端电压相等，因此，工作电压相同的负载，如电动机、电灯等都是并联使用，任何一个负载的工作状态既不受其他负载的影

响,也不影响其他负载。在并联电路中,负载个数增加,电路的总电阻减小,电流增大,负载从电源取用的电能多,负载变重;负载数目减少,电路的总电阻增大,电流减小,负载从电源取用的电能少,负载变轻。因此,人们可以根据工作需要启动或停止并联使用的负载。

③在电工测量中应用电阻并联方法组成分流器来扩大电流表的量程。

3. 左手定则

电磁力方向(即导线运动方向)、电流方向和磁场方向三者相互垂直。因为电磁力的方向与磁场方向及电流方向有关。所以,用左手定则(又称电动机定则)来判定三者之间的关系。

左手定则的内容是:伸平左手,使大拇指与其余四指垂直,手心对着 N 极,让磁感应线垂直穿过手心,四指的指向代表电流方向,则大拇指所示的方向就是磁场对载流直导线的作用力方向,如图 7-12 所示。

(a)通电直导线与周围磁场的关系

(b)右手螺旋定则

图 7-13 直导线周围的磁场方向

大,靠近直导线的磁感应线越密集,磁感应强度越大;反之,导线中通过电流越小,靠近直导线的磁感应线越稀疏,磁感应强度越小。

通电螺线管磁场方向,与螺线管中通过的电流方向的关系,用右手螺旋定则进行判定,如图 7-14 所示。

图 7-14 右手螺旋定则

右手螺旋定则的内容是:用右手握住螺线管,让弯曲的四指所指的方向与螺线管中流过的电流方向一致,那么拇指所指的那一端就是螺线管的 N 极。由图 7-14 可知,通电螺线管的磁场与条形磁铁的磁场相似。因此,一个通电螺线管相当于一块条形磁铁。

总之,凡是通电的导线,在其周围必定会产生磁场,从而说明电流与磁场之间有着不可分割的联系。电流产生磁场的这种现象称为电流的磁效应。

图 7-12 左手定则

实验证明,在匀强磁场中,当载流直导线与磁场方向垂直时,磁场对载流直导线作用力的大小,与导线所处的磁感应强度、通过直导线的电流以及导线在磁场中的长度的乘积成正比,表示见式(7-25):

$$F = BIL \tag{7-25}$$

式中:B——磁感应强度,Wb/m^2;

I——直导线中通过的电流,A;

L——直导线在磁场中的长度,m;

F——直导线受到的电场力,N。

4. 右手定则

通电直导线周围磁场方向与导线中的电流方向之间的关系可用安培定则(又称右手螺旋定则)进行判定。其具体内容是:右手拇指指向电流方向,贴在导线上,其余四指弯曲握住直导线,则弯曲四指的方向就是磁感应线的环绕方向(图 7-13)。

实验证明,通电直导线四周的磁感应线距直导线越近,磁感应线越密集,磁感应强度越大,反之,磁感应线越稀疏,磁感应强度越小。导线中通过电流越

5. 法拉第电磁感应定律

感应电动势的大小,取决于条形磁铁插入或拔出的快慢,即取决于磁通变化的快慢。磁通变化越快,感应电动势就越大;反之就越小。磁通变化的快慢,用磁通变化率来表示。例如,有一单匝线圈,在 t_1 时刻穿过线圈的磁通为 Φ_1,在此后的某个时刻 t_2,穿过线圈的磁通为 Φ_2,那么在 t_2-t_1 这段时间内,穿过线圈的磁通变化量见式(7-26):

$$\Delta\Phi = \Phi_2 - \Phi_1 \tag{7-26}$$

因此,单位时间内的磁通变化量,即磁通变化率见式(7-27):

$$\frac{\Delta\Phi}{\Delta t} = \frac{\Phi_2 - \Phi_1}{t_2 - t_1} \tag{7-27}$$

在单匝线圈中产生的感应电动势的大小见式(7-28):

$$e = \left|\frac{\Delta\Phi}{\Delta t}\right| \qquad (7\text{-}28)$$

式中的绝对值符号,表示只考虑感应电动势的大小,不考虑方向。

对于多匝线圈来说,因为通过各匝线圈的磁通变化率是相同的,所以每匝线圈感应电动势大小相等。因此,多匝线圈感应电动势是单匝线圈感应电动势的 N 倍,表示见式(7-29):

$$e = N\left|\frac{\Delta\Phi}{\Delta t}\right| \qquad (7\text{-}29)$$

式中:e——多匝线圈感应电动势,V;

N——线圈匝数;

$\Delta\Phi$——线圈中磁通变化量,Wb;

Δt——磁通变化 $\Delta\Phi$ 所用的时间,s。

公式说明,当穿过线圈的磁通发生变化时,线圈两端的感应电动势的大小只与磁通变化率成正比。这就是法拉第电磁感应定律。

6. 楞次定律

法拉第电磁感应定律,只解决了感应电动势的大小取决于磁通变化率,但无法说明感应电动势的方向与磁通量变化之间的关系。穿过线圈的原磁通的方向是向下的。

如图 7-15(a)所示,当磁铁插入线圈时,线圈中的原磁通量增加,产生感应电动势。感应电流由检流计的正端流入。此时,感应电流在线圈中产生一个新的磁通。根据安培定则可以判定,新磁通与原磁通的方向相反,也就是说,新磁通阻碍原磁通增加。

(a)磁贴插入线圈 　　(b)磁贴拔出线圈

图 7-15　感应电动势方向的判断

如图 7-15(b)所示,当磁铁由线圈中拔出时,线圈中的原磁通减少,产生感应电动势,感应电流由检流计的负端流入。此时,感应电流在线圈中产生一个新的磁通,根据安培定则判定,新磁通与原磁通的方向是相同的,也就是说,新磁通阻碍原磁通的减少。

经过上述讨论得出一个规律:线圈中磁通变化时,线圈中产生感应电动势,其方向是使它形成的感应电流产生新磁通来阻碍原磁通的变化。也就是说,感应电流的新磁通总是阻碍原磁通的变化。这个规律被称为楞次定律。

应用楞次定律来判定线圈中产生感应电动势的方向或感应电流的方向,具体方法步骤如下:

(1)首先明确原磁通的方向和原磁通的变化(增加或减少)的情况。

(2)根据楞次定律判定感应电流产生新磁通的方向。

(3)根据新磁通的方向,应用安培定则(右手螺旋定则)判定出感应电动势或感应电流的方向。

(五)自感与互感

1. 自 感

自感是一种电磁感应现象,下面通过实验说明什么是自感。如图 7-16(a)所示,有两个相同的灯泡。合上开关后,灯泡 HL1 立刻正常发光。灯泡 HL2 慢慢变亮。其原因是在开关 S 闭合的瞬间,线圈 L 中的电流是从无到有,线圈中这个电流所产生的磁通也随之增加,于是在线圈中产生感应电动势。根据楞次定律,由感应电动势所形成的感应电流产生的新磁通,要阻碍原磁通的增加;感应电动势的方向与线圈中原来电流的方向相反,使电流不能很快地上升,所以灯泡 HL2 只能慢慢变亮。

如图 7-16(b)所示,当开关 S 断开时,HL 灯泡不会立即熄灭,而是突然一亮然后熄灭。其原因是在开关 S 断开的瞬间,线圈中电流要减小到零,线圈中磁通也随之减小。由于磁通变化在线圈中产生感应电动势。根据楞次定律;感应电动势所形成的感应电流产生的新磁通,阻碍原磁通的减少,感应电动势方向与线圈中原来的电流方向一致,阻止电流减少,即感应电动势维持电感中的电流慢慢减小。所以灯泡 HL 不会立刻熄灭。

(a)　　　　　　(b)

图 7-16　自感实验电路

通过两个实验可以看到,由于线圈自身电流的变化,线圈中也要产生感应电动势。把由于线圈自身电流变化而引起的电磁感应称为自感应,简称自感。由自感现象产生的电动势称为自感电动势。

为了表示自感电动势的大小,引入一个新的物理量——自感系数。当一个线圈通过变化电流后,单位电流所产生的自感磁通数,称为自感系数,也称电感量，简称电感，用 L 表示。电感是测量线圈产生自感磁通本领的物理量。如果一个线圈中流过 1A 电流，能产生 1Wb 的自感磁通，则该线圈的电感就是 1 亨利，简称亨，用 H 表示。在实际使用中，常采用较小的单位有毫亨（mH）、微亨（μH）等。它们之间的关系为：$1H = 10^3 mH$，$1mH = 10^3 μH$。

电感 L 是线圈的固有参数，它取决于线圈的几何尺寸以及线圈中介质的磁导率。如果介质磁导率恒为常数，这样的电感称为线性电感，如空心线圈的电感 L 为常数；反之，则称为非线性电感，如有铁心的线圈的电感 L 不是常数。

自感在电工技术中，既有利又有弊。如日光灯是利用镇流器（铁心线圈）产生自感电动势提高电压来点亮灯管的，同时也利用它来限制灯管电流。但是，在有较大电感元件的电路被切断瞬间，电感两端的自感电动势很高，在开关刀口断开处产生电弧，烧毁刀口，影响设备的使用寿命；在电子设备中，这个感应电动势极易损坏设备的元器件，必须采取相应措施，予以避免。

2. 互 感

互感也是一种电磁感应现象。图 7-17 中有两个互相靠近的线圈，当原线圈电路的开关 S 闭合时，原线圈中的电流增大，磁通也增加，副线圈中磁通也随之增加而产生感应电动势，检流计指针偏转，说明副线圈中也有电流。当原线圈电路开关 S 断开时，原线圈中的电流减小，磁通也减小，这个变化的磁通使副线圈中产生感应电动势，检流计指针向相反方向偏转。

图 7-17 互感实验电路

这种由于一个线圈电流变化，引起另一个线圈中产生感应电动势的电磁感应现象，称为互感现象，简称互感。由互感产生的感应电动势称为互感电动势。

人们利用互感现象，制成了电工领域中伟大的电器——变压器。

二、电工基础

电工是一种特殊工种，不仅作业技能的专业性强，而且对作业的安全保护有特殊要求。因此，对从事电工作业的人员，在上岗前，都必须进行作业技能和安全保护的专业培训，经过考核合格后，才允许上岗作业。从各个国家的情况来看，均由从事电力供应的电力部门来承担这任务。不仅电力系统内的电工须经培训，各企业的电工同样需经过培训，合格后才准从事电工行业。

（一）正弦交流电路

1. 正弦交流电三要素

1) 周期、频率、角频率

交流电变化一周所需要的时间称为周期，用 T 表示，单位是秒（s），较小的单位有毫秒（ms）和微秒（μs）等。它们之间的关系为：$1s = 10^3 ms = 10^6 μs$。

周期的长短表示交流电变化的快慢，周期越小，说明交流电变化一周所需的时间越短，交流电的变化越快；反之，交流电的变化越慢。

频率是指在一秒钟内交流电变化的次数，用字母 f 表示，单位为赫兹，简称赫，用 Hz 表示。当频率很高时，可以使用千赫（kHz）、兆赫（MHz）、吉赫（GHz）等。它们之间的关系为：$1kHz = 10^3 Hz$，$1MHz = 10^3 kHz$，$1GHz = 10^3 MHz$。

频率和周期（T）一样，是反映交流电变化快慢的物理量。它们之间的关系见式(7-30)：

$$\left. \begin{array}{l} f = \dfrac{1}{T} \\ T = \dfrac{1}{f} \end{array} \right\} \quad (7-30)$$

我国农业生产及日常生活中使用的交流电标准频率为 50Hz。通常把 50Hz 的交流电称为工频交流电。

交流电变化的快慢除了用周期和频率表示外，还可以用角频率表示。所谓角频率是指交流电每秒钟变化的角度，用 $ω$ 表示，单位是弧度每秒（rad/s）。周期、频率和角频率的关系见式(7-31)：

$$ω = \dfrac{2π}{T} = 2πf \quad (7-31)$$

2) 瞬时值、最大值、有效值

正弦交流电（简称交流电）的电动势、电压、电流，在任一瞬间的数值称为交流电的瞬时值，分别用 e、u、i 表示。瞬时值中最大的值称为最大值。最大值也称为振幅或峰值。在波形图中，曲线的最高点对应的纵轴值，即表示最大值。分别用 E_m、U_m、I_m 表示电动势、电压、电流的最大值。它们之间的关系见式(7-32)：

$$\left. \begin{array}{l} e = E_m \sin ωt \\ u = U_m \sin ωt \\ i = I_m \sin ωt \end{array} \right\} \quad (7-32)$$

由上式可知，交流电的大小和方向是随时间变化的，瞬时值在零值与最大值之间变化，没有固定的数值。因此，不能随意用一个瞬时值来反映交流电的做功能力。如果选用最大值，就夸大了交流电的做功能力，因为交流电在绝大部分时间内都比最大值要小。这就需要选用一个数值，能等效地反映交流电做功的能力。为此，引入了交流电的有效值这一概念。

正弦交流电的有效值的定义：如果一个交流电通过一个电阻，在一个周期内所产生的热量，和某一直流电流在相同时间内通过同一电阻产生的热量相等，那么，这个直流电的电流值就称为交流电的有效值。正弦交流电的电动势、电压、电流的有效值分别用 E、U、I 表示。通常所说的交流电的电动势、电压、电流的大小都是指它的有效值，交流电气设备铭牌上标注的额定值、交流电仪表所指示的数值也都是有效值。本书在谈到交流电的数值时，如无特殊注明，都是指有效值。理论计算和实验测试都可以证明，它们之间的关系见式(7-33)：

$$\left.\begin{array}{l} E = \dfrac{E_m}{\sqrt{2}} = 0.707 E_m \\ U = \dfrac{U_m}{\sqrt{2}} = 0.707 U_m \\ I = \dfrac{I_m}{\sqrt{2}} = 0.707 I_m \end{array}\right\} \quad (7\text{-}33)$$

3）相位、初相、相位差

如图 7-18 所示，两个相同的线圈固定在同一个旋转轴上，它们相互垂直，以某一角速度做逆时针旋转，在 AX 和 BY 线圈中产生的感应电动势分别为 e_1 和 e_2。

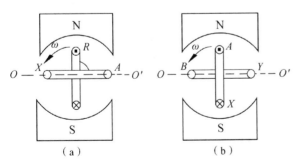

图 7-18　两个线圈中电动势变化情况

当 $t=0$ 时，AX 线圈平面与中性面之间的夹角 $\varphi_1 = 0°$，BY 线圈平面与中性面之间的夹角 $\varphi_2 = 90°$。由式(7-32)得到，在任意时刻两个线圈的感应电动势分别为：

$$e_1 = E_m \sin(\omega t + \varphi_1)$$
$$e_2 = E_m \sin(\omega t + \varphi_2)$$

其中 $\omega t + \varphi_1$ 和 $\omega t + \varphi_2$ 是表示交流电变化进程的一个角度，称为交流电的相位或相角，它决定了交流电在某一瞬时所处的状态。$t=0$ 时的相位称为初相位或初相。它是交流电在计时起始时刻的电角度，反映了交流电的初始值。例如，AX、BY 线圈的初相分别是 $0°$，$90°$。在 $t=0$ 时，两个线圈的电动势分别为 $e_1 = 0$，$e_2 = E_m$。两个频率相同的交流电的相位之差称为相位差。令上述 e_1 的初相位 $\varphi_1 = 0°$，e_2 的初相位 $\varphi_2 = 90°$，则两个电动势的相位差为：

$$\Delta\varphi = (\omega t + \varphi_2) - (\omega t + \varphi_1) = \varphi_2 - \varphi_1$$

可见，相位差就是两个电动势的初相差。

从图 7-19 和图 7-20 所示可以看出，初相分别为 φ_1 和 φ_2 的频率相同的两个电动势的同向最大值，不能在同一时刻出现。就是说 e_2 比 e_1 超前 φ 角度达到最大值，或者说 e_1 比 e_2 滞后 φ 角度达到最大值。

图 7-19　电动势波形图

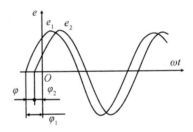

图 7-20　e_1 与 e_2 的相位差

综上所述，一个交流电变化的快慢用频率表示；其变化的幅度，用最大值表示；其变化的起点用初相表示。

如果交流电的频率、最大值、初相确定后，就可以准确确定交流电随时间变化的情况。因此，频率、最大值和初相称为交流电的三要素。

2. 正弦交流电表示方法

正弦交流电的表示方法有三角函数式法和正弦曲线法两种。它们能真实地反映正弦交流电的瞬时值随时间的变化规律，同时也能完整地反映出交流电的三要素。

（1）三角函数式法：正弦交流电的电动势、电压、电流的三角函数式表示方法见式(7-32)，若知道了交流电的频率、最大值和初相，就能写出三角函数式，用它可以求出任一时刻的瞬时值。

（2）正弦曲线法（波形法）：正弦曲线法就是利用三角函数式相对应的正弦曲线，来表示正弦交流电的方法。

如图7-21所示，横坐标表示时间t或者角度ω，纵坐标表示随时间变化的电动势瞬时值。图中正弦曲线反映出正弦交流电的初相$\varphi=0$，e最大值E_m，周期T以及任一时刻的电动势瞬时值。这种图也称为波形图。

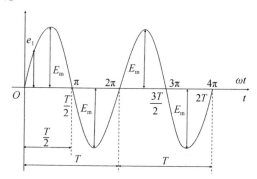

图7-21 正弦曲线表示法

（二）三相交流电路

1. 三相电动势的产生

三相交流电是由三相发电机产生的，如图7-22所示是三相发电机的结构示意图。它由定子和转子组成。在定子上嵌入三个绕组，每个绕组称为一相，合称三相绕组。绕组的一端分别用U_1、V_1、W_1表示，称为绕组的始端，另一端分别用U_2、V_2、W_2表示，称为绕组的末端。三相绕组始端或末端之间的空间角为$120°$。转子为电磁铁，磁感应强度沿转子表面按正弦规律分布。

当转子以匀角速度ω逆时针方向旋转时，在三相绕组中分别感应出振幅相等，频率相同，相位互差$120°$的三个感应电动势，这三相电动势称为对称三相电动势。三个绕组中的电动势分别为：

$$e_U = E_m \sin\omega t$$
$$e_V = E_m \sin(\omega t - 120°)$$
$$e_W = E_m \sin(\omega t + 120°)$$

图7-22 三相交流发电机机构示意图

显而易见，V相绕组的比U相绕组的落后$120°$，W相绕组的比V相绕组的落后$120°$。

图7-23 三相电动势波形图

如图7-23所示是三相电动势波形图。由图可见三相电动势的最大值和角频率相等，相位差$120°$。电动势的方向是从末端指向始端，即U_2到U_1，V_2到V_1，W_2到W_1。

在实际工作中经常提到三相交流电的相序问题，所谓相序就是指三相电动势达到同向最大值的先后顺序。在图7-23中，最先达到最大值的是e_U，其次是e_V，最后是e_W；它们的相序是U—V—W，该相序称为正相序，反之是负序或逆序，即U—W—V。通常三相对称电动势的相序都是指正相序，用黄、绿、红三种颜色分别表示U、V、W三相。

2. 三相电源绕组联结

三相发电机的每相绕组都是独立的电源，均可以采用如图7-24所示的方式向负载供电。这是三个独立的单相电路，构成三相六线制，有六根输电线，既不经济又没有实用价值。在现代供电系统中，发电机三相绕组通常用星形联结或三角形联结两种方式。但是，发电机绕组一般不采用三角形接法而采用星形接法或Y形接法，如图7-24所示。公共点称为电源中点，用N表示。从始端引出的三根输电线称为相线或端线，俗称火线。从电源中点N引出的线称为中线。中线通常与大地相连接，因此，把接地的中点称为零点，把接地的中线称为零线。

如果从电源引出四根导线，这种供电方式称为星接三相四线制；如果不从电源中点引出中线，这种供电方式称为星接三相三线制。

电源相线与中线之间的电压称为相电压，在图7-24

图7-24 三相电源的星形接法

中用 U_U、U_V、U_W 表示，电压方向是由始端指向中点。

电源相线之间的电压称为线电压，分别用 U_{UV}、U_{VW}、U_{WU} 表示。电压的正方向分别是从端点 U_1 到 V_1，V_1 到 W_1，W_1 到 U_1。

三相对称电源的相电压相等，线电压也相等，则相电压 $U_相$ 与线电压 $U_线$ 之间的关系为：$U_线=\sqrt{3}U_相\approx 1.7U_相$。此关系式表明三相对称电源星形联结时，线电压的有效值约等于相电压有效值的1.7倍。

3. 三相交流电路负载的联结

在三相交流电路中，负载由三部分组成，其中，每两部分称为一相负载。如果各相负载相同，则称为对称三相负载；如果各相负载不同，则称为不对称三相负载。例如，三相电动机是对称三相负载，日常照明电路是不对称三相负载。根据实际需要，三相负载有两种连接方式，星形（Y形）联结和三角形（△形）联结。

1）负载的星形联结

设有三组负载 Z_U、Z_V、Z_W，若将每组负载的一端分别接在电源三根相线上，另一端都接在电源的中线上，如图7-25所示，这种连接方式称为三相负载的星形联结。图中 Z_U、Z_V、Z_W 为各相负载的阻抗，N 为负载的中性点。

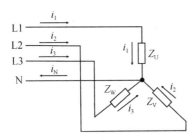

图7-25 三相负载的星形联结图

由图7-25可见，负载两端的电压称为相电压。如果忽略输电线上的压降，则负载的相电压等于电源的相电压；三相负载的线电压就是电源的线电压。负载相电压 $U_相$ 与线电压 $U_线$ 间的关系为：$U_{线Y}=\sqrt{3}U_相$，$U_线=\sqrt{3}U_相\approx 1.7U_相$。

星接三相负载接上电源后，就有电流流过相线、负载和中线。流过相线的电流 I_U、I_V、I_W 称为线电流，统一用 $I_线$ 表示。流过每相负载的电流 I_U、I_V、I_W 称为相电流，统一用 $I_相$ 表示。流过中线的电流 I_N 叫作中线电流。

如图7-25所示中的三相负载各不相同（负载不对称）时，中线电流不为零，应当采取三相四线制。如果三相负载相同（负载对称）时，流过中线的电流等于零，此时可以省略中线。如图7-26所示是三相对称负载星形联结的电路图。可见去掉中线后，电源

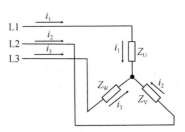

图7-26 三相对称负载的星形联结图

只需三根相线就能完成电能输送，这就是三相三线制。三相对称负载呈星形联结时，线电流 $I_线$ 等于相电流 $I_相$，即 $I_{线Y}=I_{相Y}$。

在工业上，三相三线制和三相四线制应用广泛。对于三相对称负载（如三相异步电动机）应采用三相三线制，对于三相不对称的负载，如图7-27所示的照明线路，应采用三相四线制。

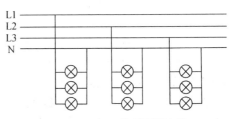

图7-27 三相四线制照明电路

值得注意的是，采用三相四线制时，中线的作用是使各相的相电压保持对称。因此，在中线上不允许接熔断器，更不能拆除中线。

2）负载的三角形联结

设有三相对称负载 Z_U、Z_V、Z_W，将它们分别接在三相电源两相线之间，如图7-28所示，这种连接方式称为负载的三角形联结。

图7-28 负载的三角形联结图

负载呈三角形联结时，负载的相电压就是电源的线电压 $U_线$，即：$U_{相\triangle}=U_{线\triangle}$。

当对称负载呈三角形联结时，电源线上的线电流 $I_线$ 有效值与负载上相电流 $I_相$ 有效值的关系为：$I_{线\triangle}=\sqrt{3}I_{相\triangle}\approx 1.7I_{相\triangle}$。

分析了三相负载的两种联结方式后，可以知道，负载呈三角形联结时的相电压约是其呈星形联结时的相电压的1.7倍。因此，当三相负载接到电源时，究竟是采用星形联结还是三角形联结，应根据三相负载

的额定电压而定。

三、电力系统

由于电力目前还不能大量储存，其生产、输送、分配和消费都在同一时间内完成，因此，必须将各个环节有机地联成一个整体。这个由发电、送电、变电、配电和用电组成的整体称为电力系统。

（一）电力系统的组成

电力系统是由发电厂、变电所、电力线路和电能用户组成的一个整体。供配电系统是电力系统的电能用户，也是电力系统的重要组成部分。它由总降变电所、高压配电所、配电线路、车间变电所或建筑物变电所和用电设备组成。总降变电所是含企业电能供应的枢纽。它将 35~110kV 的外部供电电源电压降为 6~10kV 高压配电电压，供给高压配电所、车间变电所和高压用电设备。

高压配电所集中接受 6~10kV 电压，再分配到附近各车间变电所或建筑物变电所和高压用电设备。一般情况负荷分散厂区的大型企业设置高压配电所。

通常把发电和用电之间属于输送和分配的中间环节称为电力网。电力网是由各种不同电压等级的电力线路和送变电设备组成的网络，是电力系统的重要组成部分，是发电厂和用户不可缺少的中心环节。电力网的作用是将电能从发电厂输出并分配到用户处。

电力网包含输电线路的电网称为输电网，包含配电线路的电网称为配电网。输电网由 35kV 及以上的输电线路与其相连的变电所组成的。它的作用是将电能输送到各个地区的配电网，然后输送到大型工业企业用户。配电网是由 10kV 及以下的配电线路和配电变电所组成。它的作用是将电力分配到各类用户。

电力线路按其用途分为输电线路和配电线路；按其架设的方式分为架空线路和电缆线路，按其传输方式分为交流线路和直流线路。

（二）电力系统基本要求

1. 保证电能质量

电压和频率是衡量电能质量的重要指标。电压、频率过高或过低都会影响工厂企业的正常生产，严重时，会造成人身事故、设备损坏，影响电力系统的稳定性。

1）电压偏移对发电机及用电设备的影响

当发电机的电压比额定值高 5%，则定子绕组中的电流比额定值低 5%，这两种情况发电机出力保持不变。电压过高，使发电机、电动机绝缘老化，甚至击穿；使白炽灯寿命缩短，若电压升高 5%，灯泡寿命缩短一半，使用电设备也有可能损坏，对带铁芯的用电设备，由于电压升高，使铁芯过饱和，其无功损耗增加。

当发电机电压低于额定值 90% 运行时，其铁芯处于未饱和状态，使电压不能稳定，当励磁电流稍有变化，电压就有很大变化，可能损坏并列运行的稳定性，引起振荡或失步。

电压过低时，使用户的电动机运行情况恶化。因为电动机的电磁转矩正比于电压的平方，因此当电压下降时，转矩降低更为严重。当电压降至额定电压的 30%~40%，电动机带不动负载，转矩下降较大，自动停转。正在启动的电机可能启动不起来。电压下降造成电动机定子电流增加，运行中温度升高，甚至将电动机烧毁。

电压过低使照明设备不能正常发光。如白炽灯的电源电压降低 5% 时，其发光效率降低 18%；如电源电压降低 10%，则降低约 35%。

GB/T 12325—2008《电能质量 供电电压偏差》规定供电电压偏差的限值为：

35kV 及以上供电电压正、负数偏差绝对值之和不超过标称电压的 10%。

20kV 及以下三相供电电压偏差为标称电压的 ±7%。

220V 单项供电电压偏差为标称电压的 +7%，-10%。

对供电点短路容量较小，供电距离较长以及对供电电压偏差有特殊要求的用户，由供用电双方协议确定。

2）频率偏移对发电机和用电设备的影响

频率也是供电的质量标准之一。我国电力系统的额定频率为 50Hz。根据《电力工业技术管理法规》规定，在 300 万 kW 以上的系统中，频率的变动不超过 ±0.2Hz；在不足 300 万 kW 的系统中频率的变动不得超过 ±0.5Hz。

频率过高使发电机转速增加。发电机的频率与转子转速成正比，所以当频率升高时，转子的转速增加，使其离心力增加，使转子机械强度受到威胁，对安全运行十分不利。

当电力系统有功负荷增加，并大于发电厂的出力时，电力系统的频率就要降低，当频率降得过低时，就会影响电力系统安全运行，发电机出力就要受到限制。

低频率运行，用户所有电动机的转速降低，将会影响冶金、化工、机械、纺织等行业的产品质量。

2. 保证供电可靠性

电力系统中各种动力设备和电气设备都可能发生各种故障，影响电力系统的正常运行，造成用户供电中断，给工农业生产和国民经济带来重大损失，影响现代化建设的速度,影响人民的正常生活。衡量供电可靠性的指标,一般以全部用户平均供电时间占全年时间的百分数来表示。

(三)电力系统的额定电压

电压是电能质量的重要标志之一,电压偏移超过允许范围,用电设备的正常运行就会受到影响。因此,用电设备最理想的工作电压就是它的额定电压。额定电压是指在规定条件下,保证电器正常工作的工作电压值,电气设备长期运行且经济效果最好。

我国规定的三相交流电网和电力设备的额定电压,见表 7-5。

表 7-5 我国交流电网和电力设备的额定电压

单位:kV

分类	电网额定电压	发电机额定电压	变压器	
			一次线圈	二次线圈
低压	0.22	0.23	0.22	0.23
	0.38	0.4	0.38	0.4
高压	3	3.15	3~3.15※	3.15~3.33※※
	6	6.3	6.0~6.3	6.3~6.6
	10	10.5	10~10.5	10.5~11
	35	—	35	38.5
	110	—	110	121

注:※是指变压器一次线圈挡内 3.15kV、6.3kV、10.5kV 电压适用于和发电机端直接连接的升压变压器和降压变压器。

※※是指变压器二次线圈挡内 3.3kV、6.6kV、11kV 电压适用于阻抗值在 7.5% 以上的降压变压器。

电网(线路)的额定电压只能选用国家规定的额定电压,它是确定各类电气设备额定电压的基本依据。用电设备的额定电压与同级电网的额定电压相同。

1)发电机的额定电压

发电机的额定电压 U_{NG} 为线路额定电压 U_N 的 105%,即 $U_{NG}=1.05U_N$(图 7-29)。

2)变压器的额定电压

(1)变压器一次绕组的额定电压:变压器一次绕组接电源,相当于用电设备。与发电机直接相连的升

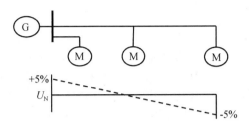

图 7-29 发电机的额定电压

压变压器的一次绕组的额定电压应与发电机的额定电压相同。连接的线路上的降压变压器的一次绕组的额定电压应与线路的额定电压相同。

(2)变压器二次绕组的额定电压:变压器的二次绕组向负荷供电,相当于发电机。二次绕组电压应比线路的额定电压高 5%,而变压器二次绕组额定电压是指空载时电压。但在额定负荷下,变压器的电压降为 5%。因此,为使正常运行时变压器二次绕组电压较线路的额定电压高 5%,当线路较长(如 35kV 及以上高压线路),变压器二次绕组的额定电压应比相连线路的额定电压高 10%;当线路较短时(直接向高低压用电设备供电,如 10kV 及以下线路),二次绕组的额定电压应比相连线路额定电压高。如图 7-30 所示。

(四)电力系统中性点接地方式

三相交流电系统的中性点是指星形联结的变压器或发电机的中性点。中性点的运行方式有三种:中性点不接地系统、中性点经消弧线圈接地系统、中性点直接接地系统(中性点经电阻接地的电力系统)。前两种为小接地电流系统,后一种为大接地电流系统。

我国 3~63kV 系统,一般采用中性点不接地运行方式。当 3~10kV 系统接地电流大于 30A;20~63kV 系统接地电流大于 10A 时,应采用中性点经消弧线圈接地的运行方式。110kV 及以上系统和 1kV 以下低压系统采用中性点直接接地运行方式。中性点的运行方式对电力系统的运行影响显著。它主要取决于单相接地时电气设备绝缘要求及对供电可靠性的要求,同时还会影响电力系统二次侧的继电保护及监测仪表的选择与运行。

图 7-30 二次绕组的额定电压

1. 中性点不接地的电力系统

中性点不接地系统的特点是当中性点不接地的电力系统发生单相接地时，系统的三个线电压不论其相位和量值都没有改变，因此系统中的所有设备仍可照常运行，相对地提高了供电的可靠性。但是这种状态不能长此下去，以免在另一相又接地形成两相接地短路，这将产生很大的短路电流，可能损坏线路和设备。因此，这种中性点不接地系统必须装设单相接地保护或装设绝缘监视装置。当系统发生单相接地故障时，发出警报信号或指示，以提醒运行值班人员注意，及时采取措施，查找和消除接地故障；如有备用线路，则可将重要负荷转移到备用线路上去。当发生单相接地故障危及人身和设备安全时，单相接地保护装置应进行跳闸动作。

中性点不接地系统缺点在于因其中性点是绝缘的，电网对接地电容中储存的能量没有释放通路。当接地电容的电流较大时，在接地处引起的电弧就很难自行熄灭，在接地处还可能出现所谓间隙电弧，即周期地熄灭与重燃的电弧。由于对地电容中的能量不能释放，造成电压升高，从而产生弧光接地过电压或谐振过电压，其值可达很高的倍数，对设备绝缘造成威胁。由于电网是一个具有电感和电容的振荡回路，间歇电弧将引起相对地的过电压，容易引起另一相对地击穿，而形成两相接地短路。所以必须设专门的监察装置，以便使运行人员及时地发现一相接地故障，从而切除电网中的故障部分。

在电压为 3~10kV 的电力网中，单相接地时的电容电流不允许大于 30A，否则，电弧不能自行熄灭；在 20~60kV 的电力网中，间歇电弧所引起的过电压，数值更大，对于设备绝缘更为危险，而且由于电压较高，电弧更难自行熄灭，在这些电网中，单相接地时的电容电流不允许大于 10A；与发电机有直接电气联系的 3~20kV 的电力网中，如果要求发电机带单相接地运行时，则单相接地电容电流不允许大于 5A。

当不满足上述条件时，常采用中性点经消弧线圈接地或直接接地的运行方式。

2. 中性点经消弧线圈接地方式

在中性点不接地系统中，当单相接地电流超过规定的数值时，电弧将不能自行熄灭，为了减小接地电流，造成故障点自行灭弧条件，一般采用中性点经消弧线圈接地的措施。目前，在 35~60kV 的高压电网中多采用此种运行方式。如果消弧线圈可以正确运行，则是消除电网因雷击或其他原因而发生瞬时单相接地故障的有效措施之一。

1) 中性点经消弧线圈接地的系统正常状态

在正常工作时，中性点的电位为零，消弧线圈两端没有电压，所以没有电流通过消弧线圈。当某一相发生金属性接地时，消弧线圈中就会有电感电流过，补偿了单相接地电流，如果适当选择消弧线圈的匝数，就使消弧线圈的电感电流和接地的对地电容电流大致相等，就可使流过接地故障电流变得很小，从而减轻电弧的危害。

2) 中性点经消弧线圈接地的系统故障状态

当发生单相完全接地时，其电压的变化和中性点不接地系统完全一样，故障相对地的电压变为零，非故障相对地电压值升高 2.5~3 倍，各相对地的绝缘水平是按照线电压设计的，因为线电压没有变化，不影响用户的工作可以继续运行 2h，值班人员应尽快查找故障并且加以消除。

3) 消弧线圈的补偿方法

在单相接地故障时，根据消弧线圈产生的电感电流对容性的接地故障电流，补偿的程度，可分为三种补偿方式：完全补偿、欠补偿和过补偿。

(1) 完全补偿：就是消弧线圈产生的电感电流刚好等于容性的接地电容电流，在接地故障处的电流等于零，不会产生电弧。

(2) 欠补偿：就是由消弧线圈产生的电感电流略小于接地故障处流过的容性接地故障电流，在接地处仍有未补偿完的容性接地故障电流流过。产生电弧的情况由电流的大小决定。电流较小就不会产生稳定电弧，一般要求补偿到不会产生电弧为止。

(3) 过补偿：就是由消弧线圈产生的电感电流 (I_L) 略大于接地故障处流过的容性接地故障电流 (I_c)，在发生完全接地故障时，接地处有感性电流流过，过补偿时，流过接地故障处的电流也不大，一般也要求补偿到不会产生电弧为止。

3. 中性点经电阻接地的电力系统

随着城市电网的发展，电网结构有了很大变化，电缆线路的占比逐年上升，城市中心区出现了以电缆为主的配电网。许多城市配电网的对地电容已经超过 200A，结构紧凑的全封闭 GIS 电器和氧化锌避雷器已经广泛使用，这类进口设备也逐渐增多，在此情况下，采用中性点不接地或经消弧线圈接地方式会带来许多问题。因此中性点经电阻接地方式也被愈来愈广泛的使用。

采用中性点经消弧线圈接地方式，切合电缆线路时电容电流变化较大，需要及时调整消弧线圈的调谐度，操作麻烦，并要求熟练的运行维护技术。同时因电网中电缆增多，电容电流很大，要求消弧线圈的补偿容量随之增大，很不经济。

原有中性点接地方式的电网的过电压高，持续时间长，包括工频过电压，弧光接地过电压，各种谐振过电压。它们对设备绝缘和氧化锌避雷器的安全运行是严重的威胁。对各电网中大量的进口设备的绝缘威胁更大。这些进口设备本来是适用于中性点接地系统的，和中性点绝缘系统设备相比，绝缘水平低一级，价格便宜的多，但必须降低系统过电压。

原有的中性点接地方式单相接地故障电流小，难以实现快速选择性接地保护。使过电压持续时间长，对绝缘不利。而电缆一旦发生单相接地，其绝缘不能自行恢复，不及时切掉故障，容易使故障扩大。中性点经电阻接地按接地的方式有高电阻接地、中电阻接地、低电阻接地三种方式。

1) 高电阻接地

按美国 IEEE 142—2007 标准：在接地系统中，通常有目的地用接入电阻来限制接地故障电流在 10A 以下，使本系统电流继续流过一段时间而不致加重设备的损坏，高电阻接地系统的电阻设计应满足 $R_0 \leq X_{c0}$，R_0 为系统每相的零序电阻，X_{c0} 为系统中每相对地分布电容之和，以限制电弧接地故障时暂态过电压。采用高电阻接地能使接地故障电流限制到足够低的数值，目的是要达到不要求立即切除故障的水平。这个不要求立即切除故障便是推荐采用高电阻接地方式的主要原因。

采用高电阻接地方式的条件为：

(1) 单相接地后立即清除故障而且停电，否则会对工业企业造成废品，损坏机器设备，人身伤亡或释放出危害环境的物质，酿成火灾或爆炸。

(2) 备有接地故障检测和定位的系统。

(3) 有合格人员运行和维护的系统。

(4) 高电阻接地允许带故障运行的时间一般可达 2h。

高阻接地方式的特点和优点：

(1) 抑制单相接地过电压：单相接地故障发生后，其中性点偏移最大值为相电压，暂态过电压小于 2.5 倍相电压，使高频分量的频率明显降低，可有效抑制高频熄弧重燃过电压，使单相接地故障点电流对零序电压的超前角远小于 90°，衰减时间常数明显降低。

(2) 既能带故障短时间继续供电，又能提供带故障检测和对接地故障点定位条件。

(3) 大量减少设备损坏。

(4) 消除大部分谐振现象。

(5) 跨步电压、接触电压低。

(6) 减少人身伤害事故。

(7) 简化设备。

由于电流小，允许带故障运行的时间较长，所以对继电保护要求不太高，一般仅用作为报警。

若用 Y/△ 接线变压器作人工接地点，电阻一般接于 △ 二次侧，占用空间小阻值也低，但要求通流容量高。

若用 Z 型变压器时，电阻直接接入 Z 型变压器中性点与地之间，此时要求阻值大，通流容量小，可装配氧化锌避雷器，由于它能耐受工频过电压，残压也低，对系统安全有利。

2) 中性点经小电阻接地

中电阻和低电阻之间没有统一的界限，一般认为单相接地故障时通过中性点电阻的电流 10~100A 时为低电阻接地方式。中性点经中电阻和低电阻接地方式适用于以电缆线路为主、不容易发生瞬时性单相接地故障的、系统电容电流比较大的城市配网、发电厂用电系统及大型工矿企业。其主要特点是在电网发生单相接地时，能获得较大的阻性电流，这种方式的优点：能快速切除单相接地故障，过电压水平低，谐振过电压发展不起来，电网可采用绝缘水平较低的电气设备；单相接地故障时，非故障相电压升高较小，发生为相间短路的概率较低；人身安全事故及火灾事故的可能性均减少；此外，还改善了电气设备运行条件，提高了电网和设备运行的可靠性。

大的故障接地电流会引起地电位升高超过安全允许值，干扰通行，供电可靠性受影响。对供电可靠性，可采取以下措施：

(1) 在部分架空线路馈线上，设置自动重合闸。

(2) 尽快加速架空线路电缆化改造。

(3) 对电缆配网进行改造，按 $N+1$ 的结构模式组成环网。

(4) 逐步对配网进行改造，为配网自动化创造条件，在对故障点进行自动检测的基础上实现遥控和遥信，缩短单相接地故障的恢复时间。

3) 低电阻接地电阻值的选择

(1) 按限制单相接地短路电流小于三相短路电流的条件选取，见式 (7-34)：

$$R_n = \frac{U_e}{1.732 K I_d} \quad (7-34)$$

式中：R_n——接地电阻的阻值，Ω；

U_e——线电压，V；

K——系数，根据各电网要求选取；

I_d——三相短路电流，A。

(2) 按单相接地故障时限制过电压倍数 $K \leq 2.5$ 的条件选择：根据计算和试验分析，当流经接地电阻 R_n 的电流 $I_r \geq 1.5 I_d$ 时，就能把单相接地过电压倍数限制在 2.5 倍以内，这时，接地电阻的阻值 $R_n = U_e / 1.732 I_r$。

(3) 根据对通信干扰不产生有害影响选择。

(4)按保证接触电压和跨步电压不超过安全规程要求选择。

4. 中性点直接接地的电力系统

中性点直接接地方式,即是将中性点直接接入大地。该系统运行中若发生一相接地时,就形成单相短路,其接地电流很大,使断路器跳闸切除故障。这种大电流接地系统,不装设绝缘监察装置。恢复其他无故障部分的系统正常运行。

中性点直接接地的系统在发生一相接地时其他两相对地电压不会升高,因此这种系统中的供用电设备的相绝缘只需按相电压考虑,而不必按线电压考虑。这对110kV以上超高压系统是很有经济技术价值的,因为高压电器特别是超高压电器的绝缘问题是影响其设计和制造的关键问题。

至于低压配电系统,TN系统和TT系统均采到中性点直接接地的方式,而且引出有中性线或保护线,这除了便于接单相负荷外,还考虑到安全保护的要求,一旦发生单相接地故障,即形成单相短路,快速切除故障,有利于保障人身安全,防止触电。

电源侧的接地称为系统接地,负载侧的接地称为保护接地。国际电工委员会(IEC)标准规定的低压配电系统接地有IT系统、TT系统、TN系统三种方式。

现低压接地系统常用五种形式:TN-C、TN-S、TN-C-S、IT、TT,其各自的特点如下:

1)TN方式供电系统

TN方式供电系统是将电气设备的外露导电部分与工作中性线相接的保护系统,称作接零保护系统,用TN表示。当电气设备的相线碰壳或设备绝缘损坏而漏电时,实际上就是单相对地短路故障,理想状态下电源侧熔断器会熔断,低压断路器会立即跳闸使故障设备断电,产生危险接触电压的时间较短,比较安全。TN系统节省材料、工时,应用广泛。

TN方式供电系统中,按国际标准IEC 60364规定,根据中性线与保护线是否合并的情况,TN系统分为TN-C、TN-S、TN-C-S。

(1)TN-C方式供电系统:本系统中,保护线与中性线合二为一,称为PEN线。如图7-31所示,TN-C整个系统的中性线与保护线是合一的。

优点:TN-C方案易于实现,节省了一根导线,且保护电器可节省一极,降低设备的初期投资费用;发生接地短路故障时,故障电流大,可采用过流保护电器瞬时切断电源,保证人员生命和财产安全。

缺点:线路中有单相负荷,或三相负荷不平衡,以及电网中有谐波电流时,由于PEN中有电流,电气设备的外壳和线路金属套管间有压降,对敏感性电子设备不利;PEN线中的电流在有爆炸危险的环境

图7-31 TN-C系统

中会引起爆炸;PEN线断线或相线对地短路时,会呈现相当高的对地故障电压,可能扩大事故范围;TN-C系统电源处使用漏电保护器时,接地点后工作中性线不得重复接地,否则无法可靠供电。

(2)TN-S方式供电系统:本系统中,专用保护线(PE线)和工作中性线(N线)严格分开,称作TN-S供电系统,如图7-32所示。整个系统的中性线与保护线是分开的。

图7-32 TN-S系统

优点:正常时即使工作中性线上有不平衡电流,专用保护线上也不会有电流。适用于数据处理和精密电子仪器设备,也可用于爆炸危险场合;民用建筑中,家用电器大都有单独接地触点的插头,采用TN-S系统,既方便,又安全;如果回路阻抗太高或者电源短路容量较小,需采用剩余电流保护装置RCD对人身安全和设备进行保护,防止火灾危险;TN-S系统供电干线上也可以安装漏电保护器,前提是工作中性线(N线)不得有重复接地。专用保护线(PE线)可重复接地,但不可接入漏电开关。

缺点:由于增加了中性线,初期投资较高;TN-S系统相对地短路时,对地故障电压较高。

(3)TN-C-S方式供电系统:本系统是指如果前部分是TN-C方式供电,但为考虑安全供电,二级配电箱出口处,分别引出PE线及N线,即在系统后部分二级配电箱后采用TN-S方式供电,这种系统总称

为 TN-C-S 供电系统(图 7-33)。系统有一部分中性线与保护线是合一的。

图 7-33　TN-C-S 系统

工作中性线(N 线)与专用保护线(PE 线)相联通,联通后面 PE 线上没有电流,即该段导线上正常运行不产生电压降;联通前段线路不平衡电流比较大时,在后面 PE 线上电气设备的外壳会有接触电压产生。因此,TN-C-S 系统可以降低电气设备外露导电部分对地的电压,然而又不能完全消除这个电压,这个电压的大小取决于联通前线路的不平衡电流及联通前线路的长度。负载越不平衡,联通前线路越长,设备外壳对地电压偏移就越大。所以要求负载不平衡电流不能太大,而且在 PE 线上应作重复接地;一旦 PE 线作了重复接地,只能在线路末端设立漏电保护器,否则供电可靠性不高;对要求 PE 线除了在二级配电箱处必须和 N 线相接以外,其后各处均不得把 PE 线和 N 线相连,另外在 PE 线上还不许安装开关和熔断器;民用建筑电气在二次装修后,普遍存在 N 线和 PE 线混用的情况,事实上混用使 TN-C-S 系统变成 TN-C 系统,后果如前述。鉴于民用建筑的 N 线和 PE 线多次开断、并联现象严重,形成危险接触电压的情况机会较多,在建筑电器的施工与验收中需重点注意。

2) IT 方式供电系统

系统的电源不接地或通过阻抗接地,电气设备的外壳可直接接地或通过保护线接至单独接地体。如图 7-34 所示。

图 7-34　IT 系统

优点:运用 IT 方式供电系统,由于电源中性点不接地,相对接地装置基本没有电压。电气设备的相线碰壳或设备绝缘损坏时,单相对地漏电流较小,不会破坏电源电压的平衡,一定条件下比电源中性点接地的系统供电可靠;IT 方式供电系统在供电距离不是很长时,供电的可靠性高、安全性好。一般用于不允许停电的场所,有连续供电要求的地方,例如,医院的手术室、地下矿井、炼钢炉、电缆井照明等处。

缺点:如果供电距离很长时运用 IT 方式供电,如图 7-34 所示,电气设备的相线碰壳或设备绝缘损坏而漏电时,由于供电线路对大地的分布电容会产生电容电流,此电流经大地可形成回路,电气设备外露导电部分也会形成危险的接触电压;TT 方式供电系统的电源接地点一旦消失,即转变为 IT 方式供电系统,三相、二相负载可继续供电,但会造成单相负载中电气设备的损坏;如果消除第一次故障前,又发生第二次故障,如不同相的接地短路,故障电流很大,非常危险,因此对一次故障探测报警设备的要求较高,以便及时消除和减少出现双重故障的可能性,保证 IT 系统的可靠性。

3) TT 方式供电系统

本系统是指电力系统中性点直接接地,电气设备外露导电部分与大地直接连接,而与系统如何接地无关。专用保护线(PE 线)和工作中性线(N 线)要分开,PE 线与 N 线没有电的联系。正常运行时,PE 线没有电流通过,N 线可以有工作电流。在 TT 系统中负载的所有接地均称为保护接地,如图 7-35 所示。整个系统的中性线与保护线是分开的。

图 7-35　TT 系统

优点:TT 供电系统中当电气设备的相线碰壳或设备绝缘损坏而漏电时,由于有接地保护,可以减少触电的危险性;电气设备的外壳与电源的接地无电气联系,适用于对电位敏感的数据处理设备和精密电子设备;故障时对地故障电压不会蔓延。

缺点:短路电流小,发生短路时,短路电流保护装置不会动作,易造成电击事故;受线路零序阻抗及接地处过渡电阻的影响，漏电电流可能比较小，低压断路器不一定能跳闸，会造成漏电设备的外壳对地产生高于安全电压的危险电压，一般需要设漏电保护器作后续保护；由于各用电设备均需单独接地，TT系统接地装置分散，耗用钢材多，施工复杂较为困难；TT供电系统在农村电网应用较多，因一相一地的偷电方式，是造成电源出口处漏电保护器频繁动作的主要原因；如果工作中性线断线，健全相电气设备电压升高，会导致成批电器设备损坏。因此《架空绝缘配电线路设计技术规程》（DL/T 601—1996）中10.7规定：中性点直接接地的低压绝缘线的中性线，应在电源点接地。在干线和分支线的终端处，应将中性线重复接地。三相四线供电的低压绝缘线在引入用户处，应将中性线重复接地。

（五）电力负荷等级介绍

电力负荷是指电能用户的用电设备在某一时刻向电力系统取用的电功率总和。

1. 负荷定义及分级

负荷是指所有用电设备的功率和，是电力系统运行的重要组成部分。供电系统的电力负荷应根据对供电可靠性的要求及中断供电在对人身安全、经济损失上所造成的影响程度进行分级，并应符合下列规定：

符合下列情况之一时，应视为一级负荷：

（1）中断供电将造成人身伤害时。

（2）中断供电将在经济上造成重大损失时。

（3）中断供电将影响重要用电单位的正常工作。

在一级负荷中，当中断供电将造成人员伤亡或重大设备损坏或发生中毒、爆炸和火灾等情况的负荷，以及特别重要场所的不允许中断供电的负荷，应视为一级负荷中特别重要的负荷。

符合下列情况之一时，应视为二级负荷：

（1）中断供电将在经济上造成较大损失时。

（2）中断供电将影响较重要用电单位的正常工作。

不属于一级和二级负荷者应为三级负荷。

2. 各级负荷供电要求

一级负荷的供电电源要求如下：

（1）一级负荷应由双重电源供电；当一个电源发生故障时，另一个电源不应同时受到损坏。

（2）一级负荷中特别重要的负荷供电，除由双重电源供电外，尚应增设应急电源，并严禁将其他负荷接入应急供电系统。

二级负荷的供电电源要求如下：

二级负荷供电系统应做到当电力变压器或线路发生常见故障时，不致中断供电或中断供电能及时恢复。

三级负荷无明确要求。

（六）负荷计算常用方法

1. 负荷计算内容

电气负荷是供配电设计所依据的基础资料。通常电气负荷是随时变动的。负荷计算的目的是确定设计各阶段中选择和校验供配电系统及其各个元件所需的各项负荷数据，即计算负荷。计算负荷是一个假想的，在一定的时间间隔中的持续负荷；它在该时间中产生的特定效应与实际变动负荷的效应相等。计算负荷通常按其用途分类。不同用途的计算负荷应选取不同的负荷效应及其持续时间，并采用不同的计算原则和方法，从而得出不同的计算结果。

（1）需要负荷或最大负荷：需要负荷或最大负荷也可统称计算负荷，在各个具体情况下，计算负荷分别代表有功功率、无功功率、视在功率、计算电流等。用以按发热条件选择电器和导体，计算电压损失、电压偏差及网络损耗；通常取"半小时最大负荷"作为需要负荷。这里30min是按中小截面导体达到稳定温升的时间考虑的。

（2）平均负荷：年平均负荷用于计算电能年消耗量。

（3）尖峰电流：尖峰电流是用以计算电压波动、选择和整定保护器件、校验电动机的启动条件，通常尖峰电流取单台或一组用电设备持续1s左右的最大负荷电流，即启动电流的周期分量；在校验瞬动元件时，还应考虑启动电流的非周期分量。

2. 负荷计算方法

负荷计算的方法主要有需要系数法、二项式系数法、利用系数法、单位面积功率法和单位指标法。我国目前普遍采用的确定用电设备级计算负荷的方法为需要系数法和二项式系数法。需要系数法方便简单，计算结果基本符合实际。当用电设备台数较多，各台设备容量相差不悬殊时，宜采用需要系数法，其多用于二线、配变电所的负荷计算。

二项式系数法应用的局限性较大，但在确定设备台数较少而设备容量差别很大的分支二线的计算负荷时，较需要系数法更为合理，且计算也较为简便。

1）需要系数法

在负荷计算时，应将不同工作制用电设备的额定功率换算成为统一计算功率。泵站的水泵电机为主要设备，应按连续工作制考虑，其功率应按电机额定铭牌功率计算。短时或周期工作制电动机的设备功率应统一换算到负载持续率（ε）为25%以下的有功功率，应按式(7-35)计算：

$$P_N = P_r \frac{\varepsilon_r}{0.25} = 2P_r\sqrt{\varepsilon_r} \quad (7-35)$$

式中：P_N——用电设备组的设备功率，kW；
P_r——电动机额定功率，kW；
ε_r——电动机额定负载持续率，kW。

采用需要系数法计算负荷，应符合下列要求：

(1) 设备组的计算负荷及计算电流应按式(7-36)计算：

$$\left.\begin{array}{l} P_{js} = K_X P_N \\ Q_{js} = P_{js}\tan\varphi \\ S_{js} = \sqrt{P_{js}^2 + Q_{js}^2} \\ I_{js} = \dfrac{S_{js}}{\sqrt{3}U_r} \end{array}\right\} \quad (7-36)$$

式中：P_{js}——用电设备有功计算功率，kW；
K_X——需要系数，按表7-6的规定取值；
Q_{js}——用电设备无功计算功率，kW；
$\tan\varphi$——用电设备功率因数角的正切值，按表7-6的规定取值；
S_{js}——用电设备视在计算功率，kW；
I_{js}——计算电流，A；
U_r——用电设备额定电压或线电压，kV。

表7-6 用电设备系数

用电设备组名称	需要系数(K_X)	$\cos\varphi$	$\tan\varphi$
水泵	0.75~0.85	0.80~0.85	0.75~0.62
生产用通风机	0.75~0.85	0.80~0.85	0.75~0.62
卫生用通风机	0.65~0.70	0.80	0.75
闸门	0.20	0.80	0.75
格栅除污机、皮带运输机、压榨机	0.50~0.60	0.75	0.88
搅拌机、刮泥机	0.75~0.85	0.80~0.85	0.75~0.62
起重器及电动葫芦($\varepsilon=25\%$)	0.20	0.50	1.73
仪表装置	0.70	0.70	1.02
电子计算机	0.60~0.70	0.80	0.75
电子计算机外部设备	0.40~0.50	0.50	1.73
照明	0.70~0.85	—	—

(2) 变电所的计算负荷应按式(7-37)计算：在确定多组用电设备的计算负荷时，应考虑各组用电设备的最大负荷不会同时出现的因素，计入一个同时系数K_Σ。

$$\left.\begin{array}{l} P_{js} = K_{\Sigma P}\sum(K_X P_N) \\ Q_{js} = K_{\Sigma Q}\sum(K_X P_N\tan\varphi) \\ S_{js} = \sqrt{P_{js} + Q_{js}} \end{array}\right\} \quad (7-37)$$

式中：$K_{\Sigma P}$、$K_{\Sigma Q}$——有功功率、无功功率同时系数，分别取0.8~0.9和0.93~0.97。

2) 二项式系数法

二项式系数法较需要系数法更适于确定设备台数较少而容量差别较大的低干线和分支线的计算负荷系数。二项式系数认为计算负荷由两部分组成，一部分是由所有设备运行时产生的平均负荷bP_N；另一部分是由于大型设备的投入产生的负荷cP_x，x为容量最大设备的台数，其中，b、c称为二项式系数。二项式系数也是通过统计得到的负荷计算的二项式系数法，用二项式系数法进行负荷计算时的步骤与需用系数法相同，计算公式如下：

(1) 单组用电设备组中设备台数≥3台时的计算负荷见式(7-38)：

$$P_c = b\sum_{i=1}^{n} P_{Ni} + cP_x \quad (7-38)$$

式中：P_c——有功功率，kW；
P_{Ni}——用电设备组中每台设备的额定功率，kW；
P_x——用电设备组中x台大型设备的额定功率，kW；
b、c——二项式系数。

(2) 多组用电设备组的计算负荷：

① 有功计算负荷见式(7-39)：

$$P_{30} = \sum(bP_e) + (cP_x)_{max} \quad (7-39)$$

② 无功计算负荷见式(7-40)：

$$Q_{30} = \sum(bP_e\tan\varphi) + (cP_x)_{max}\tan\varphi_{max} \quad (7-40)$$

式中：P_{30}——有功功率，kW；
Q_{30}——无功功率，kW；
P_e——用电设备组中每台设备的平均额定功率，kW；
$\tan\varphi$——最大附加负荷$(cP_x)_{max}$的设备组的平均功率因数角的正切值。

P_{30}和Q_{30}的"30"是指导线截面的发热按照允许30min运行，因此负荷计算时采用30min最大负荷作为计算负荷。

3) 其他方法

利用系数是求平均负荷的系数。通过利用系数K_X，平均利用系数K_{xav}，有效台数n_{eq}，附加系数等可确定计算负荷。

(1) 利用系数：一般情况下，当用电设备组确定后，其最大日负荷曲线也就确定了，利用系数计算公式见式(7-41)。

$$K_X = \frac{P_{av}}{\sum_{i=1}^{n} P_{Ni}} \quad (7-41)$$

式中：K_X——利用系数；

P_{av}——各用电设备组平均负荷的有功功率，kW；

$\sum\limits_{i=1}^{n} P_{Ni}$——各用电设备组设备功率之和。

（2）附加系数：为了便于比较，从发热角度出发，不同容量的用电设备需归算为同一容量的用电设备，于是可得其等效台数，计算公式见式（7-42）。

$$\left.\begin{array}{l} P_c = K_{\sum P} K_d \sum\limits_{i=1}^{n} P_{Ni} \\ Q_c = P_c \tan\varphi \\ S_c = \sqrt{P_c^2 + Q_c^2} \\ I_c = \dfrac{S_c}{\sqrt{3} U_r} \end{array}\right\} \quad (7\text{-}42)$$

式中：P_c——有功功率，kW；

$K_{\sum P}$——有功同时系数，对于配电干线所供范围的计算负荷，$K_{\sum P}$ 取值范围一般都在 0.8~0.9；对于变电站总计算负荷，$K_{\sum P}$ 取值范围一般在 0.85~1；

K_d——需用系数；

P_{Ni}——用电设备组中每台用电设备的额定功率，kW；

Q_c——无功功率，kW；

S_c——视在功率，kW；

$\tan\varphi$——用电设备功率因数角的正切值；

I_c——电气设备电流，A；

U_r——电气设备额定电压，kV。

（3）系数法的计算步骤如下：

①单组用电设备组中设备台数≥3 台时的计算负荷先由式（7-41）求出平均负荷。

②再由附加系数求计算负荷。附加系数由设备等效台数 n_{eq} 和利用系数 K_X 得到式（7-43）和式（7-44）：

$$P_{av} = K_X \sum\limits_{i=1}^{n} P_{Ni} \quad (7\text{-}43)$$

$$Q_{av} = P_{av} \tan\varphi \quad (7\text{-}44)$$

③多组用电设备组的计算负荷：当供电范围内有多个性质不同的设备组时，设备等效台数 n_{eq} 为所有设备的等效台数；利用系数 K_X 以各组设备组的加权利用系数 K_{xav} 替换，同样使用附加系数表可以查得附加系数 K_{ad}。有功功率计算公式为式（7-45）：

$$P_c = K_{ad} K_{xav} \sum\limits_{m=1}^{m} \sum\limits_{n=1}^{n} P_{Nij} \quad (7\text{-}45)$$

加权利用系数为式（7-46）：

$$K_{xav} = \dfrac{\sum\limits_{m=1}^{m} P_{avj}}{\sum\limits_{m=1}^{m} \sum\limits_{n=1}^{n} P_{Nij}} \quad (7\text{-}46)$$

式中：$\sum\limits_{m=1}^{m} P_{avj}$——各组设备平均功率之和，kW；

$\sum\limits_{m=1}^{m} \sum\limits_{n=1}^{n} P_{Nij}$——各组设备额定功率之和，kW。

4）各种计算法优缺点

（1）指标法中除了住宅用电量指标法外的其他方法一般只用作供配电系统的前期负荷估算。

（2）需用系数法计算简单，是最为常用的一种计算方法，适合用电设备数量较多，且容量相差不大的情况，组成需用系数的同时系数和负荷系数都是平均的概念，若一个用电设备组中设备容量相差过于悬殊，大容量设备的投入对计算负荷起决定性的作用，这时需用系数计算的结果很可能与大容量设备投入时的实际情况不符，出现不合理的结果。影响需用系数的因素非常多对于运行经验不多的用电设备，很难找出较为准确的需用系数值。

（3）二项式系数法考虑问题的出发点就是大容量设备的作用，因此当用电设备组中设备容量相差悬殊时，使用二项式系数法可以得到较为准确的结果。

（4）利用系数法是通过平均负荷来计算负荷，这种方法的理论依据是概率论与数理统计，因此是一种较为准确的计算方法，但利用系数法的计算过程相对繁琐。

（5）目前民用建筑用电负荷的二项式系数法和利用系数法经验值尚不完善，这两种方法主要用于工业企业的负荷计算。

（6）根据负荷计算方法得出的计算结果往往偏大，这是因为：

①负荷计算的基础数据偏大，在选择电气设备时，一般都是按最不利的负荷情况选择，常常还在此基础上加保险系数，使得设备容量偏大。

②负荷计算所用的计算系数偏大。在作负荷计算时，各种系数都是以求出负荷曲线上持续 30min 最大负荷给出的，对于大多数电气设备讲，显然过于保守。

（七）短路电流的计算

短路是电力系统最为常见的故障之一，它是由供配电系统中相导体之间或相导体与地之间不通过负载阻抗发生了直接电气连接所产生的。在供配电系统中，可能发生的短路类型有四种，分别为三相短路、两相短路、单相短路、两相接地短路。

1. 短路电流计算方法

（1）以系统元件参数的标幺值计算短路电流，适用于比较复杂的系统。

（2）以系统短路容量计算短路电流，适用于比较简单的系统。

（3）以有名值计算短路电流，适用于1kV及以下的低压网络系统。

（4）计算短路电流时，电路的分布电容不予考虑。

2. 短路电流计算要求

短路电流计算中应以系统在最大运行方式下三相短路电流为主；应以最大三相短路电流作为选择、校验电器和计算继电保护的主要参数。同时也需要计算系统在最小运行方式下的两相短路电流作为校验继电保护、校核电动机启动等的主要参数。短路电流计算时所采用的接线方式，应为系统在最大及最小运行方式下导体和电器安装处发生短路电流的正常接线方式。短路电流计算宜符合下列要求：

（1）在短路持续时间内，短路相数不变，如三相短路持续时间内保持三相短路不变，单相接地短路持续时间内保持单相接地短路不变。

（2）具有分接开关的变压器，其开关位置均视为在主分接位置。

（3）不计弧电阻。

3. 高压短路电流计算

高压短路电流计算时，应考虑对短路电流影响大的变压器、电抗器、架空线及电缆等因素的阻抗，对短路电流影响小的因素可不予考虑。

高压短路电流计算宜按下列步骤进行：

（1）确定基准容量 $S_j = 100 MV \cdot A$，确定基准电压 $U_j = U_p$（U_p 为电网线电压平均值）。

（2）绘制主接线系统图，标出计算短路点。

（3）绘制相应阻抗图，各元件归算到标幺值。

（4）经网络变换等计算短路点的总阻抗标幺值。

计算三相短路周期分量及冲击电流等。

4. 低压网络短路电流计算步骤

（1）画出短路点的计算电路，求出各元件的阻抗（图7-36）。

图7-36 三相短路电流计算电路

（2）变换电路后画出等效电路图，求出总阻抗。

（3）低压网络三相和两相短路电流周期分量有效值按式（7-47）计算。

$$\left. \begin{array}{l} I''_3 = \dfrac{\dfrac{CU_n}{\sqrt{3}}}{Z_k} = \dfrac{\dfrac{1.05U_n}{\sqrt{3}}}{\sqrt{R_k^2 + X_k^2}} = \dfrac{230}{\sqrt{R_k^2 + X_k^2}} \\ R_k = R_s + R_T + R_m + R_L \\ X_k = X_s + X_T + X_m + X_L \end{array} \right\} \quad (7\text{-}47)$$

式中：I''_3——三相短路电流的初始值，A；

C——电压系数，计算三相短路电流时取1.05；

U_n——网络标称电压或线电压（380V），V；

Z_k、R_k、X_k——分别为短路电路总阻抗、总电阻、总电抗，mΩ；

R_s、X_s——分别为变压器高压侧系统的电阻、电抗（归算到400V侧），mΩ；

R_T、X_T——分别为变压器的电阻、电抗，mΩ；

R_m、X_m——分别为变压器低压侧母线段的电阻、电抗，mΩ；

R_L、X_L——分别为配电线路的电阻、电抗，mΩ。

只要 $\sqrt{\dfrac{R_T^2 + X_T^2}{R_S^2 + X_S^2}} \geq 2$，变压器低压侧短路时的短路电流周期分量不衰减 $I_k = I''_3$。

（4）短路冲击电流按式（7-48）计算。

$$\left. \begin{array}{l} I_{sh} = \sqrt{2} K_{sh} I'' \\ I_{sh} = I'' \sqrt{1 + 2(K_{sh} - 1)^2} \end{array} \right\} \quad (7\text{-}48)$$

式中：I_{sh}——短路冲击电流，A；

K_{sh}——短路电流冲击系数。

（5）两相短路电流按式（7-49）计算：

$$\left. \begin{array}{l} I''_2 = 0.866 I''_3 \\ I_{K2} = 0.866 I_{K3} \end{array} \right\} \quad (7\text{-}49)$$

式中：I''_2——两相短路电流的初始值，A；

I_{K2}——两相短路稳态电流，A；

I_{K3}——三相短路稳态电流，A。

5. 短路电流计算结果的应用

短路电流计算结果主要有以下几方面的应用：①电气接线方案的比较与选择；②正确选择和校验电气设备；③继电保护的选择、整定及灵敏系数校验；④计算软导线的短路摇摆；⑤接地装置的设计及确定中性点接地方式；⑥正确选择和校验载流导体；⑦三分之一分裂导线间隔棒的间距；⑧验算接地装置的接触电压与跨步电压。

6. 影响短路电流的因素

影响短路电流的因素主要有以下几种：①系统电

压等级；②主接线形式以及主接线的运行方式；③系统的元件正负序阻抗及零序阻抗大小(变压器中性点接地点多少)；④是否加装限流电抗器；⑤是否采用限流熔断器、限流低压断路器等限流型电器,能在短路电流达到冲击值之前完全熄灭电弧起到限流作用。

(八)电工测量

电工常用携带式仪表主要有万用表、钳形电流表及兆欧表。

1. 万用表的应用

万用表可用来测量直流电流、直流电压、交流电流、交流电压、电阻、电感、电容。音频电平及晶体三极管的电流放大系数 β 值等。如图 7-37、图 7-38 所示。

图 7-37　指针式万用表

图 7-38　数字式万用表

1)万用表的使用方法

(1)端钮(或插孔)选择要正确：红色测试棒连接线要接到红色端钮上(或标有"+"号的插孔内)，黑色测试棒连接线要接到黑色端钮上(或标有"-"号的插孔内)。有的万用表备有交直流电压为 2500V 的测量端钮，使用时黑色测试棒仍接黑色端钮，而红色测试棒接到 2500V 的端钮上。

(2)转换开关位置选择要正确：根据测量对象转换开关转到相应的位置，有的万用表面板上有两个转换开关；一个选择测量种类；一个选择测量量程。使用时应先选择测量种类，然后选择测量量程。

(3)量程选择要合适：根据被测量的大致范围，将转换开关转至适当的量限上，若测量电压或电流时，最好使指针指在量程的 1/2～2/3 范围内，这样读数较为准确。

(4)正确进行读数：在万用表的标度盘上有很多标度尺，它们分别适用于不同的被测对象。因此测量时在对应的标度尺上读数的同时，应注意标度尺读数和量程挡的配合，以避免差错。

(5)欧姆挡的正确使用：

①选择合适的倍率挡：测量电阻时，倍率挡的选择应以使指针停留在刻度线较稀的部分为宜，指针越接近标度尺的中间部分，读数越准确，越向左、刻度线越密，读数的准确度越差。

②调零：测量电阻之前，应将两根测试棒碰在一起，同时转动"调零旋钮"，使指针刚好指在欧姆标度尺的零位上，这一步骤称为欧姆挡调零。每换一次欧姆挡，测量电阻之前都要重复这一步骤，从而保证了测量的准确性，如果指针不能调到零位，说明电池电压不足，需要更换。

③不能带电测量电阻：测量电阻时万用表是电池供电的，被测电阻决不能带电，以免损坏表头。

④注意省干电池：在使用欧姆挡间歇中，不要让两根测试棒短接，以免浪费电池。

2)使用万用表应注意的事项

(1)使用万用表时要注意手不可触及测试棒的金属部分，以保证安全和测量的准确度。

(2)在测量较高电压或大电流时，不能带电转动转换开关，否则有可能使开关烧坏。

(3)万用表用完以后，应将转换开关转到"空挡"或"OFF"挡，表示已关断。有的表没有上述两挡时可转向交流电压最高量程挡，以防下次测量时疏忽而损坏万用表。

(4)平时要养成正确使用万用表的习惯，每当测试棒接触被测线路前应再一次全面检查，观察各部分位置是否有误，确实没有问题时再进行测量。

2. 钳形电流表的应用

钳形电流表按结构原理不同分为磁电式和电磁式两种，磁电式可测量交流电流和交流电压；电磁式可测量交流电流和直流电流。如图 7-39 所示。

1)钳形电流表的使用方法和注意事项

(1)在进行测量时用手捏紧扳手即张开，被测载流导线的位置应放在钳口中间，防止产生测量误差，然后放开扳手，使铁心闭合，表头就有指示。

(2)测量时应先估计被测电流或电压的大小，选择合适的量程或先选用较大的量程测量，然后再视被测电流、电压大小减小量程，使读数超过刻度的

图 7-39 钳形电流表

1/2，以便得到较准确的读数。

(3) 为使读数准确，钳口两个面应保证很好的接合，如有杂声，可将钳口重新开合一次，如果声音依然存在，可检查在接合面上是否有污垢存在，如有污垢，可用汽油擦干净。

(4) 测量低压可熔保险器或低压母线电流时，测量前应将邻近各相用绝缘板隔离，以防钳口张开时可能引起相间短路。

(5) 有些型号的钳形电流表附有交流电压刻度，测量电流、电压时应分别进行，不能同时测量。

(6) 不能用于高压带电测量。

(7) 测量完毕后一定要把调节开关放在最大电流量程位置，以免下次使用时由于未经选择量程而造成仪表损坏。

(8) 为了测量小于 5A 以下的电流时能得到较准确的读数，在条件许可时可把导线多绕几圈放进钳口进行测量，但实际电流数值应为读数除以放进钳口内的导线根数。

2) 钳形电流表在几种特殊情况下的应用

用钳形电流表测量绕线式异步电动机的转子电流时，必须选用电磁系表头的钳形电流表，如果采用一般常见的磁电系钳形电流表测量时，指示值与被测量的实际值会有较大出入，甚至没有指示，其原因是磁电系钳形表的表头与互感器二次线圈连接，表头电压是由二次线圈得到的。根据电磁感应原理可知，互感电动势的计算见式(7-50)。

$$E_2 = 4.44 f W \Phi_m \tag{7-50}$$

式中：E_2——互感电动势，V；
f——电流变化的频率，Hz；
W——互感系数，H；
Φ_m——磁通量，Wb。

由式(7-50)看出，互感电动势的大小与频率成正比。当采用此种钳形表测量转子电流时，由于转子上的频率较低，表头上得到的电压将比测量同样工频电流时的电压小得多(因为这种表头是按交流 50Hz 的工频设计的)。有时电流很小，甚至不能使表头中的整流元件导通，所以钳形表没有指示，或指示值与实际值有很大误差。

如果选用电磁系的钳形表，由于测量机构没有二次线圈与整流元件，被测电流产生的磁通通过表头，磁化表头的静、动铁片，使表头指针偏转，与被测电流的频率没有关系，所以能够正确指示出转子电流的数值。

用钳形电流表测量三相平衡负载时，会出现一种奇怪现象，即钳口中放入两相导线时的指示值与放入一相导线时的指示值相同，这是因为在三相平衡负载的电路中，每相的电流值相等，表示为 $I_u = I_v = I_w$。若钳口中放入一相导线时，钳形表指示的是该相的电流值，当钳口中放入两相导线时，该表所指示的数值实际上是两相电流的相量之和，按照相量相加的原理，$I_1 + I_3 = -I_2$，因此指示值与放入一相时相同。

如果三相同时放入钳口中，当三相负载平衡时，$I_1 + I_2 + I_3 = 0$，即钳形电流表的读数为零。

3. 兆欧表的应用

兆欧表俗称摇表或摇电箱，是一种简便、常用的测量高电阻直接式携带型摇表，用来测量电路、电机绕组、电缆及电气设备等的绝缘电阻。表盘的上标尺刻度以"MΩ"为单位。兆欧表可分为手摇发电机型、用交流电作电源型及用晶体管直流电源变换器作电源的晶体管兆欧表。目前常用的是手摇发电机型。

1) 兆欧表测量绝缘电阻的方法

(1) 线路间绝缘电阻的测量：被测两线路分别接在线路端钮"L"上和地线端钮"E"上，用左手稳住摇表，右手摇动手柄，速度由慢逐渐加快，并保持在 120r/min 左右，持续 1min，读出兆欧数。

(2) 线路对地间绝缘电阻的测量：被测线路接于"L"端钮上，"E"端钮与地线相接，测量方法同上。

(3) 电动定子绕组与机壳间绝缘电阻的测量：定子绕组接"L"端钮上，机壳与"E"端钮连接。

(4) 电缆缆心对缆壳间绝缘电阻的测量：将"L"端钮与缆心连接，"E"端钮与缆壳连接，将缆心与缆壳之间的内层绝缘物接于屏蔽端钮"G"上，以消除因表面漏电而引起的测量误差。

2) 兆欧表的使用注意事项

(1) 在进行测量前先切断被测线路或设备电源，并进行充分放电(约需 2~3min)以保障设备及人身安全。

(2) 兆欧表接线柱与被测设备间连接导线不能用双股绝缘线或胶线，应用单股线分开单独连接，避免因胶线绝缘不良而引起测量误差。

(3)测量前先将兆欧表进行一次开路和短路试验,检查兆欧表是否良好。若将两连接线开路,摇动手柄,指针应指在"∞"(无穷大)处;把两连接线短接,指针应指在"0"处。说明兆欧表是良好的,否则兆欧表是有问题的。

(4)测量时摇动手柄的速度由慢逐渐加快并保持120r/min左右的速度,持续1min左右,这时才是准确的读数。如果被测设备短路、指针指零,应立即停止摇动手柄,以防表内线圈发热损坏。

(5)测量电容器及较长电缆等设备的绝缘电阻后,应立即将"L"端钮的连接线断开,以免被测设备向兆欧表倒充电而损坏仪表。

(6)禁止在雷电时或在邻近有带高压电的导线或设备时用兆欧表进行测量。只有在设备不带电又不可能受其他电源感应而带电时才能进行测量。

(7)兆欧表量程范围的选用一般应注意不要使其测量范围过多的超出所需测量的绝缘电阻值,以免读数产生较大的误差。例如,一般测量低压电气设备的绝缘电阻时可选用0~200MΩ量程的表,测量高压电气设备或电缆时可选用0~2000MΩ量程的表。刻度不是从零开始,而且从1MΩ或2MΩ起始的兆欧表一般不宜用来测量低压电器设备的绝缘电阻。

(8)测量完毕后,在手柄未完全停止转动和被测对象没有放电之前,切不可用手触及被测对象的测量部分并拆线,以免触电。

3)兆欧表的选用方法

(1)目前常用国产兆欧表的型号与规格如表7-7所示。表中所列为手摇发电机型,最高电压为2500V,最大量程为10000MΩ。若需要更高电压和更大量程的可选用新型ZC 30型晶体兆欧表,其额定电压可达5000V,量程为100000MΩ。

表7-7 常用兆欧表的型号与规格

型号	额定电压/V	级别	量程范围/MΩ
ZC 11-6	100	1.0	0~20
ZC 11-7	250	1.0	0~50
ZC 11-8	500	1.0	0~100
ZC 11-9	50	1.0	0~200
ZC 25-2	250	1.0	0~250
ZC 25-3	500	1.0	0~500
ZC 25-4	1000	1.0	0~1000
ZC 11-3	500	1.0	0~2000
ZC 11-10	2500	1.5	0~25000
ZC 11-4	1000	1.0	0~5000
ZC 11-5	2500	1.5	0~10000

(2)兆欧表的选择:主要是选择兆欧表的电压及其测量范围,表7-8列出了在不同情况下选择兆欧表的要求。

表7-8 兆欧表的电压及测量范围的选择

被测对象	被测设备的额定电压/V	所选兆欧表的电压/V
弱电设备、线路的绝缘电阻	100以上	50~100
线圈的绝缘电阻	500以下	500
线圈的绝缘电阻	500以上	1000
发电机线圈的绝缘电阻	380以下	1000
电力变压器、发电机、电动机绝缘电阻	500以上	1000~2500
电气设备的绝缘电阻	500以下	500~1000
电气设备的绝缘电阻	500以上	2500
瓷瓶、母线、刀闸的绝缘电阻	—	2500~5000

4)接地电阻的测量(图7-40)

图7-40 接地电阻的测量

(1)被测接地E(C2、P2)和电位探针P1及电流探针C1依直线彼此相距20m,使电位探针处于E、C中间位置,按要求将探针插入大地。

(2)用专用导线将端子E(C2、P2)、P1、C1与探针所在位置对应连接。

(3)开启电源开关"ON",选择合适挡位轻按,该挡指示灯亮,表头LCD显示的数值即为被测得的接地电阻值。

5)土壤电阻率测量(图7-41)

测量时在被测的土壤中沿直线插入四根探针,并使各探针间距相等,各间距的距离为L,要求探针入地深度为L/20cm,用导线分别从C1、P1、P2、C2端子按出分别与4根探针相连接。若测出电阻值为R,则土壤电阻率按式(7-51)计算:

$$\rho = 2\pi RL \quad (7\text{-}51)$$

式中:ρ——土壤电阻率,$\Omega \cdot cm$;

图 7-41 土壤电阻率测量

L——探针与探针之间的距离，cm；
R——电阻仪的读数，Ω。

用此法则得的土壤电阻率可以近似认为是被埋入区域的平均土壤电阻率。

6）测量注意事项和维护保养措施

（1）测量保护接地电阻时，一定要断开电气设备与电源连接点。在测量小于 1Ω 的接地电阻时，应分别用专用导线连在接地体上，C2 在外侧，P2 在内侧，如图 7-42 所示：

图 7-42 接地电阻的测量

（2）测量接地电阻时最好反复在不同的方向测量 3~4 次，取其平均值。

（3）测量大型接地网接地电阻时，不能按一般接线方式测量，可参照电流表、电压表测量法中的规定选定埋插点。

（4）若测试回路不通或超量程时，表头显示"1"，说明溢出，应检查测试回路是否连接好或是否超量程。

（5）本表当电池电压低于 7.2V 时，表头显示欠压符号"←"，表示电池电压不足，此时应插上电源线由交流供电或打开仪器后盖板更换干电池。

（6）如果使用可充电池时，可直接插上电源线利用本机充电，充电时间一般不低于 8h。

（7）存放保管本表时，应注意环境温度和湿度，应放在干燥通风的地方为宜，避免受潮，应防止酸碱及腐蚀气体，不得雨淋、暴晒、跌落。

四、城镇排水泵站供配电基本知识

(一) 排水泵站配电系统的主要功能及规模

配电系统主要有三个功能，首先是将输电系统的电能输送到配电系统，其次是将电压降低至当地适用电压，最后是在发生故障时，通过隔离故障单元，保护整个电网。

泵站规模的调查应根据城市雨水、污水系统专业规划和有关排水系统所规定的范围、设计标准，经工艺设计的综合分析计算后确定泵站的近期规模，包括泵站站址选择和总平面布置。泵站平面布置图中应包括泵房、集水间、调蓄池、附属构筑物。附属构筑物主要包括配电室、值班室。排水泵站规模决定了排水泵站供电系统的规模。

(二) 排水泵站供电系统设计调整依据

排水泵站配电室也是电气系统的一部分，必须按照电气设计规范进行设计。泵站的供配电设计工程首先要确定泵站的用电负荷，应根据泵站的规模、工艺特点、泵站总用电量（包括动力设备用电和照明用电）等计算泵站负荷，所以设计前对这些因素必须进行调查，调查主要包括：泵站规模的调查；工艺的调查（包括工程性质、工艺流程图、工艺对电气控制的要求）；用电量的调查（包括机械设备正常工作用电、设备规格、型号、工作制、仪表监控用电、正常工作照明、安全应急照明、室外照明、检修用电及其他场所的照明）；发展规划的调查（包括近期建设和远期发展的关系、远近结合，以近期为主，适当考虑发展的可能）；环境调查（包括周围环境对本工程的影响以及本工程实施后对居民生活可能造成的影响进行初步评估）。其次按照现行的设计规范进行设计，目前主要电气设计规范如下：

《民用建筑电气设计规范》（JGJ 16—2008）
《供配电系统设计规范》（GB 50052—2009）
《建筑照明设计标准》（GB 50034—2013）
《低压配电设计规范》（GB 50054—2011）
《3~110kV 高压配电装置设计规范》（GB 50060—2008）
《20kV 及以下变电所设计规范》（GB 50053—2013）
《爆炸危险环境电力装置设计规范》（GB 50058—2014）
《电力装置的继电保护和自动装置设计规范》（GB 50062—2008）
《建筑物防雷设计规范》（GB 50057—2010）

《自动化仪表选型设计规定》(HG/T 20507—2000)

《仪表系统接地设计规定》(HG/T 20513—2000)

《控制室设计规定》(HG/T 20508—2014)

《工业建筑供暖通风与空气调节设计规范》(GB 50019—2015)

《建筑给水排水设计标准》(GB 50015—2019)

《建筑灭火器配置设计规范》(GB 50140—2019)

《建筑给水排水及采暖工程施工质量验收规范》(GB 50242—2002)

《泵站设计规范》(GB 50265—2010)

(三)配电室位置与形式选择

1. 配变电所位置选择

变电所的设置应根据下列要求经技术经济比较后确定：①进出线方便；②接近负荷中心；③接近电源侧；④设备运输方便；⑤不应设在有剧烈震动的或高温的场所；⑥不宜设在多尘或有腐蚀气体的场所，如无法远离，不应设在污染源的主导风向的下风侧；⑦不应设在有爆炸危险环境或火灾危险环境的正上方和正下方；⑧变电所的辅助用房，应根据需要和节约的原则确定。有人值班的变电所应设单独的值班室。值班室与高压配电室宜直通或经过通道相通，值班室应有门直接通向户外或通向走道。

2. 配变电所的类型

排水泵站的变配所大多是10kV变电所，一般为全户内或半户内独立式结构，开关柜放在屋内，主变压器可放置屋内或屋外，依据地理环境条件因地制宜。10kV及以下变配电所按其位置分类主要有以下类型：①独立式变配电所；②地下变配电所；③附设变配电所；④户外变配电所；⑤箱式变电站。

3. 高压配电室结构布置

配电装置宜采用成套设备，型号应一致。配电柜应装设闭锁及连锁装置，以防止误操作事故的发生。带可燃性油的高压开关柜，宜装设在单独的高压配电室内。当高压开关柜的数量为6台及以下时，可与低压柜设置在同一房间。

高压配电室长度超过7m时，应设置两扇向外开的防火门，并布置在配电室的两端。位于楼上的配电室至少应设一个安全出口通向室外的平台或通道。并应便于设备搬运。

高压配电装置的总长度大于6m时，其柜(屏)后的通道应有两个安全出口。高压配电室内各种通道的最小宽度(净距)应符合表7-9的规定。

表7-9　高压配电室内通道的最小宽度(净距)

单位：m

装置种类	操作走廊(正面)		维护走廊(背面)	通往防爆间隔的走廊
	设备单列布置	设备双列布置		
固定式高压开关柜	2.0	2.5	1.0	1.2
手车式高压开关柜	单车长+1.2	双车长+1.0	1.0	1.2

4. 电力变压器室的布置规定

(1)每台油量为100kg及以上的三相变压器，应装设在单独的变压器室内。

(2)室内安装的干式变压器，其外廓与墙壁的净距不应小于0.6m；干式变压器之间的距离不应小于1m，并应满足巡视、维修的要求。

(3)变压器室内可安装与变压器有关的负荷开关、隔离开关和熔断器。在考虑变压器布置及高、低压进出线位置时，应使负荷开关或隔离开关的操动机构装在近门处。

(4)变压器室的大门尺寸应按变压器外形尺寸加0.5m。当一扇门的宽度为1.5m及以上时，应在大门上开宽0.8m、高1.8m的小门。

5. 低压配电室的布置规定

低压配电设备的布置应便于安装、操作、搬运、检修、试验和监测。低压配电室长度超过7m时，应设置两扇门，并布置在配电室的两端。位于楼上的配电室至少应设一个安全出口通向室外的平台或通道。

成排布置的配电装置，其长度超过6m时，装置后面的通道应有两个通向本室或其他房间的出口，如两个出口之间的距离超过15m时，其间还应增加出口。

低压配电室兼作值班室时，配电装置前面距墙不宜小于3m。成排布置的低压配电装置，其屏前后的通道最小宽度应符合表7-10的规定。

表7-10　低压配电装置室内通道的最小宽度

单位：m

装置种类	单排布置		双排对面布置		双排背对背布置	
	屏前	屏后	屏前	屏后	屏前	屏后
固定式	1.5	1.0	2.0	1.0	1.5	1.5
抽屉式	2.0	1.0	2.3	1.0	2.0	1.5

电容器室布置应符合下列规定：室内高压电容器组宜装设在单独房间内。当容量较小时，可装设在高压配电室内。但与高压开关柜的距离不应小于1.5m。

室内高压电容器组宜装设在单独的房间内。当容量较小时可装设在高压配电室内。

成套电容器柜单列布置时，柜正面与墙面之间的距离不应小于1.5m；双列布置时，柜面之间的距离不应小于2m。装配式电容器组单列布置时，网门与墙距离不应小于1.3m；双列布置时，网门之间距离不应小于1.5m。长度大于7m的电容器室，应设两个出口，并宜布置在两端。门应外开。

6. 泵房内设备的布置规定

根据水泵类型、操作方式、水泵机组配电柜、控制屏、泵房结构形式、通风条件等确定设备布置。电动机的启动设备宜安装于配电室和水泵电机旁。机旁控制箱或按钮箱宜安装于被控设备附近，操作及维修应方便，底部距地面1.4m左右，可固定于墙、柱上，也可采用支架固定。格栅除污机、压榨机、水泵、闸门、阀门等设备的电气控制箱宜安装于设备旁，应采用防腐蚀材料制造，防护等级户外不应低于IP65，户内不应低于IP44。臭气收集和除臭装置电气配套设施应采用耐腐蚀材料制造。

1) 泵站场地内电缆沟、井的布置规定

（1）泵房控制室、配电室的电缆应采用电缆沟或电缆夹层敷设，泵房内的电缆应采用电缆桥架、支架、吊架或穿管敷设。

（2）电缆穿管没有弯头时，长度不宜超过50m，有一个弯头时，穿管长度不宜超过20m；有两个弯头时，应设置电缆手井，电缆手井的尺寸根据电缆数量而定。

2) 泵站照明光源选择的规定（表7-11）

（1）宜采用高效节能新光源。泵房、泵站道路等场地照明宜选用高压钠灯。

（2）控制室、配电间、办公室等场所宜选用带节能整流器或电子整流器的荧光灯。

（3）露天工作场地等宜选用金属卤化物灯。

3) 泵站照明灯具选择的规定及照度要求（表7-11）

（1）在正常环境中宜采用开启型灯具。

（2）在潮湿场合应采用带防水灯头的开启型灯具或防潮型灯具。

（3）灯具结构应便于更换光源。

（4）检修用的照明灯具应采用Ⅲ类灯具，用安全特低电压供电，在干燥场所电压值不应大于50V。

（5）在潮湿场所电压值不应大于25V。

（6）在有可燃气体和防爆要求的场合应采用防爆型灯具。

表7-11 泵站最低照度标准

工作场所	工作面名称	规定照度的被照面	一般工作照度/lx	事故照度/lx
泵房间、格栅间	设备布置和维护地区	离地0.8m水平面	150	10
中控室	控制盘上表针、操作屏台、值班室	控制盘上表针	200	30
		控制台水平面	500	
继电保护盘、控制屏	屏前屏后	离地0.8m水平面	100	5
计算机房、值班室	设备上	离地0.8m水平面	200	10
高、低压配电装置，母线室，变压器室	设备布置和维护地区	离地0.8m水平面	75	3
机修间	设备布置和维护地区	离地0.8m水平面	60	—
主要楼梯和通道	—	地面	10	0.5

4) 照明设备（含插座）的布置规定

（1）室外照明庭院灯高度宜为3.0~3.5m，杆间距宜为15~25m。

（2）路灯供电宜采用三芯或五芯直埋电缆。变配电所灯具宜布置在走廊中央。

（3）灯具安装在顶棚下距地面高度宜为2.5~3.0m，灯间距宜为灯高度的1.8~2倍。当正常照明因故停电，应急照明电源应能迅速地自动投入。

（4）当照明线路中单相电流超过30A时，应以380V/220V供电。每一单相回路不宜超过15A，灯具为单独回路时数量不宜超过25个；对高强气体放电灯单相回路电流不宜超过30A；插座应为单独回路，数量不宜超过10个（组）。

（四）排水泵站供电方式

配电系统应根据工程用电负荷大小、对供电可靠性的要求、负荷分布情况等采用不同的接线方法。常用的配电系统接线方式有放射式、树干式、环式或其他组合方式。对10kV/6kV配电系统宜采用放射式。对泵站内的水泵电机应采用放射式配电。对无特殊要求的小容量负荷可采用树干式配电。配电系统采用放射式时，供电可靠性高，发生故障后的影响范围较小，切换操作方便，保护简单，便于管理，但所需的配电线路较多，相应的配电装置数量也较多，因而造价较高。放射式配电系统接线又可分为单回路放射式和双回路放射式两种。前者可用于中、小城市的二、三级负荷给排水工程；后者多用于大、中城市的一、二级负荷给排水工程。10kV 及以下配电所母线绝大部分为单母线或单母线分段。因一般配电所出线回路较少，母线和设备检修或清扫可趁全厂停电检修时进行。此外，由于母线较短，事故很少，因此，对一般泵站建造的配、变电所，采用单母线或单母线分段的接线方式已能满足供电要求。

排水泵站变配电所基本上是 10kV 变 0.4kV 的配电系统，因此基本上采用单母线或单母线分段运行。

排水泵站作为承担城市雨水和污水排放功能设施，其供电负荷为二级，特别重要的按一级负荷考虑。

目前供电方式按电源供电数分为：单电源供电、双电源供电、单电源加发电机、双电源加发电机等。按供电电压等级可分为低压供电、高压供电。按电源进线方式分为架空线供电、电缆供电。按计量方式分为高压供电、高压侧计量（高供高量），高压供电、低压侧计量（高供低量），低压供电低压计量。

户外电源进线装置主要是指由供电电网提供给排水泵站电源的接纳装置，包含有供电电网的分界开关、进户电杆、电缆分支箱等设备。排水泵站主要进线分为架空进线和电缆进线。

架空进线的户外进线装置由分界开关、户外高压跌落式熔断器、避雷器、绝缘子、架空线、进户电缆组成。

电缆进线装置一般安装在室内，供电与用户分界点是以供电部门高压配电柜内出线开关进行划分；也有个别安装在户外，户外从供电部门的电缆分支箱内开关进行划分。泵站供电系统组成如图 7-43 所示。

排水泵站供配电系统一般分为高压系统和低压配电系统，根据泵站规模及设备容量情况以供电部门出具供电方案为依据进行设计。排水泵站高压系统由于设备容量不同采用的设备及保护方式不同：容量小于 630kV·A 的高压供电系统可以采用高压负荷开关加高压熔断器进行保护。容量大于 630kV·A 的高压供电系统采用高压断路器加直流屏进行保护。负荷开关加熔断器保护的高压系统如图 7-44 所示，真空断路器保护的高压系统如图 7-45 所示。

排水泵站低压配电系统是指按照供电方案将有关低压设备组装，实现对水泵、附属用电设备进行控制，提供电源。低压配电柜主要型号有 GCK、GCS、GGD 等。

图 7-43　排水泵站系统图

图 7-44　高压系统图：负荷开关+熔断器保护的高压系统

低压配电系统的供电方式主要由高压配电系统决定，低压供电由供电部门给出的供电方案为准。

低压配电系统主要有以下几种供电方式：

1. 单路电源供电

低压设备只有一路进线电源，控制泵站设备运行，如图 7-46 所示。

图 7-45 高压系统图：真空断路器保护的高压系统

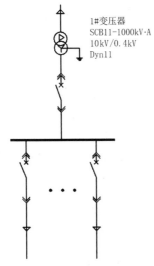

图 7-46 单路电源供电一次系统图

2. 单路电源加发电机供电

低压配电设备只有一路进线电源，但是为提高保障度，配备一台相同容量或略大于电源容量的发电机，如图 7-47 所示，正常状态下发电机不工作，当电源发生故障时，发电机运行。发电机与进线电源开关做好连锁工作，确保不发生因反送电现象引起的人员、设备事故。

3. 双路电源一用一备供电

低压配电设备由两路电源供电，但正常时只能运行一路电源，另一路电源作为保障性电源，一路电源要能够运行全部设备，如图 7-48 所示。

图 7-48 双路电源一用一备供电一次系统图

4. 双路电源母线联络供电

泵站低压配电系统由两路电源供电，中间通过相同容量的断路器进行联络，保障一路电源故障时，另一路电源及时带动全部设备，如图 7-49 所示。低压母线分段运行。配电柜内安装 3 台断路器进行控制，正常状态下只能闭合两台断路器。

5. 双路电源加发电机供电

泵站比较重要时，为提高泵站的供电可靠性，两路电源供电外，再增加一路发电机供电，配电柜内安装 3 个断路器，通过电气联锁进行控制，确保电源供电质量，不发生电源反送故障，如图 7-50 所示。

图 7-47 单路电源加发电机供电一次系统图

图 7-49 双路电源母线联络供电一次系统图

图 7-50 双路电源加发电机供电一次系统图

五、旋转电机的基本知识

(一) 旋转电机

旋转电机(以下简称电机)是依靠电磁感应原理而运行的旋转电磁机械,用于实现机械能和电能的相互转换。发电机从机械系统吸收机械功率,向电系统输出电功率;电动机从电系统吸收电功率,向机械系统输出机械功率。

电机运行原理基于电磁感应定律和电磁力定律。电机进行能量转换时,应具备能做相对运动的两大部件:建立励磁磁场的部件,感生电动势并流过工作电流的被感应部件。这两个部件中,静止的称为定子,做旋转运动的称为转子。定子、转子之间有空气隙,以便转子旋转。

电磁转矩由气隙中励磁磁场与被感应部件中电流所建立的磁场相互作用产生。通过电磁转矩的作用,发电机从机械系统吸收机械功率,电动机向机械系统输出机械功率。建立上述两个磁场的方式不同,形成不同种类的电机。例如,两个磁场均由直流电流产生,则形成直流电机;两个磁场分别由不同频率的交流电流产生,则形成异步电机;一个磁场由直流电流产生,另一磁场由交流电流产生,则形成同步电机。

电机的磁场能量基本上储存于气隙中,它使电机把机械系统和电系统联系起来,并实现能量转换,因此,气隙磁场又称为耦合磁场。当电机绕组流过电流时,将产生一定的磁链,并在其耦合磁场内存储一定的电磁能量。磁链及磁场储能的数量随定子、转子电流以及转子位置不同而变化,由此产生电动势和电磁转矩,实现机电能量转换。这种能量转换理论上是可逆的,即同一台电机既可作为发电机也可作为电动机运行。但实际上,一台电机制成后,由于两种运行状态下参数和特性方面的原因,很难满足两种运行状态下的客观要求,因此,同一台电机不经改装和重新设计,不可任意改变其运行状态。

电机内部能量转换过程中,存在电能、机械能、磁场能和热能。热能是由电机内部能量损耗产生的。

对电动机而言,从电源输入的电能=耦合电磁场内储能增量+电机内部的能量损耗+输出的机械能。

对发电机而言,从机械系统输入的机械能=耦合电磁场内储能增量+电机内部的能量损耗+输出的电能。

(二) 旋转电机的分类

按电机功能用途,可分为发电机、电动机、特殊用途电机。按电机电流类型分类,可分为直流电机和交流电机。交流电机可分为同步电机和异步电机。按电机相数分类,可分为单相电机及多相(常用三相)电机。按电机的容量或尺寸大小分类,可分为大型、中型、小型、微型电机。电机还可按其他方式(如频率、转速、运动形态、磁场建立与分布等)分类;按电机功用及主要用途分类见表 7-12。

表 7-12 按电机功用及主要用途分类

种类	名称	功用及主要用途
发电机	交流发电机	用于各种发电电源
	直流发电机	用于各种直流电源和作测速发电机
电动机	交流同步电动机	用于驱动功率较大或转速效低的机械设备
	交流异步电动机 笼型转子异步电动机	用于驱动一般机械设备
	交流异步电动机 绕线转子异步电动机	用于启动转矩高、启动电流小或小范围调速等要求的机械设备
	直流电动机	主要用于驱动需要调速的机械设备
	交直流两用电动机	主要用于电动工具

(续)

种类	名称	功用及主要用途
特殊用途电机	电动测功机	用于测定机械功率
	同步调相机	用于改善功率因数
	进相机	用于提高异步电动机的功率因数
	微特电机	用于传动机械负载或用于控制系统

对于各类电机，还可按电机的使用环境条件、用途、外壳防护型式、通风冷却方法和冷却介质、结构、转速、性能、绝缘、励磁方式和工作制等特征进行分类。

(三) 旋转电机的基本原理

1. 三相异步电动机的结构

在各类电动机中，笼型转子三相异步电动机是结构简单、运行可靠、使用范围最广的一种电动机，三相异步电动机主要分成两个基本部分：定子(固定部分)和转子(旋转部分)。

(1) 定子：由机座和装在机座内的圆筒形铁心以及其中的三相定子绕组组成。机座是用铸铁或铸钢制成的。铁心是由互相绝缘的硅钢片叠成的，铁心的内圆周表面有槽，用以放置对称三相绕组 AX、BY、CZ，有的联结成星形，有的联结成三角形。

(2) 转子：转子是由转子铁心和力矩输出轴组成。转子铁心是圆柱状，也用硅钢片叠成，表面冲有槽。铁心装在转轴上，轴用以输出机械力矩。

2. 电动机旋转

三相异步电动机接上电源，就会转动。图7-51所示的是一个装有手柄的蹄形磁铁，磁极间放有一个可以自由转动的、由铜条组成的转子。铜条两端分别用铜环连接起来，形似鼠笼，作为鼠笼式转子。磁极和转子之间没有机械联系。当摇动磁极时，发现转子跟着磁极一起转动。摇得快，转子转得也快；摇得慢，转得也慢；反摇，转子马上反转。

图 7-51 电动机转动示意图

从上述现象得出两点启示：
(1) 有一个旋转的磁场。
(2) 转子跟着磁场转动。异步电动机转子转动的原理与上述现象相似。

3. 电动机内旋转磁场的产生

三相异步电动机的定子铁心中放有三相对称绕组 AX、BY 和 CZ。设将三相绕组联结成星形，接在三相电源上，绕组中便通入三相对称电流其波形如图7-52所示。取绕组始端到末端的方向作为电流的参考方向。在电流的正半周时，其值为正，其实际方向与参考方向一致；在负半周时，其值为负，其实际方向与参考方向相反。定子铁心和定子绕组并不转动，定子绕组中的三相电流随着时间和相位的变化，三相磁势相加便形成了旋转的磁场。旋转的定子磁场在切割转子导条时，会在转子绕组中感应出一个转子磁场，引起转子旋转。由于感应励磁场的需要，转子的转速总是比定子磁场的转速稍慢，有一个转差，这就是感应异步电动机名称的由来。如果转子是一个永磁体或是一个由转子励磁绕组产生的恒定磁场，那么转子的转速就与定子磁场的转速同步，就形成同步电机。

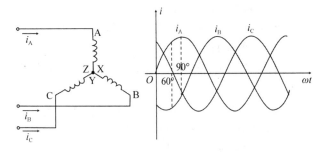

图 7-52 三相对称电流

(四) 旋转电机设计时的模拟电路

电动机的设计与制造现今已是成熟行业，并有完善的理论体系，三相感应电动机的一相电路的等效电路图如图7-53所示。

图 7-53 三相感应电动机的一相电路等效电路图

图7-53中的 I_0 为激磁电流，I_2 为转子电流，r'_2/s 与电流平方的乘积即为电机输出功率。在电动机各方面规格合理情况下，电动机转子的大小决定着电动机的输出功率。转矩与电机参数的关系见式(7-52)：

$$T = 9550\frac{P}{n} \propto D^2 l \qquad (7\text{-}52)$$

式中：T——转矩，N·m；
P——功率，kW；
n——转速，r/min；
D——定子内径，m；
l——定子铁心长度，m。

通过定子铁心长度可以了解电机功率大小与电机机座号的关系，转速在选型过程中也同样有决定性的作用。

（五）旋转电机性能参数指标

1. 异步电动机额定数据

异步电动机额定数据包括相数、额定频率（Hz）、额定功率（kW）、额定电压（V）、额定电流（A）、绝缘等级、额定转速（极数）（r/min）、防护性能、冷却方式等。

2. 异步电机主要技术指标

（1）效率（η）：电动机输出机械功率与输入电功率之比，通常用百分比表示。

（2）功率因数（$\cos\varphi$）：电动机输入有效功率与视在功率之比。

（3）堵转电流（I_A）：电动机在额定电压、额定频率和转子堵住时从供电回路输入的稳态电流有效值。

（4）堵转转矩（T_k）：电动机在额定电压、额定频率和转子堵住时所产生转矩的最小测得值。

（5）最大转矩（$T_{\max}$）：电动机在额定电压、额定频率和运行温度下，转速不发生突降时所产生的最大转矩。

（6）噪声：电动机在空载稳态运行时 A 计权声功率级 dB(A) 最大值。

（7）振动：电动机在空载稳态运行时振动速度有效值（mm/s）。

（8）电动机主要性能分为启动性能、运行性能。

①启动性能包括启动转矩、启动电流。一般启动转矩越大越好，而启动时的电流越小越好，在实际中通常以启动转矩倍数（启动转矩与额定转矩之比 T_{st}/T_n）和启动电流倍数（启动电流与额定电流之比 I_{st}/I_n）进行考核。电机在静止状态时，一定电流值时所能提供的转矩与额定转矩的比值，表征电机的启动性能。

②运行性能包括效率、功率因数、绕组温升（绝缘等级）、最大转矩倍数（$T_{\max}/T_n$）、振动、噪声等。效率、功率因数、最大转矩倍数越大越好，而绕组温升、振动和噪声则是越小越好。

启动转矩、启动电流、效率、功率因数和绕组温升合称电机的五大性能指标。

3. 电动机性能参数常用计算公式

（1）电动机定子磁极转速见式（7-53）：

$$n = \frac{60f}{p} \qquad (7\text{-}53)$$

式中：n——转速，r/min；
f——频率，Hz；
p——极对数。

（2）电动机额定功率见式（7-54）：

$$P = 1.732 UI\eta\cos\varphi \qquad (7\text{-}54)$$

式中：P——功率，kW；
U——电压，kV；
I——电流，A；
η——效率；
$\cos\varphi$——功率因数。

（3）电动机额定力矩见式（7-55）：

$$T = \frac{9550P}{n} \qquad (7\text{-}55)$$

式中：T——力矩，N·m；
P——额定功率，kW；
n——额定转速，r/min。

（六）电机制造常用标准

目前国际上有两大标准体系：一个是 IEC（国际电工委员会）标准；二个是 NEMA（美国电气制造商协会）；我国电机制造行业所执行的 GB（国家）标准基本上都是等同或等效采用 IEC 标准。所谓等同采用，就是译为中文后不作修改或作很少的修改直接采用；所谓等效采用就对原有的国际标准在不改变原主旨条件下，重新组织形成国家标准后颁布执行。

1. 国际电工委员会（IEC 标准）

由国际电工委员会发布的关于旋转电机的系列标准（IEC 60034）。

2. 国际标准化组织（ISO）

《旋转电机噪声测定方法》（ISO 1680）
《刚性转子平衡品质 许用不平衡的确定》（GB/T 755—2019）（ISO 1940—1）

3. 国家标准

《旋转电机定 额和性能》（GB/T 755—2019）
《旋转电机 圆柱形轴伸》（GB/T 756—2010）
《旋转电机 圆锥形轴伸》（GB/T 757—2010）
《旋转电机结构及安装型式（IM 代码）》（GB/T 997—2003）
《三相同步电动机试验方法》（GB/T 1029—2005）
《三相异步电动机试验方法》（GB/T 1032—2012）
《旋转电机 线端标志与旋转转方向》（GB/T 1971—2006）

《旋转电机冷却方法》(GB/T 1993—1993)

《外壳防护等级(IP代码)》(GB/T 4208—2017)

《旋转电机尺寸和输出功率等级》(GB/T 4772—1999)

《旋转电机整体外壳结构的防护分级(IP代码)分级》(GB/T 4942.1—2006)

《隐极同步电机技术要求》(GB/T 7064—2008)

《同步电机励磁系统大、中型同步发电机励磁系统技术要求》(GB/T 7409.3—2007)

《轴中心高为56mm及以上电机的机械振动 振动的测量、评定及限值》(GB 10068—2008)

《旋转电机噪声测定方法及限值》(GB/T 10069—2006)

《热带型旋转电机环境技术要求》(GB/T 12351—2008)

《大型三相异步电动机基本系列技术条件》(GB/T 13957—2008)

《中小型三相异步电动机能效限定值及能效等级》(GB 18613—2016)

《爆炸性气体环境用电气设备 第1部分:通用要求》(GB 3836.1—2010)

《爆炸性气体环境用电气设备 第2部分:隔爆型"d"》(GB 3836.2—2010)

《爆炸性气体环境用电气设备 第3部分:增安型"e"》(GB 3836.3—2010)

《爆炸性气体环境用电气设备 第4部分:本质安全型"i"》(GB 3836.4—2010)

《爆炸性气体环境用电气设备 第5部分:正压外壳型"e"》(GB 3836.5—2010)

《爆炸性气体环境用电气设备 第8部分:"n"型电气设备》(GB 3836.8—2010)

(七)旋转电机产品型号编制方法(GB/T 4831—2016)

1)产品型号

产品型号由产品代号、规格代号、特殊环境代号和补充代号4个部分组成,并按下列顺序排列:

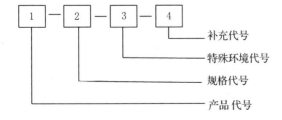

2)电机的产品代号

电机的产品代号由类型代号、特点代号、设计序号和励磁方式代号4个小节顺序组成。

(1)类型代号系指表征电机的各种类型而采用的汉语拼音字母,见表7-13。

表7-13 电机类型代号表

电机类型	代号
异步电动机(笼型及绕线型)	Y
异步发电机	YF
同步电动机	T
同步发电机(除汽轮发电机、水轮发电机外)	TF
直流电动机	Z
直流发电机	ZF
汽轮发电机	QF
水轮发电机	SF
测功机	C
交流换向器电动机	H
潜水电泵	Q
纺织用电机	F

(2)特点代号系指表征电机的性能、结构或用途而采用的汉语拼音字母,对于防爆电机类型的字母A(增安型)、B(隔爆型)、W(无火花型)应标于电机特点代号首位,即紧接在电机类型代号后面的标注。

(3)设计序号系指电机产品设计的顺序,用阿拉伯数字标示。对于第一次设计的产品,不标注设计序号。从基本系列派生的产品,其设计序号按基本系列标注;专用系列产品则按本身设计的顺序标注。

(4)励磁方式代号分别用字母S表示3次谐波励磁、J表示晶闸管励磁、X表示相复励磁,并应标于设计序号之后,当不必设计序号时,则标于特点代号之后,并用短划分开。

3)常用异步电动机的产品代号(表7-14)

表7-14 常用异步电动机的产品代号

产品名称	产品代号	代号汉字意义
三相异步电动机	Y	异
绕线转子三相异步电动机	YR	异绕
三相异步电动机(高效率)	YX	异效
增安型三相异步电动机	YA	异安
隔爆型三相异步电动机	YB	异爆

4)电机的规格代号

电机的规格代号用中心高、铁心外径、机座号、机壳外径、轴伸直径、凸缘代号、机座长度、铁心长度、功率、电流等级、转速或极数等来表示。

主要系列产品的规格代号按表7-15的规定。其他系列产品如确有需要采用上列以外的其他参数来表示时,应在该产品的标准中说明。

机座长度采用国际字母符号来表示,S表示短机座，M表示中机座，L表示长机座。铁心长度按由短至长顺序用数字1、2、3……表示。凸缘代号采用国际通用字母符号FF(凸缘上带通孔)或FT(凸缘上带螺孔)连同凸缘固定孔中心基圆直径的数值来表示。系列产品的规格代号见表7-15。

表7-15 系列产品的规格代号

系列产品	规格代号
小型异步电动机	中心高(mm)—机座长度(字母代号)—铁心长度(数字代号)—极数
中大型异步电动机	中心高(mm)—铁心长度(数字代号)—极数
小型同步电动机	中心高(mm)—机座长度(字母代号)—铁心长度(数字代号)—极数
中大型同步电动机	中心高(mm)—铁心长度(数字代号)—极数
汽轮发电机	功率(MW)—极数
中小型水轮发电机	功率(kW)—极数/定子铁心外径(mm)
大型水轮发电机	功率(MW)—极数/定子铁心外径(mm)
测功机	功率(kW)—转速(仅对直流测功机)
分马力电动机(小功率电动机)	中心高或机壳外径(mm)—(或/)机座长度(字母代号)—铁心长度、电压、转速(均用数字代号)

5)环境条件的考虑

特殊环境派生系列，实质上属于结构派生系列，它是在基本系列结构设计的基础上做一些改动，使产品具有某种特殊的防护能力。这些系列的部分结构部件及防护措施与基本系列不同。特殊环境下电机代号见表7-16。

表7-16 电机的特殊环境代号

环境类型	代号
"高"原用	G
"船"(海)用	H
户"外"用	W
化工防"腐"用	F
"热"带用	T
"湿热"带用	TH
"干热"带用	TA

对于特殊环境条件下使用的电动机，订货时应在电机型号后加注特殊环境代号(表7-17)。

(1)有气候防护场所：户内或具有较好遮蔽(其建筑结构能防止或减少室外气候日变化的影响，包括棚下条件)的场所。

(2)无气候防护场所：全露天或仅有简单遮蔽(几乎不能防止室外气候日变化的影响)的场所。

表7-17 特殊环境电机代号

特殊环境条件	代号
湿热型，有气候防护场所	TH
干热型，有气候防护场所	TA
热带型，有气候防护场所	T
湿热型，无气候防护场所	THW
干热型，无气候防护场所	TAW
热带型，无气候防护场所	TW
户内，轻防腐型	无代号
户内，中等防腐型	F1
户内，强防腐型	F2
户外，轻防腐型	W
户外，中等防腐型	WF1
户外，强防腐型	WF2
高原用	G

6)电机的补充代号

电机的补充代号仅适用于有此要求的电机。补充代号用汉语拼音字母或阿拉伯数字表示。补充代号所代表的内容，在产品标准中有规定。

7)产品型号示例

例如，户外化工防腐蚀隔爆型异步电动机表示如下：

YB160M-4 W
— 特殊环境代号，W表示户外用
— 规格代号，表示中心高160mm，中机座，4极
— 产品代号，表示隔爆型异步电动机

低压电机(1140V及以下)主要产品代号有：Y、YA、YB2、YXn、YAXn、YBXn、YW、YBF、YBK2、YBS、YBJ、YBI、YBSP、YZ、YZR等。

高压电机(3000V及以上)主要产品代号有：Y、YKK、YKS、Y2、YA、YB、YB2、YAKK、YAKS、YBF、YR、YRKK、YRKS、TAW、YFKS、QFW等。

(八)电动机电压等级的选择

我国工业用三相交流电的频率为50Hz，而电压等级一般分为：127V、220V、380V、660V、1140V、6000V、10000V等若干等级。根据GB 755—2008的推荐，一般来说，对于380V电压，由于电机电流的限制上限功率为1000kW；而对于6000V和10kV电机，下限功率等级为160kW。

(九)电机轴中心高

轴中心高是从电机成品底脚平面至轴中心线的距离，它包括制造厂供应的绝缘垫块厚度，但不包括电机安装时调整用垫块的厚度。电机轴中心高一般为

36mm、40mm、45mm、50mm、56mm、63mm、71mm、89mm、90mm、100mm、112mm、132mm、160mm、180mm、200mm、225mm、250mm、280mm、315mm、355mm、400mm、450mm、500mm、560mm、630mm、710mm、800mm、900mm、1000mm。

轴中心高公差及平行度公差应符合表7-18的规定。中心高公差适用于在公共底板上安装的电机。平行度公差是指电机两个轴伸端面中心高之差。

表7-18 轴中心高及平行度公差

单位：mm

中心高(H)	中心高公差	平行度公差		
		$2.5H>L$	$2.5H\leq L\leq 4H$	$L>4H$
25～50(含50)	-0.4	0.2	0.3	0.4
>50～250(含250)	-0.5	0.25	0.4	0.5
>250～630(含630)	-1.0	0.5	0.75	1.0
>630～1000(含1000)	-1.0			

注：L是电机轴长度。

（十）电机绝缘等级

电机绝缘结构是指用不同的绝缘材料、不同的组合方式和不同的制造工艺制成的电机绝缘部分的结构形式。电动机的绝缘系统大致分为：绝缘电磁线、槽绝缘、相间绝缘、浸渍漆、绕组引接线、接线绝缘端子等。电机绝缘耐热等级及温度限值见表7-19。以前电动机最常用的绝缘等级为B级，目前最常用的绝缘等级为F级，H级绝缘也正在陆续被采用。

表7-19 电机绝缘耐热等级及温度限值

耐热等级	极限温度/℃	耐热等级	极限温度/℃
A	105	F	155
E	120	H	180
B	130	C	210

（十一）电机工作制

《旋转电机定额和性能》(GB/T 755—2019)规定电机绝缘耐热等级及温度限值见表7-20。

表7-20 电机绝缘耐热等级及温度限值

电机工作制	代号
连续工作制	S1
短时工作制	S2
断续周期工作制	S3
包括启动的断续工作制	S4
包括电制动的断续工作制	S5

（续）

电机工作制	代号
连续周期工作制	S6
包括电制动的连续周期工作制	S7
包括变速负载的连续周期工作制	S8
负载和转速非周期变化工作制	S9

（十二）防护型式

《外壳防护分级(IP代码)》(GB/T 4208—2017)规定防护标志由字母IP和两个表示防护等级的表征数字组成。第一位表征数字表示(表7-21)：防止人体触及或接近壳内带电部分及壳内转动部件，以及防止固体防异物进入电机。第二位表征数字表示(表7-22)：防止由于电机进水而引起的有害影响。

表7-21 第一位表征数字含义

表征数字	无防护电机
1	防止大于$\varphi 50mm$固体进入壳内
2	防止大于$\varphi 12mm$固体进入壳内
3	防止大于$\varphi 2.5mm$固体进入壳内
4	防止大于$\varphi 1mm$固体进入壳内
5	防尘电机

表7-22 第二位表征数字含义

表征数字	无防护电机
1	垂直滴水无有害影响
2	电机从各方向倾斜15°，垂直滴水无有害影响
3	与垂直线成60°角范围内淋水应无有害影响
4	承受任何方向溅水应无有害影响
5	承受任何方向喷水应无有害影响
6	在海浪冲击或强烈喷水时电机的进水量不应达到有害程度

常用电机的防护等级包括：

IP23：防止大于2.5mm固体的进入和与垂线成60°角范围内淋水对电机应无影响。

IP44：防止大于1mm固体的进入和任一方向的溅水对电机应无影响。防爆电机的外壳防护等级不低于IP44。

IP54：能防止触及或接近电机带电或转动部件，不完全防止灰尘进入，但进入量不足以影响电机的正常运行和任一方向的溅水对电机应无影响。凡使用于户外的电动机外壳防护等级不低于IP54。

IP55：能防止触及或接近电机带电或转动部件，不完全防止灰尘进入，但进入量不足以影响电机的正常运行，用喷水从任何方向喷向电机时，应无有害影响。粉尘防爆电机的防尘式外壳防护等级不低于

IP55，尘密式外壳防护等级不低于IP65。

(十三)电机安装结构型式

《旋转电机结构及安装型式(IM代码)》(GB/T 997—2008)规定，代号由代表"国际安装"(International Mounting)的缩写字母"IM"、代表"卧式安装"的"B"和代表"立式安装"的"V"连同1位或2位阿拉伯数字组成。如IMBB35或IMV14等。B或V后面的阿拉伯数字代表不同的结构和安装特点。

中小型电动机常用安装型式代号有四大类：B3、B35、B5、V1。B3安装方式：电机靠底脚安装，电机有一圆柱形轴伸；B35安装方式：电机带底脚，轴伸端带法兰；B5安装方式：电机靠轴伸端法兰安装；V1安装方式：电机靠轴伸端法兰安装，轴伸朝下。

(十四)电机冷却方法

《旋转电机冷却方法》(GB/T 1993—1993)规定电机冷却方式代号由特征字母IC、冷却介质代号和两位表征数字织成。第一位数字代表冷却回路布置；第二位数字代表冷却介质驱动方式。常用的冷却方式见表7-23。

表7-23 常用的冷却方式

冷却方式	代号
空气自由循环，冷却介质依靠转子的风扇流入电机或电机表面	IC01
全封闭自带风扇冷却	IC411
电机周围布冷却风管，内部、外部靠自带风扇冷却	IC511
电机上部带冷却风管，内部、外部靠自带风扇冷却	IC611
电机上部带冷却水管，内部靠自带风扇冷却	IC81W

电动机冷却方式的选择一般是依据电动机的功率和安装使用现场的条件，一般是2000kW以下电机采用空气冷却方式较好，结构简单，安装维护方便；功率大于2000kW电动机，由于自身损耗发热量大，如采用空气冷却，需要有较大的冷却风量，导致电机噪声过大，如采用内风路为自带风扇循环空气，外部冷却介质为循环水，那么对电机的冷却效果较好，但要求有循环水站和循环水路，维护较复杂。

(十五)湿热带、干热带环境用电动机

当一天内有12h以上气温等于或高于20℃，同时相对湿度等于或大于80%的天数全年累计在两个月以上时，该地区之气候划归为湿热气候(TH)。这类气候的特点是空气湿度大、雷暴雨频繁、有凝露、气温高且日变化小、有生物(霉菌)因素，对电机的绝缘和结构起不良的影响和侵蚀作用。

干热带气候(TA)是指年最高温度在40℃以上，而且温、湿度出现的条件不同于湿热带气候，其特点是气温日变化大，太阳辐射强烈，极端最高温度可高达55℃，空气相对湿度小，并含有较多的沙尘。

针对以上这两类气候所使用的电机，采取以下4种措施以满足电动机的适应性：

(1)在电气性能方面：增加原材料用量——增加定转子铁心长度，从而降低电动机额定运行时的温升，满足在高温环境下运行的要求，从而延长电机在高温环境下的绝缘寿命。在对电动机额定运行温升限度按比正常电机降低5℃考核。

(2)在绝缘结构方面：定子绕组经过真空压力浸漆(VPI)工艺处理，绝缘材料和浸渍漆能经受12个循环周期的交变湿热试验合格；具有防霉菌合格、防潮湿性能合格、绝缘电阻和介电强度合格等。

(3)在电动机表面涂覆方面：电动机内外表面喷涂具有防腐蚀性能的底漆和面漆，定转子铁心表面进行磷化防腐处理。

(4)在电动机导电件和紧固件方面：电动机导电件进行镀银防腐蚀处理；紧固件进行镀镍处理或采用不锈钢材质。

对于以上4项措施，在执行国家标准和机械工业部标准的同时，对于太阳直晒的户外电动机，还采用增加防护性顶罩的措施来防止太阳直晒高温，从而确保电机稳定运行合格。

(十六)防腐电机

一般防腐电机分为户外W、户外防中等腐蚀WF1、户外防强腐蚀WF2，对这类电机主要从电机各零部件的表面涂覆和紧固件的电镀两方面解决。电机各零部件的底漆和面漆采用防腐底漆和防腐面漆；紧固件进行镀镍处理或采用不锈钢材质。

(十七)电动机振动限值

根据《轴中心高为56mm及以上电机的机械振动的测量、评定及限值》(GB 10068—2000)规定，振动测量量值是电机轴承处的振动动速度和电机轴承内部或附近的轴相对振动位移。

(1)振动烈度：电机轴承振动烈度的判据是振动速度的有效值，以mm/s表示，在规定的各测量点中所测得的最大值表示电机的振动烈度，详见ISO 10816-1：2016。不同轴中心高的振动烈度限值(有效值)见表7-24。

表 7-24 不同轴中心高 H 的振动烈度限值

振动等级	额定转速 /(r/min)	电机在自由悬置状态下测量/(mm/s)				刚性安装/(mm/s)
		56mm<H≤132mm	132mm<H≤225mm	225mm<H≤400mm	H>400mm	H>400mm
N	600~3600	1.8	2.8	3.5	3.5	2.8
R	600~1800	0.71	1.12	1.8	2.8	1.8
	>1800~3600	1.12	1.8	2.8	2.8	1.8
S	600~1800	0.45	0.71	1.12		
	>1800~3600	0.71	1.12	1.8		

注：1. 如未规定级别，电机应符合 N 级要求。2. R 级电机多用于机床驱动中，S 级电机用于对振动要求严格的特殊机械驱动，S 级仅适用于轴中心高 H≤400mm 的电机。

（2）轴相对振动及限值：轴相对振动所采用的判据应是沿测量方向的振动位移峰峰值 SP-P。

建议仅对有滑动轴承、额定功率大于 1000kW 的二极和多极电机测量轴相对振动，至于安装轴测量传感器的必要规定由制造厂和用户事先协议确定。

（3）根据国家标准《大电机振动测定方法》（GB 4832—1984）规定，对于轴中心高 630mm 以上、转速为 150~3600r/min 的大型交流电机，转速为 600r/min 及以上的电机采用振动速度的最大均方根值（mm/s）表示；小于 600r/min 的电机采用位移幅值（mm，双幅值）表示。最大轴相对振动（SP-P）和最大径向跳动的限值见表 7-25。

表 7-25 最大轴相对振动（SP-P）和最大径向跳动的限值

振动等级	极数	最大轴相对位移/μm	最大径向跳动/μm
N	2	70	18
	4	90	23
R	2	50	12.5
	4	70	18

注：1. R 等级通常是对驱动关键性设备的高速电机规定的。
2. 所有限值适用于 50Hz 和 60Hz 两种频率的电机。
3. 最大轴相对位移限值包括径向跳动。

（十八）电机选型要点

电动机选型要点包括负载类型；机械的负载转矩特性；机械的工作制类型；机械的启动频率；负载的转矩惯量大小；是否需要调速；机械的启动和制动方式；机械是否需要反转；电机使用场所。

六、变频器的基本知识

变频器（Variable-frequency Drive，简称 VFD）是应用变频技术与微电子技术，通过改变电机工作电源频率方式来控制交流电动机的电力控制设备（图 7-54）。变频器主要由整流（交流变直流）、滤波、逆变（直流变交流）、制动单元、驱动单元、检测单元微处理单元等组成。变频器靠内部 IGBT 的开断来调整输出电源的电压和频率，根据电机的实际需要来提供其所需要的电源电压，进而达到节能、调速的目的，另外，变频器还有很多的保护功能，如过流、过压、过载保护等。随着工业自动化程度的不断提高，变频器也得到了非常广泛的应用。

图 7-54 变频器

变频器的应用范围很广，从小型家电到大型的矿场研磨机及压缩机。全球约 1/3 的能量是消耗在驱动定速离心泵、风扇及压缩机的电动机上，而变频器的市场渗透率仍不算高。能源效率的显著提升是使用变频器的主要原因之一。变频器技术和电力电子有密切关系，包括半导体切换元件、变频器拓扑、控制及模拟技术以及控制硬件及固件的进步等。

（一）变频器的工作原理

主电路是给异步电动机提供调压调频电源的电力变换部分，变频器的主电路大体上可分为两类：电压型是将电压源的直流变换为交流的变频器，直流回路的滤波是电容。电流型是将电流源的直流变换为交流的变频器，其直流回路滤波是电感。它由三部分构成，将工频电源变换为直流功率的整流器，吸收在变流器和逆变器产生的电压脉动的平波回路，以及将直流功率变换为交流功率的逆变器。

1. 整流器

被大量使用的是二极管的变流器，它把工频电源变换为直流电源。也可用两组晶体管变流器构成可逆变流器，由于其功率方向可逆，可以进行再生运转。

2. 平波回路

在整流器整流后的直流电压中，含有电源6倍频率的脉动电压，此外逆变器产生的脉动电流也使直流电压发生变动。为了抑制电压波动，采用电感和电容吸收脉动电压（电流）。装置容量小时，如果电源和主电路构成器件有余量，可以省去电感采用简单的平波回路。

3. 逆变器

同整流器相反，逆变器是将直流功率变换为所要求频率的交流功率，以所确定的时间使6个开关器件导通、关断就可以得到三相交流输出。

控制电路是给异步电动机供电（电压、频率可调）的主电路提供控制信号的回路，它由频率、电压的运算电路，主电路的电压、电流检测电路，电动机的速度检测电路，将运算电路的控制信号进行放大的驱动电路，以及逆变器和电动机的保护电路组成。

（1）运算电路：将外部的速度、转矩等指令同检测电路的电流、电压信号进行比较运算，决定逆变器的输出电压、频率。

（2）电压、电流检测电路：与主回路电位隔离检测电压、电流等。

（3）驱动电路：驱动主电路器件的电路。它与控制电路隔离使主电路器件导通、关断。

（4）速度检测电路：以装在异步电动机轴机上的速度检测器的信号为速度信号，送入运算回路，根据指令和运算可使电动机按指令速度运转。

（5）保护电路：检测主电路的电压、电流等，当发生过载或过电压等异常时，为了防止逆变器和异步电动机损坏，使逆变器停止工作或抑制电压、电流值。

（二）变频器的基本分类

1）按变换的环节分类

（1）交—直—交变频器：是先把工频交流通过整流器变成直流，然后再把直流变换成频率电压可调的交流，又称间接式变频器，是目前广泛应用的通用型变频器。

（2）交—交变频器：将工频交流直接变换成频率电压可调的交流，又称直接式变频器。

2）按直流电源性质分类

（1）电压型变频器：特点是中间直流环节的储能元件采用大电容，负载的无功功率将由它来缓冲，直流电压比较平稳，直流电源内阻较小，相当于电压源，故称电压型变频器，常选用于负载电压变化较大的场合。

（2）电流型变频器：特点是中间直流环节采用大电感作为储能环节，缓冲无功功率，即扼制电流的变化，使电压接近正弦波，由该直流内阻较大，故称电流型变频器。电流型变频器的特点（优点）是能扼制负载电流频繁而急剧的变化。常选用于负载电流变化较大的场合。

3）按工作原理分类：可分为V/f控制变频器（输出电压和频率成正比的控制）、SF控制变频器（转差频率控制）和VC控制变频器（Vectory Control，即矢量控制）。

4）按照用途分类：可分为通用变频器、高性能专用变频器、高频变频器、单相变频器和三相变频器等。

5）按变频器调压方法分类

（1）脉冲振幅调制（Pulse Amplitude Modulation）：调压方法是通过改变电压源 U_d 或电流源 I_d 的幅值进行输出控制。

（2）脉冲宽度调制（Pulse Width Modulation）：调压方法是在变频器输出波形的一个周期产生个脉冲波个脉冲，其等值电压为正弦波，波形较平滑。

6）按国际区域分类

（1）国产变频器：普传、安邦信、浙江三科、欧瑞传动、森兰、英威腾、蓝海华腾、迈凯诺、伟创、美资易泰帝、台湾变频器（台达）和香港变频器。

（2）国外变频器：欧美变频器（ABB、西门子）、日本变频器（富士、三菱）、韩国变频器。

7）按电压等级分类

（1）高压变频器：3kV、6kV、10kV。

（2）中压变频器：660V、1140V。

（3）低压变频器：220V、380V。

8）按电压性质分类

（1）交流变频器：AC-DC-AC（交—直—交）、AC-AC（交—交）。

（2）直流变频器：DC-AC（直—交）。

（三）变频器的基本组成

变频器通常分为4部分：整流单元、高容量电容、逆变器和控制器。

（1）整流单元：将工作频率固定的交流电转换为直流电。

（2）高容量电容：存储转换后的电能。

（3）逆变器：由大功率开关晶体管阵列组成电子开关，将直流电转化成不同频率、宽度、幅度的方波。

（4）控制器：按设定的程序工作，控制输出方波的幅度与脉宽，使叠加为近似正弦波的交流电，驱动交流电动机。

（四）变频器的功能作用

1. 变频节能

变频器节能主要表现在风机、水泵的应用上。为了保证生产的可靠性，各种生产机械在设计配用动力驱动时，都留有一定的富余量。当电机不能在满负荷下运行时，除达到动力驱动要求外，多余的力矩增加了有功功率的消耗，造成电能的浪费。风机、泵类等设备传统的调速方法是通过调节入口或出口的挡板、阀门开度来调节给风量和给水量，其输入功率大，且大量的能源消耗在挡板、阀门的截流过程中。当使用变频调速时，如果流量要求减小，通过降低泵或风机的转速即可满足要求。

电动机使用变频器的作用就是为了调速，并降低启动电流。为了产生可变的电压和频率，该设备首先要把电源的交流电变换为直流电(DC)，这个过程称为整流。把直流电(DC)变换为交流电(AC)的装置，其科学术语为"inverter"（逆变器）。一般逆变器是把直流电源逆变为一定的固定频率和一定电压的逆变电源。对于逆变为频率可调、电压可调的逆变器称为变频器。变频器输出的波形是模拟正弦波，主要是用在三相异步电动机调速用，又称为变频调速器。对于主要用在仪器仪表的检测设备中的波形要求较高的可变频率逆变器，要对波形进行整理，可以输出标准的正弦波，称为变频电源。由于变频器设备中产生变化的电压或频率的主要装置为"inverter"，故该产品本身就被命名为变频器。

变频不是到处可以省电，有不少场合用变频并不一定能省电。作为电子电路，变频器本身也要耗电（约额定功率的3%~5%）。一台1.5P的空调自身耗电算下来也有20~30W，相当于一盏长明灯。变频器在工频下运行，具有节电功能是事实。但前提条件是：①大功率并且为风机/泵类负载；②装置本身具有节电功能（软件支持）；③长期连续运行。这是体现节电效果的三个条件。除此之外，如果不加前提条件地说变频器工频运行节能是不合常规的。

2. 功率因数补偿节能

无功功率不但增加线损和设备的发热，更主要的是功率因数的降低导致电网有功功率的降低，大量的无功电能消耗在线路当中，设备使用效率低下，浪费严重，使用变频调速装置后，由于变频器内部滤波电容的作用，从而减少了无功损耗，增加了电网的有功功率。

3. 软启动节能

电机硬启动对电网造成严重的冲击，而且还会对电网容量要求过高，启动时产生的大电流和振动时对挡板和阀门的损害极大，对设备、管路的使用寿命极为不利。而使用变频节能装置后，利用变频器的软启动功能将使启动电流从零开始，最大值也不超过额定电流，减轻了对电网的冲击和对供电容量的要求，延长了设备和阀门的使用寿命，节省了设备的维护费用。

从理论上讲，变频器可以用在所有带有电动机的机械设备中，电动机在启动时，电流会比额定高5~6倍的，不但会影响电机的使用寿命而且消耗较多的电量。系统在设计时在电机选型上会留有一定的余量，电机的速度是固定不变，但在实际使用过程中，有时要以较低或者较高的速度运行，因此进行变频改造是非常有必要的。变频器可实现电机软启动、补偿功率因素、通过改变设备输入电压频率达到节能调速的目的，而且能给设备提供过流、过压、过载等保护功能。

（五）变频器的控制方式

低压通用变频输出电压为380~650V，输出功率为0.75~400kW，工作频率为0~400Hz，它的主电路都采用交—直—交电路。其控制方式经历了以下5代：

1. 正弦脉宽调制(SPWM)控制方式

其特点是控制电路结构简单、成本较低，机械特性硬度也较好，能够满足一般传动的平滑调速要求，已在产业的各个领域得到广泛应用。但是，这种控制方式在低频时，由于输出电压较低，转矩受定子电阻压降的影响比较显著，使输出最大转矩减小。另外，其机械特性硬度终究没有直流电动机大，动态转矩能力和静态调速性能都还不尽人意，且系统性能不高、控制曲线会随负载的变化而变化，转矩响应慢、电机转矩利用率不高，低速时因定子电阻和逆变器死区效应的存在而性能下降，稳定性变差等。因此，人们又研究出矢量控制变频调速。

2. 电压空间矢量(SVPWM)控制方式

它是以三相波形整体生成效果为前提，以逼近电机气隙的理想圆形旋转磁场轨迹为目的，一次生成三相调制波形，以内切多边形逼近圆的方式进行控制的。经实践使用后又有所改进，即引入频率补偿，能消除速度控制的误差；通过反馈估算磁链幅值，消除低速时定子电阻的影响；将输出电压、电流闭环，以提高动态的精度和稳定度。但控制电路环节较多，且没有引入转矩的调节，所以系统性能没有得到根本改善。

3. 矢量控制(VC)方式

矢量控制变频调速的做法是将异步电动机在三相坐标系下的定子电流 I_a、I_b、I_c，通过三相—二相变换，等效成两相静止坐标系下的交流电流 I_{a1}、I_{b1}，再通过按转子磁场定向旋转变换，等效成同步旋转坐标系下的直流电流 I_{m1}、I_{t1}（I_{m1} 相当于直流电动机的励磁电流；I_{t1} 相当于与转矩成正比的电枢电流），然后模仿直流电动机的控制方法，求得直流电动机的控制量，经过相应的坐标反变换，实现对异步电动机的控制。其实质是将交流电动机等效为直流电动机，分别对速度、磁场两个分量进行独立控制。通过控制转子磁链，然后分解定子电流而获得转矩和磁场两个分量，经坐标变换，实现正交或解耦控制。矢量控制方法的提出具有划时代的意义。然而在实际应用中，由于转子磁链难以准确观测，系统特性受电动机参数的影响较大，且在等效直流电动机控制过程中所用矢量旋转变换较复杂，使得实际的控制效果难以达到理想分析的结果。

4. 直接转矩控制(DTC)方式

1985年，德国鲁尔大学的M. Depenbrock教授首次提出了直接转矩控制变频技术。该技术在很大程度上解决了上述矢量控制的不足，并以新颖的控制思想、简洁明了的系统结构、优良的动静态性能得到了迅速发展。目前，该技术已成功地应用在电力机车牵引的大功率交流传动上。直接转矩控制直接在定子坐标系下分析交流电动机的数学模型，控制电动机的磁链和转矩。它不需要将交流电动机等效为直流电动机，因而省去了矢量旋转变换中的许多复杂计算；它不需要模仿直流电动机的控制；也不需要为解耦而简化交流电动机的数学模型。

5. 矩阵式交—交控制方式

VVVF变频、矢量控制变频、直接转矩控制变频都是交—直—交变频中的一种。其共同缺点是输入功率因数低，谐波电流大，直流电路需要大的储能电容，再生能量又不能反馈回电网，即不能进行四象限运行。为此，矩阵式交—交变频应运而生。由于矩阵式交—交变频省去了中间直流环节，从而省去了体积大、价格贵的电解电容。它能实现功率因数为1，输入电流为正弦且能四象限运行，系统的功率密度大。该技术目前尚未成熟，但仍吸引着众多的学者深入研究。其实质不是间接的控制电流、磁链等量，而是把转矩直接作为被控制量来实现的。具体方法是：

（1）控制定子磁链引入定子磁链观测器，实现无速度传感器方式。

（2）自动识别(ID)依靠精确的电机数学模型，对电机参数自动识别。

（3）算出实际值对应定子阻抗、互感、磁饱和因素、惯量等，算出实际的转矩、定子磁链、转子速度进行实时控制。

（4）实现Band—Band控制，按磁链和转矩的Band—Band控制产生PWM信号，对逆变器开关状态进行控制。

矩阵式交—交变频具有快速的转矩响应(<2ms)，很高的速度精度(±2%，无PG反馈)，高转矩精度(<3%)；同时还具有较高的启动转矩及高转矩精度，尤其在低速时(包括速度为0时)，可输出150%~200%转矩。

(六)变频器的使用保养

1. 物理环境

（1）工作温度：变频器内部是大功率的电子元件，极易受到工作温度的影响，产品一般要求为0~55℃，但为了保证工作安全、可靠，使用时应考虑留有余地，最好控制在40℃以下。在控制箱中，变频器一般应安装在箱体上部，并严格遵守产品说明书中的安装要求，绝对不允许把发热元件或易发热的元件紧靠变频器的底部安装。

（2）环境温度：温度太高且温度变化较大时，变频器内部易出现结露现象，其绝缘性能就会大大降低，甚至可能引发短路事故。必要时，必须在箱中增加干燥剂和加热器。

（3）腐蚀性气体：使用环境如果腐蚀性气体浓度大，不仅会腐蚀元器件的引线、印刷电路板等，而且还会加速塑料器件的老化，降低绝缘性能，在这种情况下，应把控制箱制成封闭式结构，并进行换气。

（4）振动和冲击：装有变频器的控制柜受到机械振动和冲击时，会引起电气接触不良。这时除了提高控制柜的机械强度、远离振动源和冲击源外，还应使用抗震橡皮垫固定控制柜外和内电磁开关之类产生振动的元器件。设备运行一段时间后，应对其进行检查和维护。

2. 电气环境

（1）防止电磁波干扰：变频器在工作中由于整流和变频，周围产生了很多的干扰电磁波，这些高频电磁波对附近的仪表、仪器有一定的干扰。因此，柜内仪表和电子系统，应该选用金属外壳，屏蔽变频器对仪表的干扰。所有的元器件均应可靠接地，除此之外，各电气元件、仪器及仪表之间的连线应选用屏蔽控制电缆，且屏蔽层应接地。如果处理不好电磁干扰，往往会使整个系统无法工作，导致控制单元失灵或损坏。

（2）防止输入端过电压：变频器电源输入端往往

有过电压保护,但是,如果输入端高电压作用时间长,会使变频器输入端损坏。因此,在实际运用中,要核实变频器的输入电压、单相还是三相和变频器使用额定电压。特别是电源电压极不稳定时要有稳压设备,否则会造成严重后果。

3. 工作环境

在变频器实际应用中,由于国内客户除少数有专用机房外,大多为了降低成本,将变频器直接安装于工业现场。工作现场一般有灰尘大、温度高、湿度大等问题,还有如铝行业中有金属粉尘、腐蚀性气体等。因此,必须根据现场情况做出相应的对策。

(1)变频器应该安装在控制柜内部。

(2)变频器最好安装在控制柜内的中部;变频器要垂直安装,正上方和正下方要避免安装可能阻挡排风、进风的大元件。

(3)变频器上、下部边缘距离控制柜顶部、底部、隔板或者其他大元件等的最小间距,应该大于300mm。

(4)如果特殊用户在使用中需要取掉键盘,则变频器面板的键盘孔,一定要用胶带严格密封或者采用假面板替换,防止粉尘大量进入变频器内部。

(5)在多粉尘场所,特别是多金属粉尘、絮状物的场所使用变频器时,总体要求控制柜整体密封,专门设计进风口、出风口进行通风;控制柜顶部应该有防护网和防护顶盖出风口;控制柜底部应该有底板、进风口和进线孔,并且安装防尘网。

(6)多数变频器厂家内部的印制板、金属结构件均未进行防潮湿霉变的特殊处理,如果变频器长期处于恶劣工作环境下,金属结构件容易产生锈蚀。导电铜排在高温运行情况下,会更加剧锈蚀的过程,对于微机控制板和驱动电源板上的细小铜质导线,锈蚀将造成损坏。因此,对于应用于潮湿和含有腐蚀性气体的场合,必须对所使用变频器的内部设计有基本要求,例如,印刷电路板必须采用三防漆喷涂处理,对于结构件必须采用镀镍铬等处理工艺。除此之外,还需要采取其他积极、有效、合理的防潮湿、防腐蚀气体的措施。

4. 环境条件要求

(1)环境温度:5~35℃

(2)相对湿度:≤85%

(3)环境空气质量要求:不含高浓度粉尘及易燃、易爆气体或粉尘,附件没有强电磁辐射源。

(4)注意事项:本设备不能放置含有易燃易爆或会产生挥发、腐蚀性气体的物品进行试验或存储。

5. 日常维护

操作人员必须熟悉变频器的基本工作原理、功能特点,具有电工操作常识。在对变频器日常维护之前,必须保证设备总电源全部切断;并且在变频器显示完全消失的3~30min(根据变频器的功率)后再进行维护。应注意检查电网电压,改善变频器、电机及线路的周边环境,定期清除变频器内部灰尘,通过加强设备管理最大限度地降低变频器的故障率。

1)维护和检查的注意事项

(1)在关掉输入电源后,至少等5min才可以开始检查(还要确定充电发光二极管已经熄灭),否则会引起触电。

(2)维修、检查和部件更换必须由胜任人员进行。开始工作前,取下所有金属物品(手表、手镯等),使用带绝缘保护的工具。

(3)不要擅自改装变频器,否则易引起触电和损坏产品。

(4)变频器维修之前,须确认输入电压是否有误,如误将380V电源接入220V级变频器之中会出现炸机(炸电容、压敏电阻、模块等)。

2)日常维护检查项目

(1)日常检查:检查变频器是否按要求工作。用电压表在变频器工作时,检查其输入和输出电压。

(2)定期检查:检查所有只能当变频器停机时才能检查的地方。

(3)部件更换:部件的寿命很大程度上与安装条件有关。

3)日常维护方法

(1)静态测试

①测试整流电路:找到变频器内部直流电源的P端和N端,将万用表调到电阻X10挡,红表棒接到P,黑表棒分别接到R、S、T,应该有大约几十欧的阻值,且基本平衡。相反将黑表棒接到P端,红表棒依次接到R、S、T,有一个接近于无穷大的阻值。将红表棒接到N端,重复以上步骤,都应得到相同结果。如果阻值三相不平衡,可以说明整流桥故障。红表棒接P端时,电阻无穷大,可以断定整流桥故障或启动电阻出现故障。

②测试逆变电路:将红表棒接到P端,黑表棒分别接到U、V、W,应该有几十欧的阻值,且各相阻值基本相同,反相应该为无穷大。将黑表棒接到N端,重复以上步骤应得到相同结果,否则可确定逆变模块故障。

(2)动态测试:在静态测试结果正常以后,才可进行动态测试,即上电试机。在上电前后必须注意检查变频器各接播口是否已正确连接,连接是否有松动,连接异常有时可能导致变频器出现故障,严重时会出现炸机等情况。

(3)检查冷却风扇：变频器的功率模块是发热最严重的器件，其连续工作所产生的热量必须要及时排出，一般风扇的寿命大约为 2 万～4 万 h。按变频器连续运行折算，3~5 年就要更换一次风扇，避免因散热不良引发故障。

(4)检查滤波电容：中间电路滤波电容：又称电解电容，该电容的作用是滤除整流后的电压纹波，还在整流与逆变器之间起去耦作用，以消除相互干扰，还为电动机提供必要的无功功率，要承受极大的脉冲电流，所以使用寿命短，因其要在工作中储能，所以必须长期通电，它连续工作产生的热量加上变频器本身产生的热量都会加速其电解液的干涸，直接影响其容量的大小。正常情况下电容的使用寿命为 5 年。建议每年定期检查电容容量一次，一般其容量减少 20%以上应更换。

(5)检查防腐剂：因一些公司的生产特性，各电气控制室的腐蚀气体浓度过大，致使很多电气设备因腐蚀损坏(包括变频器)。为了解决以上问题可安装一套空调系统，用正压新鲜风来改善环境条件。为减少腐蚀性气体对电路板上元器件的腐蚀，还可要求变频器生产厂家对线路板进行防腐加工，维修后也要喷涂防腐剂，有效地降低了变频器的故障率，提高了使用效率。在保养的同时要仔细检查变频器，定期送电，电机工作在 2Hz 的低频约 10min，以确保变频器工作正常。

6. 接　地

变频器正确接地是提高控制系统灵敏度、抑制噪声能力的重要手段，变频器接地端子 E(G)接地电阻越小越好，接地导线截面积应不小于 2mm²，长度应控制在 20m 以内。变频器的接地必须与动力设备接地点分开，不能共地。信号输入线的屏蔽层，应接至 E(G)，其另一端绝不能接于地端，否则会引起信号变化波动，使系统振荡不止。变频器与控制柜之间应电气连通，如果实际安装有困难，可利用铜芯导线跨接。

7. 防　雷

在变频器中，一般都设有雷电吸收网络，主要防止瞬间的雷电侵入，使变频器损坏。但在实际工作中，特别是电源线架空引入的情况下，单靠变频器的吸收网络是不能满足要求的。在雷电活跃地区，这一问题尤为重要，如果电源是架空进线，在进线处装设变频专用避雷器(选件)，或有按规范要求在离变频器 20m 的远处预埋钢管做专用接地保护。如果电源是电缆引入，则应做好控制室的防雷系统，以防雷电窜入破坏设备。实践表明，这一方法基本上能够有效解决雷击问题。

七、软启动器的基础知识

软启动器是一种集软启动、软停车、轻载节能和多功能保护于一体的电机控制装备。实现在整个启动过程中无冲击而平滑的启动电机，而且可根据电动机负载的特性来调节启动过程中的各种参数，如限流值、启动时间等。

软启动器于 20 世纪 70 年代末和 80 年代初投入市场，填补了星—三角启动器和变频器在功能实用性和价格之间的鸿沟。采用软启动器，可以控制电动机电压，使其在启动过程中逐渐升高，很自然地控制启动电流，这就意味着电动机可以平稳启动，机械和电应力降至最小。因此，软启动器在市场上得到广泛应用，并且软启动器所附带的软停车功能有效地避免水泵停止时所产生的水锤效应。

(一)基本分类

根据电压可分为：高压软启动器、低压软启动器。

根据介质可分为：固态软启动器、液阻软启动器。

根据控制原理可分为：电子式软启动器、电磁式软启动器。

根据运行方式可分为：在线型软启动器、旁路型软启动器。

根据负载可分为：标准型软启动器、重载型软启动器。

(二)软启动器控制原理

软启动器的基本原理如图 7-55 所示，通过控制可控硅的导通角来控制输出电压。因此，软启动器从本质上是一种能够自动控制的降压启动器，由于能够任意调节输出电压，作电流闭环控制，因而比传统的降压启动方式(如串电阻启动、自耦变压器启动等)有更多优点。例如，满载启动风机水泵等变转矩负载，实现电机软停止，应用于水泵能完全消除水锤效应等。

(三)启动方式

运用串接于电源与被控电机之间的软启动器，控制其内部晶闸管的导通角，使电机输入电压从零以预设函数关系逐渐上升，直至启动结束，赋予电机全电压，即为软启动，在软启动过程中，电机启动转矩逐渐增加，转速也逐渐增加。软启动一般有以下几种启动方式：

(1)折叠斜坡升压软启动：这种启动方式最简

图 7-55　软启动器的基本原理

单,不具备电流闭环控制,仅调整晶闸管导通角,使之与时间成一定函数关系增加。其缺点是,由于不限流,在电机启动过程中,有时要产生较大的冲击电流使晶闸管损坏,对电网影响较大,实际很少应用。

(2)折叠斜坡恒流软启动:这种启动方式是在电动机启动的初始阶段启动电流逐渐增加,当电流达到预先所设定的值后保持恒定,直至启动完毕。启动过程中,电流上升变化的速率是可以根据电动机负载调整设定。电流上升速率大,则启动转矩大,启动时间短。该启动方式是应用最多的启动方式,尤其适用于风机、泵类负载的启动。

(3)折叠阶跃启动:开机,即以最短时间使启动电流迅速达到设定值,即为阶跃启动。通过调节启动电流设定值,可以达到快速启动效果。

(4)折叠脉冲冲击启动:在启动开始阶段,让晶闸管在极短时间内,以较大电流导通一段时间后回落,再按原设定值线性上升,连入恒流启动。该启动方法,在一般负载中较少应用,适用于重载并需克服较大静摩擦的启动场合。

(5)折叠电压双斜坡启动:在启动过程中,电机的输出力矩随电压增加,在启动时提供一个初始的启动电压 U_s,U_s 根据负载可调,将 U_s 调到大于负载静摩擦力矩,使负载能立即开始转动。这时输出电压从 U_s 开始按一定的斜率上升(斜率可调),电机不断加速。当输出电压达到达速电压 U_r 时,电机也基本达到额定转速。软启动器在启动过程中自动检测达速电压,当电机达到额定转速时,使输出电压达到额定电压。

(6)折叠限流启动:就是电机的启动过程中限制其启动电流不超过某一设定值(I_m)的软启动方式。其输出电压从零开始迅速增长,直到输出电流达到预先设定的电流限值 I_m,然后保持输出电流 I。这种启动方式的优点是启动电流小,且可按需要调整。对电网影响小,其缺点是在启动时难以知道启动压降,不能充分利用压降空间。

(四)软启动折叠保护功能

(1)过载保护功能:软启动器引进了电流控制环,因而随时跟踪检测电机电流的变化状况。通过增加过载电流的设定和反时限控制模式,实现了过载保护功能,使电机过载时,关断晶闸管并发出报警信号。

(2)缺相保护功能:工作时,软启动器随时检测三相线电流的变化,一旦发生断流,即可作出缺相保护反应。

(3)过热保护功能:通过软启动器内部热继电器检测晶闸管散热器的温度,一旦散热器温度超过允许值后自动关断晶闸管,并发出报警信号。

(4)其他功能:通过电子电路的组合,还可在系统中实现其他种种联锁保护。

(五)软启动器与传统减压启动方式的区别

笼型电机传统的减压启动方式有 Y-q 启动、自耦减压启动、电抗器启动等。这些启动方式都属于有级减压启动,存在明显缺点,即启动过程中出现二次冲击电流。软启动与传统减压启动方式的区别是:

(1)无冲击电流:软启动器在启动电机时,通过逐渐增大晶闸管导通角,使电机启动电流从零线性上升至设定值。

(2)恒流启动:软启动器可以引入电流闭环控制,使电机在启动过程中保持恒流,确保电机平稳启动。

(3)根据负载情况及电网继电保护特性选择,可自由地无级调整至最佳的启动电流。适用于重载并需克服较大静摩擦的启动场合,如风机等。

(六)软启动器常见故障及解决方法

1)瞬 停

引起此故障的原因一般是由于外部控制接线有误而导致的。把软启动器内部功能代号"9"(控制方式)的参数设置成"1"(键盘控制),就可以避免此故障。

2)启动时间过长

出现此故障是软启动器的限流值设置得太低而使得软启动器的启动时间过长,在这种情况下,把软启动器内部的功能代码"4"(限制启动电流)的参数设置高些,可设置到1.5~2.0倍,必须要注意的是电机功率大小与软启动器的功率大小是否匹配,如果不匹配,在相差很大的情况下,野蛮地把参数设置到4~5倍,启动运行一段时间后会因电流过大而烧坏软启动器内部的硅模块或是可控硅。

3)输入缺相

(1)检查进线电源与电机接线是否有松脱。

(2)输出是否接上负载,负载与电机是否匹配。

(3)用万用表检测软启动器的模块或可控硅是否有击穿,及它们的触发门极电阻是否符合正常情况下的要求(一般在20~30Ω左右)。

(4)内部的接线插座是否松脱。

以上这些因素都可能导致此故障的发生,只要细心检测并作出正确的判断,就可予以排除。

4)频率出错

此故障是由于软启动器在处理内部电源信号时出现了问题,而引起了电源频率出错。出现这种情况需要请教公司的产品开发软件设计工程师来处理。主要注意电源电路设计改善。

5)参数出错

出现此故障就须重新开机输入一次出厂值就好了。具体操作:先断掉软启动器控制电(交流220V)用一手指按住软启动器控制面板上的"PRG"键不松,再送上软启动器的控制电,在约30s后松开"PRG"键,就重新输入出厂值。

6)启动过流

启动过流是由于负载太重启动电流超出了500%倍而导致的,解决办法包括:把软启动器内部功能码"0"(起始电压)设置高些,或是再把功能码"1"(上升时间)设置长些,可设为30~60s。还有功能代码"4"的限流值设置是否适当,一般可设成2~3倍。

第二节 机械基础知识

一、机械的概念

机械是机器和机构的总称。

(一)机 器

机器是指由若干构件组合,各部分之间具有确定的相对运动,能够转换或传递能量、物料和信息的机械。机器具有三个共同的特征:由许多构件组合而成;构件之间具有确定的相对运动;能够代替或减轻人的劳动,有效地完成机械功或实现机械能量转换。

(二)机 构

机构是指由若干构件通过活动连接以实现规定运动的组合,各部分之间具有一定的相对运动的机械,用以改变运动方式。机器、仪器等内部为实现传递、转换运动或某种特定的运动而由若干零件组成的机械装置。如机械手表中有原动机构、擒纵机构、调速机构等;车床、刨床等有走刀机构。机构只产生运动的转换,目的是传递或变换运动。机构具备上述介绍的机器的前面两个特征。

(三)构 件

构件是机器的运动单元。一般由若干个零件刚性连接而成,也可以是单的零件。若从运动的角度来讲,可以认为机器是由若干个构件组装而成的。

(四)零 件

零件是机器的构成单元,是组成机器的最小单元,也是机器的制造单元。机器是由若干个不同的零件组装而成的。各种机器经常用到的零件称为通用零件,如齿轮、螺栓等。通用零件中,制定了国家标准并由专门工厂生产的零部件就称为标准件,如滚动轴承、螺栓等。而在特定的机器中用到的零件称为专用零件,如曲轴、叶轮等。按照零件的结构特征可分为:轴套类零件、轮盘类零件、箱体类零件、支架类零件。

机器是由零件构成的。机器与零件是整体与局部的关系,多数机械零件是由金属材料制成的。机械零件材料选择一般原则:满足零件使用性能、工艺性和经济性3方面要求。

零件与构件的区别:零件是制造单元,构件是运动单元,零件组成构件,构件是组成机构的各个相对运动的实体。

机构与机器的区别：机器能完成有用的机械功或转换机械能，机构只是完成传递运动力或改变运动形式，同时机构是机器的主要组成部分。

二、机器的组成

一台完整的机器通常由以下4个部分组成：

(一)原动机部分(动力装置)

原动机部分的作用是将其他形式的能量转换为机械能，以驱动机器各部分的运动，是机器动力的来源。常用的原动机有电动机、内燃机、燃气轮机、液压马达、气动马达等。现代机器大多采用电动机，而内燃机主要用于运输机械、工程机械和农业机械。

(二)执行部分(工作机构)

执行部分处于整个机械传动路线终端，在机器中直接完成具体工作任务。

(三)传动部分(传动装置)

传动部分将原动机的运动和动力传递给执行部分(工作机构)。机器中的传动形式有机械传动、气压传动和电力传动等，其中机械传动应用最多。常见的传动装置有连杆机构、凸轮机构、带传动、链传动、齿轮传动等。传动部分的主要作用如下：

(1)改变运动的速度，即减速、增速或变速。

(2)转换运动的形式，即转动与往复直线运动(或摆动)可以相互转化。

(四)操纵、控制及辅助装置

操纵、控制装置用以控制机器的启动、停车、正反转和动力参数改变及各执行装置间的动作协调等。自动化机器的控制系统能使机器进行自动检测、自动数据处理和显示、自动控制调节、故障诊断、自动保护等。辅助装置则有照明、润滑、冷却装置。

三、机械的常用零部件

(一)轴

轴的作用是传递运动和转矩、支承回转零件。轴的分类如下：

(1)直轴：按承载不同，直轴可分为传动轴，主要承受转矩；心轴，只承受弯矩；转轴，按承受转矩又承受弯矩作用的轴。按轴的外形不同，直轴可分为光轴，即只有一个截面尺寸的轴；阶梯轴，即有两个以上的不同截面尺寸的轴。

(2)曲轴：曲轴是内燃机、曲柄压力机等机器中用于往复直线运动和旋转运动相互转换的专用零件。

(3)软轴：软轴具有良好的挠性，它可以将回转运动灵活地传到任何空间位置。

(二)轴 承

轴承用于轴的支承。根据轴承的工作摩擦性质，可分为滑动摩擦轴承和滚动摩擦轴承；根据承受载荷的方向，可分为向心滑动轴承、推力滑动轴承和向心推力轴承三大类。

1. 滑动轴承

滑动轴承的特点是工作平稳、噪声较小、工作可靠、启动摩擦阻力较大。其主要应用于以下场合：工作转速特别高的轴承；承受冲击和振动负荷极大的轴承；要求特别精密的轴承、装配工艺要求轴承部分的场合；要求径向尺小的轴承。

滑动轴承一般由轴承座与轴瓦构成。向心滑动轴承根据结构形式不同，分为整体式和剖分式。安装、维护要点如下：

(1)滑动轴承安装要保证轴在轴承孔内转动灵活、准确、平稳。

(2)轴瓦与轴承孔要修刮贴实，轴瓦剖分面要高出0.05~0.1mm，以便压紧。整体式轴瓦压入时要防止编斜，并用紧固螺钉。

(3)注意油路畅通，油路与油槽接通。刮研时油两边点子要软，以形成油膜，两端点子均匀，以防止漏油。

(4)注意清洁，修刮调试过程中凡能出现油污的机件，修刮后都要清洗涂油。

(5)轴承使用过程中要经常检查润滑、发热、振动问题，偶有发热(一般在60℃以下为正常)、冒死、卡死以及异常振动、声响等要及时检查、分析，采取措施。

2. 滚动轴承

滚动轴承的特点是摩擦较小、间隙可调、轴向尺寸较小、润滑方便、维修简便。但承载能力差、噪声大、径向尺寸大、寿命较短。由于轴承为标准化、系列化零件，且成本低，故应用广泛。

滚动轴承由内圈、外圈、滚动体和保持架组成，安装和维护要点如下：

(1)将轴承和壳体孔清洗干净，然后在配合表面上涂润滑油。

(2)根据尺寸大小和过盈量大小采用压装法、加热法或冷装法，将轴承装入壳体孔内。

(3)轴承装入壳时，如果轴承上有油孔，应与壳体上油孔对准。

(4)装配时，特别要注意轴承和壳体孔同轴。为此在装配时，尽量采用导向心轴。

(5)轴承装入后还要定位，如钻骑缝螺纹底孔时，应该用钻模板，否则钻头会向硬度较低的轴承方向偏移。

(6)轴承孔校正。由于装入壳体后轴承内孔会收缩，所以通常应加大轴承内孔尺寸，轴承（铜件）内孔加大尺寸量，应使轴承装入后，内孔与轴颈之间还能保证适当的间隙。也有在制造轴承时，内孔留精铰量，待轴承装配后，再精铰孔，保证其配合间隙。精铰时，要十分注意铰刀的导向，否则会造成轴承内孔轴线的偏斜。

(三)联轴器

1. 联轴器的作用

联轴器用于轴与轴之间的连接，使他们一起回转并传递扭矩。联轴器大多已经标准化或系列化，在机械工程中广泛应用。

2. 联轴器的分类

联轴器主要分为刚性联轴器和弹性联轴器两类。刚性联轴器分为刚性固定式联轴器和刚性可移式联轴器。刚性固定式联轴器包括凸缘联轴器、套筒联轴器；刚性可移式联轴器包齿式联轴器和万向联轴器。弹性联轴器靠弹性元件的弹性变形来补偿两轴轴线的相对位移。

四、润滑油(脂)的型号、性能与应用

(一)润滑材料的分类

凡是能降低摩擦阻力的介质均可作为润滑材料，目前常见的润滑剂有四种，分别是：

(1)液体润滑剂：包括矿物油、合成油、水基液、动植物油。

(2)润滑油脂：包括皂基脂、无机脂、烃基脂。

(3)固体润滑剂：包括软金属、金属化合物、无机物、有机物。

(4)气体润滑剂：包括空气、氦气、氮气、氢气等。

(二)润滑油的种类

润滑油的种类有很多，这里只叙述水泵机组的用油，通常可分为润滑油和绝缘油两类。这些油中用量较大的为透平油和变压器油。

1. 润滑油

(1)透平油：水泵大容量机组常用的透平油有22号、30号、45号三种，主要供给油压装置、主机组、油压启闭机等。具体选择哪一种油，应根据设备制造厂的要求确定。若未注明，一般采用30号。

(2)机械油：常用的由10号、20号、30号三种，主要用于辅助设备轴承、起重机械和容量较小的主机组润滑。

(3)压缩机油：供空气压缩机润滑。

(4)润滑油脂(黄油)：供滚动轴承润滑。

2. 绝缘油

(1)变压器油：供油浸式变压器和互感器使用，常用的是10号和25号两种。

(2)开关油：供开关用，有10号、45号两种。

(三)润滑油的作用

1. 机械油的作用

(1)润滑：油在相互运动的零部件的空间(间隙)形成油膜，以润滑机件的内部摩擦(液体摩擦)来代替固体间的干摩擦，减少机件相对运动的摩擦阻力，减轻设备发热和磨损，延长设备的使用寿命，保证设备的功能和安全。

(2)散热：设备虽然经油润滑，但还有摩擦存在(如分子间的摩擦)，因摩擦所消耗的功能变为热量，使温度升高。油温过高会加速油的氧化，使油劣化变质，影响设备功能，所以必须通过油将热量带出去，使油和设备的温度不超过规定值，保证设备经济安全运行。

(3)传递能量：水泵叶片液压调节装置、液压启闭机和机组顶机组转子装置等都是由透平油传递能量的，在使用液压联轴器传动大型机组中，透平油还用来传递主水泵的轴功率，从而实现机组的足迹变速调节。

2. 绝缘油的作用

(1)绝缘：由于绝缘油的绝缘强度比空气大得多。用油作为绝缘介质可以大大提高电气设备运行的可靠性，缩小设备尺寸。同时，绝缘油还对棉纱纤维等绝缘材料起一定的保护作用，使之不受空气和水分的侵蚀而很快变质。

(2)散热：变压器线圈通过电流而产生热量，此热量若不能及时排出，温升过高将会损害线圈绝缘，甚至烧毁变压器。绝缘油可以吸收这些热量，在经冷却设备将热量传递给水或空气带走，保持温度在一定的允许值内。

(3)消弧：当油开关接通或切断电力负荷时，在触头之间产生电弧，电弧的温度很高，若不设法将弧道消除，就可能烧毁设备。此外，电弧的继续存在，还可能使电力系统发生震荡，引起过电压击穿设备。

五、机械维修的工具及方法

机械维修常用工具如下：

（1）维修工具：分为划线工具、锉削工具、锯割工具、铲刮工具、研磨工具、校直及折弯工具、拆装工具等。

（2）夹具：分为专用夹具、非专用夹具。

（3）量具：分为普通量具、精密量具、专用量具。

机械设备故障是指整机或零部件在规定的时间和使用条件下不能完成规定的功能，或各项技术经济指标而偏离了正常状况；或在某种情况下尚能维持一段时间工作，若不能得到妥善处理将导致事故。

（一）维修前的准备工作

（1）技术资料准备：如原理图、重要零部件图、组装图、技术参数等；组织拆装准备，如拆除工具、量具、摆放场地、装油器皿等。

（2）拆卸：首先要明确拆卸的目的。其次要确定拆卸方法。常用拆卸方法有机卸法、拉拔法、顶压法、温差法、破坏法。典型的连接件拆卸包括：端头螺钉的拆卸、打滑内六角螺钉拆卸、锈死螺纹的拆卸、组成螺纹连接件的拆卸、过盈连接件的拆卸。

（3）清洗：拆卸后零部件的清洗包括油污清洗、水垢清洗、积碳清洗、除锈和清除漆层。

（4）检验：检验主要内容包括零部件的几何精度、隐蔽缺陷、静动平衡等。检验常用方法包括感觉检验法、测量工具和仪器检验法。

（二）常用的修复工艺

1. 钳工修复

钳工修复方法包括：铰孔、研磨、刮研、钳工修补。铰孔是为了提高零件的尺寸精度和减少表面粗糙度，主要用来修复各种配合的孔。研磨是在零件上研掉一层极薄的表面层的精度加工方法，可得到较高的尺寸精度和形位精度。用刮刀从工件表面刮去较高点，再用标准检具涂色检验的反复加工过程称为刮研。

2. 压力加工修复

压力加工修复法是利用外力在加热或常温下，使零件的金属产生塑性变形，以金属位移恢复零件的几何形状和尺寸。适用于恢复磨损零件表面的形状和尺寸及零件的弯曲和扭曲校正。

3. 焊修修复

1）钢制零件的焊修

一般而言，钢制零件中含碳量越高，合金元素种类和数量越多，可焊接性就越差。一般低碳钢、中碳钢、低合金钢均有良好的可焊性，焊修这些钢制零件时主要考虑焊修时受热变形问题。

2）铸铁零件的焊修

铸铁在机械设备中应用非常广泛，常见的有灰口铸铁（HT）、球墨铸铁（QT）等。铸铁可焊性差，存在以下问题：

（1）铸铁含碳量高焊接时容易产生白口（端口呈亮白色），既脆又硬，焊接后不仅加工困难，而且容易产生裂纹。铸铁中磷、硫含量较高，也给焊接带来一定困难。

（2）焊接时寒风易产生气孔或咬边。

（3）铸铁零件带有气孔、沙眼、缩松等缺陷时，也容易造成焊接缺陷。

（4）焊接时如果工艺措施和保护方法不当，也容易造成铸铁零件其他部位变形过大或电弧划伤而使工件报废。

六、机械的传动基础知识

机器的种类很多。它们的外形、结构和用途各不相同，有其个性，也有其共性。有些机器是可以将其他形式的能转变为机械能，如电动机、汽油机、蒸汽轮机；有些机器是需要原动机带动才能运转工作，如车床、打米机、水泵。传动的方式很多，有机械传动，也有液压传动、气压传动以及电气传动。

（一）皮带传动

图 7-56　皮带传动

在皮带传动（图 7-56）中，两个轮的转速与两轮的直径成反比，这个比称为传动比，用符号 i 表示，见式（7-56）：

$$i = \frac{n_1}{n_2} = \frac{D_2}{D_1} \tag{7-56}$$

式中：n_1——主动轮转速，r/min；

n_2——被动轮转速，r/min；

D_1——主动轮直径，mm；

D_2——被动轮直径，mm。

如果是由几对皮带轮组成的传动，其传动比可以用式(7-57)计算：

$$i = \frac{n_1}{n_\pi} = \frac{D_2}{D_1} \times \frac{D_4}{D_3} \times \frac{D_6}{D_5} \cdots \quad (7\text{-}57)$$

若计入滑动率，用式(7-58)表示：

$$i = \frac{n_1}{n_2} = \frac{D_{p2}}{(1-e)D_{p1}} \quad (7\text{-}58)$$

式中：n_1——小带轮转速，r/min；

n_2——大带轮转速，r/min；

D_{p1}——小带轮的节圆直径，mm；

D_{p2}——大带轮的节圆直径，mm；

e——弹性滑动率，通常 $e = 0.01 \sim 0.02$。

(二)齿轮传动

两轴距离较近，要求传递较大转矩，且传动比要求较严时，一般都用齿轮传动。齿轮传动是机械传动中最主要的一种传动。其形式很多，应用广泛。齿轮传动的主要特点包括：

(1)效率高：在常用的机械中，以齿轮传动效率最高，如一级齿轮传动的效率可达99%，这对大功率传动十分重要。

(2)结构紧凑：在同样的使用条件下，齿轮传动所需的空间尺寸较小。

(3)工作可靠，寿命长：设计制造正确合理、使用维护良好的齿轮，寿命长达一二十年。这对车辆及再矿井内工作的机器尤为重要。

(4)传动比较稳定：齿轮传动之所以获得广泛应用，就是因其具有这一特点。

齿轮传动分为圆柱齿轮传动和圆锥齿轮传动两种。圆柱齿轮有直齿、斜齿和内齿3种，分别如图7-57(a)、(b)、(c)所示。直齿圆柱齿轮的特点是加工方便，用途较广，但齿上负荷集中，传动不平稳。斜齿圆柱齿轮的特点是传动平稳，载荷分布均匀，但有轴向力产生，因此要用平面轴承。内齿圆柱齿轮传动的特点是两轴旋转方向相同并且占空间小，但加工较困难。圆柱齿轮用在两轴平行情况下的传动。在两轴线相交的情况下采用圆锥齿轮传动。圆锥齿轮有直齿和螺旋齿两种，分别如图7-57(d)、(e)所示。直齿圆锥齿轮特点是加工方便，但在传动中噪声较大。螺旋齿圆锥齿轮的特点是传动圆滑，噪声小，但加工较复杂。齿轮传动的传动比 i 可用式(7-59)表示：

$$i = \frac{Z_2}{Z_1} = \frac{n_1}{n_2} \quad (7\text{-}59)$$

式中：Z_1——主动轮齿数；

Z_2——从动轮齿数；

n_1——主动轮转速，r/min；

n_2——从动轮转速，r/min。

(a)直齿圆柱齿轮　(b)斜齿圆柱齿轮　(c)内齿圆柱齿轮
(d)直齿圆锥齿轮　(e)螺旋齿圆锥齿轮

图7-57　不同齿轮传动示意

(三)链传动

在两轴距较远而速比又要正确时，可采用链传动。链传动的被动轮圆周速度虽然波动不定，但其平均值不变，因此，可以在传动要求不高的情况下代替齿轮传动。

链有滚子链和齿状链两种。在传动速度较大时，一般多用齿状链，因为这种链在传动时声音较小，所以又称为无声链。链传动的传动比和齿轮传动相同。

齿状链传动是利用特定齿形的链板与链轮相啮合来实现传动的。齿形链是由彼此用铰链连接起来的齿形链板组成，链板两工作侧面间的夹角为60°，相邻链节的链板左右错开排列，并用销轴、轴瓦或滚柱将链板连接起来。齿形链式与滚子链相比，齿形链具有工作平稳、噪声较小、允许链速较高、承受冲击载荷能力较好和轮齿受力较均匀等优点；但结构复杂、装拆困难、价格较高、重量较大并且对安装和维护的要求也较高。

(四)蜗杆蜗轮传动

在两轴轴线错成90°而彼此既不平行又不相交的情况下，可以采用蜗杆蜗轮传动，如图7-58所示。蜗杆蜗轮传动的特点是：蜗杆一定是主动的，蜗轮一

图7-58　蜗杆传动

定是被动的，因此应用于防止倒转的装置上。但它的最大特点是减速，能得到较小的传动比，且所占的空间小，一般应用于减速器上。

(五) 齿轮齿条传动

要把直线运动变为旋转运动，或把旋转运动变为直线运动，可采用齿轮齿条传动，如图7-59所示。

图7-59 齿轮齿条传动

(六) 螺旋传动

要把旋转运动变为直线运动，也可以用螺旋传动。例如，车床上的长丝杆的旋转，可以带动大拖板纵向移动，转动车床小拖板上的丝杆，可使刀架横向移动等，如图7-60所示。

图7-60 螺旋传动

在普通的螺旋传动中，丝杆转一圈，螺母移动一个螺距，如果丝杆头数为K，单位为个；螺距为h，单位为cm；传动时，丝杆转一圈，则螺母移动的距离$S=Kh$。

七、电动机的拖动基础知识

(一) 基本概念

1. 主磁通

在电机和变压器内，常把线圈套装在铁芯上。当线圈内通有电流时，就会在线圈周围的空间形成磁场，由于铁芯的导磁性能比空气好得多，所以绝大部分磁通将在铁芯内通过，这部分磁通称为主磁通。

2. 漏磁通

当变压器中流过负载电流时，就会在绕组周围产生磁通，在绕组中由负载电流产生的磁通称为漏磁通，漏磁通大小决定于负载电流。漏磁通不宜在铁磁材质中通过。漏磁通也是矢量，也用峰值表示。

3. 磁路的基本定律

磁路的基本定律与电路中的欧姆定律($E=IR$)在形式上十分相似。即安培环路定律：磁路的欧姆定律作用在磁路上的磁动势F等于磁路内的磁通量Φ乘以磁阻R_m。

4. 磁路的基尔霍夫定律

(1)磁路的基尔霍夫电流定律：穿出或进入任何一闭合面的总磁通恒等于零。

(2)磁路的基尔霍夫电压定律：沿任何闭合磁路的总磁动势恒等于各段磁路磁位差的代数和。

(二) 常用铁磁材料及其特性

(1)软磁材料：磁滞回线较窄，剩磁和矫顽力都小的材料。软磁材料磁导率较高，可用来制造电机、变压器的铁心。

(2)硬磁材料：磁滞回线较宽，剩磁和矫顽力都大的铁磁材料称为硬磁材料。可用来制成永久磁铁。

(三) 铁心损耗

1. 磁滞损耗

磁滞损耗是铁磁体等在反复磁化过程中因磁滞现象而消耗的能量。磁滞指铁磁材料的磁性状态变化时，磁化强度滞后于磁场强度，它的磁通密度B与磁场强度H之间呈现磁滞回线关系。经一次循环，每单位体积铁芯中的磁滞损耗正比于磁滞回线的面积。这部分能量转化为热能，使设备升温，效率降低，它是电气设备中铁损的组成部分，此现象对交流机这一类设备是不利的。软磁材料的磁滞回线狭窄，其磁滞损耗相对较小。软磁材料硅钢片因而广泛应用于电机、变压器、继电器等设备中。

2. 涡流损耗

导体在非均匀磁场中移动或处在随时间变化的磁场中时，导体内的感生的电流导致的能量损耗，称为涡流损耗。在导体内部形成的一圈圈闭合的电流线，称为涡流(又称傅科电流)。

3. 铁心损耗

铁心损耗是磁滞损耗和涡流损耗之和。

(1)尽管电枢在转动，但处于同一磁极下的线圈边中电流方向应始终不变，即进行所谓的"换向"。

(2)一台直流电机作为电动机运行时，在直流电机的两电刷端加上直流电压，电枢旋转，拖动生产机械旋转，输出机械能；作为发动机运行时，用原动机拖动直流电机的电枢，电刷端引出直流电动势，作为直流电源，输出电能。

(四) 直流电机的主要结构

直流电机的主要结构是定子和转子。定子的主要作用是产生磁场转子，又称为"电枢"，作用是产生电磁转矩和感应电动势实现机电能量转换，电路和磁路之间必须在相对运动，所以旋转电机必须具备静止的和转动的两大部分，且静止和转动部分之间要有一定的间隙，此间隙称为气隙。

(五) 直流电机的铭牌数据

直流电机的额定值包括：①额定功率 P_N，单位为 kW；②额定电压 U_N，单位为 V；③额定电流 I_N，单位为 A；④额定转速 n_N，单位为 r/min；⑤额定励磁电压 U_{fN}，单位为 V。

(六) 直流电机电枢绕组的基本形式

直流电机电枢绕组的基本形式有两种，一种称为单叠绕组；另一种称为单波绕组。单叠绕组的特点：元件的两个端子连接在相邻的两个换向片上。上层元件边与下层元件边的距离称为元件的跨距，元件跨距称为第一节距 y_1（用所跨的槽数计算）。一般要求元件的跨距等于电机的极距。上层元件边与下层元件边所连接的两个换向片之间的距离称为换向器节距 y_c（用换向片数计算）。直流电机的电枢绕组除了单叠、单波两种基本形式以外，还有其他形式，如复叠绕组、复波绕组、混合绕组等。

各种绕组的差别主要在于它们的并联支路，支路数多，相应地组成每条支路的串联元件数就少。原则上，电流较大，电压较低的直流电机多采用叠绕组；电流较小，电压较高，就采用支路较少而每条支路串联元件较多的波绕组。所以大中容量直流电机多采用叠绕组，而中小型电机采用波绕组。

(七) 直流电机的励磁方式

(1) 他励直流电机：励磁绕组与电枢绕组无连接关系，而是由其他直流电源对励磁绕组供电。

(2) 并励直流电机：励磁绕组与电枢绕组并联。

(3) 串励直流电机：励磁绕组与电枢绕组串联。

(4) 复励直流电机：两个励磁绕组，一个与电枢绕组并联；另一个与电枢绕组串联。

直流电机负载时的磁场及电枢反应当直流电机带上负载以后，在电机磁路中又形成一个磁动势，这个磁动势称为电枢磁动势。此时的电机气隙磁场是由励磁磁动势和电枢磁动势共同产生的。电枢磁动势对气隙磁场的影响称为电枢反应。

(八) 感应电动势和电磁转矩的计算

1. 感应电动势的计算

先求出每个元件电动势的平均值，然后乘上每条支路中串联元件数。直流电机感应电动势的计算公式是直流电机重要的基本公式之一。感应电动势 E_a 的大小与每极磁通 Φ（有效磁通）和电枢转速的乘积成正比。如不计饱和影响，它与励磁电流 I_f 和电枢机械角速度乘积成正比。

2. 电磁转矩的计算

电磁转矩计算公式也是直流电机的另一个重要基本公式，见式(7-60)，它表明：电磁转矩 T_e 的大小与每极磁通 Φ 和电枢电流 I_a 的乘积成正比。或：如不计饱和影响，它与励磁电流 I_f 和电枢电流 I_a 的乘积成正比。

$$T_e = 2p \frac{Z}{4\pi a} I_a \Phi = \frac{pZ}{2\pi a} \Phi I_a = C_T \Phi I_a \quad (7\text{-}60)$$

式中：T_e——电磁转矩，N·m；
  p——磁极对数；
  Z——电枢绕组的全部导体数；
  a——电枢绕组的支路数；
  I_a——电枢电流，A；
  Φ——磁通，Wb；
  C_T——转矩常数。

3. 几个重要关系式

直流电机感应电动势 E_a 的计算公式为：

$$E_a = C_e \Phi n \quad (7\text{-}61)$$

直流电机电磁转矩 T_e 的计算公式为：

$$T_e = C_T \Phi I_a \quad (7\text{-}62)$$

电动势常数 C_e 的计算公式为：

$$C_e = \frac{pZ}{60a} \quad (7\text{-}63)$$

转矩常数 C_T 的计算公式为：

$$C_T = \frac{pZ}{2\pi a} \quad (7\text{-}64)$$

电动势常数 C_e 与转矩常数 C_T 的关系表示为：

$$C_T = 9.55 C_e \quad (7\text{-}65)$$

电动机电枢回路稳态运行时的电动势平衡方程式为：

$$U = E_a + R_a I_a,\ E_a = C_e \Phi n \quad (7\text{-}66)$$

式(7-61)~式(7-66)中：
  E_a——感应电动势，V；
  C_e——电动势常数；
  Φ——磁通，Wb；
  a——并联支路数；
  U——平衡电动势，V；

R_a——电动机电阻，Ω；

I_a——电枢电流，A。

4. 直流电动机的工作特性

指端电压 $U=U_N$（额定电压），电枢回路中无外加电阻、励磁电流 $I_f=I_{fN}$（额定励磁电流）时，电动机的转速 n、电磁转矩 T_e 和效率 η 三者与输出功率 P_2 之间的关系。

1）并励直流电动机的工作特性

（1）转速特性计算公式见式（7-67）：

$$n = \frac{U_s}{C_e\Phi} - \frac{(I_s-I_r)R_s}{C_e\Phi} \tag{7-67}$$

式中：n——电动机转速，r/min；

U_s——电动机外加直流电压，V；

C_e——电动机结构常数；

Φ——电动机每极磁通量，Wb；

I_s——供给电动机的总电流，A；

I_r——电动机并励磁电流，A；

R_s——电动机电枢绕组直流电阻，Ω。

（2）转矩特性计算公式见式（7-68）：

$$T = C_T\Phi I_a \tag{7-68}$$

式中：C_T——转矩常数；

Φ——电动机每极磁通量，Wb；

I_a——电枢电流，A。

（3）电磁转矩也可以表示为效率特性，计算公式见式（7-69）：

$$\eta = \frac{P_2}{P_1} \times 100\% \tag{7-69}$$

式中：P_1——电动机的输入功率，kW；

P_2——电动机的输出功率，kW。

电机励磁损耗、机械损耗、铁耗等于电枢铜耗时，效率大。

2）串励直流电动机的工作特性

串励电机不允许在空载或负载很小的情况下运行。

5. 直流发电机的工作特性

（1）空载特性：当他励直流发电机被原动机拖动，$n=n_N$ 时，励磁绕组端加上励磁电压 U_f，调节励磁电流 I_{f0}，得出空载特性曲线 $U_0=f(I_0)$

（2）负载运行：无论他励、并励还是复励发电机，建立电压以后，在 $n=n_N$ 的条件下，加上负载后，发电机的端电压都将发生变化。

6. 直流发电机的换向

1）换向的电磁现象

（1）电抗电动势：在换向过程中，元件中电流方向将发生变化，由于电枢绕组是电感元件，所以必存自感和互感作用。换向元件中出现的由自感与互感作用所引起的感应电动势，称为电抗电动势。

（2）电枢反应电动势：由于电刷放置在磁极轴线下的换向器上，在几何中心线处，虽然主磁场的磁密等于零，可是电枢磁场的磁密不为零。换向元件切割电枢磁场，产生一种电动势，称为电枢反应电动势。

2）改善换向的方法

改善换向一般采用以下方法：装设换向磁极，即在位于几何中性线处装换向磁极。换向绕组与电枢绕组串联，在换向元件处产生换向磁动势抵消电枢反应磁动势。大型直流电机在主磁极极靴上安装补偿绕组，补偿绕组与电枢绕组串联，产生的磁动势抵消电枢反应磁动势。

第三节 我国有关污泥处理处置的法律法规

关于污泥处理处置的法律法规，主要有《中华人民共和国固体废物污染环境防治法》。地方性的法规，如南宁市人民政府关于印发《南宁市城镇生活污水处理厂污泥处理处置暂行管理办法》。

目前，国家及地方有关城镇污泥处理的法律法规及相关重点条款摘要如下：

一、《中华人民共和国环境保护法》相关条款

第十二届全国人民代表大会常务委员会第八次会议于2014年4月24日通过《中华人民共和国环境保护法》修订，自2015年1月1日起施行。相关重点条款摘要如下：

第四十三条 排放污染物的企业事业单位和其他生产经营者，应当按照国家有关规定缴纳排污费。排污费应当全部专项用于环境污染防治，任何单位和个人不得截留、挤占或者挪作他用。依照法律规定征收环境保护税的，不再征收排污费。

第四十五条 国家依照法律规定实行排污许可管理制度。实行排污许可管理的企业事业单位和其他生产经营者应当按照排污许可证的要求排放污染物；未取得排污许可证的，不得排放污染物。

二、《中华人民共和国固体废物污染环境防治法》相关条款

《中华人民共和国固体废物污染环境防治法》相关重要条款摘要如下：

第三条 国家对固体废物污染环境的防治，实行减少固体废物的产生量和危害性、充分合理利用固体

废物和无害化处置固体废物的原则，促进清洁生产和循环经济发展。国家采取有利于固体废物综合利用活动的经济、技术政策和措施，对固体废物实行充分回收和合理利用。国家鼓励、支持采取有利于保护环境的集中处置固体废物的措施，促进固体废物污染环境防治产业发展。

第五条 国家对固体废物污染环境防治实行污染者依法负责的原则。产品的生产者、销售者、进口者、使用者对其产生的固体废物依法承担污染防治责任。

第九条 任何单位和个人都有保护环境的义务，并有权对造成固体废物污染环境的单位和个人进行检举和控告。

第十六条 产生固体废物的单位和个人，应当采取措施，防止或者减少固体废物对环境的污染。

第十七条 收集、贮存、运输、利用、处置固体废物的单位和个人，必须采取防扬散、防流失、防渗漏或者其他防止污染环境的措施；不得擅自倾倒、堆放、丢弃、遗撒固体废物。禁止任何单位或者个人向江河、湖泊、运河、渠道、水库及其最高水位线以下的滩地和岸坡等法律、法规规定禁止倾倒、堆放废弃物的地点倾倒、堆放固体废物。

从事畜禽规模养殖应当按照国家有关规定收集、贮存、利用或者处置养殖过程中产生的畜禽粪便，防止污染环境。禁止在人口集中地区、机场周围、交通干线附近以及当地人民政府划定的区域露天焚烧秸秆。

第二十一条 对收集、贮存、运输、处置固体废物的设施、设备和场所，应当加强管理和维护，保证其正常运行和使用。

第二十三条 转移固体废物出省、自治区、直辖市行政区域贮存、处置的，应当向固体废物移出地的省、自治区、直辖市人民政府环境保护行政主管部门提出申请。移出地的省、自治区、直辖市人民政府环境保护行政主管部门应当商经接受地的省、自治区、直辖市人民政府环境保护行政主管部门同意后，方可批准转移该固体废物出省、自治区、直辖市行政区域。未经批准的，不得转移。

进口者对海关将其所进口的货物纳入固体废物管理范围不服的，可以依法申请行政复议，也可以向人民法院提起行政诉讼。

第二十九条 县级以上人民政府有关部门应当制定工业固体废物污染环境防治工作规划，推广能够减少工业固体废物产生量和危害性的先进生产工艺和设备，推动工业固体废物污染环境防治工作。

第三十一条 企业事业单位应当合理选择和利用原材料、能源和其他资源，采用先进的生产工艺和设备，减少工业固体废物产生量，降低工业固体废物的危害性。

第四十条 对城市生活垃圾应当按照环境卫生行政主管部门的规定，在指定的地点放置，不得随意倾倒、抛撒或者堆放。

第四十一条 清扫、收集、运输、处置城市生活垃圾，应当遵守国家有关环境保护和环境卫生管理的规定，防止污染环境。

第四十二条 对城市生活垃圾应当及时清运，逐步做到分类收集和运输，并积极开展合理利用和实施无害化处置。

第四十四条 建设生活垃圾处置的设施、场所，必须符合国务院环境保护行政主管部门和国务院建设行政主管部门规定的环境保护和环境卫生标准。禁止擅自关闭、闲置或者拆除生活垃圾处置的设施、场所；确有必要关闭、闲置或者拆除的，必须经所在地的市、县级人民政府环境卫生行政主管部门商所在地环境保护行政主管部门同意后核准，并采取措施，防止污染环境。

三、《城镇排水与污水处理条例》相关条款

《城镇排水与污水处理条例》是为了加强对城镇排水与污水处理的管理，保障城镇排水与污水处理设施安全运行，防治城镇水污染和内涝灾害，保障公民生命、财产安全和公共安全，保护环境制定。该条例于2013年10月2日公布，自2014年1月1日起施行。相关重点条款摘要如下：

第三十条 城镇污水处理设施维护运营单位或者污泥处理处置单位应当安全处理处置污泥，保证处理处置后的污泥符合国家有关标准，对产生的污泥以及处理处置后的污泥去向、用途、用量等进行跟踪、记录，并向城镇排水主管部门、环境保护主管部门报告。任何单位和个人不得擅自倾倒、堆放、丢弃、遗撒污泥。

第八章 污泥处理处置的运行检查

第一节 运行巡查

一、筛分、洗砂、均质、浓缩

(一) 筛 分

每日检查格栅的运行稳定性，有无振动或异响；每日查看冲洗水压力；每日检查孔板过泥能力和滤网堵塞情况；每日检查并记录除渣情况；每日检查附属管线等是否有渗漏破损情况；每日检查设备减速机等是否有明显漏油情况。

(二) 洗 砂

每日检查旋流除砂器的运转是否平稳，有无明显振动与异响；每日检查砂水分离器的除砂量；每日检查管线等是否有明显渗漏破损情况。

(三) 均 质

1. 均质池

每日检查附属搅拌器的运行情况；每日观察池内混合液液位；每日检查附属污泥泵、稀释水泵等设备运行状况。

2. 料 仓

每日检查污泥接收仓是否有大块杂物堵塞；每日检查污泥接收仓附属稀释水的压力；每日检查各料仓泥位。当采用多仓式污泥料仓贮存脱水后污泥时，应使各仓污泥量相对均匀。

(四) 浓 缩

1. 重力浓缩池

每日查看浓缩池上清液情况；每日检查重力浓缩池浮渣排放装置是否顺畅；每日检查浓缩机等运转情况。

2. 带式浓缩

每日查看网带布泥情况；每日查看滤液中的含固量情况；每日检查冲洗水喷嘴等是否堵塞。

3. 离心浓缩

每日巡视检查闸门阀门的启闭状态；每日检查是否有严重堵料情况；每日检查设备是否噪声异常，且长时间存在剧烈振动等；每日查看主轴承温度是否异常；每日检查油管等渗漏情况。

4. 转鼓浓缩

每日巡视检查阀门开启情况；每日检查是否有滤液堵塞情况；每日检查设备等是否有异常噪声和异常振动情况。

5. 气浮浓缩

每日巡查查看气浮池曝气情况；每日检查查看气浮池液面浮泥情况；每日查看出泥量；每日检查压缩机等运行情况。

二、脱水、堆肥、干化、焚烧

(一) 脱 水

1. 带式脱水

每日巡视检查网带破损情况；每日检查网带布泥情况；每日检查冲洗喷嘴喷淋情况；每日检查出泥含水率情况；每日检查滤液浑浊情况。

2. 离心脱水

每日巡视检查设备有无异响及振动异常情况；每日检查设备等有无堵料情况。

3. 板框脱水

每日巡视查看进泥泵及管线是否有异响及明显振动情况；每日查看板框滤网是否有破损情况；每日查看板框污泥脱板情况是否正常；每日巡视查看各工序阀门启动情况；每日查看压缩机运行情况；每日查看滤液浑浊情况。

(二) 堆 肥

每日巡视查看条垛物料的颜色情况；每日巡视查看曝气风机运行情况；每日巡视检查现场温度、溶解氧等仪表运转情况。

(三) 干 化

1. 流化床干化

每日从观察孔查看流化床内物料状况；每日检查附属设备进泥泵、破碎机、斗提机等设备运转情况；每日检查附属锅炉运转情况；每日检查流化床气体分析仪的运行情况。

2. 转盘干化

每日检查蒸汽压力；每日检查进泥泵情况；每日检查干化机等是否有异常噪声及振动异响。

(四) 焚 烧

每日巡视查看焚烧炉附属管线是否有渗漏情况；每日巡视查看焚烧炉灰仓系统是否运转正常；每日检查焚烧炉烟气回收系统是否运转正常。

三、热水解、厌氧消化、沼气利用

(一) 热水解

每日巡查料仓配电室和热交换间配电室，看运行信号是否正常，有无异常情况；每日巡查料仓底部是否有渗漏，中部液压站、滑架、螺杆泵工作状况，顶部阀门、料位计、冲洗水运行是否正常；每日巡视热水解生产线，观察有无气体、蒸汽和污泥泄漏，注意预防高温烫伤和释放压力；每日巡视检查热水解工艺气处理装置及管线，观察是否存在冷凝水积存情况；每日巡检热交换间循环泵、温度、压力、流量、稀释水箱液位是否正常，管线有无振动、泄漏情况。每日检查消化接力泵润滑油油位、软化水管道压力等是否正常。

(二) 厌氧消化

每日查看消化池进出泥管线渗漏情况；每日巡视查看附属设备(泵及压缩机)的运行情况；每日巡视查看消化池换热器的运行情况；每日查看消化池浮渣情况；每日从消化池顶部观察窗查看消化池内泡沫情况；每日检查消化池搅拌器；每日重点查看叶轮(桨叶)、连接螺栓、主轴与轴套、连锁系统、轴承、密封件和填料；每日检查消化池附属沼气压缩机，每日重点查看过滤器、润滑油油温和油压以及设备有无异常振动和噪声等。

(三) 沼气利用

每日巡视检查沼气管线是否有明显异味；每日检查沼气管线冷凝水井或冷凝结水罐水位情况；每日查看沼气脱硫系统的温度是否异常；每日查看沼气柜的液位或者容积是否异常；每日查看沼气安全阀或安全水封的情况。

第二节 仪器测量

一、筛分、洗砂、均质、浓缩

(一) 筛 分

采用流量计记录筛分系统的进泥量；采用压力计记录冲洗水系统的压力。

(二) 洗 砂

采用流量计记录洗砂系统的进泥量；采用压力计测量旋流除砂器的进口压力；采用污泥浓度计测量洗砂前后的污泥含水率。

(三) 均 质

采用流量计记录稀释水的用量；采用污泥浓度计测量均质前后的污泥含水率；采用液位计测量均质池的液位。

(四) 浓 缩

采用污泥浓度计测量浓缩前后的污泥含水率；采用流量计记录浓缩的处理泥量；采用污泥界面计测量浓缩池泥层高度。

二、脱水、堆肥、干化、焚烧

(一) 脱 水

采用流量计记录脱水的处理泥量；采用压力计测量冲洗水系统的压力；采用流量计记录絮凝剂投加量；采用污泥浓度计测量脱水滤液的固含量。

(二) 堆 肥

采用在线溶解氧仪测量氧气含量；采用在线温度计测量条垛温度；采用地秤计量调理剂投加量；采用地秤计量堆肥处理泥量。

(三) 干 化

采用在线温度计测试干化温度；采用在线气体分

析仪测量流化床内的气体成分(如氧气含量等);采用在线气体分析仪测量流化床内的气体成分(如一氧化碳含量等);采用在线压力计测量容器内的压力;采用流量计记录进泥流量、蒸汽供给量。

(四)焚 烧

采用在线温度计测量焚烧炉内温度;采用在线压力计测量炉膛压力;采用流量计记录流化风量。

三、热水解、厌氧消化、沼气利用

(一)热水解

采用压力计测量浆化罐、反应罐和闪蒸罐的压力;采用流量计记录浆化罐和闪蒸罐的排泥量;采用温度计测量浆化罐、反应罐和闪蒸罐的温度。

(二)厌氧消化

采用压力计测量厌氧消化池的气相空间的压力;采用温度计测量厌氧消化池内的污泥温度和换热器的介质温度;采用在线气体分析仪测量沼气中的气体成分;采用流量计记录沼气产量。采用液位计测量厌氧消化池的液位。

(三)沼气利用

采用压力计测量沼气管线的压力;采用流量计记录沼气管线的流量;采用物位计测量沼气柜内的沼气存储量;采用甲烷计测量沼气柜外的沼气泄漏量。

第三节 采样检测

一、筛分、洗砂、均质、浓缩

(一)筛 分

取泥样,查看筛分前后污泥中絮状物的变化。

(二)洗 砂

取泥样,测量洗砂前后的污泥含水率、污泥中有机物含量。

(三)均 质

取泥样,测量均质前后的污泥含水率。

(四)浓 缩

取泥样,测量浓缩前后的污泥含水率;测试滤液的悬浮物。

二、脱水、堆肥、干化、焚烧

(一)脱 水

取泥样,测量脱水前后的污泥含水率;取水样,测量滤液的悬浮物(SS)、氨氮、化学需氧量(COD)、总氮(TN)、总磷(TP)。

(二)堆 肥

取泥样,查看堆肥成品的含水率、有机份和种子发芽指数。

(三)干 化

取泥样,查看干化后泥饼的含水率。

(四)焚 烧

取泥样,对污泥的含水率、有机份进行测量。

取气样,对焚烧烟气中的氧气浓度、氮氧化物、硫化物等进行分析。

取水样,对焚烧系统的废水进行COD、BOD、SS等化验检测。

取焚烧炉渣,委托专业机构进行废物鉴定。

取焚烧后的飞灰,委托专业机构进行废物鉴定。

三、热水解、厌氧消化、沼气利用

(一)热水解

取泥样,测量热水解前后污泥的含水率、有机份、挥发性脂肪酸、碱度等。

(二)厌氧消化

取泥样,测量厌氧消化前后污泥的含水率、VFA、ALK、氨氮、pH。

取水样,测量消化池上清液的SS、COD、总磷、TN、氨氮。

取气样,测量沼气的成分,如甲烷、硫化氢含量等。

(三)沼气利用

取气样,测量沼气中的成分,如甲烷、硫化氢等含量。

取水样,测量湿式气柜水槽中的pH。

第四节 运行评估

一、筛分、洗砂、均质、浓缩

(一)筛 分

采用除渣率来衡量筛分效果，即每日除渣量的重量除以筛分系统的日进泥量所得的百分比。一般除渣率大于1%为运行良好。

(二)洗 砂

采用除砂率来衡量洗砂效果，即每日除砂量的重量除以洗砂系统日进泥量所得的百分比。一般除砂率大1%为运行良好。

(三)均 质

测量均质后污泥的含水率与目标值进行对比，数值一致则为运行良好；反之，则为运行异常。

(四)浓 缩

测量浓缩后污泥的含水率与目标值进行对比，数值一致则为运行良好；反之，则为运行异常。

二、脱水、堆肥、干化、焚烧

(一)脱 水

测量脱水后污泥的含水率与目标值进行对比，数值一致则为运行良好；反之，则为运行异常。

通常，带式脱水机和离心脱水机脱水后泥饼含水率应小于80%；板框脱水机脱水后泥饼含水率应小于60%。

(二)堆 肥

污泥稳定熟化后，有机物分解率应在25%~40%；含水率不宜高于35%。

(三)干 化

测量干化后污泥的含水率与目标值进行对比，数值一致则为运行良好；反之，则为运行异常。

(四)焚 烧

污泥在焚烧炉内得到充分燃烧，焚烧炉渣热灼减量应小于5%。

第九章
污泥处理处置的工况调整

第一节 运行基本操作

一、筛分、洗砂、均质、浓缩

(一) 筛 分

筛分的基本操作包括进泥、冲洗、压榨等环节。操作单元由进泥系统、冲洗系统、格栅、压榨机等构成。

1. 作业要求

(1) 设备启动前检查：检查控制箱连接线路、减速机润滑油油位、进出水管路和反冲洗管路连接的密封性等。

(2) 设备启动步骤：控制箱供电、检查指示灯、选择控制方式、按下启动按钮，按顺序依次进行。

(3) 系统运行过程中定时检查设备运转稳定性、冲洗水压力和喷射角度、孔板过水能力和堵塞率、出渣情况等，出现紧急情况应立即按下急停按钮，设备停运后及时进行故障排查。

2. 作业流程

1) 手动控制运行

(1) 将转换开关打到手动状态。

(2) 使用手动按钮依次开启冲洗水电磁阀、进泥阀门、滚筒格栅驱动电机、螺旋输送器、螺旋压榨机。

(3) 开启进水阀门向设备进水，运转24h检查设备过水能力、网孔堵塞情况、出渣情况和设备本体机械稳定性。

2) 自动控制运行

(1) 将转换开关打到自动状态。

(2) 按下启动按钮，冲洗水电磁阀、进泥阀门、滚筒格栅主机、螺旋输送器、螺旋压榨机依次自动开启。

(3) 开启进水阀门向设备进水，运转24h检查设备过水能力、网孔堵塞情况、出渣情况和设备本体机械稳定性。

(二) 洗 砂

洗砂的基本操作包括沉砂、砂水分离等环节。操作单元由旋流沉砂器、砂水分离槽等组成。

以旋流除砂器和砂水分离器为例，砂水分离基本操作如下：

1. 作业要求

1) 旋流除砂器作业要求

(1) 启动前应确认所有的管道阀门处于打开位置。

(2) 避免空气进入旋流除砂器。

2) 砂水分离器作业要求

(1) 定期检查衬板，一般每半年需要更换衬板，防止机体被磨透。

(2) 定期检查无轴螺旋的厚度和宽度，磨损严重需要立即更换。

(3) 砂水分离器在运行中应该处于平稳状态，如果砂水分离器出现振动和晃动现象，要及时停机做进一步检查。

(4) 由于砂水分离器采取的是自动化时序控制，所以在没有专业人员指导下，严禁改动设备运行参数。

(5) 检修时，一定要确定设备处于就地停止状态。

2. 作业流程

1) 手动控制运行

(1) 将转换开关打到手动状态。

(2) 使用手动按钮依次开启除砂泵后阀门、除砂泵、旋流除砂器、砂水分离器。

(3) 电机、减速机、轴承工作时温度过高或发出异常声响应立即停机检查，排除原因后才能投入运行。

2) 自动控制运行

(1) 将转换开关打到自动状态。

(2) 按下启动按钮，冲洗水电磁阀、进泥阀门、滚筒格栅主机、螺旋输送器、螺旋压榨机依次自动开启。

(3) 电机、减速机、轴承工作时温度过高或发出异常声响应立即停机检查，排除原因后才能投入运行。

(三) 均 质

均质(以加水稀释为例)的基本操作包括进泥、加稀释水、混合搅拌、螺旋输送等环节。

1. 作业要求

(1) 稳定均质池应每2h巡视1次。应观察池内混合液液位及搅拌器、污泥泵等设备运行状况。

(2) 运行管理人员应定期对搅拌器等池内设备进行检修。因为搅拌器叶片上经常会缠绕杂物，影响搅拌效果，不及时清理还会使电机过载运行，发生故障，直接影响均质效果，在检修搅拌器的同时，还应检修搅拌器的固定装置和提升装置，保障搅拌器的正常运行。

(3) 污泥含水率是均质池重要的运行参数，是判断其是否运行正常的一个指标。适宜的污泥含水率，有利于后继污泥的消化和机械脱水。

2. 作业流程

(1) 根据进入均质池的污泥量，自控设定稀释水投加比例和搅拌器开启时间、搅拌时长和搅拌器停止时间。

(2) 待进泥量停止后，根据自动设定均质池启动排泥程序进行排泥操作。

(3) 可根据均质后污泥含水率的情况，手动或自动增减稀释水的投加比例。

(四) 浓 缩

浓缩(以重力浓缩池为例)的基本操作包括进泥、排泥、排上清液等环节。

1. 作业要求

(1) 重力浓缩池宜连续运行。

(2) 当浓缩池进泥的污泥量较少，或者浓缩池由于连续排泥导致浓缩池排泥含水率较高时，可以间歇运行。

(3) 对于间歇排泥的浓缩池应根据进泥量来制订合理的排泥周期。当浓缩池进泥量较多而排泥周期过长时会导致污泥在浓缩池停留时间过长，可能出现污泥腐败上浮等现象。

(4) 当浓缩池沉淀污泥大量堆积或桥架上同时有多人时，易造成刮泥机的过载而损坏设备，所以刮泥机不能长时间停机或超负荷工作。

(5) 关注浓缩池排上清液的情况，并及时清理确保上清液管通畅。

2. 作业流程

(1) 启动重力浓缩池进泥泵。待浓缩池液位超过浓缩机底部刮板时，启动浓缩池。可根据浓缩效果调整浓缩机的转速。

(2) 观察浓缩效果，根据浓缩池浓缩效果设置浓缩池排泥时间。

二、热水解、厌氧消化、沼气利用

(一) 热水解

热水解的基本操作包括进泥、预热、加压、反应、释压、换热等环节。

1. 作业要求

(1) 应通过调整预脱水机的进泥量、加药量、差速度等运行参数，保证热水解进泥含固率稳定在16%~18%。

(2) 应确保热水解反应罐保压压力为6bar*(165~170℃)，30min，确保水解效果。

(3) 应通过控制一次稀释投加比例控制闪蒸后出泥温度在80~90℃；通过控制一次冷却水温度、流量控制一次换热后污泥温度在60~65℃，再经二次稀释后，保障出泥含固率稳定在8%~10%。确保热水解出泥经二次换热进入消化池的温度在40~42℃。

(4) 锅炉房供应蒸汽应设置在10.5~11.5bar。

(5) 空压机系统为热水解气动阀门供压缩空气，压缩空气压力8~11bar，目标8.5bar可用。

(6) 稀释水系统包括一次稀释水、浆化罐稀释水、工艺气冷却水和二次稀释水，稀释水的压力应大于6bar。

(7) 要确保至少一个浆化罐循环泵可用；至少有一个反应罐可用；要确保浆化罐和闪蒸罐的最低液位运行要求。

(8) 热水解系统的启动必须全部在自动状态下运行，不得手动操作运行。

2. 作业流程

(1) 热水解罐体和管路安装完毕，管路分段吹扫除去管路杂质，进行打压试验，确保管路能承受11.5bar的蒸汽压力。

---

* 1bar=0.1MPa。

(2)电气安装完毕进行单机(螺杆泵)点动确认正反转，调试压缩机。

(3)自控数据传输柜接线后，现场调试校准流量计、压差式液位计、压力表、稀释水阀、气动阀门等仪表。

(4)启动时，可采用再生水或自来水由料仓注入浆化罐至浆化罐运行的最低液位值，然后逐渐增加进泥量至工作负荷。

(二)厌氧消化

厌氧消化的基本操作包括进泥、排泥、加热、搅拌、排浮渣等环节。

1. 作业要求

(1)消化池完成气密性试验。

(2)消化池附属泵、搅拌器、换热器、管线和阀门完成性能测试。

(3)气柜、废气燃烧器、沼气脱硫、锅炉等沼气利用设备设施正常。

(4)消化池配套自动系统完成测试。

(5)消化池灌注再生水(或自来水)至工作液位。

(6)消化池内温度达到工作温度要求。

2. 作业流程

(1)开启消化池进泥泵，同时开启消化池排泥泵或完成消化池排泥方式的设定(溢流排泥或者利用排泥阀排泥)。

(2)启动消化池循环加热泵(或换热泵)，根据消化池运行温度设置热媒或者冷媒的流量和温度。

(3)启动消化池的搅拌(压缩机搅拌或者机械搅拌)

(4)自控监控消化池的沼气流量。

(三)沼气利用

沼气利用的基本操作包括排放冷凝水、除杂质、脱硫等环节。

1. 作业要求

(1)消化系统产生的沼气应优先用于消化池加热，在有余量的情况，用于沼气利用设备。多余的沼气应通过废气燃烧器消耗。

(2)沼气柜存储沼气应设置存储上下限值。

(3)沼气管线上应设置沼气除水、除尘、沼气脱硫等净化装置。

(4)沼气系统应设置安全阀，包括正压和负压安全装置。

(5)沼气系统应设置阻火罐或阻火器等安全装置。

2. 作业流程

(1)打开沼气管线上的阀门，确保沼气能够顺利通过卵石过滤器、气柜、脱硫塔，能顺利进入沼气锅炉和废气燃烧器等。

(2)检查沼气管线的冷凝水罐确保冷凝水排放通畅，沼气管线压力平稳。

(3)根据沼气产量、现况沼气利用设备的情况和气柜的存储量，合理启动废气燃烧器。应注意气柜要设置最高及最低料位。

三、脱水、堆肥、干化、焚烧

(一)脱 水

以板框脱水机为例，脱水的基本操作包括进泥、加药、混合、卸泥、冲洗等环节。

1. 作业要求

(1)开机前应仔细检查各连接处是否牢固，各零部件使用是否良好。

(2)应对轴承、活塞杆等零件检查，使各配合部件保持清洁，润滑性能良好。

(3)要检查液压元件及各接口处的密封性。

(4)要对滤布进行仔细检查，保证其无折叠、无破损、不夹杂其他杂物，确保表面整洁，以保证过滤效果。

(5)选定板框机的运行方式，一般设置自动运行模式。根据设备厂家相关建议设置压榨、冲洗、反吹等模块的时间参数，在实际工作中再根据各工序的处理效果进行参数调整。

2. 作业流程

(1)压紧滤板：通过压紧油缸(或者其他的压紧机构)工作，使动板向定板方向移动，把两者之间的滤板压紧。在相邻的滤板间构成封闭的滤室。

(2)压滤过程：通过给料泵(隔膜泵)将污泥输送到滤室里，充满后，压滤开始，借助压力泵或压缩空气的压力，进行固液分离。

(3)松开滤板：利用拉开装置将滤板按设定的方式、设定的次序拉开。

(4)滤板卸料：通过拉开装置相继拉开滤板后，滤饼借助自重脱落，由下部的运输机运走。

(二)堆 肥

堆肥的基本操作包括进泥、添加辅料、混合、堆垛、翻垛、曝气等环节。

1. 作业要求

(1)采用静态堆肥方式处理的污泥堆肥条垛一般垛体堆置为宽 5~7m，高 1.4~1.6m，长度可根据现场具体情况确定。

（2）夏秋季节气温高，条垛易升温，物料配比可设置为返混物料：湿污泥＝250：100。由于冬季低温需要降低返混物料含水率，故冬春季物料配比可设置为返混物料：湿污泥＝300：100。

（3）春秋季混合后物料含水率应为53%左右，冬春季混合后物料含水率宜在50%左右。

2. 作业流程

（1）通过铲车或专用物料混伴装置按照一定比例把污泥和调理剂混合。

（2）将混合物料转运到堆肥床，形成堆肥条垛。

（3）启动曝气风机和除臭风机。

（4）在堆肥周期内观察条垛温度和氧含量的变化。

（5）根据条垛物料颜色进行翻垛等操作。

（6）堆肥周期完成后，进行后继筛分、包装、存储等工作。

（三）干 化

以流化床干化为例进行介绍：

1. 作业要求

（1）应检查并确保气体回路中的氧含量小于5%。

（2）干化系统进泥的污泥泵必须在自动模式下进行。

（3）干化系统的运行必须按自动程序完成；运行中应监视干化机的流化状态和床体的温度等各类参数值的变化。

（4）干化系统的设备及各部件间的连接口、检查孔应保持良好的密封性。

2. 作业流程

1）基础功能的启动

（1）启动供水到冷凝器和洗涤器。

（2）启动所有把干颗粒从流化床输送到干颗粒料仓的机械输送设备。

（3）启动冷却器循环空气回路风机。

（4）启动流化床循环空气回路风机。

2）生产功能的启动

（1）热油单元启动，为干化系统提供热能。

（2）如果流化床或冷却器回路中的含氧量高于预先设定值，启动烟道气供给流化床和冷却器回路。

（3）流化床内换热器加热的时候，流化床的温度开始上升。

一旦流化床的出气温度达到预先设定值（如75℃），污泥投加系统启动两台螺杆泵。到达第二个预先设定温度（如77℃）后，启动第三台螺杆泵。到达第三个预先设定温度（如79℃）时，启动第四台螺杆泵。

流化床的出气温度是通过调整螺杆泵的转速进而调整污泥投加量来控制的。流化床的出气温度应控制在80~85℃，如果达到上限95℃并继续上升，则开启第五台螺杆泵，直到温度开始下降为止。一旦流化床换热器的导热油达到预先设定温度，并且流化床的出气温度达到标准设置点，启动过程便完成并进入全自动运行模式。

3）干化系统正常操作

系统启动后，所有设备由控制系统全自动操作。应关注并监控设备及仪表的状态。可通过流化床玻璃视窗来观察流化状态，判断生产颗粒的大小。

（四）焚 烧

焚烧的基本操作包括进泥、焚烧、烟气处理等环节。

1. 作业要求

焚烧炉启动前应对系列部位进行检查，具体如下：

（1）流化空气风室、风帽、流化风机、管道和流化床砂层。

（2）耐火砖、辅助油喷枪、流化床温度传感器及保护管、底部出灰斜槽。

（3）燃烧器耐火材料、喷嘴、燃烧器空气风门。

（4）加热面、烟道气管道和引风机。

（5）燃料投入机及其转子和壳体。

（6）防爆门和开孔的耐火材料。

污泥焚烧应在自控状态下进行。

2. 作业流程

（1）打开计算机主机，按"启动"按钮，系统自动启动。

（2）在系统运行过程中监控炉温、灰仓、臭气等系统。

（3）应根据炉温，关注辅助燃料的使用情况，避免炉温升温过快。

（4）应关注并监控烟气中的氧气含量。

第二节 运行稳定调节

一、筛分、洗砂、均质、浓缩

（一）筛 分

根据处理泥量情况，及时调整筛分设备的使用台数。

根据筛网堵塞情况，及时调整冲洗时间。若有可能,进行冲洗喷头角度的调整。

根据出渣情况,及时调整栅渣压榨机的自动设置。

(二)洗 砂

根据处理泥量情况,及时调整洗砂设备的使用台数。

根据砂水分离后的污泥含水率情况,及时调整排砂和排泥量。

(三)均 质

根据调质前的污泥含水率和目标含水率目标值,计算需要添加的稀释水量,并实施。

观察现场调质过程中的污泥颜色、性状变化,及时调整稀释水投加量和搅拌强度。

有条件的话,可通过调整搅拌器的角度调整搅拌方式。

(四)浓 缩

对于重力浓缩池根据浓缩池上清液的情况,调整浓缩机的转速和浓缩泵的排泥量。对于机械浓缩(如离心浓缩、带式浓缩、转鼓浓缩),通过预定的加药量对污泥进行调质,并观察浓缩后的污泥含水率和浓缩滤液情况。一般来说,滤液为澄清状态,无污泥等悬浮杂质。对于气浮浓缩,要根据上浮的污泥气泡来观察投药量和曝气强度。

当污泥流量发生变化时,加药量应进行调整,一般按污泥流量变化的正相关性进行调整。

当浓缩滤液逐渐浑浊,悬浮物不断升高时,应检查项目:加药泵是否正常运转,管道过滤器是否堵塞,配药浓度是否偏低,储药箱和干粉料仓是否低位,投配率是否偏低、网带是否损坏等。

若想降低处理成本,可从进泥量、加药量、排泥含水率等方面着手,通过实际工况中的摸索,找出三者的最佳配比区间,进行精细化投加。

二、脱水、堆肥、干化、焚烧

(一)脱 水

通过预定的加药量对污泥进行调质,并观察脱水后的污泥含水率。一般来说,滤液为澄清状态,无污泥等悬浮杂质。

当污泥处理量增加时,相应的加药量要进行对应的调整,随污泥瞬时流量的增加而加大药剂投加量。当污泥处理量变小时,相应的加药量要随污泥瞬时流量的减小而降低药剂投加量。当污泥流量长时间高于额定处理流量时,需要考虑增加滤布的冲洗频次及时长。反之,若长时间处于小流量处理过程,则可以适当减少滤布的冲洗频次及时长。

(二)堆 肥

按照预定的堆肥周期,进行混料、堆肥,并记录垛体温度、测量熟料的含水率。堆肥工况要及时进行调整,若进厂污泥量增大,在混合物料配比不变的情况下,需通过增加调理剂的添加量,来完成当日处理量。若进厂污泥量减少,可延长主发酵周期,及时调整曝气风量,增大返混物料量,降低调理剂配比。

秋冬季温度低,可增加调理剂和返混物料配比,降低鲜污泥处理能力,增加单条垛(槽)进料总量来保证物料最大程度正常升温,同时可增长曝气风机运行间隔时间,减少翻抛次数,防止堆肥物料温度散失。

春夏季温度高,可降低调理剂和返混物料配比,增加鲜污泥处理能力,缩短曝气风机运行间隔时间,增加翻抛次数,加快水分散失速率,缩短主发酵周期。

堆肥过程中,运输、装卸设备投入量大,可通过合理规划运输路线、不跑空趟、不压车等运行调控措施降低设备投入,降低运行成本。

(三)干 化

干化系统应严格实施自动运行模式,运行中密切监控温度和污泥的干化状态,观察干化后污泥的性状。

对于流化床干化工艺来说,干污泥颗粒粒径大小对流化床干化工艺有着重要影响。干污泥颗粒粒径过大,会导致整个系统的换热效率降低,从而降低处理脱水泥饼的能力;干污泥颗粒粒径过小,又容易使系统中产生大量的粉尘,加大混合器的运行压力。粉尘量过大会造成系统中的一系列问题:容易在鼓风机叶轮上附着导致动平衡失效,影响风机的运行状态;容易堵塞喷淋系统的喷嘴;加剧流化床内部换热器的磨损等等。因此需要对干污泥颗粒粒径进行随时的监控,出现问题及时处理。

干污泥颗粒粒径受到破碎机转速的影响,破碎机转速与颗粒粒径成反比关系,破碎机转速越高,干污泥颗粒粒径越小;反之,破碎机转速越低,干污泥颗粒粒径越大。每日在化验室通过筛分机对颗粒粒径进行测量分析,并根据分析结果适当对破碎机转速进行调整,有利于生产的稳定运行。

(四)焚 烧

按照预定的进泥量进泥,观察焚烧炉内物料、温度、压力变化。一般应尽量降低进入焚烧炉的污泥含水率，进而减少辅助燃料的使用量。及时监控焚烧炉配套除尘系统、烟气回收系统的运行情况。

三、热水解、厌氧消化、沼气利用

(一) 热水解

根据污泥处理量，通过自控预设处理批次和稀释水量并实施。整套系统为自控操作，严禁手动运行。

根据闪蒸后污泥的温度变化，调整后继换热器的使用台数和换热量。

(二) 厌氧消化

根据处理泥量，设置消化池进泥时序、排泥方式。消化池内污泥换热采用自动程序，自动调节无须手动。

根据消化池内污泥化验指标(氨氮、VFA 和 ALK 等)，调整消化池的进泥量。

根据消化池顶部浮渣情况，调整破浮渣的程序并进行排浮渣操作。

(三) 沼气利用

沼气利用设备均为专门设备，均为自动运行。

根据沼气利用设备的情况和沼气柜存储情况，合理调整废气燃烧器的开启台数，确保沼气系统安全。在实际运行中要确保气柜有一定的沼气存储量。

根据脱硫前后沼气中的硫化氢含量变化，调整脱硫装置的投运情况。

第三节 运行故障处理

一、筛分、洗砂、均质、浓缩

(一) 筛 分

筛分设备故障时，有备用设备的，应紧急启动备用设备；无备用设备的，应紧急启动筛分相关跨越管，确保污泥及时进入下一工艺环节。

筛分设备出现运行故障(如筛孔堵塞)，一般应停机，采用手动的方式加强冲洗堵塞物；若堵塞严重，需要拆除筛网进行清理。如果因毛刷磨损影响冲洗，应及时更换毛刷。如果因冲洗水压力不够，影响冲洗效果时，应稳定并调高冲洗水压力。

(二) 洗 砂

洗砂设备故障时，有备用设备的应紧急启动备用设备；无备用设备的应启动洗砂跨越管，确保污泥及时进入下一工艺环节。

洗砂设备出现运行故障时，一般需停机进行设备维修，待维修完毕后再投入使用。

(三) 均 质

均质设备一般运行故障主要为搅拌器故障，导致搅拌装置无法使用；若稀释水添加比例不合理，也会导致均质后污泥含水率过高或过低。一般应及时维修搅拌器设备或者通过添加污泥重新调整泥质等。

(四) 浓 缩

浓缩设备出现故障且影响到污泥处理量时，可实施部分或全部污泥未经浓缩直接进入下一污泥处理环节。常见的机械故障有网带破损、转鼓筛网出现堵塞、离心机转鼓出现明显振动等。除设备故障外，浓缩的运行调整主要是进行加药量的调整。例如，浓缩后的污泥含水率高，一般在同样进泥的情况下，调整加药量或者更换药剂种类。有时也通过增加冲洗频次或减少进泥量来调整。但是一般情况下，不建议进行进泥量的调整。因为浓缩系统的进泥量一旦减少，可能导致部分污泥得不到浓缩处理，进而加重后继处理设备设施的负担。

二、脱水、堆肥、干化、焚烧

(一) 脱 水

1. 带式脱水

对于带式脱水机，除设备故障必须停机进行维修外。在实际运行中，常见的故障包括：泥药混合效果差、带速不合理、网带张力不合理、刮板位置需调整等。

1) 泥药混合效果差

带式脱水机泥药混合效果不佳，会影响带式脱水的效果。一般存在两种情况(假定所选絮凝剂和泥质适合的情况下)，即加药量偏小和加药量偏大。

在加药量过小时，进泥不能充分絮凝，导致泥水分离效果变差，渗水速率变慢，同时使得网带堵塞的可能性加大，导致污泥水分去除不充分。由于楔形区和挤压区对污泥含水率有上限要求，大于上限会导致挤压区局部挤泥，严重时会导致重力区跑泥，最终导致泥饼的含水率偏高。

加药量过大时，泥药的混合絮团会变得比较大，由于絮凝剂黏度较大，泥水分离效果变差；同时过量的药会混于滤液中，使得网带极易堵塞，导致网带渗水效果变差，最终产生的影响将和加药量过小时的情况一样。

影响泥药混合效果的因素主要是絮凝剂的选型、溶药装置的选择及搅拌效果、混合管线的长度、药泵的输送压力以及混合装置的选择等几个方面。前者是在运行时需要考虑的首要因素，受到泥质的影响；后几个因素可考虑通过后继改造实施。

2) 带速控制不合理

带速控制是脱水机运行过程中一个非常重要的参数，带速的快慢极大地影响了脱泥的质量。带速过慢，单位时间内设备的处理量降低，导致污泥在设备区堆积，造成重力区的跑泥和挤压区的挤泥。因此，在处理量一定的情况下，必然要求有一定范围的带速与之相适应。反之，如果带速过快，来泥中含有的大量水分在重力区来不及渗出，同样会造成重力区跑泥和挤压区挤泥，出泥效果变差。

需要说明的是，在一定的处理情况下，在合适的带速范围内，带速越慢，渗水效果相对越充分，泥饼厚度越厚，含水率也越低。

3) 网带张力控制不合理

网带张力同样是影响脱水机出泥效果的一个重要因素，要使得正常情况下的毛细水被压出，必须保证网带一定的张力。对于设计好的脱水设备而言，张力存在一个设计范围。如果张力过小，会存在网带张不紧的情况，轻时会使得毛细水在挤压区无法充分挤出，从而造成泥饼含水率偏高，严重时会导致网带打滑无法驱动；相反，如果张力过大，网带驱动负荷增大，泥饼在挤压区容易被挤出，从而影响泥饼的产量，同时，网带会过快地发生松弛，甚至断裂，影响使用寿命。

值得注意的是，在满足工艺要求和设定范围的情况下，可以适当调大网带的张力，改善并降低泥饼含水率。

4) 冲洗效果不良

冲洗效果是脱水设备运行可靠性的重要影响因素，冲洗效果不佳会影响网带渗水效果，泥饼的含水率会升高，严重时会发生跑泥和挤泥。冲洗效果的好坏取决于冲洗系统的选择，关键在于喷嘴系统（包括冲洗喷头的数量、形式、喷嘴口径的大小以及冲洗水管的粗细）网带以及水泵的选择，具体的参数要求为冲洗水压和水量，在脱水设备、冲洗设备和网带选型已定的情况下，确保喷嘴和冲洗水过滤器不堵塞，才能保证网带得冲洗效果。可通过定期在线和离线清洗疏通喷嘴来改善冲洗效果。

5) 刮泥效果不好

刮泥效果会影响网带的运行，从而造成恶性循环，导致网带渗水效果降低，泥饼的含水率提高。刮泥效果的好坏，取决于刮板的安装角度和磨损情况，过紧会刮蹭网带，从而影响网带使用寿命。在实际运行过程中，可通过调整刮板来改进刮泥效果。

2. 离心脱水

离心脱水机的常见故障除设备故障必须停机外，运行上常见故障有泥饼含水率高，出料堵塞等。

1) 泥饼含水率高

离心浓缩机的泥饼含水率高时，需检查泥药混合情况，是否存在进泥量增加但用药量没有及时调整的情况；或者进泥量增加但浓缩机的转速没有及时调整的情况。

2) 出料堵塞

浓缩机出料堵塞，主要是因为没有及时调整浓缩机的转速，或者有大块物料堵塞出料口，没有进行及时清理。

3. 板框脱水

板框脱水的故障除设备故障外，运行中常见的故障就是处理量下降。处理量下降可能是压滤机出现问题，可以根据板框出泥泥饼状态判断隔膜压滤机运行状态。若泥饼厚而密实，不易断裂，没有明显的液体渗出，则表明隔膜压滤机运行良好，设备可以进行下一批次的运行。如果泥饼薄，易断裂，则表明隔膜压滤机进料可能存在不充分的情况，此时应该尽快检查进料泵或滤布的状态，需要及时清洗滤布，并检查冲洗水的压力，尽快恢复滤布的透水性能。此外，处理量下降，也可能是泥药混合出现问题，应及时查找药剂投配情况。在药剂投配情况不变的情况下，还需查看泥药混合装置，如搅拌器是否正常等，确保泥药混合均匀。

(二) 堆 肥

1. 静态堆肥

静态堆肥运行中出现的故障一般为曝气系统故障。主要是曝气风机出现故障，导致条垛供气量较低。一般应及时开启备用风机。此外，由于条垛的曝气管线也会存在堵塞等，应定期清理维护曝气管线。

2. 槽式堆肥

槽式堆肥运行中经常出现的故障是翻抛机故障。应及时进行设备维修维护。此外，曝气系统也会出现曝气风机故障等。

(三) 干 化

1. 流化床干化

流化床干化的运行故障主要分为两方面，一方面是因进泥中毛发等絮状物较多，容易在流化床内形成闷燃，主要通过加强污泥前期预处理避免这种情况发生。另一方面，流化床极易出现设备故障，主要有进泥破碎机出现故障、热油管出现磨损等。出现设备故障应及时维修。此外流化床系统的气体分析仪也容易出现故障，应该加强设备维护维修。对于流化床导热油管出现泄漏的故障，应立即停产并采取相应的堵漏措施。

2. 转盘干化

转盘干化的故障多是蒸气供给压力不足和进泥泵出现机械故障。蒸气压力不足需检查蒸气供给管线和蒸气供给设备。进泥泵故障一般由进泥中絮状物较多引起；有时进泥泵的动力系统如液压系统出现故障也会导致进泥量较少。有时也存在进料的含水率过低导致污泥泵的故障。对于污泥含水率过低导致的进泥泵故障可通过添加稀释水处理。

(四) 焚 烧

污泥焚烧经常出现的问题有焚烧炉床面结焦（床面温度过高），此时应减少燃料量或者增加通风量，若已经不能正常流化，应立即停炉处理。若出现炉膛温度急剧增加、氧气含量急剧下降等情况，应立即停炉检查管线的密闭性。若炉膛内压力急剧增加且从观察孔处发现有烟火，应立即停炉检查。

三、热水解、厌氧消化、沼气利用

(一) 热水解

热水解的运行故障主要有温度异常、压力异常和液位异常等。

1. 温度异常

热水解温度异常主要包括浆化罐和闪蒸罐内污泥的温度异常。浆化罐温度异常，主要是浆化罐污泥温度低报警，分析原因是来泥温度较低，污泥循环搅拌不均匀等导致的。解决措施是检查污泥循环泵，确保搅拌正常；通过前期污泥管线保温，确保一定的进泥温度；检查回流蒸汽的阀门是否正常启闭。闪蒸罐内污泥温度异常主要是闪蒸罐后污泥温度高，分析原因是稀释水的添加量异常导致的。稀释水添加量较少时，可导致闪蒸罐出泥温度异常高。还有一种温度报警是热水解工艺气温度高报警。需检查工艺气冷却水系统。温度异常值是相对照设置温度值而言。

2. 压力异常

热水解压力异常，主要表现为热水解浆化罐压力异常。主要是有无工艺气管线出现故障，导致浆化罐压力升高，进而导致整个系统自动退出的情况。一般是检查工艺气管线，及时排放工艺气管线的冷凝水。

此外，热水解压力异常还多表现为污泥管线堵塞或排泥不畅，导致排泥泵或搅拌循环泵压力异常高而报警。

3. 料位异常

热水解系统料位报警，多表现在浆化罐、闪蒸罐、反应罐料位过高或过低。料位过高，会导致罐体压力增加；料位过低，易导致罐体出现负压。料位异常多为罐体相关的管线堵塞进排泥不匹配导致，应检查附属进排泥泵及管线。

4. 附属系统异常

热水解的附属系统包括污泥冷却换热系统、稀释水系统、工艺气处理系统等。

污泥冷却换热系统常见的故障是换热量降低，污泥经换热后温度较高，超过消化池设定的进泥温度范围。一般这种情况，需检查换热器堵塞情况，如需要及时清理管腔等。稀释水系统异常多为管线压力不够，需检查管路破损情况；工艺气处理系统异常，多为冷凝水无法排除或出现管线腐蚀渗漏等，需及时维修或通过反冲等方式，排除积存的冷凝水。

(二) 厌氧消化

厌氧消化系统的运行故障主要有温度异常、压力异常、pH异常和产气量异常等。

1. 温度异常

温度在消化池运行中是一个非常重要的指标，驯化后的甲烷菌对温度的变化非常敏感，温度的波动会导致消化池运行状态的变化和产气量的波动变化。

影响消化池温度的因素大致包括：进泥温度、日进泥量、日排泥量、换热器效率、热源供给量等。

进泥温度低，可通过调整加热量改进。同样，因进泥量和排泥量加大导致的污泥温度低情况，均可通过加大换热量来改善。对于因换热设备、污泥循环泵等设备导致的温度降低情况，均可通过设备维修来提升温度。对于换热器，还可通过定期清理内部腔体等，来提升换热效率。

2. 压力异常

生产运行中，消化池压力异常，除压力仪表故障外，主要的原因在于沼气管线冷凝水排放不出来或者阻火器堵塞。应及时检查沼气管线的卵石过滤器、冷凝水井，发现堵塞及时清理。关注脱硫塔前后压力，压差过大及时更换。定期清理消化池阻火器。当发现阻火器堵塞时，在保证安全的前提下，应及时进行清理。当消化池压力低时，应及时检查安全阀液位和卵石过滤器液位，并检查浮渣门密封的气密性。

3. pH异常

消化池pH异常有多种原因，在消化启动运行初期pH的变化会很大，如在运行中发现pH异常，可能的原因是消化池进泥量较多，导致消化反应不完善，进而导致污泥酸化。此时，可通过添加碳酸氢钠等碱性物质到消化池内，或者暂时停止进泥。此外，消化池搅拌不充分，也会导致消化池内pH异常，可通过调整搅拌时序解决。

4. 产气量异常

消化池产气量异常时，可能是由消化系统进泥有机负荷变化导致的。消化池应逐渐提高进泥量，不宜过快，应逐步提高负荷。每次增加进泥量不应超过100m^3/d。每次增加进泥量后应稳定运行一周，再进行下一次调整。还可检查进泥含固率和有机份含量是否偏低，如果进泥含固率和有机份含量过低，则应检查进泥来源是否出现异常。此外，还需检查消化池搅拌系统，搅拌不均匀时，也会影响消化池产气量。

(三) 沼气利用

沼气利用系统的异常表现在沼气输送管线压力较高、沼气脱硫装置运行故障、沼气存储设备故障、沼气利用设备故障以及废气燃烧器故障等。

1. 沼气输送管线压力较高

沼气输送管线压力较高，主要是沼气管线上的冷凝水较多，且现况冷凝水罐的水因管路堵塞无法排出，导致冷凝水积存在沼气管线中。解决办法是：在沼气管线压力高时，通过压力计，分段查找阻力点。对于冷凝水罐的冷凝水的堵塞可采用水反冲的办法疏通。对于沼气管线的切水罐，应每日实施排水操作。尤其是季节温差比较大的情况下，应加大冷凝水排放的操作。

2. 沼气脱硫装置运行故障

沼气脱硫装置运行故障时，一般沼气通过跨越管线进入后继处理工序中。

沼气脱硫的运行故障主要有沼气脱硫效率下降、脱硫装置温度和压力异常等，沼气脱硫的碱液管线出现堵塞等。

如果沼气脱硫效率下降，对于干式脱硫，应核算脱硫剂的硫容，进行脱硫剂的更换或再生；对于湿式脱硫，应检查碱液pH，及时补充添加碱液，并检查喷淋系统是否堵塞；对于生物脱硫，应检查曝气量、溶液的pH，并及时进行工况的调整。

3. 沼气存储设备运行故障

除气柜出现漏气外，对于干式气柜来说，常见的故障是料位计故障、气柜的进气阀门故障。在双膜气柜中，气柜的附属设备压缩机也会出现故障。对于湿式气柜来说，常见的故障是气柜料位计故障。有时，湿式气柜的导轨出现卡轨故障。

4. 沼气利用设备运行故障

沼气利用的运行故障主要有沼气进气管线冷凝水堵塞，导致压力过低，一般通过定期排放冷凝水来处理。此外，经常出现的故障是沼气发动机或沼气拖动鼓风机设备故障，需要请专门的设备厂家维修。

5. 废气燃烧器运行故障

多余的沼气一般用废气燃烧器消耗掉。通常废气燃烧器的故障为进气压力过低，一般通过及时排放沼气管线的冷凝水来处理。

第四节 运行工况优化

一、筛分、洗砂、均质、浓缩

(一) 筛 分

应根据处理泥量来决定筛分设备的开启台数。在运行过程中，及时关注除渣量，并应根据除渣情况来及时设置筛分的自动和手动强制冲洗时间。

(二) 洗 砂

根据出砂量，检查并调整砂水分离器的停留时间。

(三) 均 质

根据调质后污泥的含水率，调整均质水量、搅拌强度等。

(四) 浓 缩

应根据处理污泥的性质，及时进行浓缩药剂的调整。一般要注意季节的差异、温度变化等的影响。及时进行浓缩机冲洗水频次的调整，确保筛网、网带表面整洁。应根据进泥量的变化，污泥与药剂混合形成的絮团情况，及时调整药剂用量。

二、脱水、堆肥、干化、焚烧

(一) 脱 水

应根据泥质的情况，进行脱水药剂的筛选；要充分考虑季节、温度的不同。要根据处理泥量的情况，调整脱水设备的开启台数，保障设备的运行负荷均匀，确保生产任务的完成。要根据设备的运行效果，及时进行冲洗等操作。根据生产实际，可考虑调整压榨、反冲等时间。

(二) 堆 肥

应根据季节，进行调理剂添加量的调整。一般冬季要多于夏季。返混料也要根据处理泥量和调理剂的添加情况进行调整。要根据混合物料的情况（含水率、垛体温度等），及时进行曝气量的调整。需要的话，可通过外加堆肥特种菌剂，提高堆肥效果。

(三) 干 化

应确保进干化物料均匀，无大块杂质。一般应根据进泥的含水率调整热源供给量。

(四) 焚 烧

应确保焚烧前物料的含水率稳定，一般应根据进泥的含水率调整热源供给量。

三、热水解、厌氧消化、沼气利用

(一) 热水解

应根据处理泥量来设置处理批次。处理批次的决定因素是反应罐的最短反应时间和闪蒸罐的最短排泥时间。通过调整这两个参数，可缩短批次用时，进而增加单条生产线的能力。

应尽可能地控制进泥的含固量在 16%~18%，尽可能地减少稀释水的用量，确保消化池进泥含固量。

(二) 厌氧消化

通过降低消化池进泥含水率，在同样搅拌工况下，能提高消化池的产气量。在同样的进泥量的情况下，通过调整搅拌效果，有可能提高消化池的产气量。

(三) 沼气利用

应加强沼气脱硫系统的运行，加大沼气管线冷凝水的排放频次，确保沼气利用设备稳定运转。

应根据沼气产气量，优先保障沼气利用设备的开启台数。对于常规厌氧消化系统，要优先保障沼气用于消化池加热；对于采用热水解高级厌氧消化系统，要优先保障沼气用于沼气锅炉提供热水解所需的蒸汽。

应充分利用沼气利用设备的余热，作为常规厌氧消化池的热源。

第十章
污泥处理处置设备设施维护

第一节 常用仪器仪表

在污泥处理处置中，主要工艺控制参数的控制均通过现场各类仪表的在线测量，作为工艺控制的调控依据与控制指标。一般污泥处理工艺中，主要调控与控制参数为温度、压力、液位、流量等，所使用的常用仪表包括在线温度计、在线压力表、在线液位计和在线流量计等。

一、温度计

一般在污泥处理工艺中使用的在线温度计，多选用电阻式温度计。

电阻式温度计，也称为电阻温度探测器（RTDs），是一种通过已确定的其电阻随温度变化特性的材料所制成的温度传感器。其电阻值与温度的变化成正比。根据导体电阻随温度而变化的规律来测量温度。因为主要特性材料都是由铂制造而成，感温元件采用金属丝绕制而成，所以它通常被称为铂电阻温度计。其主要用于 -100~500℃ 的温度测试环境中。精密的铂电阻温度计，在测量范围内是被公认的最精确的温度计，误差可低至 0.0001℃，它是能复现国际实用温标的基准温度计。我国还用一等和二等标准铂电阻温度计来传递温标，用它作标准来检定水银温度计和其他类型的温度计。除铂电阻温度计外，在线电阻温度计还有铜、镍、碳锗和铑铁等其他电阻温度计。

通常在线电阻式温度计，在实际应用过程中已被明确认定为是线性的，所以在实际现场校准过程中，考虑到实际情况与条件，除非特殊要求，不再进行0℃和100℃以外的温度校准或者定点校准工作，只根据实际情况进行比较法方式进行校准。

比较校准即将被校准温度计通过温度均匀稳定的浴槽与已校准的温度计进行比较。与定点校准不同，该种校准方式可以在 -100~500℃ 的任何温度进行比较。这种校准方法比较简单，更具有成本效益。

1. 校准步骤

拆下电阻温度计，将经过热源加热的水注入容器内。将玻璃温度计固定在水槽内，与温度计探头同一深度，用万用表测量变送器阻值，并记录当时水温（如在0℃时，阻值为100Ω）。对应"电阻分度表"测量多个温度点的探头温度电阻值，检验所测的探头线性误差是否在规定范围内。若超出误差规定范围（相对误差在0.25%之内合格），应按超出范围的多少串接一个恒定值的电阻，若误差过大应更换探头。

2. 校准主要工具

校准电阻温度计一般选用的工具见表10-1。

表10-1 电阻温度计校准工具明细

物料名称（规格）	数量	物料名称（规格）	数量
水槽	1个	精密万用表	1块
热源	1个	精密水银温度计	1支

3. 校准作业注意事项

实施校核作业时，需注意操作使用标准、绝缘、安全工具。校准过程中不要强拽线缆，以免造成线缆损坏、断路等情况。电极轻拿轻放，防止磕碰损坏。应在三个不同温度中重复校准2~3次。

二、常用在线压力表

压力表是指以弹性元件作为敏感元件，测量并指示高于环境压力的仪表，应用极为普遍。但在一般污泥处理工艺中，压力值作为较为重要的工艺控制与调控指标，其数据的电子化和可采集性成为在线压力测量过程中较为重要的技术需求，所以在一般污泥处理工艺中，主要使用在线压力变送器作为压力检测仪表对系统压力进行测量。

压力变送器，是一种将压力转换成气动信号或电动信号进行控制和远传的设备。它可以将测压元件测量到的气体、液体等压力值转变成标准压力电信号或者通信协议、传送至控制系统，使控制系统可以采集到实时现场压力数据的数值与变化。

压力变送器测压元件一般为电阻应变片，电阻应变片是一种将被测件上的压力转换成为一种电信号的敏感器件。将应变片通过特殊的黏合剂紧密地黏合在产生力学应变基体上，当基体受力发生应力变化时，电阻应变片也一起产生形变，使应变片的阻值发生改变，从而使加在电阻上的电压发生变化。

压力变送器在安装过程中，除非有特殊防护等级，一般不能与腐蚀性或过热的介质接触。

安装压力变送器时，当测量液体压力时，取压口应开在流程管道侧面水平以上，以避免沉淀积渣；当测量气体压力时，取压口应开在流程管道顶端，以垂直水平为最佳，并且变送器也应安装在流程管道上部，以避免液体流入测量支管路，形成液体累积。导压管应安装在温度波动小的地方，避免温度波动对导压管的影响。测量蒸汽或其他高温介质时，需接加缓冲管（盘管）等散热冷凝器，不应使变送器的工作温度超过正常工作温度极限；冬季发生冰冻时，安装在室外的变送器必须采取防冻措施，避免引压口内的液体因结冰体积膨胀，导致传感器损坏；测量液体压力时，变送器的安装位置，应避免安装在存在液体的冲击（水锤现象）的管路上，防止传感器过压损坏；安装接线时，将供电及信号电缆穿过防水接头（附件）或绕性管并拧紧密封螺帽，以防雨水等通过电缆渗漏进变送器壳体内。如有必要使用防火泥或膨胀密封材料进行密封。

（一）校准方式

压力变送器，在实际现场校准过程中，考虑到实际情况与条件，除非特殊要求，只根据实际情况进行比较法方式进行校准。

比较校准即将被校准压力变送器与已经过校准的精密压力表在同压力值管道上进行比较。

1. 校准步骤

压力变送器校准需要拆下设备，将手操压力泵输入端分别接在精密压力表和压力变送器的入口。将压力变送器上电。将精密 mA 电流表串入直流 24V 电源回路里。用手操泵加压到一定数值，查看精密 mA 电流表的电流值。检验最小压力到最大压力与 mA 电流表的电流（变送器电流变化规定值）最大值至最小值的对应线性关系。如变送器的压力与电流的对应点超出误差范围（相对误差在 0.25% 之内合格），应根据仪表说明书进行电流的零点与最大值之间的调整，调整后再标定，结果误差范围在 0.25% 以内判定为合格。

2. 校准工具

校准压力变送器一般选用的工具见表 10-2。

表 10-2　压力变送器校准工具明细

物料名称（规格）	数量	物料名称（规格）	数量
手操压力泵	1个	精密万用表	1个
精密压力表	1个	精密电流表	1个
直流24V电压	1个		

3. 校准作业注意事项

校核作业时，需注意使用绝缘安全工具。仪表拆装在仪表断开电源后方可进行。拆装过程中不要强拽线缆，以免造成线缆损坏、断路等情况。

（二）基础维护

应检查导压管及安装孔，传感器在安装和拆卸过程中，螺纹部分容易受到磨损。这不仅会影响整个管路的密封性，也会造成压力变送器不能采集到准确的压力数值，如果在高温蒸汽等危险传输介质管道，还有可能产生安全隐患。

应保持安装孔和导压管清洁，如在维护过程中发现压力变送器感应器部分有液体或渣滓累计，需要及时清洁，并评估目前安装位置是否适合继续使用，如有必要，考虑更改安装位置。

三、液位计

在容器中液体介质的高低称为液位，测量液位的仪表称为液位计。液位计为物位仪表的一种。液位计的类型有音叉振动式、磁浮式、压力式、超声波、声呐波、磁翻板、雷达等。

在一般污泥处理工艺中，主要使用投入式和回波式两种工作原理的在线液位计进行液位检测。

（一）投入式液位计

投入式液位计又被称为静压液位计，是一种测量液位的压力传感器。基于所测液体静压与该液体的高度成比例的原理，将静压转换为电信号，再经过温度补偿和线性修正转化成标准电信号（一般为 4~20mA）输出。其稳定性好。固态结构，无可动部件，高可靠性，使用寿命长，安装方便、结构简单、经济耐用。

1. 校准步骤

拆下静压液位计。将手操泵一端输出接精密压力表，另一端输出接在液位计探头的压力感应器上。将直流 24V 电源正负极接在变送器的相应端子上。将精密 mA 电流表串入直流 24V 电源回路里。用手操泵加压，查看 mA 表显示电流，将 20mA 设置成最大测量液位、检验零点到最大液位的各点 mA 电流值的线性；检测最小压力到最大压力与 mA 电流表的电流（变送器电流变化规定值）最大值至最小值的对应线性关系压力随液位的变化产生相应的变化，以此来模拟液位的变化；如线性误差超出规定范围（相对误差在 0.25% 之内合格），需通过调节探头 mA 电流的最大值、最小值来修订。此仪表误差范围是根据不同量程、不同需要，以满足使用要求为准，误差超出 0.25% 应考虑更换。

2. 校准工具

校准液位计一般选用的工具见表 10-3。

表 10-3 标准液位计校准工具明细

物料名称（规格）	数量	物料名称（规格）	数量
手操压力泵	1个	精密压力表	1个
直流24V电源	1个	精密万用表	1个
精密电流表	1个		

3. 校准作业注意事项

实施校核操作时，应穿戴个人防护用品，使用绝缘安全工具。实施仪表拆装作业时，需在仪表断开电源后方可进行，需注意在拆装过程中不要强拽线缆，以免造成线缆损坏、断路等情况。零点至最大液位应至少检测 3~5 个值（零点、中点、最高点）。

（二）回波式液位计

回波式液位计工作原理是通过一个可以发射能量波（一般为脉冲信号）的装置发射能量波，遇到大的密度（气—液—固）变化界面发生反射，由一个接收装置接收反射信号。根据测量能量波运动过程的时间差来确定液（物）位变化情况。由电子装置对微波信号进行处理，最终转化成与液位相关的电信号。

在污泥处理行业主要使用超声波和雷达波两种能量波作为发射波经液位计检测。超声波以声波为检测信号，声波是机械波的一种，需要依靠介质传播，温度、压力对测量影响大，要引入温度补偿。一般不适用高温或带压力测量；雷达波以电磁波为检测信号，基本不受温度、压力变化影响，所以可用于高温、高压场合。不适合用于极低介电常数介质的测量。除了采用能量波不同、适用环境有所区别外，其他区别不大。

回波式流量计，因其工作原理限制，如离线检测所需校准环境较为复杂。一般采用在线比较校准方式，如测量高度较高，可与现场测试准确的机械结构液位计进行比较校准。

1. 校准步骤

查看所校准液位计显示仪表是否正常。在显示正常情况下，将与其液位相符的标准高度尺插入到超声波液位计所测的水中（或观察孔中）测量液面到池定的实际高度。取出标高尺查看测量高度并记录，根据测量高度计算实际液位。查看所测的实际高度与液位计显示的水位高度是否相符并记录。如显示数值不对，按仪表说明书看其零点（从探头到工艺所设计的零液位点）与最大值（从零点向探头方向最高液位值）有无浮移，如有浮移现象要根据说明书进行修订。修订完后，再实测 2~4 个不同时段的液位高度，与液位计显示高度进行比对。零点与最大值修订后，显示液位与实际液位对比，如超出允许误差范围（相对误差在 1% 之内为合格），更换液位计。

2. 校准工具（表 10-4）

表 10-4 校准工具明细

物料名称（规格）	数量
标准高度尺	1件
精密电流表	1件
精密万用表	1件

3. 校准作业注意事项

实施校准作业时，在校验过程中应穿防护服、穿防滑鞋等劳动防护用品和用具。在校验过程中不要强拽线缆，以免造成线缆损坏、断路等情况。

四、流量计

流量计主要用于指示被测流量和（或）在选定的时间间隔内流体总量的仪表。简单来说就是用于测量管道或明渠中流体流量的一种仪表。流量计又分为有差压式流量计、转子流量计、节流式流量计、细缝流量计、容积流量计、电磁流量计、质量流量计、超声波流量计等。按介质分类分为液体流量计和气体流量计。一般在污泥处理工艺中使用在线流量计，主要为电磁流量计和质量流量计。

（一）电磁流量计

电磁流量计一般用于测量液体管道流量，是应用电磁感应原理，根据导电流体通过外加磁场时感生的电动势来测量导电流体流量的一种仪器。主要由磁路系统、测量导管、电极、外壳、衬里和转换器等部分组成。

磁路系统，其作用是产生均匀的直流或交流磁场。直流磁路用永久磁铁来实现，其优点是结构比较简单，受交流磁场的干扰较小。测量导管，其作用是让被测导电性液体通过。为了使磁力线通过测量导管时磁通量被分流或短路，测量导管必须采用不导磁、低导电率、低导热率和具有一定机械强度的材料制成，可选用不导磁的不锈钢、玻璃钢、高强度塑料、铝等。

电极，其作用是引出和被测量成正比的感应电势信号。电极一般用非导磁的不锈钢制成，且被要求与衬里齐平，以便流体通过时不受阻碍。

外壳，用铁磁材料制成，能有效隔离外磁场的干扰。

衬里，在测量导管的内侧及法兰密封面上，有一层完整的电绝缘衬里。它直接接触被测液体，其作用是增加测量导管的耐腐蚀性，防止感应电势被金属测量导管管壁短路。衬里材料多为耐腐蚀、耐高温、耐磨的聚四氟乙烯塑料、陶瓷等。

转换器，由于液体流动产生的感应电势信号十分微弱，受各种干扰因素的影响很大，转换器的作用就是将感应电势信号放大并转换成统一的标准信号并抑制主要的干扰信号。

电磁流量计的特点如下：

（1）测量过程不受流体密度、黏度、温度、压力和电导率变化的影响。

（2）测量管内无阻碍液体流动部件，无压损，直管段要求较低。

（3）对浆液测量有独特的适应性。因其合理选择传感器衬里和电极材料，具有良好的耐腐蚀和耐磨损性。

电磁流量计一般为双向测量系统，可显示正、反流量，并具有多种输出：电流、脉冲、数字通信等。由于感应电压信号是在整个充满磁场的空间中形成的，是管道截面上的平均值，因此传感器所需的直管段较短，长度为5倍的管道直径。

电磁流量计的安装位置宜在管道的垂直方向，既满足要求被测管路满管的测量要求，还可以防止沉淀物堆积在其上面而影响测量精度。电磁流量计的电极，在测量某些特殊介质或黏度较大、流量不高的介质时，容易在电磁上产生附着，会严重影响仪表正常工作，需根据实际情况调整流量计测量导管内部清理周期。在选型过程中，最好采用特殊电极形状加强表面流动速度，减少附着，并通过电极切换进行电磁自清洗。

（二）质量流量计

质量流量计，一般用于测量气体介质的管道流量计，是采用感热式测量，通过分体分子带走的分子质量来测量流量。因为是用感热式测量，所以不会因为气体温度、压力的变化从而影响到测量的结果，是一个较为准确、快速、可靠、高效、稳定、灵活的流量测量仪表。

需注意的是，质量流量计只能检测管路流量，一般不能显示正反流量方向。测量管内有阻碍流动部件，如被测管道内有异物，会影响测量结果甚至造成流量计损坏。质量流量计对于安装位置有一定要求，一般安装于管道直管段，无变径位置，通常要求安装前端长度为5倍的管道直径的直管段，后端长度为3倍的管道直径的直管段。

（三）校　准

因电磁流量计和质量流量计一般安装于管道上，在污泥处理工艺中一般用于不具备现场校准的工况环境中，且工作原理复杂不易校准，还多作为产量的关键计量器具，目前通常由国家或地方校准检验机构实施计量，一般单位不做自行校准工作。

第二节　常用机电设备

一、阀　门

阀门是在流体系统中，用来控制流体的方向、压力、流量的装置，是使管道和设备内的介质（液体、气体、粉末）流动或停止并能控制其流量的装置。阀门是用来控制管路开闭、控制流向、调节和控制输送介质的参数的管路部件。

阀门可用于控制空气、水、蒸汽、各种腐蚀性介质、泥浆、油品、液态金属和放射性介质等各种类型流体的流动。

阀门是流体输送系统中的控制部件，具有截止、调节、导流、防止逆流、稳压、分流或溢流泄压等功能。用于流体控制系统的阀门，从最简单的截止阀到极为复杂的自控系统中所用的各种阀门，其品种和规格繁多。

阀门的平均直径从极微小的仪表阀大至通径达10m 的工业管路用阀；阀门的工作压力可以覆盖从0.0013MPa 到1000MPa 的超高压；工作温度可以从 -270℃的超低温到1430℃的高温。

（一）分　类

按功能分类，可分为截止阀、调节阀、止回阀、安全阀、分流阀等。

按结构特征分类，可分为截门型阀门、闸门型阀门、旋塞和球形阀门、旋启型阀门、碟型阀门、滑阀型阀门等。

按驱动方式分类，可分为手动阀门、电动阀门、气动阀门、液动阀门。

按材质分类，可分为铸铁阀门、铸钢阀门、不锈钢阀门、铬钼钢阀门、铬钼钒钢阀门、双相钢阀门、塑料阀门等。

按公称压力分类，可分为真空阀、低压阀、中压阀、高压阀、超高压阀。

按工作温度分类，可分为常温阀、高温阀、超高温阀、低温阀、超低温阀。

按公称直径分类，可分为微型阀门、小口径阀门、中口径阀门、大口径阀门、特大口径阀门。

按连接方式分类，可分为法兰连接阀门、螺纹连接阀门、焊接阀门、夹箍连接阀门、卡套连接阀门。

（二）常用阀门

1. 蝶阀

蝶阀又称翻板阀，是一种结构简单的调节阀，可用于低压管道介质的开关控制及流量调节。蝶阀的关闭件（阀瓣或蝶板）为圆盘，围绕阀轴旋转来达到开启与关闭的一种阀。改变碟板的偏转角度，即可控制介质的流量。蝶阀主要由阀体、阀杆、蝶板和密封圈组成。阀体呈圆筒形，轴向长度短，内置蝶板。常用的蝶阀有对夹式蝶阀和法兰式蝶阀两种。对夹式蝶阀是用双头螺栓将阀门连接在两管道法兰之间，法兰式蝶阀是阀门上带有法兰，用螺栓将阀门上两端法兰连接在管道法兰上。

1) 工作原理

在蝶阀阀体圆柱形通道内，圆盘形蝶板绕着轴线旋转，旋转碟板0°时，处于全关状态；当碟板到达90°时阀门处于全开状态。同时可以改变碟板的角度来调节介质流量，一般安装于管道的直径方向。蝶阀与阀杆自身是没有锁定能力，为了有效地调节流量需装蜗轮减速器，加装蜗轮减速器的蝶阀不仅使蝶阀有自锁能力，还能改变蝶阀的操作性能并更准确地调节介质流量。

2) 特点及应用范围

(1) 结构简单，外形尺寸小：由于结构紧凑，体积小，重量轻，适用于大口径。

(2) 流体阻力小：全开时，阀座通道有效流通面积较大，因而流体阻力较小。

(3) 启闭方便迅速，调节性能好：蝶板旋转90°便可完成启闭。通过改变蝶板的旋转角度可以分级控制流量。

(4) 启闭力矩较小：由于转轴两侧蝶板受介质作用基本相等，而产生转矩的方向相反，因而启闭较省力。

(5) 低压密封性能好：密封面材料一般采用橡胶、塑料，故密封性能好。受密封圈材料的限制，蝶阀的使用压力和工作温度范围较小。但硬密封蝶阀的使用压力和工作温度范围，都有了很大的提高。

蝶阀在完全开启时，具有较小的流阻。当开启在大约15°~70°时，又能进行灵敏的流量控制，因而在大口径的调节领域，蝶阀的应用非常普遍。由于蝶阀蝶板的运动带有擦拭性，故大多数的蝶阀可用于带悬浮固体颗粒的介质。依据密封件的强度，也可用于粉状和颗粒状介质。

蝶阀适用于流量调节。由于蝶阀在管中的压力损失比较大，大约是闸阀的3倍，因此在选择蝶阀时，应充分考虑管路系统受压力损失的影响，还应考虑关闭时蝶板承受管路介质压力的强度。此外，还必须考虑在高温下弹性阀座材料所承受工作温度的限制。

蝶阀的结构长度和总体高度较小，开启和关闭速度较快，且具有良好的流体控制特性。蝶阀的结构原理最适合于制作大口径阀门。当要求蝶阀作控制流量使用时，最重要的是正确选择蝶阀的规格和类型，使之能恰当、有效地工作。

2. 球阀

球阀是启闭件由阀杆带动，并绕球阀轴线做旋转运动的阀门。球阀的启闭件是带有圆形通道的球体，绕垂直于通道的轴线旋转，球体随阀杆转动从而达到启闭通道的目的。球阀由阀杆、阀体、球体、阀座、弹簧、上轴承、下轴承组成。

球阀用来截断或接通介质，也可以用于流体的调节与控制，V形球阀能够比较精确地调节和控制流量，而三通球阀则用于分配介质和改变介质的流向。

1) 工作原理

当球阀旋转90°时，在进、出口处应全部呈现球面，从而关闭阀门，截断介质的流动。

2) 特点及应用范围

球阀不受安装方向的限制，介质的流向可任意。流体阻力小，全通径的球阀基本没有流阻。球阀结构简单，相对体积小，重量轻，便于维修。它有两个密封面，而且目前球阀的密封面材料广泛使用各种塑料，密封性好，能实现完全密封。在真空系统中也已广泛使用。球阀适用于经常操作的情况，启闭迅速、轻便。操作方便，开闭迅速，从全开到全关只需旋转90°，便于远距离控制。

球阀结构简单，密封圈一般都是活动的，拆卸更换都比较方便。球阀密封性能好。在全开或全闭时，球体和阀座的密封面与介质隔离，介质通过时，不会引起阀门密封面的侵蚀。

适用范围广，通径从小到几毫米，大到几米，从高真空至高压力都可应用。由于球阀在启闭过程中有擦拭性，所以可用于带悬浮固体颗粒的介质中。球阀流体阻力小、无振动、噪声小。

球阀只需要用旋转90°的操作和很小的转动力矩就能关闭严密。

可根据工况需要装配不同的驱动装置,形成多种不同控制方法的球阀,如电动球阀,气动球阀,液动球阀等等。

3. 截止阀

截止阀,也称截门阀,是使用最广泛的一种阀门,主要由阀体、阀瓣、阀盖、阀杆等组成。阀体、阀盖为承压件,阀瓣、阀杆为内件。截止阀是一种关闭件(阀瓣)沿阀座中心线移动的阀门。根据阀瓣的这种移动形式,阀座通口的变化是与阀瓣行程成正比例关系。

1)工作原理

截止阀依靠旋转手轮使阀杆上升和下降,带动阀瓣作平行于介质流向的直线位移,达到启闭的目的。手轮按顺时针方向旋转,工作介质由阀瓣下方通道进入。

截止阀的启闭件是圆柱形的阀瓣,密封面呈平面或锥面,阀瓣沿流体的中心线做直线运动。阀杆的运动方式,有升降杆式(阀杆升降,手轮不升降),也有升降旋转杆式(手轮与阀杆一起旋转升降,螺母设在阀体上)。截止阀属于强制密封式阀门,所以在阀门关闭时,必须向阀瓣施加压力,以强制密封面不泄漏。

2)特点及应用范围

截止阀只许介质单向流动,安装时有方向性。截止阀的作用不是0,就是1,不是通就是不通。也就说截止阀只适用于全开和全关,不建议做调节和节流。

4. 闸阀

闸阀又称闸板阀,主要由阀体、阀盖、闸板、阀杆、阀座和密封填料等部分组成,是隔离类阀门中最常见的阀门类型之一。闸阀的主要目的是截断流体,正是由于这个原因,通常被称为"截断"阀或"阻断"阀。闸阀有多种不同结构的形式,其所采用的密封元件结构类型不同。闸阀按闸板结构的不同分为楔式和平行式两类。楔式闸板有三种结构:单闸板、双闸板和弹性闸板。闸阀根据结构类型的不同又分为平板闸阀和刀型闸阀。

1)工作原理

闸板随阀杆一起做上升和下降做直线运动,阀杆上有梯形螺纹,通过阀门顶端的螺母以及阀体上的导槽,来实现阀杆的上下运动,阀杆带动闸板运动。闸板的运动方向与管道流体介质方向是垂直的。

2)特点及应用范围

闸阀流动阻力小。阀体内部介质通道是直通的,介质成直线流动,流动阻力小,启闭时较省力。与截止阀相比而言,无论是开或闭,闸板运动方向均与介质流动方向相垂直。闸阀不易产生水锤现象,介质可向两侧任意方向流动,易于安装。闸阀通道两侧是对称的。

闸阀一般高度大,启闭时间长。闸板的启闭行程较大,升降是通过螺杆进行的。结构紧凑,阀门刚性好,通道流畅,流阻数小,密封面采用不锈钢和硬质合金,使用寿命长,采用聚四氟乙烯(PTFE)填料,密封可靠,操作轻便灵活。

闸阀只能全开或者全关,不能作为调节流量的阀门使用。

(三)使用与维护

1. 使用注意事项

(1)运行中的阀门,各种阀件应齐全、完好。

(2)法兰和支架上的螺栓不可缺少,螺纹应完好无损,不允许有松动现象。

(3)手轮上的紧固螺母,如发现松动应及时拧紧,以免磨损连接处或丢失手轮和铭牌。手轮如有丢失,不允许用活扳手代替,应及时配齐。

(4)填料压盖不允许歪斜或无预紧间隙。对容易受到雨雪、灰尘、风沙等污物沾染的环境中的阀门,其阀杆要安装保护罩。

(5)阀门上的标尺应保持完整、准确、清晰。阀门的铅封、盖帽、气动附件等应齐全完好。

(6)保温夹套应无凹陷、裂纹。

(7)不允许在运行中的阀门上敲打、站人或支承重物;特别是非金属阀门和铸铁阀门,更要禁止。

2. 巡视检查

(1)检查阀门密封面磨损情况。

(2)检查阀杆和阀杆螺母的梯形螺纹磨损情况。

(3)检查填料是否过时失效,如有损坏应及时更换。

3. 维护保养内容

1)润滑

(1)注脂量

阀门注脂时,常常忽视注脂量的问题。注脂枪加油后,操作人员选择阀门和注脂联结方式后,进行注脂作业。存在着两种情况:一方面注脂量少注脂不足,密封面因缺少润滑剂而加快磨损。另一方面由于没有根据阀门类型类别的不同对密封容量进行精确的计算,导致注脂过量,造成浪费。因此可以以阀门尺寸和类别算出密封容量,再合理地注入适量的润滑脂。

(2)注脂压力

阀门注脂时,常忽略压力问题。在注脂操作时,注脂压力有规律地呈峰谷变化。压力过低，密封漏或失效；压力过高，注脂口堵塞、密封内脂类硬化或密封圈与阀球、阀板抱死。通常注脂压力过低时，注入的润滑脂多流入阀腔底部，一般发生在小型闸阀。而注脂压力过高时，一方面检查注脂嘴，如是脂孔阻塞判明情况进行更换；另一方面是脂类硬化，要使用清洗液，反复软化失效的密封脂，并注入新的润滑脂置换。此外，密封型号和密封材质也影响注脂压力，不同的密封形式有不同的注脂压力，一般情况硬密封注脂压力要高于软密封。

（3）注脂时的注意事项

注意阀门开关位的问题。球阀维护保养时一般都处于开位状态，特殊情况下选择关闭保养，其他阀门也不能一概以开位论处。闸阀在养护时则必须处于关闭状态，确保润滑脂沿密封圈充满密封槽沟，如果开位，密封脂则直接掉入流道或阀腔，造成浪费。

注意阀体排污和丝堵泄压问题。阀门打压试验后，密封腔阀腔内气体和水分因环境温度升高而升压，注脂时要先进行排污泄压工作，以利于注脂工作的顺利进行。注脂后密封腔内的空气和水分被充分置换出来。及时泄掉阀腔压力，也保障了阀门使用安全。注脂结束后，一定要拧紧排污和泄压丝堵，以防意外发生。

注意出脂是否均匀的问题。正常注脂时，距离注脂口最近的出脂孔先出脂，然后到低点，最后是高点，逐次出脂。如果不按规律或不出脂，说明存在堵塞，需及时进行清通处理。

观察阀门通径与密封圈座平齐问题。例如，球阀如果存在开位过盈，可向里调整开位限位器，确认通径平直后锁定。调整限位不可只追求开或关一方位置，要整体考虑。如果开位平齐，关不到位，会造成阀门关不严。同理，调整关到位，也要考虑开位相应调整。确保阀门的直角行程。

不要忽略阀杆部位的注脂。阀轴部位有滑动轴套或填料，也需要保持润滑状态，以减小操作时的摩擦阻力，如不能确保润滑，则电动操作时扭矩加大磨损部件，手动操作时开关费力。

注脂后，一定封好注脂口，避免杂质进入，或注脂口处脂类氧化，封盖要涂抹防锈脂，避免生锈。以便下一次操作时应用。

2）维护

阀门维护时，要注意电动头及其传动机构中进水问题。尤其需注意雨季可能渗入雨水的问题。若雨水渗透，一是会使传动机构或传动轴套生锈；二是冬季冻结，造成电动阀操作时扭矩过大，损坏传动部件会使电机空载或超扭矩保护跳开无法实现电动操作。传动部件损坏，手动操作也无法进行。在超扭矩保护动作后，手动操作也同样无法开关，如强行操作，将损坏内部合金部件。

需注意的是有些球阀阀体上标有箭头，如果没有附带英文 FlOW 字迹，则为密封座作用方向，不作为介质流向参考，阀门自泄方向相反。通常情况下，双座密封的球阀具有双向流向。

二、机电设备

（一）滚筒格栅

滚筒格栅的运行维护，主要部位是滤网、驱动电机、喷嘴和电气控制柜等。滚筒格栅的维护与保养详见表 10-5。

表 10-5 滚筒格栅的维护与保养

对象	内容	周期	备注
滚筒滤网	运转是否平稳，是否严重堵塞	每天 1 次	视情况进行调整或高压水冲洗
驱动电机减速箱	检查有无振动或异响，有无温升或漏油	每周 1 次	视情况进行维修或更换
	补充润滑油	每季 1 次	参照厂家设备说明
	更换润滑油	每年 1 次	参照厂家设备说明
	更换油封或轴承	每 2 年 1 次	参照厂家设备说明
轴承	加注润滑脂	每月 1 次	参照厂家设备说明
	检查有无温升或漏油	每周 1 次	视情况进行维修或更换
驱动轮	检查有无磨损	每年 1 次	视情况进行更换
毛刷	检查刷毛磨损情况	每月 1 次	视情况进行更换
电磁阀	检查是否失效		
喷嘴	检查喷射角度和喷射压力	每天 1 次	视情况进行清洗或更换
密封件	检查腐蚀磨损情况	每季 1 次	损坏进行更换
溢流液位传感器	检查是否失效		视情况进行更换
控制柜	检查线路接点是否松动	每季 1 次	视情况进行维护
电气元件	检查是否运行正常		视情况进行更换
设备外观	清洁	每月 1 次	

（二）旋流除砂器

污泥旋流除砂器及砂水分离器的维护保养见表 10-6。

表 10-6　污泥旋流除砂器及砂水分离器的维护保养

周期	内容
每周 1 次	检查油杯内润滑油脂，并及时补加
	清洁机体表面，无灰尘、油污
每月 1 次	检查旋流除砂器槽体耐磨层磨损情况
	检查衬板磨损情况
	检查螺旋磨损情况，磨损量达到原直径 10% 应更换螺旋
	检查螺旋驱动端有无裂纹
每 2 月 1 次	检查旋流除砂器内衬磨损情况及时更换备件
每 6 月 1 次	检查各部位连接螺栓是否有松动，并及时紧固
	检查减速机齿轮箱油位和油质
	更换衬板
每年 1 次	电机减速机齿轮箱换油

(三) 柱塞泵

柱塞泵整台设备的维护保养明细见表 10-7。

表 10-7　柱塞泵的维护保养

对象	内容	周期	备注
液压站	油位	每天一次	检查液压油的灌装刻度，若油位低及时补油。
	过滤器	每 6 月一次	更换
	液压油		
	油箱、托架及构架的安全紧固件	每年一次	检查并拧紧
柱塞泵本体	紧固螺丝		检查并拧紧
螺旋输送机	电机	每周一次	检查噪声、泄漏、油位及紧固情况，如有问题及时维修、加注润滑油脂或进行紧固操作。
	紧固螺丝	每月一次	检查并拧紧
	过滤器	每 3 月一次	清洗过滤器
	齿轮油	每年一次	更换齿轮油

(四) 带式浓缩机

带式浓缩机的维护保养见表 10-8~表 10-10。

1) 润滑油的使用

表 10-8　润滑油的使用情况

位置	周期	润滑油型号	用量
轴承	每 2 周 1 次	Mobilux EP 2	适量
气动系统润滑部位		Shell T32	适量
电机轴承	每 10000h 1 次	Shell Alvania R3	适量

2) 一般性维护

表 10-9　带式浓缩机的维护保养

内容	周期
清洗冲洗喷嘴	每天 1 次
冲洗网带	
检查各限位开关是否正常，及时用脱锈剂清洁，确保功能正常	每周 1 次
张紧轮、纠偏轮等轴承加注润滑脂	每 2 周 1 次
检查气动系统油杯内润滑油状况，发生乳化时应及时更换，加油的速度为每 3 分钟 1 滴	
检查网带磨损情况，及时更换	每月 1 次
检查各手动阀门是否开关灵活	
检查轴承橡胶密封，如发现漏水应及时更换。	每 3 个月 1 次
紧固各连接螺栓	
检查进泥及冲洗水槽的密封条是否泄漏	
检查气缸密封情况，是否有漏气现象，必要时更换密封件	
检查气缸上的呼吸阀是否有堵塞，必要时更换	
清理布泥耙上缠绕的异物	

3) 重点部位维护

表 10-10　带式浓缩机的重点部位维护保养

位置	内容	周期
冲洗水嘴	检查冲洗水嘴是否损坏、堵塞	每天 1 次
轴承	检查轴承润滑情况是否良好	每周 1 次
气动系统	检查气动系统是否润滑良好	
限位开关	检查限位开关动作是否灵敏	
冲洗水压力	检查冲洗水压力是否大于 6bar	每天 1 次
网带	检查网带是否有跑偏、撕裂、磨损、褶皱	每月 1 次
气缸	检查气缸是否漏气，呼吸器是否堵塞	

(五) 离心浓缩机

离心浓缩机维护与保养见表 10-11。

表 10-11 离心浓缩机的维护保养

对象	内容	周期	备注
浓缩机进泥阀门	擦洗，阀门螺杆抹油	每月1次	每周巡检对设备进行维护保养
电机	电机轴承，注油清扫	每月1次	
齿轮箱变速器	检查油封、油液，有无异响，清扫灰尘	每3个月1次	
浓缩机进泥泵	运行是否平稳，是否缺油漏油，紧固地脚螺栓	每月1次	
浓缩机出泥泵	运行是否平稳，是否缺油漏油，紧固地脚螺栓	每月1次	
浓缩机	检查电机、皮带、润滑油、前舱后舱，电机注油	每月1次	
气动阀	检查气管，气动阀门开关，脱水机出泥闸阀	每月1次	

（六）转鼓浓缩机

转鼓浓缩机的维护与保养见表10-12~表10-14。

1）润滑油的使用

表 10-12 润滑油的使用情况

位置	周期	润滑油型号	用量
污泥浓缩机主驱动电机	10000h或2~3年	Shell Omala 220	17L
反应罐搅拌器电机			2.8L
网筛清洁装置电机			0.131L

2）一般性维护

表 10-13 转鼓浓缩机的维护保养

位置	内容	周期
网筛	人工冲洗网筛	每周1次
喷嘴	清洗喷嘴，检查喷嘴的状况	每2周1次
网筛附属装置	冲洗网筛喷淋装置限位开关挡板、链轮，确保喷淋装置两侧行走到位	每2周1次
电机	检查污泥浓缩机主驱动电机齿轮箱润滑油	每6个月1次
	检查反应罐搅拌器电机齿轮箱润滑油	
	检查网筛清洁装置电机齿轮箱润滑油	
	更换污泥浓缩机主驱动电机齿轮箱润滑油	
	更换反应罐搅拌器电机齿轮箱润滑油	
	更换网筛清洁装置电机齿轮箱润滑油	

3）重点部位维护

表 10-14 转鼓浓缩机的重点部位维护保养

位置	内容	周期
反应罐探头	检查絮凝反应罐的探头是否粘泥	每天1次
出泥斗探头	检查出泥斗的探头是否粘泥	每天1次
网筛清洗刷	检查网筛清洗刷的磨损情况	每月1次
链条、链轮	检查链条、链轮的磨损情况	每6月1次
网筛轴承	检查网筛轴承的磨损情况	每6月1次

（七）带式压滤脱水机

带式压滤脱水机，是较为常见的污泥脱水设备。运行维护具体见表10-15。

表 10-15 带式压滤脱水机的维护保养

对象	内容	周期	备注
压滤系统	巡回检查	每班1次	主要检查：压滤机上的絮团情况，有必要调整加药量；清除进泥口和污泥分布区的多余污泥；检查滤带运行、清洗系统的运行情况；观察辊子表面堆积的污泥情况；检查滤液、观察泥饼的质量
压滤机	清洗	每周1次	压滤机彻底清洗1次/周
刮板	检查刮板清洁状况	每班1次	如有需要抬起刮板进行清洗
液压装置	活塞杆	每日1次	如有需要进行清洗
滤带	检查滤带缝线	每日1次	
液压装置及驱动装置	检查液压装置及驱动装置的油位/换油	每月1次（检查）每年1次（换油）	每月检查液压装置及驱动装置的油位，每年换油
轴承	检查轴承涂油或中央上油装置功能	每2月1次	检查润滑情况

（八）离心脱水机

离心脱水机维护与保养明细见表10-16。

表 10-16　离心脱水机的维护保养

对象	内容	周期	备注
预脱水阀门	螺丝紧固，阀门螺杆抹油	每月1次	每周巡检，发现问题及时对设备进行维护保养
电机	电机轴承，注油清扫		
齿轮箱变速器	检查油封，油位，有无异响，清扫	每3月1次	
预脱水机进泥泵	运行是否平稳，油液情况，查看地脚螺栓有无松动	每月1次	
预脱水螺旋	检查螺旋，衬板有无损坏磨损，电机注油保养，查看油液		
预脱水机	检查电机，皮带，润滑油，电机注油，清理机体、滚轴		
气动阀	检查气管，气动阀门开关，脱水机出泥闸阀		

(九) 板框脱水机

以隔膜压滤脱水机为代表的板框脱水机的维护与保养明细详见表 10-17。

表 10-17　板框脱水机的维护保养

对象	内容	周期
阀门及管路	检查阀门及管路是否存在泄漏	每日1次
拉板小车油盒	加注润滑油	每周1次
链轮、链条	加注润滑油	每月1次
电机	电机轴承，注油清扫	
轴承座	加注润滑脂	每6月1次
拉板电机减速机	加注齿轮油	每年1次

(十) 热水解换热器

热水解系统换热器主要有泥水、水水换热器。泥水换热器常采用管腔式换热器，以实现污泥冷却。

水水换热器常采用板式换热器，使用再生水为泥水换热系统中的热水(软化水)降温，保障泥水换热系统的正常运行。

换热器的主要维护操作为清理。详见表 10-18。

表 10-18　热水解换热器的维护保养

对象	内容	周期	备注
换热器进出泥管及阀门	巡视检查	每日1次	每日巡视检查是否有泄漏
换热器进出水管及阀门			
温度传感器			每日巡视检查数据显示是否异常
换热器所有连接点	巡视检查及紧固	每月1次	对换热器连接点进行检查紧固，如地脚螺栓等

(续)

对象	内容	周期	备注
换热器	清理	每6月1次	包括装置外部污物以及污泥盘管/板片的清理。也可根据实际换热情况进行清理
密封垫	检查更换		每日对换热器进行巡视检查，密封垫是否有泄漏，每半年清理时对密封垫片进行更换

(十一) 消化池压缩机

消化池，部分采用气体搅拌方式，通常采用压缩机作为搅拌供气设备。通常的压缩机的维护保养具体见表 10-19。

表 10-19　沼气压缩机的维护保养

位置	内容	周期
油位	检查油位	每月1次
油压	检查油压	
油温	包括油冷却器前后油温差	
各段气体压力	进气、工作、除油后、出气	
排气管温度	检查排气温度	
泄压管温度	检查管路密闭情况	
进出口疏水器	检查冷凝水排放情况	
纸滤	检查滤网堵塞情况	
法兰	无变形、松动	
系统	清洁设备系统	
换油	清洁油罐，注60L润滑油	每3月1次
油过滤器	更换油过滤器	
油气分离装置	检查/更换油气分离装置(工作压力与除油后压力之差大于0.6kg)	
安全阀	检查有无破损、泄漏情况	
螺栓	紧固连接部位螺栓	
软管及连接部位	检查软管及其连接	
油位开关	检查油位开关	
压力控制器	检查压力控制器	
油加热器	检查/清洁油加热器	每年1次
油冷却器	检查/清洁油冷却器	
压力先导阀	检查泄漏情况	
进口止回阀	检查/清洁进口止回阀	
最小压力阀	检查/清洁最小压力阀	
泄压阀	检查/清洁泄压阀	
电机	润滑电机轴承	
联轴器	检查联轴器	

(十二)消化池搅拌器

消化池搅拌器,主要指立轴桨叶式机械搅拌。通常立轴搅拌器的维护保养具体见表10-20。

表10-20 搅拌器的维护保养

对象	内容	周期
电动机	检查是否有损坏/裂缝、松动部件、泄漏现象	每月1次
减速箱	检查是否有损坏/裂缝、松动部件、泄漏现象	每月1次
轴承	润滑	每6月1次(清扫、润滑)
	更换	每4年1次(更换)
轴封		每日1次
主轴/连接法兰	检查是否有损坏/裂缝、松动部件、泄漏现象	每6月1次
叶轮/桨叶		
护盖/保护装置		
连接螺栓/接头		每年1次
电气设备		

(十三)沼气锅炉

定期检验是确保锅炉的功能和安全性所必要的措施。在用锅炉的定期检验工作包括外部检验、内部检验和水压试验。锅炉的使用单位必须安排锅炉的定期检验工作,由安全监察机构进行监督检查。

在用锅炉一般每年进行1次外部检验,每2年进行1次内部检验,每6年进行1次水压试验。当内部检验和外部检验在同一年进行时,应首先进行内部检验,然后进行外部检验。

除定期检验外,锅炉有下列情况之一时,也应进行内部检验:移装锅炉投运前;锅炉停止运行1年以上需要恢复运行前;受压元件经重大修理或改造后重新运行1年后;根据上次内部检验结果和锅炉运行情况,对设备安全可靠性有怀疑时。按法令规定进行"自行检查"的同时,一并进行该项检查。充分理解各项检查,作业中要佩戴保护工具,穿好合适的服装,为了预防事故,不要在锅炉运行中或刚刚停炉后就开始作业。

1)外部检查(表10-21)

表10-21 沼气锅炉外部维护保养

对象	内容	周期	备注
检查清扫燃烧器	点火电极棒	每月1次	确认电极棒的绝缘部分及电极棒前端有无损伤,并用棉纱擦拭,若电极棒前端有炭化的烟黑,可用砂纸擦拭
	火焰检测器		或根据实际情况在每次锅炉点火时查看
油过滤	清扫	每季度1次	或根据油检测情况及时更换

燃气类锅炉维护见表10-22。

表10-22 燃气类锅炉维护内容与周期

对象	内容	周期	备注
锅炉本体	安全阀	每班一次	如有泄漏及时安排维修
	补水系统		检查水位并及时补水
	水位计		检查密闭性,如有泄漏及时维修
	蒸汽管路、水管路		检查密闭性,如有泄漏及时维修
控制系统	控制元件连接紧固性	每周一次	检查并紧固
	控制系统各项功能	每月一次	检查
燃烧器	燃烧器本体	每季度一次	清洁燃烧器本体;清理燃烧头及风机

2)内部检查

内部检查主要内容包括:上次检验有缺陷的部位;锅炉受压元件的内、外表面,特别在开孔、焊缝、扳边等处检查有无裂纹、裂口和腐蚀;有无磨损和腐蚀,特别是处于烟气流速较高及吹灰器吹扫区域的管壁;拉撑以及被拉元件的结合处有无裂纹、断裂和腐蚀;是否严密,管端的受胀部分有无环形裂纹和苛性脆化;元件有无凹陷、弯曲、鼓包和过热;元件水侧有无水垢、水渣;管和排污管与锅筒(锅壳)的接口处有无腐蚀、裂纹,排污阀和排污管连接部分是否牢靠。

3)水压试验

除一般6年进行1次水压试验外,锅炉受压元件经重大修理或改造后,也需要进行水压试验。

水压试验应在周围温度高于5℃时进行,低于5℃时必须有防冻措施。水压试验用水应保持高于周围露点的温度,但也不应超过70℃,水质按照相关标准进行。

水压试验时水压应缓慢升降,当达到额定工作压力时,暂停升压,检查有无漏水或异常现象继续升到试验压力,并保持20min,然后降到工作压力进行检查，检查期间压力应保持不变。

压试验符合下列情况时为合格：受压元件金属壁和焊缝上没有水珠和水雾；水压试验后，没有发现残余变形。

4) 常见故障及排除(表 10-23)

表 10-23 常见故障及解决方法

故障	形成原因	解决办法
燃烧器不启动	(1)极限控制开关打开 (2)控制盒锁定 (3)无燃气供应 (4)控制器保险丝熔断 (5)伺服电机的接触点没有校准 (6)主管路供气压力不足 (7)最小燃气压力开关没有闭合 (8)空气压力开关处于运行位置 (9)控制盒损坏 (10)电机损坏	(1)调整或更换 (2)复位 (3)打开流量表与阀门组之间手动阀闭合开关或检查连线 (4)更换 (5)调整凸轮或更换伺服电机 (6)联系燃气公司 (7)调节或更换 (8)更换 (9)更换 (10)更换
燃烧器不启动但发生锁定	有模拟火焰	更换控制盒
燃烧器启动但立即停机	没有中线	三级供电时布置中线
燃烧器启动后锁定	(1)空气开关没有调整好 (2)压力开关的测压管堵塞 (3)风扇脏 (4)头部未调整好 (5)燃烧器背压过高 (6)火焰检测回路故障	(1)调整或更换 (2)清洗 (3)清洗 (4)调整 (5)询问 (6)更换控制盒
燃烧器停留在预吹扫阶段	凸轮3的伺服电机没有作用端子控制盒接线	调整凸轮3或更换伺服电机
预吹扫和安全时间后，燃烧器锁定，火焰没有出现	(1)电磁阀只能让少量燃气通过 (2)燃气压力太低 (3)点火电极调整不正确 (4)管路中有空气 (5)阀门或点火变压器电气连接不正确 (6)点火变压器损坏 (7)高压器损坏 (8)电磁阀不能打开	(1)提高调压气出口压力 (2)调整 (3)调整 (4)吹扫空气 (5)重新连接 (6)更换 (7)更换 (8)更换线圈或纠正面板
火焰出现时燃烧器锁定	(1)离子探针不正确调整 (2)离子探针连线有问题 (3)离子电流不足 (4)探针接电 (5)最大燃气压力开关作用	(1)调整 (2)重新连接 (3)检查探针位置 (4)拆下或更换连线 (5)调节或更换
燃烧器锁定后界面没有"锁定"指示符号；重复启动后，界面仍无"锁定"指示符号	(1)模拟火焰 (2)主管路燃气压力很接近最小燃气压力开关所定的值。电磁阀打开后，气压的变更降低导致压力开关自己断开，电磁阀立即关闭，燃烧器停机，压力又开始上升，燃气压力开关又闭合，点火周期重复开始	(1)更换控制器 (2)降低最小燃气压力开关的运行压力或更换燃气过滤器
运行过程中燃烧器锁定	(1)探针或离子电缆接地 (2)空气压力开关故障 (3)最大压力开关作用	(1)更换破落部分 (2)更换 (3)调整或更换
燃烧器停机时锁定	燃烧头中仍有火焰或模拟火焰	清除火焰或更换控制盒

(十四) 废气燃烧器

定期进行设备维护是确保废气燃烧器的功能和安全性所必要的措施。维护要求见表10-24。

表10-24 废气燃烧器的维护保养

位置	内容	周期
管道连接部位	必须定期检查,确保设备紧固、无电线裸露	每日1次
冷凝水排放管	排空凝水罐	每周1次
点火	启动顺畅性	每月1次
点火电极	检查电极间距	
废气燃烧器主体	检查腐蚀程度钢件的腐朽颗粒、灰尘等	每年1次

(十五) 干式柔膜气柜

干式柔膜气柜分为两类,一类是活塞式柔膜气柜,一类是双膜气柜,检查部位和周期见表10-25~表10-26。

1) 活塞式柔膜气柜

表10-25 活塞式柔膜气柜的维护保养

位置	内容	周期
膜	对气柜柔膜边壁进行检查,避免出现柔膜死褶的情况	每月1次
活塞顶部	对气柜内部活塞顶部进行可燃气体的检测	
冷凝水排放装置	检查气柜冷凝水的积存情况,并定期排放	每日1次
升降机构	气柜活塞的升降机构(滑轮和钢丝)进行检查和润滑保养	每3月1次
活塞配重块	对活塞配重块进行检查和调平	每6月1次
液位仪表	对液位仪表进行校准和标定,对雷达仪表的反射板进行灰尘清理	每3月1次
安全阀	对气柜的安全阀进行检查,带水封的要检查水封高度	每周1次

2) 双膜气柜

表10-26 双膜气柜的维护保养

部位	内容	周期
膜	由制造商的专家检查内膜和外膜	每年1次
内、外膜之间的空气层	沼气是否泄漏	每周1次
锚定钢圈	检查紧固螺丝是否紧固,如有松脱必须重新拧紧。腐蚀性检查,遭锈蚀的地方必须维修。	每6月1次
支撑鼓风机	维护保养	

(续)

部位	内容	周期
安全阀	必须检查填充液(安全水封)水平。填充液体的水平必须等于或略高于水封高度要求。在气温降低时,必须定期检查(约两周)填充液或更换为防冻液以防结霜。填充液必须有防结霜及抗寒能力至-30℃的功能。	每周1次
附属压缩机	检查压缩机有无异响;压缩机与气柜的连接管是否有泄漏	每日1次

第三节 自动控制系统

自动控制技术在工业领域中的应用即工业控制自动化应用技术。它是20世纪现代制造领域中最重要的技术之一。工业自动化是一种应用控制理论、仪器仪表、计算机和其他信息技术,对工业生产过程实现检测、控制、优化、调度、管理和决策,以达到增加产量、提高质量、降低能耗、确保安全等目的的综合技术,主要包括工业自动化硬件、软件和系统三大部分。简言之,工业自动化是自动化技术、电子技术、仪器仪表等技术的综合集成。

自动控制技术应用系统是指能够对被控对象的工作状态进行自动控制的系统,它一般由控制装置和被控对象构成,如图10-1所示。

图10-1 自动控制系统图示

其中,控制装置可由各种嵌入式微控制器、可编程控制器、工业控制计算机、分布式控制系统、变频器以及其他控制技术(如现场总线技术、无线通信技术等))构成;控制对象包括各种电机、生产单元、生产过程等;过程通道完成控制装置与控制对象之间的信号(也包括相应的反馈信号)匹配。

一、可编程序控制器

国际电工学会(IEC)曾先后于1982年、1985年和1987年发布了可编程序控制器(PLC)标准草案的第一、二、三稿。在第三稿中,对PLC作了如下定义：可编程序控制器是一种数字运算操作电子系统，专为在工业环境下应用而设计。它采用了可编程序的存储器，用来在其内部存储执行逻辑运算、顺序控制、定时、计数和算术运算等操作的指令，并通过数字的、模拟的输入和输出，控制各种类型的机械或生产过程。可编程序控制器及其有关的外围设备，都应按易于与工业控制系统形成一个整体、易于扩充其功能的原则设计。

定义强调了PLC内容：①数字运算操作的电子系统，也是一种计算机；②专为在工业环境下应用而设计；③面向用户指令，编程方便；④逻辑运算、顺序控制、定时计算和算术操作；⑤数字量或模拟量输入输出控制；⑥易与控制系统联成一体；⑦易于扩充。

（一）特　点

为适应工业环境使用，与一般控制装置相比较，PC机有以下特点：

(1) 可靠性高、抗干扰能力强。为保证PLC能在恶劣的工业环境下可靠工作，在设计和生产过程中采取了一系列提高可靠性的措施。

(2) 可实现三电一体化。PLC将电控（逻辑控制）、电仪（过程控制）、计算机集于一体，可以灵活方便地合成各种不同规模和要求的控制系统，以适应各种工业控制的需要。

(3) 易于操作、编程方便、维修方便。可编程序控制器的梯形图语言更易被电气技术人员所理解和掌握。具有的自诊断功能对维修人员维修技能的要求降低。当系统发生故障时，通过软件或硬件的自诊断，维修人员可以很快找到故障所在的部位，为迅速排除故障和修复节省时间。

(4) 体积小、重量轻、功耗低。PLC是专为工业控制而设计的，其结构紧密、坚固、体积小巧，易于装入机械设备内部，是实现机电一体化的理想控制设备。

PLC、继电器控制系统、计算机控制系统比较见表10-27。

表10-27　PLC、继电器控制系统、计算机控制系统比较表

项目	PLC	继电器控制系统	计算机控制系统
功能	用程序可实现各种复杂控制	用大量继电器布线逻辑实现顺序控制	用程序实现各种复杂控制，功能最强
改变控制内容	修改程序较简单容易	改变硬件接线逻辑工作量大	修改程序技术难度较大
可靠性	平均无故障工作时间长	受机械触点寿命限制	一般比PLC差

（续）

项目	PLC	继电器控制系统	计算机控制系统
工作方式	顺序扫描	顺序控制	中断处理，响应最快
接口	直接与生产设备连接	直接与生产设备连接	要设计专门接口
环境适应性	可适应一般工业生产现场环境	环境差，会降低可靠性和寿命	要求有较好的环境
抗干扰性	一般不用专门考虑干扰问题	能抗一般电磁干扰	要专门设计抗干扰措施
维护	现场检查、维修方便	定期更换继电器，维修费时	技术难度较大
系统开发	设计容易、安装简单、调试周期短	图样多、安装接线工作量大、调试周期长	系统设计复杂、调试技术难度大，需要有系统的计算机知识
通用性	较好、适应面广	一般是专用	要进行软、硬件改造才能做其他用
硬件成本	比微机控制系统高	少于30个继电器的系统最低	一般比PLC低

（二）应　用

一方面是由于微处理器的芯片及有关的元件价格大大降低，PLC的成本下降；另一方面是PLC的功能大大增强，因而PLC的应用日益广泛。随着PLC的性能价格比的不断提高，目前，PLC在国内外已广泛应用于钢铁、采矿、水泥、石油、化工、电力、机械制造、汽车、装卸、造纸、纺织、环保等行业。其应用范围大致可归纳为以下几种：

(1) 顺序控制：这是PLC最基本最广泛的应用领域，它取代传统的继电接触器控制电路，实现逻辑控制、顺序控制，既可用于单台设备的控制，也可用于多机群控及自动化流水线，例如，紫外消毒控制、污水泵站控制及除臭系统的控制等。

(2) 运动控制：PLC可用于圆周运动或直线运动的控制。

(3) 过程控制：过程控制是指对温度、压力和流量等模拟量的闭环控制。作为工业控制计算机，PLC能编制各种各样的控制算法程序，完成闭环控制，PID调节是一般闭环控制系统中用得较多的调节方法。PID在污水处理中常用于对曝气量、水流量及加药量的控制。

(4) 数据处理：目前PLC具有数学运算（包括矩阵运算、函数运算、逻辑运算）、数据传输、数据转换、排序、查表、位操作等功能，可以完成数据采集、分析及处理。这些数据可以与存储器中的参考值比较，完成一定的控制操作，也可利用通信功能传送到别的装置上，或将它们打印制表。

(5)通信联网——通信及网络：PLC 的通信包括主机与远程 I/O 之间的通信、多台 PLC 之间的通信、PLC 和其他智能控制设备(如计算机、变频器、数控装置)之间的通信。随着计算机控制的发展，工厂自动化网络发展很快，各 PLC 厂家都十分重视 PLC 的通信功能，都推出各自的网络系统，形成了"集中管理，分散控制"的分布控制系统。污水处理的自动控制系统中常用此类控制系统。

(三)结 构

虽然可编程序控制器的结构多种多样，但组成的一般原理基本相同，都是以微处理器为核心的结构。其功能的实现不仅基于硬件的作用，更要靠软件的支持。实际上可编程序控制器就是一种新型的工业控制计算机。目前 PLC 生产厂家很多，产品结构各不相同，其基本组成部分大致如图 10-2 所示。

图 10-2　PLC 控制系统典型结构示意

(1)中央处理器 CPU：中央处理器 CPU 是可编程序控制器控制系统的核心部件。CPU 一般由运算器、控制电路和寄存器组成。这些电路都集成在一个电路芯片上，并通过地址总线、数据总线和控制总线与存储器、输入输出及接口电路相连接。

(2)存储器：存储器用来存放系统程序和应用程序。系统程序是指控制 PLC 完成各种功能的程序。这些程序是由 PLC 生产厂家编写并固化到 PLC 的只读存储器中。用户程序是指用户根据工业现场的生产过程和工艺要求编写的控制程序，并由用户通过编程输入到 PLC 的随机存储器中，允许修改，由用户启动运行。

(3)输入和输出接口电路：输入是把工业现场传感器传入的外部开关量信号如按钮、行程开关和继电器触点的通/断或模拟量信号(4~20mA 电流或 0~10V 电压)转变为 CPU 能处理的电信号，并送到主机进行处理。输出是把控制器运算处理的结果发送给外部元件器件。输入和输出电路一般由光电隔离电路和接口电路组成。光电隔离电路增加了 PLC 的抗干扰能力。

(4)电源：PLC 的电源大致可分为 3 部分，即处理器电源、I/O 模块电源和 RMA 后备电源。通常，构成基本控制单元的处理器与少量的 I/O 模块，可由同一个处理器电源供电。扩展的 I/O 模块必须使用独立的 I/O 电源。

(四)基本工作原理

1. PLC 的工作方式

传统的继电接触器控制系统是一种"硬件逻辑系统"，如图 10-3 所示，PLC 是一种工业控制计算机，它的工作原理是建立在计算机工作原理之上，即通过执行反映控制要求的用户程序来实现，图 10-4 是可编程序控制器对应于图 10-3 的程序(梯形图)。

图 10-3　电气控制原理图

图 10-4　PLC 梯形图

2. PLC 的工作过程

PLC 采用循环扫描的工作方式，其扫描过程如图 10-5 所示。

图 10-5　PLC 扫描过程

图 10-6　PLC 扫描工作过程

这个工作过程分为内部处理、通信操作、程序输入处理、程序执行、程序输出五个阶段。全过程扫描一次所需的时间称为扫描周期。内部处理阶段，PLC 检查 CPU 模块的硬件是否正常，复位监视定时器等。在通信操作服务阶段，PLC 与一些智能模块通信、响应编程器键入的命令、更新编程器的显示内容等，当 PLC 处于停(STOP)状态时，只进行内部处理和通信操作服务等内容。在 PLC 处于运行(RUN)状态时，从内部处理、通信操作、程序输入、程序执行、程序输出，一直循环扫描工作。后三个阶段的工作过程如图 10-6 所示。

(1)内部处理：每次扫描用户程序之前都先执行故障自诊断程序，发现异常则停机显示错误。自诊断正常，继续向下扫描。

(2)通信操作：PLC 检查是否有与编程器或计算机的通信请求，有则进行相应处理，如接收编程器送来的程序、命令及数据，并把要显示的状态、数据、出错信息等发送给编程器或计算机进行显示。

(3)输入处理：输入处理也称输入采样。在此阶段顺序读入所有输入端子的通断状态，并将读入的信息存入内存中所对应的映象寄存器。在此输入映象寄存器被刷新。接着进入程序执行阶段。在程序执行时，输入映象寄存器与外界隔离，即使输入信号发生变化，其映象寄存器的内容也不会发生变化，只有在下一个扫描周期的输入处理阶段才能被读入信息。

(4)程序执行：根据 PLC 梯形图程序扫描原则，按先左后右先上后下的顺序，逐句扫描执行程序。但遇到程序跳转指令，则根据跳转条件是否满足来决定程序的跳转地址。从用户程序涉及输入输出状态时，PLC 从输入映象寄存器中读出上一阶段采入的对应输入端子状态，从输出映象寄存器读出对应映象寄存器的当前状态，根据用户程序进行逻辑运算，运算结果再存入有关器件寄存器中。对每个器件而言，器件映象寄存器中所寄存的内容，会随着程序执行过程而变化。

(5)输出处理：程序执行完毕后，将输出映象寄存器，即器件映象寄存器中的 Y 寄存器的状态，在输出处理阶段转存到输出锁存器，通过隔离电路，驱动功率放大电路，使输出端子向外界输出控制信号，驱动外部负载。

PLC 的扫描既可按固定的顺序进行，也可按用户程序所指定的可变顺序进行。这不仅因为有的程序不需每扫描一次就执行一次，而且也因为在一些大系统中需要处理的 I/O 点数多，通过安排不同的组织模块，采用分时分批扫描的执行方法，可缩短循环扫描的周期和提高控制的实时响应性。

循环扫描的工作方式是 PLC 的一大特点，也可以说 PLC 是"串行"工作的，这和传统的继电器控制系统"并行"工作有质的区别。PLC 的串行工作方式避免了继电器控制系统中触点竞争和时序失配的问题。

由于 PLC 是扫描工作过程，在程序执行阶段即使输入发生了变化，输入状态映象寄存器的内容也不会变化，要等到下一周期的输入处理阶段才能改变。暂存在输出映象寄存器中的输出信号，等到一个循环周期结束，CPU 集中将这些输出信号全部输送给输出锁存器。由此可以看出，全部输入输出状态的改变，需要一个扫描周期。换言之，输入输出的状态保持一个扫描周期。

扫描周期是 PLC 一个很重要的指标，小型 PLC 的扫描周期一般为十几毫秒到几十毫秒。PLC 的扫描时间取决于扫描速度和用户程序长短。毫秒级的扫描时间对于一般工业设备通常是可以接受的。

(五)可编程序控制器网络通信

新型可编程序控制器发展的基本特征是多任务、高速化和网络通信能力。网络能力的增强使可编程控制器产品向着开放式、网络化控制应用方向迅速发展，将可编程序控制器系统、第三方智能化装置和设备与计算机平台连接起来，组成一个分布控制系统，将所有过程控制、现场信息综合，形成可编程序控制器网络系统。特别是引入了现场总线技术、工业以太网技术、无线通信网络及 Internet 等技术，以及集成化工具软件后，可编程序控制器网络已成为具有 3~4 级子网的多级分布式网络，成为具有工艺流程显示、趋势图生成显示、各种报表制作的多功能控制系统，可以方便地与其他网络互联。

可编程序控制器在网络中既可以作为主处理器控制网络运行，也可以作为从机执行网络命令，还可以互相连接构成网络。可编程序控制器网络通信是指可编程序控制器本身具有的通信联网功能，能够互相连接、远程通信、构成网络，如 2 个及以上可编程序控制器之间、可编程序控制器与智能设备之间、可编程序控制器网络与其他工业局域网之间互联通信等。具有通信联网功能的可编程序控制器一般均具有 RS232/RS485 串行通信接口，并内置支持各自通信协议的通信接口、上位机通信接口或专业通信模块，还具有支持各种现场总线、工业以太网及通信协议的通信模块，这是可编程序控制器网络通信的硬件基础，通过 RS232/RS485 串行通信接口、现场总线模块和工业以太网模块进行联网是可编程序控制器网络通信的基本形式，可构成各种网络控制系统。可编程序控制器的通信及网络技术内容十分丰富，各生产厂商的可编程序控制器网络产品和结构也不相同，但是，他们的共同特点是均可以构成具有信息层、控制层和设备层的多级分布式网络系统。

可编程序控制器与计算机之间的通信是通过可编辑程序控制器的 RS232/RS485 串行通信接口和计算机的 RS232C 串行通信接口进行的。可以说凡是有 RS232C 串行通信接口，并能输入输出字串的智能设备都可以与可编程序控制器通信，由于通用计算机软件丰富，界面友好，操作方便，因此，可编程序控制器与计算机联网通信技术发展迅速，在网络中计算机主要完成数器处理修改参数、图像显示、打印报表、文字处理、编制可编程序控制器程序、工作状态监视等任务，实现计算机对可编程序控制器的直接控制。可编程序控制器直接面向现场、面向设备，进行实时控制。可编程序控制器与计算机的连接可以更有效地发挥各自的优势，互补应用上的不足，扩大可编程序控制器的处理能力。

二、人机界面

人机界面是在操作人员和机器设备之间做双向沟通的桥梁，用户可以自由的组合文字、按钮、图形、数字等处理或监控管理及应付随时可能变化信息的多功能显示屏幕。随着机械设备的飞速发展，以往的操作界面需由操作熟练的完成员才能完成，而且操作困难，无法提高工作效率。但是使用人机界面能够明确指示并告知操作员设备目前的状况，使操作变得简单生动，并且可以减少操作上的失误，即使是新手也可以轻松地操作整个机器设备。使用人机界面还可以使机器的配线标准化、简单化，同时也能减少 PLC 控制器所需的 I/O 点数，降低生产的成本。同时由于面板控制的小型化及高性能，相对提高整套设备的附加价值。

(一) 功 能

(1) 过程可视化：在人机界面上动态显示过程数据(即 PLC 采集的现场数据)。

(2) 操作员对过程控制：操作员通过图形界面来控制过程。例如，操作员可以用触摸屏画面上的输入域来修改控制系统的参数，或用画面上的按钮来启动电动机。

(3) 显示报警过程的临界状态会自动触发报警，例如，当变量超出设定值时。

(4) 记录(归档)功能顺序记录过程值和报警信息，用户可以检索以前的生产数据。

(5) 输出过程值和报警记录：例如，可以在某一轮结束时打印输出产生报表。

(6) 过程和设备的参数管理：将过程和设备的参数存储在配方中，可以一次性将这些参数从人机界面下载到 PLC，以便改变产品的品种。

(二) 分 类

(1) 文本显示器：文本显示器(Text Display，简称 TD)是一种廉价的单色操作员界面，一般只能显示几行数字、字母、符号和文字(包括中文)。如西门子的 TD200 和 TD200C 与该公司的小型 PLC S7-200 配套使用，可以显示两行信息，每行 20 个数字或字符，或每行显示 10 个汉字。

(2) 操作员面板：操作员面板(Opetator Panel，简称 OP)，它使用液晶显示器和薄膜按键，有的操作员面板的按键多达数十个。操作员面板的面积大，直观性较差。

(3) 触摸屏：触摸屏(Touch Panel，简称 TP)，是人机界面的发展方向，可以由用户在触摸的画面上设置具有明确意义和显示信息的触摸式按键。触摸屏的面积小，使用方便直观。

(三) 触摸屏的应用

(1) 发展：触摸屏作为一种新型的人机界面，从一出现就受到关注，它的简单易用，强大的功能及优异的稳定性使它非常适合用于工业环境，甚至可以用于日常生活之中，应用非常广泛，例如：自动化停车设备、自动洗车机、天车升降控制、生产线监控等，甚至可用于智能大厦管理、会议室声光控制、温度调整。

随着科技的飞速发展，越来越多的机器与现场操作都趋向于使用人机界面，PLC 控制器强大的功能及复杂的数据处理也呼唤一种功能及与之匹配而操作又简单的人机的出现，触摸屏的应运而生无疑是 21 世纪自动化领域里的一个巨大的革新。

(2) 功能：作为 PLC 的图形操作终端，触摸屏必须与 PLC 联机使用，通过操作人员手指与触摸屏上的图形元件的接触发出 PLC 的操作指令或者显示 PLC 运行中的各种信息。触摸屏一般具有监视功能、数据采样功能、报警功能及用户根据需求涉及的其他功能。

三、工业控制计算机

工业个人计算机(Industry Personal Computer，简称 IPC)，也简称工业计算机或工控机，伴随着 PC 产业的发展，得到了充分的发展。尽管 IPC 在架构上也是基于 X86 为主，在用户使用端和 PC 产业相同，但与 PC 产业的发展却完全是不同的道路。PC 的设计理念是追求更高的速度、更好的使用舒适度、更好的用户体验。

IPC 是完全不同的设计理念，更多的是在恶劣的环境下使用，对产品的易维护性、散热、防尘、产品周期、尺寸方面都有着严格的要求。因此，在设计和选择工控机平台时，考虑得更多的是结构的设计，然后才是对性能等的考虑。

随着集成电路芯片集成度提高、功能的加强、价格的下降、印制电路板(PCB)制板工艺的改进元器件封装和安装技术的发展，无论是在板体结构上，还是在总线结构上，以及操作系统和应用软件上都有了更大的选择余地。IPC 使用环境、抗震、防尘、电源波动、磁盘(光盘)驱动、稳定工作等方面，都得到很大的改善，更加适用于工业控制环境。

(一) 结　构

工控机的结构如下。

(1) 主机：包括主板、显示板、光盘驱动器、无源多槽 ISA/PCI 底板、电源和机箱等。

(2) 输入接口板卡：包括模拟量输入、开关量输入、频率量输入等。

(3) 输出接口板卡：包括模拟量输出、开关量输出、脉冲量输出等。

(4) 通信接口板卡：包括串行通信接口板卡(RS-232、RS-422、RS-485 等)与网络通信板卡(如 Ethernet 板卡)，还需配现场总线通信板等。

(5) 信号调理单元：这是工控机很重要的部分之一，信号调理单元对工业现场各类输入信号进行预处理，包括对输入信号的隔离、放大、多路转换统一信号电平等处理，对信号进行隔离、驱动、电压转换成电流信号等。该单元由各类信号调理模块或板卡构成，安装在机箱中，该机箱具有单独的供电电源。信号调理单元的输出连接到主机相应的输入板卡上，主机输出接口板卡的输出连接到信号调理单元输出调理模块或板卡上。一般信号调理模块本身均带有与现场连接的接线端子，现场输入输出信号可直接连接到信号调理模块的端子上。

(6) 远程采集模块：近年发展了各类数字式智能远程采集模块，该模块体积小、功能强，可直接安装在现场一次变送器处，将现场信号就地处理，然后通过现场总线(Fieldbus)与工控机通信连接。目前采用较好的现场总线类型有 CAN 总线、LON 总线、PROFIBUS、MIT LINK 总线以及 RS 485 串行通信总线等。

(7) 工控软件包：支持数据采集、控制、监视、画面显示、趋势显示、报表、报警、通信等功能。工控机必须具有相应功能的控制软件才能工作。这些控制软件有的是以 MSDOS 操作系统为平台，有的是以 Windows 操作系统为平台，有的是以实时多任务操作系统为平台，选用时应依实际控制需求而定。

(二) 控制软件系统

工控机工业控制软件系统主要包括系统软件、工控应用软件和应用软件开发环境三大部分。其中系统软件是其他两者的基础核心，因而影响系统软件设计的开发质量。工控应用软件主要是根据用户工业控制和管理的需求而生成的，因此具有专用性。从工控软件系统发展历史和现状来看，工控软件系统应具五大主要特性。

(1) 开放性：这是现代控制系统和工程设计系中一个至关重要的指标。开放性有助于各种系统的互连、兼容，它有利于设计、建立和应用为一体(集体)的工业思路形成与实现。为了使系统工具良好的开放性，必须选择开放式的体系结构、工业软件和软件环境，这已引起工控界人士的极大关注。

(2) 实时性：工业生产过程的主要特性之一就是实时性，因此相应地要求工控软件系统应具有较强的实时性。

(3) 网络集成化：这是工业自动化过程控制和管理的趋势。

(4) 人机界面更加友好：这不仅是指像菜单驱动这样所带来的操作方便，应包括设计和应用两个方面的人机界面。

(5)多任务和多线程性：现代许多控制软件所面临的工业对象不再是单任务线，而是较复杂的多任务系统，因此，如何有效地控制和管理这样的系统仍是目前工控软件主要的研究对象。为适应这种要求，工控软件，特别是底层的工控系统软件必须具有此特性，如多任务实进操作系统的研究和应用等。

四、自动控制系统在污泥处理中的应用

污泥处理过程的特点：各种物料在管道、构筑物、设备、容器中不停地进行着物理变化、化学或生物化学反应，各种工艺参数时刻在发生变化。为了保证污泥处理的运行效率高，常利用自动化装置进行检测和调节。

污泥处理过程中要用到阀门、泵、脱水机、搅拌器等机械设备，它们经常要根据一定的程序、时间和逻辑关系定时开、停。整个工艺过程要在一定的温度、压力、流量、液位、浓度等工艺条件下进行，为了保持参数设定值，就必须对工艺过程进行监控和自动化控制。

(一) 污泥处理自动控制系统功能

污泥处理的自动控制系统主要是对污泥处理过程进行自动控制和自动调节。自动控制系统具有如下功能：

(1)控制操作：在中心控制室能对被控设备进行在线实时控制，如启停某一设备，调节某些模拟输出量的大小，在线设置PLC的某些参数等。

(2)显示功能：用图形实时地显示各现场被控设备的运行工况，以及各现场的状态参数。

(3)数据管理：利用实时数据库和历史数据库中的数据进行比较和分析，可得出一些有用的经验参数，有利于优化处理过程和参数控制。

(4)报警功能：当某一模拟量(如电流、压力、液位等)测量值超过给定范围或某一开关量(如电机启停、阀门开关)发生变位时，可根据不同的需要发出不同等级的报警。

(5)打印功能：可以实现报表和图形打印以及各种事件和报警实时打印。打印方式有定时打印、事件触发打印等方式。

(6)通信功能：中控室所有信息均可发送至公司并接收公司总调度室的指令。

(7)建立WEB服务器：所有实时数据和统计分析数据均可通过企业内部网(Intranet)或互联网(Internet)查询，各部门可共享生产运行信息。

(二) PLC控制在污泥处理自动化控制的应用

1. 控制方式

(1)开关量的逻辑控制：这是PLC控制对于污泥处理自动化控制的最基本、最广泛的影响，它取代传统的继电器电路，实现逻辑控制、顺序控制。

(2)模拟量控制：在水厂自动化当中，有许多连续变化的量，如温度、压力、流量、液位和速度等都是模拟量。为了使可编程控制器处理模拟量，必须实现模拟量(Analog)和数字量(Digital)之间的A/D转换及D/A转换。PLC厂家都生产配套的A/D和D/A转换模块，使可编程控制器用于模拟量控制。

(3)过程控制：过程控制是指对温度、压力、流量等模拟量的闭环控制。对于水厂自动化控制，PLC能编制各种各样的控制算法程序，完成闭环控制。PID调节是一般闭环控制系统中用得较多的调节方法。大中型PLC都有PID模块，目前许多小型PLC也具有此功能模块。PID处理一般是运行专用的PID子程序。

(4)数据处理：现代PLC具有数学运算、数据传送、数据转换、排序、查表、位操作等功能，可以完成数据的采集、分析及处理。这些数据可以与存储在存储器中的参考值比较，完成一定的控制操作，也可以利用通信功能传送到别的智能装置，或将它们打印制表。

(5)通信及联网：PLC通信含PLC间的通信及PLC与其他智能设备间的通信。随着计算机控制的发展，水厂自动化网络发展得很快，各PLC厂商都十分重视PLC的通信功能，纷纷推出各自的网络系统。

2. 控制单元

1)热水解系统控制

热水解系统的控制分为温度、压力和料位控制。温度控制主要为蒸汽压力不得小于10bar，压缩机提供的压力不得低于6bar，否则热水解生产自动退出运行等。

2)干化系统控制

干化系统控制主要分为温度和系统氧气控制等。温度超过设定高限或者系统氧气含量出现偏移后，系统自动退出运行。

3)消化池进泥、排泥控制

常规消化进泥期间，所进污泥为浓缩后污泥，采用时钟时序进泥，可设定实际进泥时间。浓缩池低液位时停泵关阀。停泵后时序仍继续进行，在此周期内进泥泵不再起泵。

进泥流量累积到一定值后，消化池排泥螺杆泵启动开始排泥，并从累计运行中减掉排泥量直至为0。

消化池高液位(可设置)时连续排泥,低液位(可设置)时停止排泥,直至恢复正常液位后累计清零。

4)消化池液位控制

消化池正常液位设置为 h_m(如 24.2m),液位控制在合适范围内(如 23.9~24.5m)。每座消化池设置两个液位计,池顶液位计为超声波液位计,监测消化池液位以及罐内浮渣监测,高液位报警,池壁液位计为静压式液位计,参与消化池液位控制与排泥控制。

5)沼气系统控制

只要有 1 个气柜进气电动阀门或者燃烧器处于自动状态视为沼气系统处于自控状态,以 3 个气柜为例:

(1)任何状态,无论手自动总要有一个阀门处于全开状态,如果存在两个阀门未在全开状态,那么将隐藏 3 个进气阀门的关阀按钮。

(2)燃烧器点火顺序:以累计使用时间长短判定,累计使用时间较短的优先,并在上位机画面上显示下个即将开启的燃烧器序号。如果燃烧器全部处于上位机手动状态,序号显示为 0。

(3)气柜使用顺序:先蓄满气的气柜,优先使用;即蓄满气的气柜生成开阀队列,排在开阀队列第一位的气柜在需要开启气柜阀门时第一个开启。

(4)开阀队列:对进入队列的阀门进行由自动切换为手动时将其从队列中清除,后续队列补上。

(5)气柜柜位设置及报警:HHH 视为气柜自动放散柜位;HH 视为气柜超高报警柜位;H 视为气柜蓄满气柜位;L 视为关闭燃烧器柜位;LL 视为气柜低气量柜位;LLL 报警时上位机提示气柜低位信号。

(6)气柜趋势判定:判断全部气柜柜位之和 h_1,T_t(可设定)之前气柜柜位之和 h_2(无论气柜处于手动还是自动);如果 $h_1-h_2 \geq h$(可设定),则气柜处于上升趋势;如果 $h_2-h_1 \geq h$(可设定),则气柜处于下降趋势;介于之间认为其为无变化趋势状态。

(7)气柜状态:气柜手/自动状态改变时气柜阀门状态不变。

第四节 构筑物及管线

一、消化池

消化池设施维护的主要内容是泄空消化池清除底部沉砂和淤泥以及对消化池进行内部防腐检查。消化池清淤的频率取决于进泥预处理效果、除砂效率、搅拌系统和消化池构造。清淤前还要考虑到机械、电力、仪表测量系统的故障分析和检修。

(一)安全防护

消化池清淤操作必须做好安全防护。

应在整个清洗工作期间连续监测作业环境空气中的氧气和硫化氢浓度,避免人员出现窒息。

在进入消化池之前,可考虑向消化池内通入氮气等不可燃气体以消除爆炸的可能性。

清淤开始前,消化池所有需要清洗的交叉连接阀应关闭、挂牌和锁定以确保安全。检查沼气阀门确保不漏气。

(二)泄 空

应制定严密的消化池泄空作业指导书,并严格执行。一般消化池泄空操作步骤如下。

应确认消化池进泥泵、中部污泥循环泵、搅拌器(沼气压缩机)均为停止状态,并挂牌未经允许严禁开启;进行消化池气相空间和沼气压缩、搅拌系统的放气操作;进行倒闸操作,使污泥通过底部排泥管线由循环污泥泵抽升进入排泥环管,继而进入污泥储泥池达到消化池泄空目的;开启消化池循环污泥泵进行泄空。根据消化污泥储泥池承受能力和循环污泥泵流量,控制每日排泥时间;排泥过程中随时观察记录液位,当下降到最低液位时,关闭循环污泥泵停止排泥,并关闭与消化池连通的所有污泥管线;确保泄空后的消化池,其液位低于消化池人孔的最低点,以便人孔的打开。持续进行测毒并架设通风机进行通风处理;在确定安全后,在消化池人孔处安装潜水泵进行污泥抽升完成消化池的泄空作业,必要时须向消化池打入清水对消化池底部存泥(或沉渣)进行稀释。

(三)消化池内部防腐检查

一般在消化池泄空时实施内部防腐检查,应重点检查消化池内部顶部气相空间与工作液位交接处的防腐情况。此工作建议由专业的防腐承包商负责实施检查,需要的进行防腐施工。

(四)消化池内部管线杂物清理

一般应利用消化池泄空期间,对消化池内部的相关管线进行检查,如消化池溢流排泥管线、沼气搅拌管等进行检查。此外,对于采用机械搅拌的消化池,还需注意检查搅拌桨叶是否有杂物缠绕等。

二、沼气管线及其附属物

沼气管线及其附属物包括沼气管线、砾石过滤器、冷凝水井、水封罐等。设施维护的主要内容是对管线和装置的气密性进行检查,若有存在沼气泄漏的情况，及时进行设施维修。

(一) 检 测

应每月对沼气输送管线及管线上附属设施进行沼气密闭性检测。检测时，可使用通过年检的气体管线测漏仪和"四功能"气体检测仪(或喷涂肥皂水)进行。每次检测至少 2 人以上参加。

检测人员需穿戴防静电工作装、劳保鞋，戴安全帽等劳动保护用品和用具。检测(查)到漏点，确认具体位置后，在漏点周边设置警戒区域，及时上报车间负责人处理解决。检测(查)到漏点位于有限空间内，在进行确认具体位置时必须按照有限空间作业的安全管理和操作规程执行。

(二) 维 护

每日检查沼气管线砾石过滤器、冷凝水罐的冷凝水排放情况，如有排放不畅情况应及时进行疏通。雨雪后，及时检查抽升沼气冷凝水井内的冷凝水。

(三) 维 修

检测出现漏点时，必须由有专业施工单位负责实施维修。维修时，要做相关设施停运和管线物理隔断等工作。

三、污泥管线及其附属构筑物

污泥管线及其附属构筑物包括污泥管、污泥泄空井、污泥储泥池等。设施维护的主要内容是检查管线的严密性，严禁出现污泥的泄漏。主要分为检测、维护、维修等。维护主要包括对管线附属的阀门进行例行的紧固、润滑等保养。重点是检测和维修。

(一) 检 测

污泥管线分为压力管和非压力管。压力管一般用于污泥输送；非压力管一般用于污泥泄空等应急状态。

污泥管线的检查通常为检查管道接口处，或者局部是否有砂眼等，一般均可用肉眼查看。此外，若管道振动明显或者有不规则的撞击声，则可表明污泥管中有异物堵塞。

(二) 维 护

一般应每 6 月检查一次污泥管线的渗漏情况，每 2 年进行污泥管线泄空检查维护。

对于污泥储泥池，应每年 1 次进行泄空检查，主要检查储泥池结构、腐蚀和内部积砂情况。

对于污泥管线的泄空检查井，需每月 1 次进行检查，主要查看井内有毒气体情况。

(三) 维 修

污泥管线及其附属构筑物的维修一般需要泄空污泥方可实施。在污泥泄空和维修作业中，要进行有毒气体的监测，以避免作业环境中出现硫化氢或氨含量高，导致中毒情况发生。

第十一章
技术管理

第一节 运行值班表单

运行值班表单包括运行记录和交接班记录两大类。运行记录又细分为设备运行记录和设施运行记录，两者可以合并成一个表单。运行值班表单详见附录。

污泥处理处置区域的运行记录应包括污泥筛分、洗砂、均质、浓缩、脱水、干化、焚烧、堆肥等处理工序。

在运行记录中做好污泥处理量、沼气产生量、沼气利用量、发电量等的记录，并做好电、自来水、天然气、蒸汽、脱水及消毒药剂、除磷药剂、中和药剂、油品等的消耗记录。同时，在运行值班表中，应记录设备电气仪表故障和设施异常情况。

运行值班记录表应每日由当班人员记录，并签字确定。

第二节 运行统计报表

统计报表应依据生产运行情况、设备设施维护、维修情况，全面反映城镇污泥处理处置运行情况。

统计报表一般包括综合类、设备类、设施类、材料类等。综合类统计报表包括能源消耗报表、基础设备设施和固定资产年度台账等。设备类报表包括设备总台数、现况使用情况、设备故障和维修情况等。设施类统计报表包括设施整体台账、维修维护台账等。

统计报表也分为年度报表、季度统计报表和月度统计报表。统计报表的数据来自运行值班记录。

统计报表一般需要主管部门领导审核并经主管单位审批后方可上报上级部门。

第三节 运行总结报告

运行总结一般包括月度和年度总结。运行总结的内容主要包括生产指标的完成情况、主要设备设施的运行情况、主要材料消耗情况、主要动力能源消耗情况以及在生产中出现的重大问题以及问题分析及解决措施或下一步工作计划。

运行总结还应将生产运行指标与上月、历史同期进行对比，也应包括存在的不足和改进方向。需注意的是，在生产运行总结中，需重点分析泥质的变化、运行工艺的调整等内容。

运行总结一般由污水处理厂生产运营部门负责编写。

第四节 生产成本及生产计划

一、生产成本

生产成本的核算，主要是核算动力费用、材料费用、维修费用、检测费用等。

生产成本的核算应以月度为单位进行核算。一般由污水处理厂生产经营单位负责实施。

在生产成本的核算过程中，需注意泥质的变化、处理标准的变化及运行工况的调整所导致的成本变化。

二、生产计划

城镇污泥处理处置生产计划的编制，按照时间分为年度生产计划、月度生产计划两类。

年度生产计划由城镇污泥处理处置的上级管理部门确定，一般根据该污水处理厂年度经营指标确定。通常根据年度计划分解制订月度生产计划。

月度生产计划由污水处理厂生产运营部门负责编制，宜于月末下达下月生产计划至计划具体实施单位和部门。月度生产计划的编制内容包括生产处理质量指标（如污泥处理量、处理标准等）、生产材料（含药剂）需求量及采购、月度动力费用、设备设施月度维修内容（含电气仪表）以及月度其他重点工作等。

附 录

_____厂浓缩池运行记录表

年　　月　　日　　星期　　　　　　　天气：　　　　气温：　　　　编号：

项目运行状态	进泥泵状态		进泥泵流量/(m³/d)		刮泥机状态		排泥泵流量		进泥泵流量/(m³/d)	
	1#	N#	1#	N#	1#	N#	1#	N#	1#	N#
8：00										
10：00										
12：00										
14：00										
16：00										
18：00										
20：00										
22：00										
0：00										
2：00										
4：00										
6：00										
累计时间/h			—						—	

值班记录	早班	中班	晚班
	值班人	值班人	值班人

备注：

设备状态：0——备用；1——运行；-1——故障；-2——检修。

___厂离心脱水机运行记录

年　月　日　星期　　　　天气：　　　　气温：　　　　编号：

项目 时间	1#脱水机 脱水机状态	进泥量 /(m³/h)	加药量 /(m³/h)	扭矩 /%	差速 /rpm	主电机转速 /rpm	辅电机转速 /rpm	主电机电流 /A	前轴温度 /℃	后轴温度 /℃	滤液感官情况	N#离心机 脱水机状态	进泥量 /(m³/h)	加药量 /(m³/h)	扭矩 /%	差速 /rpm	主电机转速 /rpm	辅电机转速 /rpm	主电机电流 /A	前轴温度 /℃	后轴温度 /℃	滤液感官情况	进泥含水率 /%
控制参数																							
8:00																							
10:00																							
12:00																							
14:00																							
16:00																							
18:00																							
20:00																							
22:00																							
0:00																							
2:00																							
4:00																							
6:00																							
运行时间/h																							
单台处理泥量/m³																							

耗电统计/(kW·h)	昨日电表数：	今日电表数：	今日电耗：
其他	今日处理泥量 m³：	今日用药量/kg：	投药浓度/%：	絮凝剂厂商及种类：	产泥饼量/t：

值班记录	早班	中班	晚班
	值班人	值班人	值班人

备注：
1. 设备状态：0——备用；1——运行；-1——故障；-2——检修。
2. 滤液感官观：√——良好；×——较差。

___厂转鼓浓缩机运行记录表

年　　月　　日　　星期　　　　天气：　　　　气温：　　　　编号：

项目	浓缩机状态		浓缩机进泥泵流量 /(m³/h)		加药泵流量 /(m³/h)		浓缩机转毂转速 /rpm		反应罐搅拌器转速 /rpm		制备机状态		溶药浓度 /‰	
控制参数	1#	N#	1#	N#	1#	N#	1#	N#	1#	N#	1#	N#	1#	N#
时间														
8:00														
10:00														
12:00														
14:00														
16:00														
18:00														
20:00														
22:00														
0:00														
2:00														
4:00														
6:00														
累计时间/h	—	—	—	—	—	—	—	—	—	—	—	—	—	—
今日早八点流量/m³									浓缩机累计处理泥量/m³				药剂使用总量/kg	
次日早八点流量/m³														
当日累计处理量/m³														
值班记录	早班				中班				晚班					
	值班人				值班人				值班人					

备注：
设备状态：0——备用；1——运行；-1——故障；-2——检修。

_____厂消化池运行记录表

年　　月　　日　　星期　　　　天气：　　　　气温：　　　　编号：

项目	进泥泵运行状态		进泥泵工作频率		进泥泵流量 /(m³/h)		污泥循环泵运行状态		搅拌设备状态		排泥泵运行状态		热水循环泵运行状态	温度/℃			池内气相空间压力/mbar	液位/m	pH
时间	1#	N#	1#	N#	1#	N#	1#	N#	1#	N#	1#	N#		热交换器进泥	热交换器出泥	消化污泥			
控制参数																			
8:00																			
10:00																			
12:00																			
14:00																			
16:00																			
18:00																			
20:00																			
22:00																			
0:00																			
2:00																			
4:00																			
6:00																			
今日运行时间/h														—	—	—	—	—	—
今日消化池进泥量/m³														—	—	—	—	—	—

值班记录	早班	中班	晚班
	值班人	值班人	值班人

备注：
设备状态：0——备用；1——运行；-1——故障；-2——检修。

_____厂沼气锅炉运行记录

年　　月　　日　　星期　　　　天气：　　　　气温：　　　　编号：

项目	控制参数				锅炉设备巡检情况							
时间	锅炉压力/MPa	风机出口压力/kPa		阀组后压力/kPa	压力表	水位表	低水位起泵	高水位停泵	排污阀	压力控制器	安全阀	锅炉补水水泵	减温泵
		1#	N#		水泵								
8:00													
10:00													
12:00													
14:00													
16:00													
18:00													
20:00													
22:00													
0:00													
2:00													
4:00													
6:00													

耗沼气量/m³			产蒸汽量/t		
值班记录	早班	中班		晚班	
	值班人	值班人		值班人	

备注：
设备状态：0——备用；1——运行；-1——故障；-2——检修。